Modellbasierte prädiktive Regelung

Eine Einführung für Ingenieure

von
Rainer Dittmar
und
Bernd-Markus Pfeiffer

Oldenbourg Verlag München Wien

Titelbild mit freundlicher Genehmigung der Siemens AG, Deutschland

Über die Autoren:
Prof. Dr.-Ing. Rainer Dittmar studierte Verfahrenstechnik an der TH Leuna-Merseburg und promovierte 1976. Er war viele Jahre auf dem Gebiet der Automatisierung verfahrenstechnischer Prozesse im Raffineriebereich (PCK Raffinerie Schwedt) und im Anlagenbau (Chemieanlagenbau Leipzig-Grimma) tätig. Nach 1990 arbeitete er zunächst für die Fa. Profimatics (USA) und nach der Akquisition durch Honeywell für den Bereich Honeywell Hi-Spec Solutions. In dieser Zeit war er für die Durchführung von Advanced-Control-Projekten in verschiedenen Unternehmen der internationalen Mineralölindustrie verantwortlich. Im Mittelpunkt dieser Projekte stand der Einsatz modellbasierter prädiktiver Mehrgrößenregelungen. Bereits zwischen 1987 und 1990 als Dozent an der TH Merseburg tätig, ist er seit 1996 Professor für Automatisierungstechnik an der FH Westküste in Heide/Holstein. Er ist Mitglied des GMA-Fachausschusses 6.22 „Industrielle Anwendung komplexer und adaptiver Regelungen".

Dr.-Ing. Bernd-Markus Pfeiffer studierte Technische Kybernetik an der Universität Stuttgart und der University of Exeter, GB. Er promovierte mit einer Arbeit über den Einsatz von Fuzzy Control 1995 an der TH Darmstadt. Seitdem ist er in der Vorfeldentwicklung des Geschäftsbereichs Automatisierungs- und Antriebstechnik der Siemens AG, Karlsruhe, als Projektleiter und Ansprechpartner verantwortlich für die Themengruppen Advanced-Control-Verfahren und Methoden der Prozessführung. Seit 2001 ist er zusätzlich Lehrbeauftragter an der Universität Karlsruhe und hat dort eine neue Vorlesung über „Modellbasierte Prädiktivregelung" aufgebaut. Er ist Mitglied in den GMA-Fachausschüssen 5.22 und 6.22 sowie Autor zahlreicher nationaler und internationaler wissenschaftlicher Veröffentlichungen.

Bibliografische Information Der Deutschen Bibliothek

Die Deutsche Bibliothek verzeichnet diese Publikation in der Deutschen Nationalbibliografie; detaillierte bibliografische Daten sind im Internet über <http://dnb.ddb.de> abrufbar.

© 2004 Oldenbourg Wissenschaftsverlag GmbH
Rosenheimer Straße 145, D-81671 München
Telefon: (089) 45051-0
www.oldenbourg-verlag.de

Lektorat: Dr. Silke Bromm
Herstellung: Rainer Hartl
Umschlagkonzeption: Kraxenberger Kommunikationshaus, München
Gedruckt auf säure- und chlorfreiem Papier
Druck: R. Oldenbourg Graphische Betriebe Druckerei GmbH

ISBN 3-486-27523-2

Vorwort

Mit dem Begriff „Modellbasierte prädiktive Regelungen" (Model Predictive Control – MPC) wird eine Klasse von Regelungsalgorithmen bezeichnet, die sich dadurch auszeichnen, dass ein Modell für das dynamische Verhalten des Prozesses nicht nur in der Entwurfsphase, sondern explizit im laufenden Betrieb des Reglers benutzt wird. Es wird dort für die Vorhersage des Verhaltens der Regelgrößen eingesetzt. Auf der Grundlage dieser Prädiktion werden die erforderlichen Stellgrößenänderungen durch Lösung eines Optimierungsproblems in Echtzeit bestimmt.

Modellbasierte prädiktive Regelungen wurden bereits in den 70er Jahren des vorigen Jahrhunderts durch industrielle Regelungstechniker entwickelt und im Raffineriesektor und der Petrochemie eingesetzt, bevor sie größere Aufmerksamkeit auch im akademischen Bereich erregten. In den letzten zehn bis fünfzehn Jahren hat sich das Bild jedoch grundlegend gewandelt: Für MPC mit linearen Modellen existieren inzwischen ausgereifte theoretische Grundlagen, die Zahl der Veröffentlichungen ist explosionsartig angestiegen. Das Potential der MPC-Technologie wird inzwischen nicht nur in den Bereichen genutzt, von denen die Entwicklung ausging. Es werden zunehmend neue Anwendungsfelder erschlossen. Die Zahl der industriellen Einsatzfälle hat sich allein in den letzten fünf Jahren verdoppelt. Kein anderes der gehobenen Regelungsverfahren weist eine solche Erfolgsgeschichte auf. MPC ist heute „das Arbeitspferd" für die Lösung anspruchsvoller Regelungsaufgaben in der Verfahrensindustrie. Die vielfältigen Ursachen dafür werden in diesem Buch erläutert.

Dieses Buch richtet sich vorrangig an die zunehmende Zahl von Anwendern in der Industrie, die sich ein vertieftes Verständnis für die MPC-Technologie erarbeiten wollen. Anders als noch vor zehn bis fünfzehn Jahren, als der Entwurf und der Einsatz solcher Regelungen die Sache weniger Spezialisten war, liegen heute ausgereifte Entwicklungs-Werkzeuge vor, die es auch dem unmittelbar mit der Prozessführung vertrauten Anwender ermöglichen, selbständig Advanced-Control-Projekte unter Nutzung der MPC-Technologie in Angriff zu nehmen. Diese Anwender stehen aber häufig vor der Situation, dass ihre regelungstechnische Ausbildung mehr oder weniger lange zurück liegt, und prädiktive Regelungen dort im Allgemeinen nicht behandelt werden. Die projektbegleitende Schulung mit der Ausrichtung auf ein ganz bestimmtes MPC-Tool ist dann oft die einzige Informationsquelle.

Die Zielgruppe der Leserschaft bestimmt wesentlich die Auswahl der Inhalte und die Form der Darstellung dieses Buchs. Es beschreibt einerseits das praktische Vorgehen beim industriellen Einsatz, und es versucht andererseits dem Leser auf anschauliche Art und Weise den theoretischen Hintergrund der Verfahren nahe zu bringen. Als Vorkenntnisse werden lediglich Grundlagen der Regelungstechnik und der linearen Algebra vorausgesetzt. Anders als in den bisher ausschließlich in englischer Sprache vorliegenden MPC-Büchern mit vorwiegend wissenschaftlicher Zielrichtung nehmen daher Abschnitte über das Vorgehen bei Advanced-Control-Projekten, über kommerziell verfügbare MPC-Programmsysteme und Industrie-Applikationen einen großen Raum ein.

Die Autoren sind der Auffassung, dass es sinnvoll ist, einen Abschnitt über Modellbildung und Identifikation in das Buch aufzunehmen. Ein Modell für das dynamische Verhalten der Regelstrecke bildet das Rückgrat einer jeden MPC-Applikation, die Regelgüte hängt entscheidend von der Modellgüte ab, und die mit der Modellbildung zusammenhängenden Projektschritte bestimmen entscheidend den zeitlichen Aufwand. Auch wenn der Anwender die Modellbildung nicht selbst durchführt, ist das Verständnis der Begriffe und Vorgehensweisen auf diesem Gebiet wichtig.

Weit über 90% aller MPC-Anwendungen stützen sich bisher auf empirische lineare Modelle, die durch Auswertung von Messdaten gewonnen werden und im Normalfall aktive Experimente in den Prozessanlagen verlangen. Zunehmend von Interesse sind jedoch MPC-Verfahren, die (empirische oder theoretische) nichtlineare Prozessmodelle benutzen. Angesichts der Zukunfts-Perspektive solcher Regelungen und der Tatsache, dass es bereits einzelne industrielle Einsatzfälle und kommerziell vertriebene nichtlineare MPC-Tools gibt, haben sich die Autoren entschlossen, auch eine Einführung in nichtlineare MPC-Methoden zu geben. Sie sollen dem Leser die Orientierung in diesem anspruchsvollen und komplexen Arbeitsgebiet erleichtern und einen Eindruck von den Herausforderungen vermitteln, dem Entwickler und Anwender auf diesem Gebiet gegenüberstehen.

Das vorliegende Buch ist das Ergebnis langjähriger praktischer Erfahrung bei der Anwendung der MPC-Technologie in der Praxis der Automatisierung verfahrenstechnischer Prozesse, und in der Entwicklung gehobener Regelungsverfahren für Prozessleitsysteme. Obwohl der Fokus des Buchs daher naturgemäß auf MPC-Anwendungen in der Prozessindustrie liegt, lassen sich viele Aspekte durchaus auf andere Anwendungsbereiche übertragen. Das Buch ist überdies für Studierende und Lehrende auf dem Gebiet der Regelungstechnik interessant, die sich in das Spezialgebiet der prädiktiven Regelungen einarbeiten, ein „Gefühl" für die Herausforderungen der praktischen Anwendung erwerben oder entsprechende Vorlesungs-Einheiten aufbauen möchten.

Die Autoren haben Teile des hier präsentierten Materials auch in Anwenderschulungen und nicht zuletzt in Vorlesungen an der TU Karlsruhe, der FH Westküste Heide/Holstein und der Universität Trollhättan (Schweden) verwendet, und dort viele Anregungen aus dem Teilnehmerkreis erhalten.

Ein Teil des Manuskripts ist in einem Freisemester entstanden, das einer der Autoren im Department Chemical Engineering an der University of California at Santa Barbara verbracht hat. Für die Einladung, die ausgezeichneten Arbeitsmöglichkeiten und die fruchtbaren Gespräche sei an dieser Stelle Prof. Dale E. Seborg und Prof. Frank Doyle herzlich gedankt.

Dank gebührt auch den Unternehmen und Fachkollegen, die bereitwillig Informationen zu den in Kapitel 7 vorgestellten Programmsystemen gegeben und Teile des Manuskripts mit uns besprochen haben. Besonders genannt seien Duane Morningred (Honeywell), Klaus

Rößler (Pavilion), Jobert Ludlage (IPCOS), Roman Walther (Aspen Technology), Barry Cott (Shell Global Solutions), Alexander Frick (ABB) und Karsten Schulze (Invensys).

Wertvolle Hinweise zur Gestaltung des Manuskripts haben uns auch Prof. Gunter Reinig (Ruhr-Universität Bochum), Prof. Reiner Nawrath (FH Westküste), Rainer Thomas (ehemals PCK Raffinerie Schwedt) und Peter Pawlak (Hydro IS Deutschland) gegeben.

Dank gebührt nicht zuletzt Thomas Kahlcke (FH Westküste) für die aufwändige Erstellung und Korrektur der Bilder, Matthias Scheel (FH Westküste) für die Unterstützung bei der Formatierung der Textvorlage und unserer Lektorin Dr. Silke Bromm vom Oldenbourg Wissenschaftsverlag für die freundliche und konstruktive Zusammenarbeit.

Heide   Rainer Dittmar
Karlsruhe   Bernd-Markus Pfeiffer

Inhaltsverzeichnis

Verzeichnis der Formelzeichen

Grundregeln

Matrizen werden mit Großbuchstaben bezeichnet, Skalare mit Kleinbuchstaben. $\overline{x}, \vec{x}, \bar{x}$ sind Spaltenvektoren. Zeilenvektoren $\vec{x}^T$ entstehen durch Transponieren. Mit einem Pfeil überstrichene Vektoren, wie z.B. $\vec{x}$, kennzeichnen Zeitreihen bzw. zeitliche Wertefolgen, einfach überstrichene Vektoren, wie z.B. $\overline{x}$, kennzeichnen den Mehrgrößenfall.

Allgemeine Symbole

$\overline{x} = \left[x_1, x_2, ..., x_{n_x} \right]^T$	(Spalten-)Vektor im Mehrgrößenfall
x_i	i-tes Element eines Vektors im Mehrgrößenfall
$\vec{x} = \left[x(k), x(k+1), ..., x(k+j), ... \right]^T$	Zeitreihen-Vektor, in die Zukunft gerichtet
$\vec{x} = \left[x(k), x(k-1), ..., x(k-j), ... \right]^T$	Zeitreihen-Vektor, in die Vergangenheit gerichtet
$x(i)$	i-tes Element einer Zeitreihe
$\overline{x}^T, A^T$	Transponierte eines Vektors bzw. einer Matrix
A^{-1}	Inverse einer Matrix
A_{ij}	(i, j)-tes Element einer Matrix
I	Einheitsmatrix
Δ	Differenz
t_0	Abtastzeit
n	Systemordnung
n_M	Modellhorizont
n_P	Prädiktionshorizont
n_C	Steuerhorizont

n_N	Intervallzahl
$\hat{x}$	Schätzwert bzw. Vorhersagewert
x_0	Arbeitspunkt- oder Anfangswert
$f(\bullet), g(\bullet), h(\bullet)$	Funktionen
$\bar{f}(\bullet), \bar{g}(\bullet), \bar{h}(\bullet)$	Vektorfunktionen
k	diskrete Zeit $k \leftrightarrow k t_0$
$\dot{x}, \ddot{x}, ..., x^{(n)}$	erste, zweite bis n-te Ableitung der Größe x nach der Zeit
s	Laplace-Operator
q	Verschiebeoperator
J	Zielfunktion, Gütefunktional
$t_{95\%}, t_{99\%}$	95%- bzw. 99%-Zeit (Einschwingzeit bzw. Beruhigungszeit bei Regelstrecken, Ausregelzeit im Regelkreis)
t_{min}, t_{max}	kleinste und größte Zeitkonstante
σ, σ^2	Standardabweichung und Streuung
n_f	Zahl der Freiheitsgrade
n_D, n_E, n_Q, n_A	ökonomischer Nutzen infolge Durchsatzerhöhung, Energieeinsparung, Qualitätserhöhung und Ausbeutesteigerung
p_p, p_{pk}	Prozessgüte-Indizes
c_p, c_{pk}	Prozessfähigkeits-Indizes

Eingrößensysteme (SISO-Systeme)

$y(t), y(k)$	Regelgröße (zeitkontinuierlich bzw. zeitdiskret)
$u(t), u(k)$	Stellgröße, Steuergröße
$w(t), w(k)$	Sollwert

$e(t), e(k)$	Regeldifferenz
$v(t), v(k)$	nicht messbare Störgröße
$z(t), z(k)$	messbare Störgröße
$\xi(k), \upsilon(k)$	zeitdiskrete Zufallsprozesse
u_{min}, u_{max}	unterer und oberer Begrenzung der Steuergröße
$\Delta u_{min}, \Delta u_{max}$	unterer und oberer Begrenzung der Steuergrößenänderung
y_{min}, y_{max}	unterer und oberer Begrenzung der Regelgröße
y_{soll}	Sollwert der Regelgröße im stationären Zustand (lokale Optimierung)
u_{soll}	Sollwert der Steuergröße im stationären Zustand (lokale Optimierung)
y_{ziel}	Zielwert der Regelgröße im stationären Zustand (globale Optimierung)
u_{ziel}	Zielwert der Steuergröße im stationären Zustand (globale Optimierung)
$y_{ref}(k)$	Referenztrajektorie
$g(s)$	zeitkontinuierliche Übertragungsfunktion der Regelstrecke (Stellstrecke)
$g_v(s), g_z(s)$	zeitkontinuierliche Übertragungsfunktionen der Regelstrecke (Störstrecken)
$g_M(s)$	zeitkontinuierliche Übertragungsfunktion des Modells der Regelstrecke
$f(s)$	Filter-Übertragungsfunktion
λ	Filter-Zeitkonstante
$k(s)$	zeitkontinuierliche Übertragungsfunktion des Reglers (allgemein)
$k_{IMC}(s)$	Übertragungsfunktion eines IMC-Reglers
$k_{PID}(s)$	Übertragungsfunktion eines PID-Reglers

$c(s)$	Übertragungsfunktion eines Kompensations-Gliedes (z.B. Störgrößenaufschaltung)
$g(q)$	zeitdiskrete Übertragungsfunktion der Regelstrecke (Stellstrecke)
$g_v(q), g_z(q)$	zeitdiskrete Übertragungsfunktionen der Regelstrecke (Störstrecken)
$g_M(q)$	zeitdiskrete Übertragungsfunktion des Modells der Regelstrecke
$k(q)$	zeitdiskrete Übertragungsfunktion des Reglers
$g(t)$	zeitkontinuierliche Impulsantwort oder Gewichtsfunktion
$h(t)$	zeitkontinuierliche Sprungantwort oder Übergangsfunktion
$\vec{g}(k)$	zeitliche Folge von Gewichtsfunktionskoeffizienten (FIR-Modell), zeitdiskrete Gewichtsfunktion
$\vec{h}(k)$	zeitliche Folge von Sprungantwortkoeffizienten (FSR-Modell), zeitdiskrete Übergangsfunktion
$\vec{y}(k), \vec{w}(k)$	in die Zukunft gerichtete zeitliche Folgen von zeitdiskreten Werten der Regelgröße und des Sollwerts (analog für andere Signale)
$\vec{u}(k)$	in die Vergangenheit gerichtete zeitliche Folgen von zeitdiskreten Werten der Steuergröße (analog für andere Signale)
$\vec{u}_{opt}(k)$	optimale zeitliche Folge von zukünftigen Steuergrößen
$\Delta\vec{u}_{opt}(k)$	optimale zeitliche Folge von zukünftigen Steuergrößenänderungen
$\hat{\vec{y}}(k), \hat{\vec{e}}(k)$	zeitliche Folgen vorhergesagter Werte der Regelgröße bzw. der Regeldifferenz
$\hat{y}(i), \hat{e}(i)$	i-tes Element dieser zeitlichen Folgen
$\delta(t)$	Einheitsimpulsfunktion, Dirac-Impuls
$\sigma(t)$	Einheitssprungfunktion
a_i, b_i	Parameter der Übertragungsfunktion (zeitkontinuierlich und -diskret)

$A, \overline{b}, \overline{c}^T, d$	Parameter des linearen Zustandsmodells im SISO-Fall
$t_1 ... t_n$	Zeitkonstanten (im Nenner der Übertragungsfunktion)
$t_{d1} ... t_{dm}$	Zeitkonstanten (im Zähler der Übertragungsfunktion)
θ	Totzeit (zeitkontinuierlich)
$\theta_z, \theta_c, \theta_M$	Totzeiten der Störstrecke, des Kompensationsglieds und des Modells
d	Totzeit (zeitdiskret)
k_S	Streckenverstärkung
k_P	Reglerverstärkung
k_c	Verstärkung eines Kompensationsglieds
t_i	Nachstellzeit (Integrierzeit) eines PI(D)-Reglers
t_d	Vorhaltzeit (Differenzierzeit) eines PID-Reglers

Mehrgrößensysteme (MIMO-Systeme)

n_u	Zahl der Steuer- bzw. Stellgrößen
n_x	Zahl der Zustandsgrößen
n_y	Zahl der Regelgrößen
n_v	Zahl der nicht messbaren Störgrößen
n_z	Zahl der messbaren Störgrößen
n_u^*	Zahl der aktuell verfügbaren Steuer- bzw. Stellgrößen
n_y^*	Zahl der aktuell zu berücksichtigenden Regelgrößen
$\overline{y}(t), \overline{y}(k)$	n_y-dimensionaler Vektor der Regelgrößen (zeitkontinuierlich bzw. zeitdiskret)
$\overline{u}(t), \overline{u}(k)$	n_u-dimensionaler Vektor der Stell- oder Steuergrößen

$\overline{w}(t), \overline{w}(k)$ n_y-dimensionaler Sollwertvektor

$\overline{e}(t), \overline{e}(k)$ n_y-dimensionaler Vektor der Regeldifferenzen

$\overline{v}(t), \overline{v}(k)$ n_v-dimensionaler Vektor der nicht messbaren Störgrößen

$\overline{z}(t), \overline{z}(k)$ n_z-dimensionaler Vektor der messbaren Störgrößen

$\vec{\overline{u}}_{opt}(k)$ optimale zeitliche Folge von zukünftigen Steuergrößen

$\Delta\vec{\overline{u}}_{opt}(k)$ optimale zeitliche Folge von zukünftigen Steuergrößenänderungen

$G(s)$ $(n_y \times n_u)$-dimensionale Matrix der zeitkontinuierlichen Übertragungsfunktion der Regelstrecke (Stellstrecke)

$G_v(s)$ $(n_y \times n_v)$-dimensionale Matrix der zeitkontinuierlichen Übertragungsfunktionen der Regelstrecke (Störstrecke)

$K(s)$ $(n_u \times n_y)$-dimensionale Matrix der zeitkontinuierlichen Übertragungsfunktionen des Reglers

$G(q)$ $(n_y \times n_u)$-dimensionale Matrix der zeitdiskreten Übertragungsfunktion der Regelstrecke (Stellstrecken)

$G_v(q)$ $(n_y \times n_v)$-dimensionale Matrix der zeitdiskreten Übertragungsfunktion der Regelstrecke (Störstrecken)

$K(q)$ $(n_u \times n_y)$-dimensionale Matrix der zeitdiskreten Übertragungsfunktion eines Mehrgrößenreglers

H Dynamik-Matrix (der Sprungantwortkoeffizienten)

K_P Matrix der Reglerverstärkungen

K_S Matrix der Streckenverstärkungen

$\vec{Y}(k), \vec{U}(k)$ zeitliche Folgen der Regel- und Steuergrößen im Mehrgrößenfall (analog für andere Signale)

$\hat{\vec{Y}}(k), \hat{\vec{E}}(k)$ zeitliche Folgen vorhergesagter Werte der Regelgrößen bzw. der Regeldifferenzen im Mehrgrößenfall

A, B, C, D	Matrizen des Zustandsmodells (zeitkontinuierlich und zeitdiskret)
Q, R, T	Gewichtsmatrizen in der Zielfunktion der dynamischen Optimierung
$Q_{st}, R_{st,} T_{st}$	Gewichtsmatrizen in der Zielfunktion der statischen Optimierung

Identifikation von Systemen

n_{max}	Gesamtzahl der Messwertsätze
$\overline{\varphi}, \Phi$	Vektor bzw. Matrix von Messwerten (Regressionsvektor bzw. -matrix)
$a(q), b(q), c(q), f(q)$	Polynome in q
a_i, b_i, c_i, f_i	Koeffizienten dieser Polynome
$\overline{\theta}, \hat{\overline{\theta}}$	Parametervektor und dessen Schätzwerte
n_p	Zahl der Parameter
$\varepsilon(k)$	weißes Rauschen
$r_u(k)$	Autokorrelationsfunktion der Eingangsgröße u
$r_{yu}(k)$	Kreuzkorrelationsfunktion zwischen u und y
γt_0	kürzeste Impulsdauer eines PRBS-Signals
n_{per}	Periodenlänge eines PRBS-Signals
n_R	Zahl der Schieberegister
t_{dom}	dominierende Zeitkonstante
t_m, p_s	mittlere Umschaltzeit, Umschaltwahrscheinlichkeit (bei GBN-Signalen)
ω_g, ω_N	Grenzfrequenz, Nyquistfrequenz
φ	Phasenverschiebung
$E\{\bullet\}$	Erwartungswert

K	Matrix der Filterverstärkungen
Q, R	Kovarianzmatrizen des System- und Messrauschens
P	Präzisionsmatrix

Abkürzungen

AC, APC	Advanced Control, Advanced Process Control
AKF	Autokorrelationsfunktion
APRBS	Amplitude modulated PRBS
ARIMA	Auto Regressive Integrating Moving Average
ARMAX	Auto Regressive Moving Average with eXogenous Input
ARX	Auto Regressive with eXogenous Input
AS	Automatisierungs-Station
BJ, OE	Box-Jenkins, Output Error
CV	Control Variable (Regelgröße)
DV	Disturbance Variable (messbare Störgröße)
FIR	Finite Impulse Response (zeitdiskrete Impulsantwort bzw. Gewichtsfunktion)
FSR	Finite Step Response (zeitdiskrete Sprungantwort bzw. Übergangsfunktion)
GBN	Generalized Binary Noise
GMN	Generalized Multilevel Noise
IMC	Internal Model Control
KKF	Kreuzkorrelationsfunktion
KNN	Künstliches Neuronales Netz
LIMS	Laborinformations-Managementsystem
MIMO	Multiple-Input Multiple-Output
MISO	Multiple-Input Single-Output
MKQ, LS	Methode der kleinsten Quadrate, Least-Squares

MPC	Model Predictive Control
MV	Manipulated Variable (Steuer- bzw. Stellgröße)
NARMAX	Nichtlineares ARMAX-Modell
NB	Nebenbedingung
NFIR, NARX	Nichtlineares FIR- bzw. ARX-Modell
NOE, NBJ	Nichtlineares OE- bzw. BJ-Modell
OS	Operator-Station
PE, PEM	Prediction Error, Prediction-Error-Methoden
PIMS	Prozessinformations-Managementsystem
PLS	Prozessleitsystem
PLT	Prozessleittechnik
PNK	Prozessnahe Komponente
PRBS	Pseudo Random Binary Signal
PRMS	Pseudo Random Multi-Level Noise
RTO	Real-Time Optimization (statische Arbeitspunktoptimierung)
SISO	Single-Input Single-Output
SVD	Singular Value Decomposition

1   Einführung

1.1   Entwicklung der Prozessführung im gegenwärtigen wirtschaftlichen Umfeld

Die Prozessindustrie steht heute mehr denn je vor der Herausforderung, ihre Kapitalrendite zu erhöhen oder unter schwierigen Randbedingungen zu halten. Gleichzeitig geraten die Gewinnmargen in globalen und saturierten Märkten unter Druck und neigen zu marktbedingten Schwankungen. Erschwerend kommt hinzu, dass Umweltauflagen und -richtlinien dem Emissionsausstoß immer engere Grenzen setzen. Diese Randbedingungen zwingen die Prozessindustrie, ihren Produktionsprozess permanent zu optimieren. Die wirtschaftliche Situation ist gekennzeichnet durch folgende Anforderungen und Merkmale:

- Die Zunahme der globalen Konkurrenz erhöht den Kostendruck, die Produktionskosten müssen gesenkt werden, z.B. durch Verringerung der spezifischen Rohstoff- und Energieverbräuche.
- Die Anlagen werden noch enger an ihre Betriebsgrenzen herangefahren.
- Die erforderliche Personalstärke für Betriebsführung und Instandhaltung der Anlagen wird ständig hinterfragt.
- Eine Fülle gesetzlicher Auflagen für Umweltschutz, Anlagensicherheit und Produkthaftung muss eingehalten werden.
- Die Produktspezifikationen und Qualitätsparameter sollen genauer und gleichmäßiger eingehalten werden. Man will weder Ausschuss produzieren bzw. Produkte nachbearbeiten noch zu hohe Qualitäten verschenken („giveaway"). Angestrebt wird eine „Null-Fehler-Produktion".
- Auf Änderungen der Marktbedingungen bezüglich verfügbarer Roh- und Hilfsstoffe, nachgefragter Produkte und Preisentwicklungen müssen die Anlagenbetreiber schnell reagieren. Das verlangt eine erhöhte Flexibilität der Prozessanlagen.
- Fahrweisenwechsel müssen mit geringeren Umstellzeiten und verringerter Ausschussproduktion durchgeführt werden.

Diese Anforderungen an den Produktionsprozess haben einen großen Einfluss auf die erforderlichen Prozessführungs- und Regelungsstrategien. Typische Anforderungen an eine moderne Prozessführung sind:

- Minimierung der Störeinflüsse auf die Produktion:
  Externe Störungen sollen so schnell wie möglich in der Teilanlage ausgeregelt werden, in der sie auftreten, und nicht durch die gesamte Anlage wandern. Interne Störungen, wie z. B. Produkt- oder Lastwechsel, müssen zügig eingefangen werden. Der neue Arbeitspunkt ist automatisch, d. h. vorhersagbar und reproduzierbar anzufahren.
- Stabile Anlagenfahrweise nahe der Kapazitätsgrenze, um einen hohen Durchsatz bei gleichzeitig geringem Ausschuss sicherzustellen.
- Hohe Bedienerfreundlichkeit:
  Die Anlagenfahrer sollen möglichst selten manuell eingreifen müssen. Produkt- und Lastwechsel sowie Störungen sollen im Automatikmodus bewältigt werden.
- Kontinuierliche Nutzung aller Freiheitsgrade der Prozessführung für die Optimierung der Produktions- und Energiekosten.
- Möglichst geringe Schwankungen der Prozesswerte, um eine lange Lebensdauer der Anlage zu gewährleisten.

Diesen steigenden Anforderungen steht aber auch eine zunehmende Zahl von technischen Möglichkeiten gegenüber, die durch die Entwicklung bestimmter Technologien gefördert werden:

- Fortschritte in der Messtechnik (insbesondere Sensorik für Zusammensetzung von Stoffgemischen, modellgestützte Messtechnik),
- zunehmende Ausrüstung auch kleiner und mittlerer Anlagen mit digitalen Prozessleitsystemen und dadurch effiziente Realisierung von Steuerungs- und Regelungsstrategien unter Verwendung von Software-Standardfunktionsbausteinen, Fortschritte in der Bedienbarkeit durch Verwendung grafischer Bedienoberflächen,
- anhaltend revolutionäre Entwicklung der Informations- und Kommunikationstechnik, dadurch Erhöhung der Rechen- und Speicherkapazität von Automatisierungssystemen, Möglichkeit zur Abarbeitung rechenintensiver Algorithmen im Echtzeitbetrieb, zunehmende Verwendung von Software-Standardprodukten und Erhöhung der Software-Zuverlässigkeit,
- horizontale und vertikale (auch anlagen- und standortübergreifende) Vernetzung von Rechnersystemen, Integration von technisch und ökonomisch orientierten Informationsverarbeitungsprozessen.

Durch das Zusammentreffen von steigender Nachfrage bzw. steigenden Anforderungen und wachsendem Angebot bzw. wachsenden technischen Möglichkeiten entsteht eine starke Wachstumsdynamik auf dem Gebiet der Prozessführung.

Ein wichtiges Teilgebiet der Prozessführung wird mit dem Begriff „*A*dvanced *P*rocess *C*ontrol" (APC) bezeichnet. Zu ihm gehören auch die modellbasierten prädiktiven Regelungen (*M*odel *P*redictive *C*ontrol – MPC), die den Gegenstand dieses Buches bilden. Advanced Process Control stellt ein Bindeglied zwischen den im Prozessleitsystem realisierten Funktionen der Basisautomatisierung und den überlagerten Ebenen der Betriebsführung dar und spielt daher bei der Erreichung der oben beschriebenen Ziele eine besondere Rolle. Erst durch den Einsatz gehobener Methoden der Prozessführung erreicht der Prozess jene Beweglichkeit und Reproduzierbarkeit, die er aus betriebswirtschaftlicher Sicht haben sollte. Dies ist in Bild 1-1 schematisch in einer Automatisierungspyramide dargestellt.

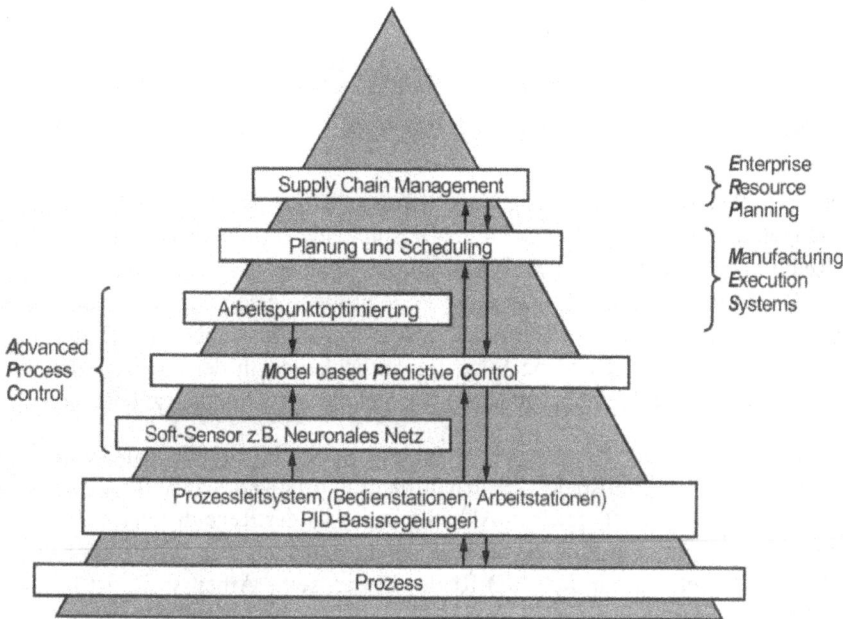

Bild 1-1: Advanced Process Control als Bindeglied zwischen Prozess und Betriebsführung

Der inzwischen in der Prozessindustrie eingebürgerte Begriff „Advanced Process Control" wird im deutschen Sprachraum mit den Begriffen „gehobene Methoden der Prozessführung" oder enger „gehobene Regelungsverfahren" übersetzt [1.1]. Da eine allgemein akzeptierte Definition fehlt, wird er sehr subjektiv – abhängig vom Ausbildungs- und Erfahrungshintergrund des Anwenders – ausgelegt. In [1.2] wird die eher scherzhaft gemeinte Ansicht zitiert, „that an advanced control strategy is any technique which a process engineer has not actually used". Die Autoren schließen sich der in [1.3] geäußerten Auffassung an, dass unter „Advanced Process Control" nicht einfach eine bestimmte Anzahl von Regelungsstrategien zu verstehen ist, sondern eine auf die Verbesserung der Prozessführung gerichtete ingenieurmäßige Vorgehensweise, die Elemente aus verschiedenen Teilgebieten der Automatisierungstechnik (u.a. theoretische Modellbildung und Simulation, experimentelle Prozessidentifikation, moderne Regelungs- und Steuerungstechnik, angewandte Statistik, Fehlererkennung und Diagnose, künstliche Intelligenz) nutzt und integriert, und damit über standardmäßige PID-Regelungen und Ablaufsteuerungen hinausgeht.

Ziel ist also, für jede Aufgabenstellung das richtige Werkzeug (Verfahren) aus dem großen Angebot auszuwählen. Daher wird zu Beginn dieses Buches ein kurzer Überblick über APC-Methoden gegeben, wobei diejenigen besonderes Interesse verdienen, die in einer engeren Beziehung zu MPC stehen.

Ein funktionierendes System von PID-Basisregelungen bildet allerdings das unverzichtbare Fundament, auf das die APC-Methoden aufsetzen.

1.2   Standardmäßige dezentrale PID-Regelung – Möglichkeiten und Grenzen

Bis heute wird die industrielle Regelungstechnik zum überwiegenden Teil durch einschleifige PID-Regelungen dominiert. Betrachten wir als Beispiel eine verfahrenstechnische Anlage, in der eine Reihe von Größen, wie z.B. Temperaturen, Drücke und Durchflüsse, geregelt werden sollen. Geregelt werden heißt, dass diese Regelgrößen gezielt auf einen bestimmten Sollwert gebracht werden, und dieser Wert auch gegen den Einfluss unbekannter Störungen gehalten wird. Dazu stehen verschiedene Eingriffsmöglichkeiten in den Prozess und seine Stoff- und Energieströme, d.h. Stelleinrichtungen wie Ventile oder Pumpen, zur Verfügung.

Der Grundansatz der dezentralen Regelung bedeutet, dass jeder Regelgröße genau eine Stellgröße zugeordnet wird. Der PID-Regler vergleicht dann den Istwert seiner Regelgröße mit dem entsprechenden Sollwert, und greift in Abhängigkeit von der Regeldifferenz über seine Stellgröße in den Prozess ein. Die weitaus meisten regelungstechnischen Probleme in diesen Anlagen sind zufriedenstellend mit dem PID-Regler lösbar, seine Arbeitsweise ist leicht zu verstehen, praktikable Einstellregeln sind vorhanden, und der PID-Regelalgorithmus ist in jedem rechnergestützten Automatisierungssystem als Standard-Funktionsbaustein vorhanden.

Bild 1-2 veranschaulicht das Prinzip der dezentralen Regelung, gleichzeitig werden noch einmal die deutschen und englischen Bezeichnungen, Symbole und Abkürzungen der Regelkreisgrößen zusammengestellt.

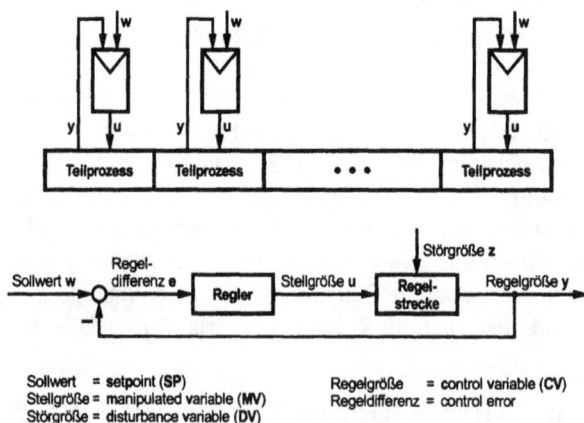

Bild 1-2: Standardmäßige dezentrale PID-Regelung und einschleifiger Regelkreis

Der einschleifige PID-Regler betrachtet ausschließlich seine „eigene" Regelgröße, ohne auf andere Vorgänge im Prozess Rücksicht zu nehmen. Dies funktioniert vor allem dann ohne Probleme, wenn von der Physik der Anlage her klar ist, welche Stellgröße welche Regelgröße direkt beeinflusst. In jedem technischen Prozess gibt es jedoch mehr oder weniger starke Wechselwirkungen zwischen den verschiedenen Prozessgrößen. Eine der Grundideen von Advanced Control besteht darin, die vereinzelten PID-Regler so zu koordinieren, dass sie aus Sicht der gesamten Anlage oder Teilanlage sinnvoll zusammenwirken.

1.2.1   Zusatzfunktionen industrieller PID-Regler

In die serienmäßigen PID-Regler-Funktionsbausteine von Prozessleitsystemen sind heute bereits eine Vielzahl von Zusatzfunktionen integriert. Neben dem eigentlichen Kernalgorithmus

$$u(t) = k_P \left[e(t) + \frac{1}{t_i} \int_0^t e(\tau)d\tau + t_d \frac{de(t)}{dt} \right] \tag{1-1}$$

mit den drei Parametern Proportionalverstärkung k_P, Nachstellzeit t_i und Vorhaltzeit t_d werden angeboten:

- Verzögerung des D-Anteils mit einer zusätzlichen Zeitkonstante t_1. Damit lautet die Übertragungsfunktion des Reglers in Abhängigkeit von der Regeldifferenz e:

$$u(s) = k_p \left[1 + \frac{1}{t_i s} + \frac{t_d s}{t_1 s + 1} \right] e(s) \tag{1-2}$$

Eine Bemerkung zu den Bezeichnungen: im Deutschen wird traditionell t_n für Nachstellzeit und t_v für Vorhaltzeit verwendet. Diese werden jedoch an den meist für den internationalen Markt produzierten Geräten kaum mehr verwendet, da sie außerhalb Deutschlands nicht verständlich sind. Die Bezeichnungen t_i für Integrierzeit („integral time constant") und t_d für Differenzierzeit („differential time constant") sind dagegen als deutsche und als englische Abkürzungen interpretierbar. Anstatt der Verzögerungszeitkonstante t_1 wird oft die Vorhaltverstärkung t_d / t_1 parametriert, für die ein voreingestellter Wert von fünf bis zehn in den meisten Fällen passend ist. Neben der o.g. parallelen bzw. additiven Form des PID-Reglers ist vor allem im angelsächsischen Raum auch noch die ältere serielle bzw. multiplikative Darstellung

$$u(s) = k_p \left[1 + \frac{1}{t_{i,m} s} \right] \left[\frac{t_{d,m} s + 1}{t_1 s + 1} \right] e(s) \tag{1-3}$$

gebräuchlich. (Wenn der D-Anteil verwendet wird, müssen die Reglerparameter der additiven und der multiplikativen Form ineinander umgerechnet werden!)

- Die Möglichkeit, P-, I- und D-Anteil einzeln zu deaktivieren oder in die Rückführung zu verlegen („Struktur-Zerlegung"). Wenn der P- oder D-Anteil nur noch mit dem Istwert, und nicht mehr mit der Regeldifferenz beaufschlagt wird, entfällt der entsprechende P- oder D-Sprung der Stellgröße bei einem Sollwertsprung. Das Störverhalten bei konstantem Sollwert bleibt davon unberührt. Die verschiedenen Möglichkeiten sind in Bild 1-3 gegenübergestellt.

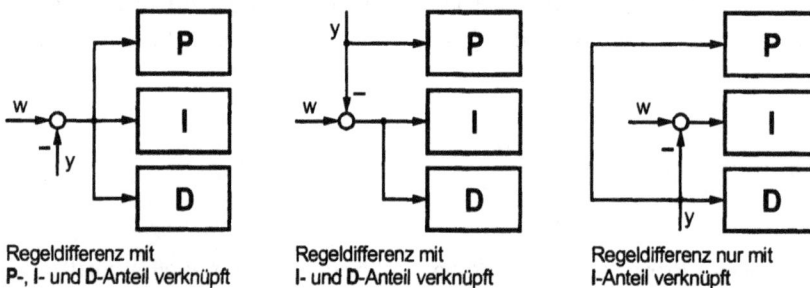

Regeldifferenz mit   Regeldifferenz mit   Regeldifferenz nur mit
P-, I- und D-Anteil verknüpft   I- und D-Anteil verknüpft   I-Anteil verknüpft

Bild 1-3: Verschiedene Strukturen eines PID-Reglers

- Stellgrößenbegrenzung mit entsprechenden Anti-Windup-Maßnahmen, die ein Hochintegrieren des I-Anteils beim Erreichen der Stellgrößen-Begrenzung verhindern. Gegebenenfalls kann mit einer Rampenfunktion auch noch die Änderungsgeschwindigkeit der Stellgröße begrenzt werden.
- Tote Zone in der Regeldifferenz, so dass der Regler erst ab einem bestimmten Betrag der Regeldifferenz zu arbeiten beginnt.
- Eine feste Basis-Stellgröße (Arbeitspunktvorgabe) als Ersatz für den I-Anteil bei reiner P- oder PD-Regelung.
- Ein zusätzlicher Eingang für eine additive Störgrößenaufschaltung, i.A. auf die Stellgröße.
- Normierung der Messwerte auf den Messbereich und eine Denormierung der Stellgrößen auf den gewünschten physikalischen Wertebereich. Dadurch erhält man eine dimensionslose Proportionalverstärkung. Die effektiv physikalisch wirksame Reglerverstärkung hängt dann jedoch zusätzlich von den Normierungsfaktoren ab.
- Vorgabe des Wirkungssinns (direkt oder invertierend), d.h. des Vorzeichens von k_P zur Anpassung an das Vorzeichen der Streckenverstärkung.
- Begrenzung und Rampenfunktion für den Sollwert.
- Split-Range-Funktion für den Reglerausgang, so dass die Stellgröße je nach ihrem Vorzeichen auf zwei (oder mehr) verschiedene Stellglieder (z.B. für Heizen und Kühlen) aufgeteilt wird.

Normalerweise bietet ein industrieller PID-Regler folgende vier Betriebsarten (für die leider uneinheitliche Bezeichnungen verwendet werden):

- „Automatik"-Betrieb mit einem internem Sollwert, der an der Operator-Station (OS) vom Bediener vorgegeben wird.
- „Kaskade", d.h. Automatikbetrieb mit einem externen Sollwert, der durch Verschaltung von einem anderen Funktionsbaustein auf der Automatisierungsstation (AS) oder prozessnahen Komponente (PNK) des Leitsystems, z.B. vom Führungsregler einer Kaskade, bezogen wird.
- „Hand"-Betrieb, d.h. die Stellgröße wird von Hand an der OS eingestellt, und der Regelkreis ist nicht geschlossen. Für die Stellgrößen gibt es separate Begrenzungen.
- „Nachführen" auf einen extern verschalteten Stellwert, d.h. im Unterschied zum Handbetrieb wird die gewünschte Stellgröße nicht von der OS, sondern von einem anderen Funktionsbaustein bezogen.

Reglerinterne logische Funktionen ermöglichen ein stoßfreies Umschalten zwischen den verschiedenen Betriebsarten. Beispielsweise wird bei Handbetrieb oder Nachführen der I-Anteil des Reglers permanent so eingestellt, dass jederzeit eine stoßfreie Hand-/Automatik-Umschaltung sichergestellt ist. Wahlweise kann im Handbetrieb auch der interne Sollwert auf den aktuellen Istwert nachgeführt werden („setpoint tracking").

Durch die verschiedenen aufgeführten Zusatzfunktionen kann die Zahl der Parameter eines PID-Reglers von den drei Parametern der theoretischen Übertragungsfunktion auf über 100 ansteigen!

Auch mit günstig eingestellten einschleifigen PID-Reglern lassen sich jedoch nur beschränkte Güteforderungen erfüllen. Wesentliche Verbesserungen der Regelgüte lassen sich erreichen, wenn die *Struktur* des einschleifigen Regelkreises erweitert wird. Da die meisten dieser vermaschten Strukturen schon seit langem bekannt sind und industriell angewendet werden, werden sie heute von den meisten Autoren nicht mehr als APC-, sondern als „konventionelle" Methoden angesehen.

1.2.2 Vermaschte Regelungsstrukturen

Vermaschte Regelungsstrukturen werden in vielen regelungstechnischen Lehrbüchern behandelt (stellvertretend seien [1.4 und 1.5] genannt). Viele gut aufbereitete Anwendungsbeispiele aus der Verfahrenstechnik finden sich z.B. in [1.6 bis 1.8]. Die wichtigsten von ihnen werden an dieser Stelle besprochen, weil sie auch im Zusammenhang mit der Anwendung von MPC von Bedeutung sind.

Kaskadenregelung

Eine Kaskadenregelung besteht im Wesentlichen aus einer Serienschaltung von zwei oder mehreren hintereinander geschalteten (kaskadierten) Reglern. Dabei gibt ein Führungsregler seine Ausgangsgröße (Stellwert) als Sollwert an den nachgeschalteten Folgeregler weiter, und es entstehen zwei ineinander geschachtelte Regelkreise. Der Vorteil einer solchen Struktur ist, dass Störungen innerhalb des Hilfsregelkreises schneller erkannt und ausgeregelt werden als dies im langsameren, überlagerten Hauptregelkreis möglich wäre. Voraussetzung hierfür ist, das am Prozess neben der eigentlich interessierenden Hauptregelgröße weitere Zwischengrößen (Hilfs-Regelgrößen) messbar sind. Das Prinzip der Kaskadenregelung ist zusammen mit einem praktischen Beispiel in Bild 1-4 dargestellt.

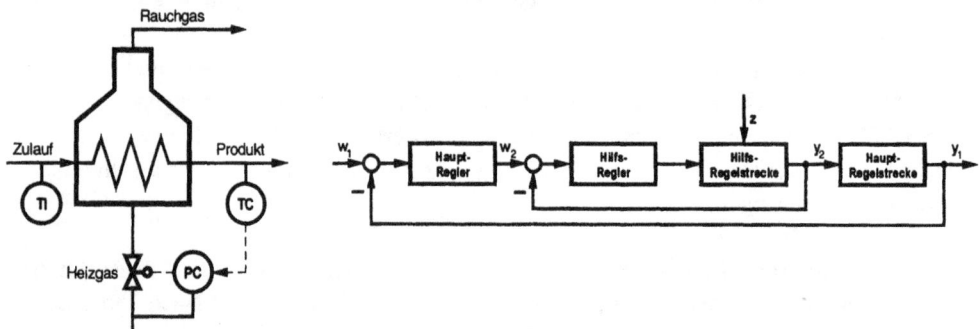

Bild 1-4: Kaskadenregelung (links: Anwendungsbeispiel, rechts: Wirkungsplan)

Im angegebenen technologischen Beispiel werden Schwankungen des Heizgasdrucks durch den Druck-Folgeregler ausgeregelt, bevor sie sich auf die Ausgangstemperatur auswirken. Der Temperaturregler ist der Führungsregler, der den Sollwert für den Druckregler vorgibt und Störungen ausregelt, die an der Hauptregelstrecke auftreten, wie z.B. Schwankungen der Eingangstemperatur. Weitere typische Beispiele für Kaskaden sind:

- Temperaturregelung mit unterlagerter Durchflussregelung des Kühl- oder Heizmediums.
- Positionsregelung mit unterlagerter Drehzahl- und Drehmomentenregelung in der Antriebstechnik.

Es ist nur dann sinnvoll eine Kaskadenregelung einzusetzen, wenn der Hilfsregelkreis dynamisch wesentlich schneller als der Hauptregelkreis ist. Als Faustregel gilt, dass die Summenzeitkonstante der Hauptstrecke mindestens viermal so groß wie die der Hilfsregelstrecke sein sollte.

Bei der Reglereinstellung und Inbetriebnahme wird „von innen nach außen" vorgegangen, d.h. es wird zunächst der Hilfsregler eingestellt und in den Automatik-Betrieb genommen. Danach wird der Hauptregler parametriert und der Hilfsregler in den Kaskaden-Betrieb geschaltet. Bei der Parametrierung des Hauptreglers ist zu beachten, dass für ihn der gesamte, geschlossene innere Regelkreis als „Regelstrecke" in Erscheinung tritt. Die am Hauptregler einzustellenden Parameter sind daher nicht unabhängig von der Reglereinstellung des Hilfsreglers. Je größer allerdings der Unterschied in der Dynamik von Hilfs- und Hauptregelkreis ist, desto weniger muss man darauf Rücksicht nehmen.

Das Prinzip der Kaskadenregelung kommt bei nahezu jeder industriellen MPC-Anwendung zum Tragen. Dort ist nämlich der Prädiktivregler der Führungsregler, der die Sollwerte für (i.A. mehrere) unterlagerte Regelkreise vorgibt. Die unterlagerten Regelungen können dabei selbst wiederum eine Kaskadenstruktur aufweisen (Mehrfachkaskaden).

Wenn mehrere Regler zu einer Kaskade zusammengeführt werden sollen, sind folgende praktische Hinweise zu beachten, auch dann, wenn es sich beim Führungsregler um einen Prädiktivregler und bei den Folgereglern um PID-Regler handelt:

- Der Stellbereich des Führungsreglers muss mit dem Sollwertbereich des Folgereglers übereinstimmen.
- Falls der Folgeregler sich nicht in der Betriebsart Kaskade (Automatik mit externem Sollwert) befindet, sondern in irgendeiner anderen Betriebsart (z.B. Handbetrieb, oder Automatik mit lokalen Sollwert) „taub" ist für Befehle des Führungsreglers, muss der Führungsregler in die Betriebsart Nachführen genommen werden, um ein Aufintegrieren des I-Anteils im Führungsregler zu vermeiden. Der Stellwert des Führungsreglers wird auf den aktuellen Sollwert des Folgereglers nachgeführt, um eine stoßfreie Umschaltung zurück in den Kaskadenbetrieb zu gewährleisten.
- Wenn der Folgeregler an eine Stellgrößenbegrenzung stößt, sollte der Integrierer des Führungsreglers richtungsabhängig blockiert werden, damit er nicht weiter in der Richtung läuft, in der für den Folgeregler ohnehin kein Platz mehr ist.

Verhältnisregelung

Wenn mehrere (flüssige oder gasförmige) Stoffströme in einem festen Verhältnis gemischt werden sollen, kommen Verhältnisregelungen zum Einsatz, beispielsweise in Gasbrennern, um Brennstoff und Verbrennungsluft in aufeinander abgestimmten Mengen zuzuführen. Bild 1-5 zeigt den Wirkungsplan einer Verhältnisregelung zusammen mit einem technologischen Beispiel (Brennstoff/Luft-Verhältnisregelung).

Genau genommen handelt es sich im dargestellten Fall nicht um einen geschlossenen Regelkreis, sondern um eine offene Steuerung (Proportionierungssteuerung), da der tatsächliche Istwert des Verhältnisses nicht berechnet und mit dem Verhältnis-Sollwert verglichen wird. Wenn kompliziertere Verhältnisse als die zwischen zwei Durchflüssen konstant gehalten werden sollen, verwendet man mitunter auch eine „echte" Regelungsstruktur (z.B. beim Verhältnis zwischen Heizleistung und Einsatzmenge an einer Kolonne). Trotzdem hat sich der Begriff Verhältnisregelung in der Praxis für beide Strukturen eingebürgert.

In einer anderen Variante der Verhältnisregelung wird der Sollwert für den nachgeordneten Durchflussregler in Bild 1-5 auch aus dem Sollwert des ersten Reglers statt aus dessen Istwert berechnet. Das führt zu einem ruhigeren Verhalten des zweiten Regelkreises. Verbreitet sind auch Kombinationen mit einem überlagerten Führungsregler (im Sinne einer Kaskade), der den Verhältnis-Sollwert vorgibt. Ein Beispiel ist die Führung der Brennstoff-/Luft-Verhältnisregelung durch einen übergeordneten Regler für die Sauerstoffkonzentration im Rauchgas.

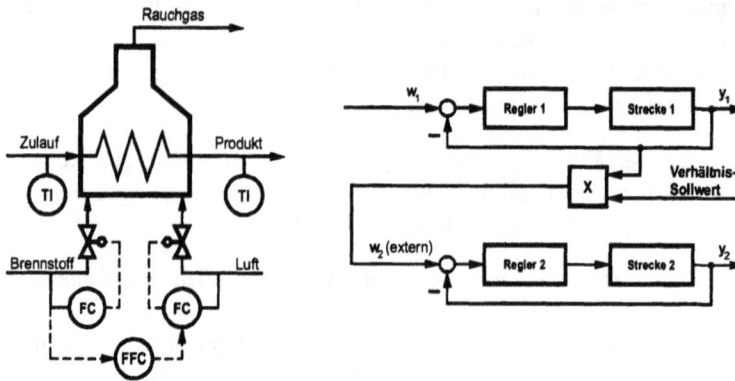

Bild 1-5: Verhältnisregelung (links: Anwendungsbeispiel, rechts: Wirkungsplan)

Störgrößenaufschaltung

Eine Störgrößenaufschaltung kann zum Einsatz kommen, wenn es eine bekannte, starke Störeinwirkung auf den Prozess gibt, deren Ursache messtechnisch erfasst werden kann. In solchen Fällen gilt als allgemeine Strategie: „Soviel *steuern* wie möglich (d.h. soviel vorab über ein Prozessmodell bekannt), soviel *regeln* wie nötig (den „Rest": Modellunsicherheiten, nicht messbare Störungen)!"

Die Wirkung einer messbaren Störgröße auf den Prozess lässt sich gemäß Bild 1-6 als Übertragungsfunktion $g_z(s)$ abschätzen, wenn der Regler auf Handbetrieb genommen wird, so dass Änderungen des Istwerts nicht mehr auf Änderungen der Regler-Stellgröße, sondern nur noch auf Änderungen der messbaren Störgröße z zurückzuführen sind.

Die Übertragungsfunktion $c(s)$ des Steuerglieds für eine ideale Störgrößenkompensation lässt sich dann aus der Forderung ableiten, dass die Wirkung der Störgröße z auf die Regelgröße y für einen beliebigen Verlauf von z gleich null sein soll (Invarianzbedingung):

$$g_z(s)z - c(s)g(s)z = \big(g_z(s) - c(s)g(s)\big)z \overset{!}{=} 0 \qquad (1\text{-}4)$$

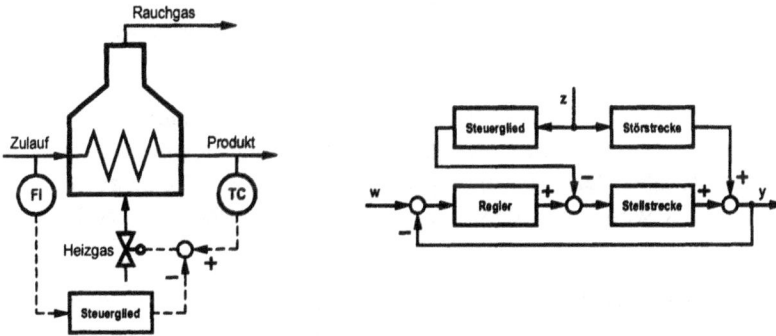

Bild 1-6: Störgrößenaufschaltung auf den Ausgang eines PID-Reglers (links: Anwendungsbeispiel, rechts: Wirkungsplan)

Um diese Gleichung zu erfüllen, muss das Steuerglied $c(s)$ der Störgrößenaufschaltung die Übertragungsfunktion

$$c(s) = \frac{g_z(s)}{g(s)} \tag{1-5}$$

möglichst gut approximieren. Dazu ist neben der Kenntnis der Stör-Übertragungsfunktion $g_z(s)$ die Inversion der Prozessdynamik (der Übertragungsfunktion der Stellstrecke) $g^{-1}(s)$ erforderlich.

Lassen sich beispielsweise $g(s)$ und $g_z(s)$ als Verzögerungsglieder erster Ordnung mit Totzeit $(PT_1T_t$-Glieder) $g(s) = \dfrac{k_S}{1+t_1 s} e^{-s\theta}$ und $g_z(s) = \dfrac{k_{Sz}}{1+t_{1z} s} e^{-s\theta_z}$ annähern und ist $\theta < \theta_z$, dann ergibt sich zum Beispiel

$$c(s) = \frac{k_{Sz}}{k_S} \frac{1+t_1 s}{1+t_{1z} s} e^{-s(\theta_z-\theta)} = k_c \frac{1+t_d s}{1+t s} e^{-s\theta_c} \tag{1-6}$$

also ein PDT_1T_t-Glied (Vorhaltglied mit Verzögerung und Totzeit), das wie in Gl. (1-6) angegeben parametriert werden muss. Ein solches Übertragungsglied ist auf vielen Prozessleitsystemen als Standard-Funktionsbaustein vorhanden bzw. lässt sich aus solchen zusammensetzen. Ein zusätzlicher Eingang am PID-Regler-Baustein erlaubt dann die Aufschaltung des hiermit erzeugten Stellsignals auf den Reglerausgang.

Für allgemeine Streckenübertragungsfunktionen $g(s)$ und $g_z(s)$ ergeben sich aber komplziertere oder gar nicht realisierbare Kompensationsglieder. Dann müssen Vereinfachungen durch Reduktion der Ordnung der Übertragungsfunktionen getroffen werden, die den Effekt der Störgrößenaufschaltung schmälern. Diese Vereinfachung kann soweit gehen, dass die Streckendynamik gar nicht berücksichtigt wird und $c(s) = k_{Sz} / k_S$ gesetzt wird (statische Störgrößenaufschaltung).

Im angegebenen technologischen Beispiel (Industrieofen) wird am Zulauf des Ofens die Störgröße Durchfluss gemessen, und über das Kompensationsglied auf den Ausgang des Temperaturreglers aufgeschaltet. Die Auswirkung schwankender Durchflüsse auf die Ausgangstemperatur des Ofens wird somit durch Anpassung der Heizleistung „vorbeugend" kompensiert.

Das Prinzip der Störgrößenaufschaltung kommt auch bei MPC-Anwendungen zum Einsatz und lässt sich dort sogar wesentlich „eleganter" realisieren (vgl. Kapitel 4). Voraussetzung für die Anwendung ist aber auch dort die Kenntnis eines Störstrecken-Modells. Alle kommerziell verfügbaren MPC-Programmsysteme weisen diese Funktionalität auf.

Split-Range-Regelung

Mit Hilfe einer Split-Range-Funktion an seinem Ausgang kann ein Regler mehrere Stellglieder mit unterschiedlicher physikalischer Wirkung und auch mit unterschiedlichem Wirkungssinn ansteuern, wenn beide Stellglieder auf dieselbe Regelgröße wirken. Das typische Beispiel sind Temperaturregelungen mit einem Heizmedium (z.B. Prozessdampf) und einem Kühlmedium (z.B. Frischwasser). Je nach Vorzeichen der Regeldifferenz kann der Temperaturregler dann entweder heizend oder kühlend eingreifen. Die Split-Range-Funktion besteht im Prinzip aus zwei Kennlinien für die beiden Aktoren. Falls die beiden Stellglieder unterschiedlich stark wirken, d.h. unterschiedliche Verstärkungsfaktoren haben, sollte dies durch unterschiedliche Steigungen der beiden Kennlinien kompensiert werden, damit sich aus der Sicht des Reglers ein möglichst einheitliches Verhalten ergibt.

Bild 1-7 verdeutlicht das Split-Range-Prinzip an einem einfachen Beispiel mit einem bipolaren Stellbereich von −100% bis +100%. Bei Ansteigen des Reglerausgangssignals von −100% auf 0% wird zunächst die Kühlleistung von 100% auf 0% reduziert, steigt das Reglerausgangssignal weiter (von 0% auf +100%), erhöht sich die Heizleistung von 0% auf 100%.

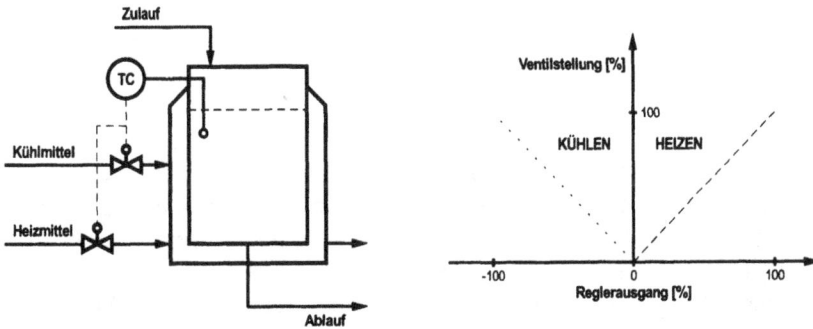

Bild 1-7: Split-Range-Funktion am Regler-Ausgang, Beispiel Temperaturregelung

Ablösende Regelung (Override Control)

Bei einer ablösenden Regelung haben zwei unterschiedliche Regler nur ein einziges Stellglied zur Verfügung. Je nach der aktuellen Situation des Prozesses beeinflusst einer der beiden Regler das Stellglied. Die logische Entscheidung, wann welcher Regler aktiv sein soll, kann anhand verschiedener Kriterien getroffen werden:

- anhand der Stellsignale beider Regler – derjenige mit dem betragsmäßig größten oder kleinsten Ausgangssignal erhält den Durchgriff auf das Stellglied,
- anhand anderer messbarer Signale, z.B. einer der beiden Regelgrößen.

In Bild 1-8 ist das Prinzip der ersten Variante am Beispiel eines Werkdampfnetzes mit zwei Druckstufen (Hoch- und Mitteldruck) gezeigt.

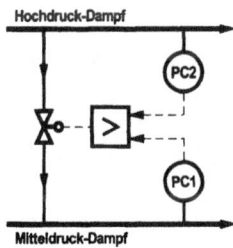

Bild 1-8: Ablösende Regelung (Override control)

Im Normalbetrieb beeinflusst der Mitteldruckdampf-Regler PC1 die Stelleinrichtung, um den Druck trotz schwankenden Verbrauchs zu stabilisieren. Wenn der Druck im Hochdruckdampfnetz aber einen vorgegebenen Grenzwert überschreitet (gestörter Betrieb), dann übernimmt der Druckregler PC2 die Regie. Der Hochdruck-Grenzwert wird als Sollwert am Regler PC2 eingestellt, überschreitet der Hochdruck-Istwert diesen Betrag, versucht der Regler

PC2 das Stellglied zu öffnen, um den Druck abzusenken. Das Stellsignal steigt so lange, bis es größer ist als das Stellsignal von PC1 und durch den Max-Selektor-(Komparator-)Baustein ausgewählt wird. Da die Stellgröße von PC2 als Entscheidungskriterium gebraucht wird, kann man den Regler im passiven Zustand nicht einfach in den Nachführbetrieb nehmen. Um dennoch das Auftreten von Windup-Effekten zu vermeiden, ist es möglich, die Stellgrößen-begrenzungen des gerade passiven Reglers in einem relativ engen Band um die Stellgröße des gerade aktiven Reglers mitzuführen, falls der Begrenzungsmechanismus des gegebenen PID-Reglers ein dynamisches Verändern aktiver Stellgrößenbegrenzungen unterstützt (was nicht selbstverständlich ist!). Bei manchen Leitsystemreglern amerikanischer Hersteller, die nach einem inkrementellen PID-Algorithmus arbeiten, gibt es stattdessen die Möglichkeit, über einen speziellen Eingang „external reset feedback" den reglerintern gespeicherten Wert der Stellgröße im letzten Abtastschritt zu überschreiben.

Die Variante 2 ist dagegen einfacher zu realisieren. Wenn die logische Entscheidung, welcher Regler gerade aktiv sein soll, direkt anhand eines Messwerts (im obigen Beispiel des Istwerts im Hochdruck-Teil) getroffen wird, kann der jeweils passive Regler problemlos in die Betriebsart Nachführen auf den Stellwert des gerade aktiven Reglers genommen werden. Die stoßfreie Umschaltung ist dadurch automatisch gewährleistet. Hinter den beiden Regler-ausgängen sitzt dann ein Selektor-Block, d.h. eine „Signalfluss-Weiche", die über ein binäres Steuersignal gestellt wird, das beispielsweise direkt einer Warngrenze des Hochdruck-Reglers entstammen kann.

1.3 Ergänzungen zur PID-Regelung

1.3.1 Beeinflussung des Führungs- und Störverhaltens

Es gibt verschiedene Möglichkeiten zur gezielten Beeinflussung des Führungs- und Störver-haltens von PID-Regelkreisen: Der Regler kann zunächst auf günstiges Störverhalten (schar-fe Einstellung zur schnellen Unterdrückung von Störungen) entworfen werden, wodurch zunächst Überschwinger bei Sollwertsprüngen bedingt werden. Solche Überschwinger kön-nen selbst dann auftreten, wenn alle Pole des geschlossenen Regelkreises hinreichend gut gedämpft sind. Sie werden von Nullstellen der Übertragungsfunktion des geschlossenen Regelkreises verursacht, die auf das Zusammenwirken des I-Anteils im Regler mit langsa-men Zeitkonstanten der Regelstrecke zurückzuführen sind. Dieses Überschwingen der Re-gelgröße über ihren Sollwert kann außer mit der Strukturzerlegung (siehe Abschnitt 1.2.1) durch drei weitere, alternative Ansätze verhindert werden [1.9]:

- Struktur-Umschaltung: Bei Sollwertsprung ist vorübergehend der I-Anteil des Reglers zu deaktivieren (d.h. es wird nur noch mit einem dynamisch vorteilhaften PD-Regler gear-beitet) und in Sollwertnähe stoßfrei wieder zuzuschalten (um eine bleibende Regeldiffe-renz zu vermeiden). Dies muss i.A. mit einer überlagerten Ablaufsteuerung realisiert

werden, und ist relativ aufwändig in der Projektierung und Parametrierung der Umschalt-
zeitpunkte.
- Regelzone: Automatikbetrieb nur in einem definierten Band um den Sollwert, außerhalb
  der Regelzone gesteuerter Betrieb mit maximaler Stellgröße. Diese Maßnahme ist nur für
  Strecken niedriger Ordnung, z.B. Temperatur-Regelstrecken mit geringen Verzugszeiten
  geeignet, führt in diesen Fällen aber zu besonders guten Ergebnissen.
- Ein dynamischer Vorfilter für den Sollwert mit der Übertragungsfunktion $f(s)$.

Um Führungs- und Störverhalten eines Regelkreises gezielt und unabhängig voneinander
beeinflussen zu können, ist ein zusätzlicher Freiheitsgrad in Form des Sollwertfilters (Vorfil-
ters) erforderlich. Das Prinzip ist in Bild 1-9 grafisch dargestellt.

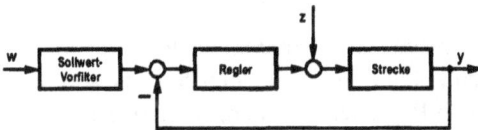

Bild 1-9: Sollwert-Vorfilter

Die Übertragungsfunktion des geschlossenen Regelkreises vom Sollwert zum Istwert lautet
dann

$$\frac{y(s)}{w(s)} = f(s)\frac{g(s)k(s)}{1+g(s)k(s)} \qquad (1\text{-}7)$$

Bei der Übertragung einer Eingangs-Störung gemäß

$$\frac{y(s)}{z(s)} = \frac{g(s)}{1+g(s)k(s)} \qquad (1\text{-}8)$$

hat der Vorfilter $f(s)$ keinen Einfluss, sondern nur der Regler $k(s)$. Der Entwurf des Reglers $k(s)$ kann daher im Hinblick auf optimales Störverhalten erfolgen. Anschließend kann
bei festgehaltenem Regler der Vorfilter $f(s)$ so entworfen werden, dass die Anforderungen
an das Führungsverhalten erfüllt werden.

In der Praxis ist es oft üblich, auf einen expliziten Vorfilter in Form einer dynamischen
Übertragungsfunktion $f(s)$ zu verzichten, aber das Führungsverhalten bei Sollwertsprüngen
mit Hilfe einer Sollwertrampe zu „zähmen".

Auch bei MPC spielt das Thema Sollwert-Vorverarbeitung eine wichtige Rolle. Wie später
gezeigt wird, kann der Anwender dort z.B. so genannte Sollwert-Trajektorien vorgeben, um
das Führungsverhalten gezielt zu beeinflussen.

1.3.2   Parameteroptimierung

Viele PID-Regler werden in der Praxis durch mehr oder weniger systematisches Probieren, bestenfalls durch heuristische Einstellregeln eingestellt, wobei der D-Anteil oft gar nicht genutzt wird. Für bestimmte Standard-Regelstrecken, wie z.B. Durchflussregelung von Flüssigkeiten mit einem Proportionalventil, gibt es Erfahrungswerte für Standard-Parametersätze. Bei langsamen Strecken, wie z.B. Temperaturstrecken, ist eine Optimierung durch reines Probieren jedoch zu zeitaufwändig, da bereits die Beobachtung einer einzelnen Sprungantwort mehrere Stunden in Anspruch nehmen kann. Leider zeigt die Erfahrung, dass eine große Zahl der in der Industrie eingesetzten PID-Regler keine günstige Reglereinstellung aufweist. Bei vielen APC-Projekten ist daher die Überprüfung und ggf. Neueinstellung der Reglerparameter für die in die APC-Funktionen einzubeziehenden Regelkreise ein wichtiger Projektschritt.

Zunehmend setzt sich der Einsatz von rechnergestützten Verfahren zur Regleroptimierung durch. Vor jeder Applikation eines überlagerten Prädiktivreglers ist ohnehin eine sorgfältige, systematische Optimierung der unterlagerten PID-Regler erforderlich, da diese Teil des Prozessmodells für MPC sind und später nicht mehr umparametriert werden sollten.

Die Bestimmung günstiger Reglerparameter kann durch eine experimentelle Vorgehensweise erfolgen, bei der zunächst ein Modell der Regelstrecke gebildet wird. Der Prozess wird entweder durch einen Stellgrößensprung im Handbetrieb des Reglers oder durch einen Sollwertsprung im Automatikbetrieb angeregt, falls bereits eine grobe, zumindest stabile Reglerparametrierung vorliegt. Aus den archivierten Messdaten wird ein dynamisches Prozessmodell identifiziert, d.h. Schätzwerte für die Modellparameter werden so bestimmt, dass die Lerndaten möglichst gut durch das Modell wiedergegeben werden.

In dem besonders einfachen und robusten Verfahren nach [1.10] wird beispielsweise ein Ansatz mit PT_n-Modellen steigender Ordnung gewählt:

$$g(s) = \frac{k_S}{(t_1 s + 1)^n}$$

Es müssen nur die drei Parameter Streckenverstärkung k_S, Zeitkonstante t_1 und Ordnung n bestimmt werden. Je größer die Ordnung n, desto größer ist die Verzugszeit im Vergleich zur Ausgleichszeit der Sprungantwort. Auf Basis des identifizierten Prozessmodells erfolgt die Bestimmung günstiger Reglerparemeter nach dem Verfahren des Betragsoptimums ([1.11], S. 258) mit folgenden Berechnungsformeln:

PI-Regler:

$$k_p = \frac{n+2}{4(n-1)} \cdot \frac{1}{k_S} \ \forall \ n > 1, \quad t_i = \frac{n+2}{3} t_1$$

PID-Regler:

$$k_p = \frac{7n+16}{16(n-2)} \cdot \frac{1}{k_S} \ \forall \ n > 2, \quad k_p = \frac{37}{16} \cdot \frac{1}{k_S} \ \text{für } n = 2, \quad t_i = \frac{7n+16}{15} t_1, \quad t_d = \frac{(n+1)(n+3)}{7n+16} t_1$$

Die entsprechende Verzögerung des D-Anteils wird mit einen festen Faktor der Vorhaltverstärkung hinzugenommen.

Werkzeuge für die rechnergestützte Regelkreisoptimierung gibt es in zwei unterschiedlichen Formen. Einerseits sind heute in vielen Automatisierungssystemen bereits Selbsteinstelloder Autotuning-Verfahren integriert, die als Standard- oder Zusatzfunktion zum PID-Softwarebaustein angeboten werden. Mit Autotuning ist hier nicht die fortlaufende Adaption der Reglerparameter, sondern die automatische Ermittlung günstiger Parameter „auf Anforderung" gemeint.

Andererseits sind Programmpakete verfügbar, die über geeignete Schnittstellen an Automatisierungssysteme unterschiedlicher Hersteller gekoppelt werden können und günstige Parameter *für diese Systeme* berechnen. Tab. 1.1 enthält eine Auswahl solcher Tools. Einige der für das Control Loop Performance Monitoring (siehe unten) entwickelten Werkzeuge enthalten ebenfalls Komponenten zur Reglerparameter-Bestimmung.

Tab. 1.1: Werkzeuge zur Regelkreisoptimierung (Auswahl)

Name des Produkts	Anbieter
RaPID	IPCOS Technology
Expertune	Expertune
TuneWizard	PAS

1.3.3 Control Performance Monitoring

Jüngere Untersuchungen in den USA und Kanada [1.12 und 1.13] haben gezeigt, dass trotz des breiten Übergangs zum Einsatz von Prozessleitsystemen viele in der Prozessindustrie eingesetzten PID-Basisregelungen ihre Entwurfsziele nicht in gewünschtem Maß erfüllen. So hat eine Analyse von inzwischen mehr als 250.000 Regelkreisen weltweit ergeben, dass über ein Drittel der Regelungen in der Betriebsart Hand betrieben werden, also gar nicht als automatische Regelungen wirksam sind, nur ein Drittel weist eine zumindest akzeptable Regelgüte auf [1.14]. Einige der dafür verantwortlichen Ursachen werden in [1.15] diskutiert. Die ökonomischen Konsequenzen sind im Einzelnen schwer quantifizierbar, werden aber einhellig als gravierend negativ angesehen.

Diese Erkenntnis hat im letzten Jahrzehnt zur Entwicklung von Methoden und Werkzeugen für die fortlaufende Überwachung, Bewertung und Diagnose von Regelkreisen geführt, die noch keineswegs abgeschlossen ist. International wurden dafür die Begriffe Control Loop Performance Monitoring (CPM) oder auch Loop Auditing geprägt. Dabei geht es im Kern

darum, durch Sammlung und rechnergestützte Analyse von routinemäßig anfallenden Regel-
kreisdaten (Istwert, Sollwert, Stellgröße)

- die Regelgüte zu bewerten und die im Anlagenumfeld wichtigsten Regelkreise mit dem
  größten Verbesserungspotential zu erkennen,
- die Ursachen für unbefriedigendes Regelverhalten automatisch zu diagnostizieren (u.a.
  ungünstige Reglereinstellung, Stelltechnik-Probleme, äußere Störgrößen),
- das Langzeitverhalten der Performance-Indizes und Diagnosen zu beobachten und
- die gewonnenen Informationen nutzerfreundlich aufzubereiten, zu visualisieren und damit die Tätigkeit des für die Prozessführung und -leittechnik verantwortlichen Personals
  zu unterstützen und zu vereinfachen.

Charakteristisch ist dabei eine überwiegend nicht-invasive Arbeitsweise, d.h. der Verzicht
auf aktive Anlagenexperimente. Die entwickelten Methoden konzentrieren sich auf

- die Auswertung von Bedien- und Alarmprotokollen sowie die Berechnung einfacher
  statistischer Kennziffern,
- die Berechnung von Performance-Indizes für die Bewertung der Regelgüte auf der
  Grundlage von Benchmarktests (Harris-Index und dessen Modifikationen),
- die Erkennung und Diagnose von Regelkreis-Oszillationen.

Eine Übersicht über den Entwicklungsstand vermitteln u.a. [1.16 bis 1.18]. In Bild 1-10 ist
die Vorgehensweise beim Einsatz von CPM-Werkzeugen zusammenfassend dargestellt.

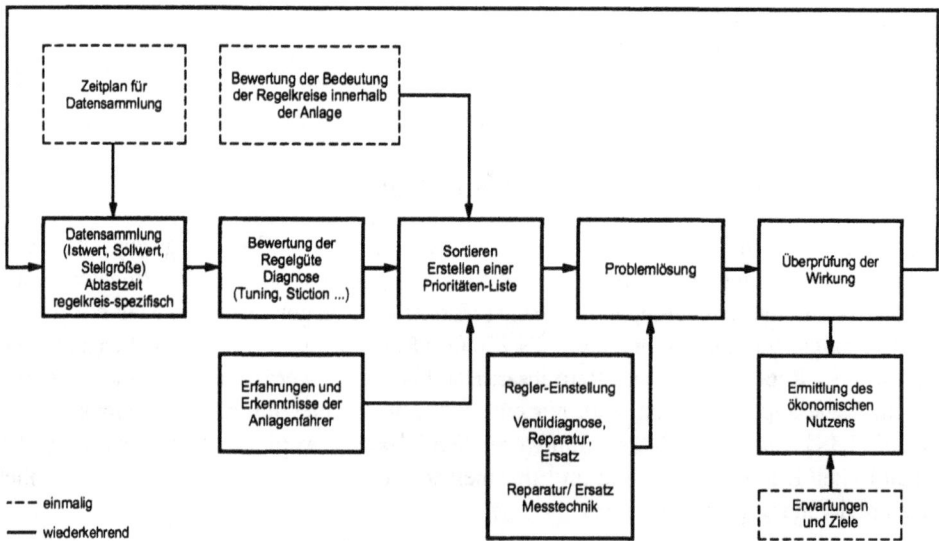

Bild 1-10: Methodik des Einsatzes von CPM-Werkzeugen

Einige marktgängige CPM-Systeme und -Dienstleistungen sind in Tab. 1.2 zusammengestellt.

Tab. 1.2   Marktgängige CPM-Werkzeuge

Name des Produkts	Anbieter
Loopscout	Honeywell (USA)
ProcessDoc	Matrikon (Kanada)
Plant Triage	Expertune (USA)
LPM	ABB (USA)
PCT Loop Optimizer Suite	Procontrol (Schweden)

1.4   Advanced-Control-Verfahren in Prozessleitsystemen

In diesem Abschnitt wird zunächst ein kurzer Überblick über Advanced-Control-Methoden gegeben, um das Thema „MPC" in die Landschaft gehobener Regelungsverfahren einzuordnen, und dem Leser eine Einschätzung zu ermöglichen, welche Verfahren sich für welche Arten von Aufgabenstellungen eignen. Ausführlichere Darstellungen finden sich in [1.19] und in den Advanced-Control-Abschnitten der Lehrbücher [1.20] bis [1.22]

In Tab. 1.3 sind die auf den verschiedenen Ebenen der Prozessautomatisierung angesiedelten Funktionen dargestellt.

In der Tabelle sind auch typische Zeithorizonte angegeben, in denen diese Aufgaben gelöst werden. Advanced-Control-Strategien im engeren Sinn sind durch Fettdruck hervorgehoben, wobei die Grenzen zu anderen Funktionen z.T. fließend sind. Die Auflistung stützt sich auf verschiedene Quellen (u.a. [1.2], [1.19] und [1.21]). Insbesondere in [1.2] ist eine Klassifizierung von APC-Methoden nach dem Grad ihrer industriellen Nutzung angegeben, die in die tabellarische Übersicht eingeflossen ist.

Hinsichtlich der Realisierung von Advanced-Control-Strategien in Prozessleitsystemen ist zu ergänzen:

- Vermaschte Regelungen, einfache nichtlineare Regelungen wie Gain Scheduling, Entkopplungsnetzwerke (für Mehrgrößensysteme mit nicht mehr als zwei bis drei Steuer- und Regelgrößen), einfache Softsensoren (lineare und nichtlineare Gleichungen) und Smith-Prädiktor-Regler werden normalerweise mit Software-Funktionsbausteinen der Prozessleitsysteme gelöst.
- Selbsteinstellverfahren für PID-Regler (nicht fortlaufende Adaption, sondern Selbsteinstellung auf Anforderung) sind bei vielen PLS und digitalen Kompaktreglern eine Standardfunktion.

Tab. 1.3: APC-Strategien in der Hierarchie der Prozessautomatisierung

Ebene	Automatisierungsfunktion	Zeithorizont
Unternehmens-Leitebene	Supply Chain Management, längerfristige Produktionsplanung, Kostenanalyse, andere betriebswirtschaftlich orientierte Funktionen	Tage... Monate
Betriebs-Leitebene	**Online-Prozessoptimierung** mit theoretischen Prozessmodellen (Real Time Optimization – RTO) – statische Arbeitspunktoptimierung und Trajektorien-Optimierung für An- und Abfahrprozesse sowie Umsteuerungsvorgänge	Stunden... Tage
	Koordinierung von MPC-Regelungen	
	Erweiterte Protokollierung und Betriebsdaten-Archivierung (Prozess- und Labor-Informationssysteme)	
	Process Performance Monitoring, Beratungs- und Expertensysteme	
	Rezeptur-Erstellung und -verwaltung	
	Kurzfristige Produktionsplanung	
Prozess-Leitebene II	Bedienen und Beobachten	Minuten... Stunden
	Model Predictive Control (mit integrierter lokaler Arbeitspunktoptimierung)	
	Fuzzy-Logik und Fuzzy-Control	
	Andere moderne Regelungsverfahren (adaptive Regelungen, robuste Regelungen, nichtlineare Regelungen, Internal Model Control – IMC, optimale Zustandsregelung – LQ-Regelungen, Entkopplungsregelungen, Smith-Prädiktor-Regelung, Gain Scheduling ...)	
	Softsensoren (Beobachter, Kalman-Filter, neuronale Netze, Regressions-modelle)	
	Prozessdiagnose – Statistical Process Control (SPC)	
	Control Loop Performance Monitoring (CPM)	
	Rezeptur- und Ablaufsteuerungen	
Prozess-Leitebene I	Registrieren/Protokollieren	< 1 Sekunde... Sekunden
	PID-Basisregelungen und **vermaschte Regelungen** (Kaskadenregelung, Verhältnisregelung, Störgrößenaufschaltung, Split-Range-Regelung, Override-Regelung...)	
	Selbsteinstellung von PID-Reglern (nicht fortlaufend)	
	Schutz- und Verriegelungsfunktionen	
Feldebene	Erfassung und Beeinflussung von Prozessgrößen mit (zunehmend intelligenten) Mess- und Stelleinrichtungen	< 1 Sekunde

- Fuzzy-Logik-Funktionen sind zum Teil in PLS integriert, alternativ werden aber auch spezielle Fuzzy-Tools angeboten, die über Schnittstellen wie OPC an die PLS gekoppelt werden müssen.
- MPC-Regler werden überwiegend als PLS-unabhängige Programmsysteme angeboten, es gibt aber auch (wenige) „schlanke" MPC-Regler, die als PLS-Bausteine integriert sind.
- Beide Realisierungsformen gibt es auch für kompliziertere Softsensoren, z.B. in Form künstlicher neuronaler Netze, wobei in PLS integrierte Lösungen eher die Ausnahme sind.
- Bei Control Loop Performance Monitoring überwiegen ebenfalls PLS-externe Programmsysteme, in jüngster Zeit werden auch PLS-integrierte einfache CPM-Tools angeboten.
- Programmsysteme zur Online-Prozessoptimierung sind auf Grund ihrer Komplexität grundsätzlich nicht in PLS integriert.

- Neuere oder noch im Entwicklungsstadium befindliche moderne Verfahren der adaptiven, robusten oder nichtlinearen Regelung müssen überwiegend applikationsspezifisch im Einzelfall implementiert werden. Meist ist dies vom Rechenaufwand her nicht mehr auf den Automatisierungsstationen des PLS möglich, so dass sich eine Rapid-Prototyping-Umgebung dafür anbietet.

Das Prozessleitsystem bleibt also in den meisten Fällen die zentrale Informationsdrehscheibe. Nur in Ausnahmefällen werden APC-Lösungen durch Datenaustausch über ein Prozess-Informations-Management-Systems (PIMS) bzw. „Historian" realisiert.

Eine andere Einteilung von Advanced-Control-Methoden wurde durch den GMA-Fachausschuss 6.22 „Industrielle Anwendungen komplexer Regelungen und Prozessführungsstrategien" auf dem GMA-Kongress 2001 erarbeitet und in einer Beitragsreihe der Zeitschrift „Automatisierungstechnische Praxis" vorgestellt (vgl. [1.23]). Dieses Säulen-Modell ist in Bild 1-11 dargestellt.

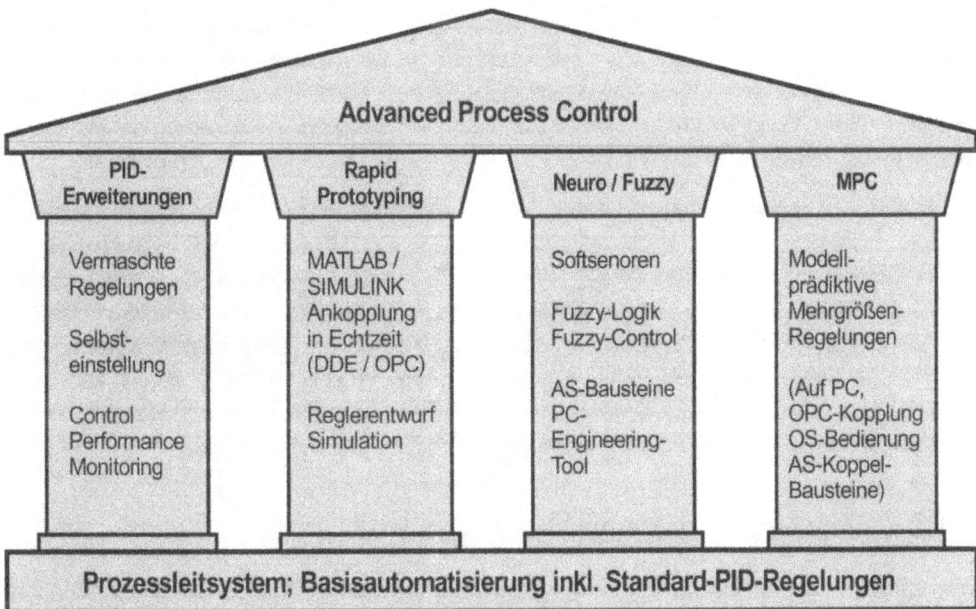

Bild 1-11: Säulen-Modell für Advanced-Process-Control (AS...Automatisierungssystem, OS...Operatorstation)

Diese Darstellung gliedert die auf momentan am Markt für Prozessleitsysteme angebotenen und in einem stärkeren Maß genutzten Advanced-Control-Verfahren in vier Klassen:

- Erweiterungen zur PID-Regelung
- Rapid Prototyping
- Neuronale Netze, Fuzzy-Logik
- Modellbasierte Prädiktivregelung (MPC)

Die erste Säule des GMA-Modells wurde bereits in Abschnitt 1.3 behandelt. Auf die anderen wird in den folgenden Unterabschnitten näher eingegangen.

1.4.1   Rapid Prototyping (MATLAB/SIMULINK-Ankopplung)

MATLAB/SIMULINK ist ein universelles mathematisches Programmsystem mit einer Vielfalt von Funktionen auf den Gebieten der Regelungstechnik, Informationsverarbeitung, Modell-bildung, Optimierung und Datenanalyse. Es ist gleichzeitig das am weitesten verbreitete Werkzeug für die Entwicklung höherwertiger Regelalgorithmen in einer Laborumgebung mit simulierten Prozessen. Es ist nicht nur in der regelungstechnischen Ausbildung inzwischen weltweit das Standardwerkzeug, sondern auch in der Industrie.

Mit dem Begriff „Rapid Controller Prototyping" wird eine Methodik und eine dazu gehörige Entwicklungsumgebung bezeichnet, die zu einer schnellen und kostengünstigen Entwicklung neuer Regelungssysteme für Prozesse mit schneller Dynamik (z.B. mechatronische Systeme im Fahrzeugbau) beiträgt. Im Mittelpunkt stehen dabei oft der Regelungsentwurf mit Hilfe von MATLAB/SIMULINK und die Code-Generierung für Echtzeit-Hardwaresysteme, aber auch die Erzeugung eines Regelstreckenmodells für eine Hardware-in-the-Loop-Simulation. Elemente dieser Vorgehensweise finden sich auch bei die Entwicklung höherwertiger Rege-lungen in der Prozessindustrie wieder.

Die Umsetzung gehobener regelungstechnischer Funktionen in den Echtzeitbetrieb am realen Prozess bedeutete bisher einen erheblichen Aufwand. Eine Echtzeit-Schnittstelle zu MATLAB (wie sie z.B. für das Prozessleitsystem PCS 7 in [1.24] beschrieben wird) ermög-licht dagegen den schnellen Übergang von der Laborentwicklung mathematischer Verfahren zur Erprobung am realen Prozess, ein Rapid Prototyping von Automatisierungsfunktionen mit dem gesamten Vorrat der MATLAB-Routinen und Toolboxen. Somit lassen sich auch aufwändige mathematische Funktionen zur Prozessführung nutzen, die sich nur schwer mit den standardmäßigen Mitteln im Prozessleitsystem selbst realisieren lassen.

1.4.2   Fuzzy-Logik und Fuzzy-Control

Sowohl mit Fuzzy-Logik als auch mit künstlichen neuronalen Netzen können nichtlineare Kennfelder definiert werden, im ersten Fall basierend auf einer sprachlichen Beschreibung mit Wenn-Dann-Regeln (Experten-Wissen), im zweiten Fall basierend auf Lern-Beispielen (Trainingsdaten). Zur Realisierung im Prozessleitsystem stehen in beiden Fällen oftmals vorgefertigte Funktionsbausteine für die AS zur Verfügung, die jeweils über ein spezielles, PC-gestütztes Konfigurations-Werkzeug mit Parametern versorgt werden.

Die Grundidee der Fuzzy-Logik besteht darin, heuristisches Expertenwissen formal darzu-stellen, indem verschiedene Wertebereiche von kontinuierlichen Prozessvariablen mit Hilfe von Zugehörigkeitsfunktionen auf sprachliche Begriffe, wie z.B. „kalt/warm", „hoch/niedrig" usw., abgebildet werden. Eine unscharfe Logik ermöglicht es, analog zur klassi-schen zweiwertigen Aussagenlogik logische Ausdrücke mit Operatoren wie „und", „oder",

„nicht", „daraus folgt" mathematisch auszuwerten. Gute Einführungen in das Gebiet Fuzzy-Control finden sich z.B. in [1.25] und [1.26].

Die effiziente Entwicklung von Fuzzy-Control-Anwendungen kann nur rechnergestützt erfolgen. Eine Fuzzy-Entwicklungsumgebung dient zum grafischen Definieren von Zugehörigkeitsfunktionen, Editieren von Regelbasen in Tabellen- oder Matrixform, Darstellen von zwei- oder mehrdimensionalen Kennfeldern, zur Simulation des Automatisierungssystems usw. Fuzzy-Anwendungen sind in der Automatisierungstechnik vor allem bei Prozessen anzutreffen, in denen Nichtlinearitäten eine große Rolle spielen, und für die menschliches Erfahrungswissen genutzt werden soll. Typische Einsatzfelder sind

- Direkte Fuzzy-Regelung und -Steuerung (auch in Kombination mit klassischen Ansätzen, z.B. Fuzzy-Störgrößenaufschaltung)
- Fuzzy-Logik zur Parameter-Steuerung oder Adaption (von Reglern, Beobachtern oder Modellen)
- Datenbasierte Modellierung / Identifikation (einschließlich Softsensoren und Neuro-Fuzzy-Methoden)
- Klassifikation/Mustererkennung (einschl. Merkmalsextraktion und -generierung)
- Technische Diagnose
- Fuzzy-basierte Prozessführung und Optimierung (supervisory control)
- Experten- bzw. Entscheidungsunterstützungs-Systeme („decision support systems").

Erfolgreiche Anwendungen in der Prozessautomatisierung werden in [1.27] beschrieben. Prinzipiell können auch (nichtlineare) Prädiktivregler mit Fuzzy-Prozessmodellen entwickelt werden. Bisher sind jedoch Fuzzy-Methoden nur in wenige MPC-Programmsysteme integriert.

1.4.3   Softsensoren und künstliche neuronale Netze

Viele verfahrenstechnische Prozesse sind dadurch gekennzeichnet, dass für die Ermittlung wesentlicher Qualitätskenngrößen der Zwischen- und Endprodukte derzeit noch keine zuverlässigen, schnellen, preiswerten und wartungsarmen Sensoren zur Verfügung stehen. Die Anwendung von Online-Analysemessgeräten oder die Durchführung von Laboranalysen ist nicht nur mit großem Aufwand, sondern auch mit großem Zeitverzug verbunden, so dass wirksame Steuereingriffe zur Einhaltung der geforderten Spezifikationen kurzfristig nicht mehr möglich sind. Eine Alternative stellt in diesen Fällen die Anwendung modellgestützter Messverfahren dar, bei denen direkt und einfach messbare Prozessgrößen verwendet werden, um eine Vorhersage von Qualitätsparametern zu ermöglichen. Voraussetzung ist das Vorhandensein eines geeigneten Prozessmodells, das den Zusammenhang zwischen diesen Größen beschreibt (Bild 1-12). In der Literatur werden für dieses Vorgehen u.a. die Begriffe Softsensor, virtueller Online-Analysator oder „property estimator" verwendet.

Einfach messbare
Prozessgrößen

Aufwändig
und / oder
mit großem
Zeitabstand /
Zeitverzug
messbare
Qualitäts-
kenngröße

P

T

F

D

SOFTSENSOR
(Virtueller Online-Analysator)

Vorhersagemodell
(linear oder nichtlinear)

verschiedene
Entwicklungsmethoden
lineare Regression
nichtlineare Regression
künstliches neuronales Netz

Laboranalyse
Online-Analysator

Anpassung /
Korrektur

Q

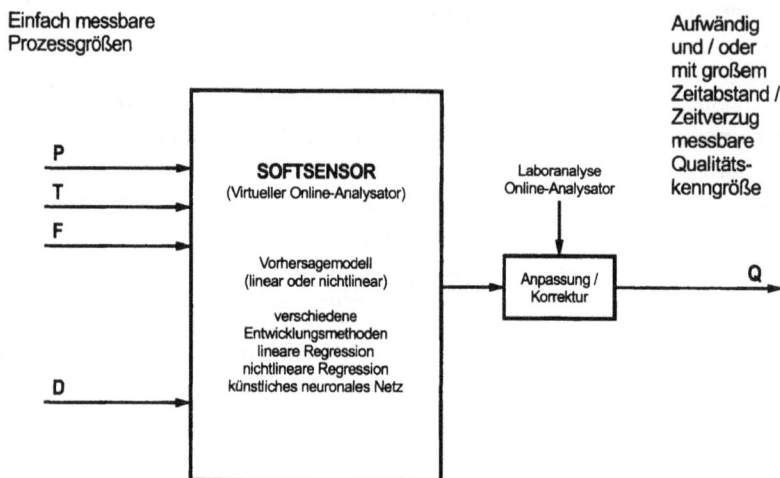

Bild 1-12: Prinzip eines Softsensors

Für die Entwicklung von Softsensoren werden unterschiedliche Methoden angewendet. Die besten Ergebnisse lassen sich erreichen, wenn theoretische Prozessmodelle verwendet werden, die auf physikalischen, thermodynamischen und chemischen Gesetzmäßigkeiten beruhen [vgl. 1.7, Abschnitt 9.1]. Leider erweist sich dieses Herangehen in vielen Fällen als unpraktikabel, da der Aufwand für die theoretische Modellbildung im Verhältnis zum erwarteten Nutzen zu groß ist. Weniger aufwändig, wenn auch nicht immer von Erfolg gekrönt, ist eine Modellbildung auf der Grundlage historischer Prozessdaten. Nachteilig ist hier, dass die den Softsensoren zugrunde liegenden Prozessmodelle nur in dem Bereich gültig sind, für den auch Prozessdaten in ausreichender Zahl und Qualität zur Verfügung stehen, eine Extrapolation also nur eingeschränkt möglich ist.

Wenn die Beziehungen zwischen den messbaren Prozessgrößen und den zu schätzenden Qualitätsgrößen stark nichtlinear sind, hat sich der Einsatz künstlicher neuronaler Netze (KNN) für die Modellbildung bewährt, weil in diesem Fall die konkrete Form der Nichtlinearität nicht vorgegeben werden muss. Die Struktur eines KNN entspricht grob der Struktur biologischer Gehirne und ist am Beispiel eines mehrschichtigen vorwärts gerichteten Perzeptrons in Bild 1-13 dargestellt.

Die Ausgangsgrößen des KNN werden aus den Eingangsgrößen über ein Netz von Neuronen (Knoten) berechnet, in denen eine nichtlineare Transformation durchgeführt wird, und die über gewichtete Verknüpfungen miteinander verbunden sind. Das im Netz gespeicherte „Wissen" steckt in den Verbindungsgewichten. In einer Trainingsphase werden diese Gewichte so eingestellt, dass die berechneten Netzausgänge (hier die vorherzusagenden Qualitäten) möglichst gut mit den gemessenen Werten übereinstimmen. Eingangsgrößen des KNN sind die einfach messbaren Prozessgrößen. Mathematisch ist das Netztraining nichts anderes als eine spezielle Form der nichtlinearen Regression, bei der die Netzgewichte so bestimmt

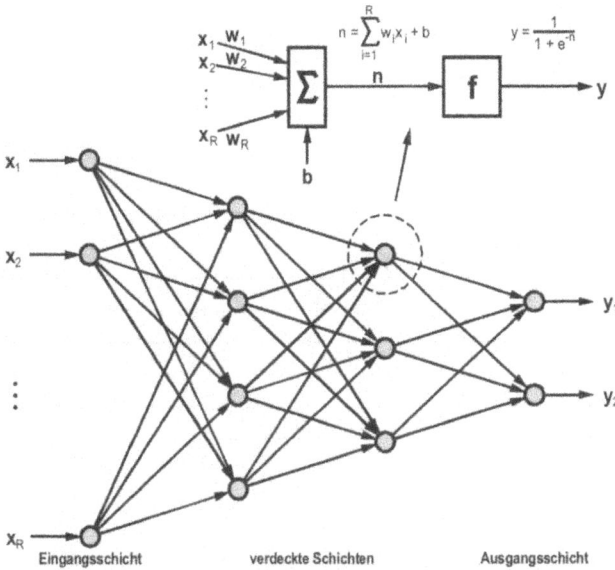

$$n = \sum_{i=1}^{R} w_i x_i + b \qquad y = \frac{1}{1 + e^{-n}}$$

Bild 1-13: Struktur eines künstlichen neuronalen Netzes (Feedforward Multilayer Perceptron)

werden, dass die Summe der Fehlerquadrate zwischen den gemessenen und berechneten Ausgangsgrößen minimal wird (Bild 1-14).

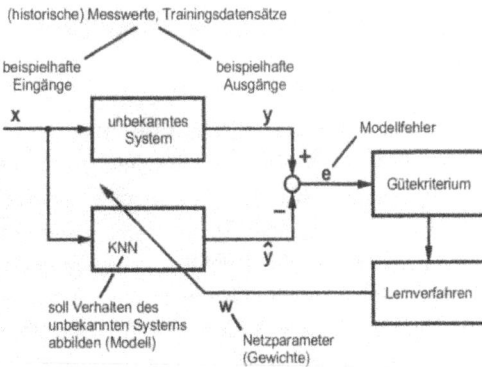

Bild 1-14: Prinzip des Netztrainings

Entscheidend für die erfolgreiche Entwicklung von Softsensoren unter Verwendung von KNN sind aber nicht nur die eingesetzten Regressions- bzw. Trainingsalgorithmen, sondern die richtige Auswahl und Vorverarbeitung der Messdaten, die Einbeziehung von Prozesswissen für die Auswahl relevanter Eingangsgrößen und zeitlicher Zusammenhänge sowie für die Validierung des generierten Modells. Heute existieren leistungsfähige Software-Werkzeuge, die diese Entwicklungsschritte unterstützen. Tab. 1.4 zeigt eine Auswahl.

Tab. 1.4: Entwicklungswerkzeuge für Softsensoren (Auswahl)

Name des Produkts	Anbieter
Process Insights	Pavilion Technologies
Aspen IQ	Aspen Technology
Profit Sensor	Honeywell
NeurOnline Studio	Gensym
Inferential Modeling Platform	ABB
Presto	IPCOS
RQE^{Pro}	Shell Global Solutions

Typische Anwendungen sind z.B. die Berechnung von

- Siedeschnitten, Flash- oder Cloud-Punkten von Erdölfraktionen,
- Viskosität, Schmelzindex oder Dichte von Polymeren,
- Emissionskennzahlen (Luft, Abwasser),
- Qualitätsparametern biotechnologischer Prozesse.

Eine gute Einführung in die Thematik der Modellbildung mit Hilfe von KNN bieten z.B. [1.19, 1.28 bis 1.30]. Beispiele für die erfolgreiche Entwicklung und Anwendung von KNN-basierten Softsensoren findet man in [1.31] und der dort zitierten Literatur.

1.4.4 Mehrgrößenregelung und modellprädiktive Regelung (MPC: Model Predictive Control)

In Abschnitt 1.2 wurde gezeigt, dass die Basis-Automatisierung verfahrenstechnischer Prozesse durch die überwiegende Verwendung einschleifiger PID-Regelkreise gekennzeichnet ist, die unabhängig voneinander entworfen bzw. eingestellt werden. Jeder Regler ist dabei nur für „seine" Regelgröße zuständig, ohne auf benachbarte oder physikalisch verknüpfte Regelgrößen Rücksicht zu nehmen. Viele verfahrenstechnische Prozesse besitzen jedoch einen ausgeprägten Mehrgrößencharakter und Wechselwirkungen zwischen den Steuer- und Regelgrößen, die mitunter so groß sind, dass sie sich auf die angegebene Weise nicht ausreichend beherrschen lassen. Ein typisches Beispiel ist die Regelung einer Rektifikationskolonne, deren Aufgabe die thermische Trennung eines Stoffgemischs mit unterschiedlichen Siedepunkten ist. Bild 1-15 zeigt ein vereinfachtes technologisches Schema mit eingetragenen PLT-Stellen. Aufgabe der Regelung sei es, die Zusammensetzung sowohl des Kopf-, als auch des Sumpfprodukts auf vorgegebenen Sollwerten zu stabilisieren. Als Stellgrößen werden der Kopf-Rücklauf und die Heizleistung verwendet. Es ist offensichtlich, dass beide Stellgrößen beide Regelgrößen beeinflussen.

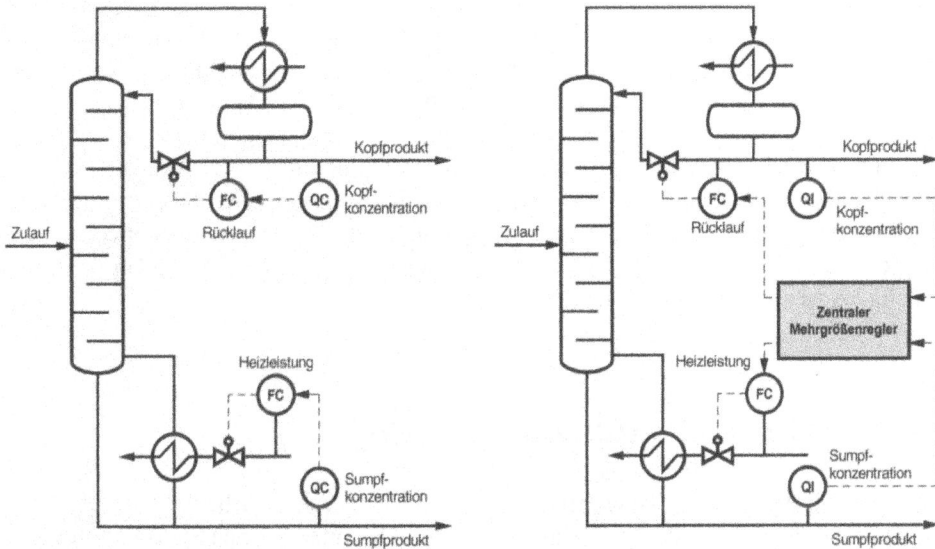

Bild 1-15: Rektifikationskolonne mit Eingrößenregelungen für Kopf- und Sumpfkonzentration (links) und zentraler Mehrgrößenregelung (rechts)

Der Entwurf von zwei Eingrößenregelungen (in der linken Bildhälfte dargestellt) hat die Konsequenz, dass sich die beiden Regelkreise mehr oder weniger stark gegenseitig beeinflussen.

Als Alternativen zur Verbesserung der Regelgüte bei solchen Verkopplungsproblemen kommen dann in Frage:

- Modifikation der Zuordnung von Stell- und Regelgrößen mit dem Ziel einer besseren Entkopplung der Teilregelkreise [1.32 und 1.33]
- Berücksichtigung der Verkopplungen bei der Wahl der Reglerparameter für die Einzelregler [1.34, Kap. 17.5 und 1.35]
- Entwurf von Entkopplungs-Netzwerken [1.36]
- Entwurf einer (zentralen) Mehrgrößenregelung (rechts in Bild 1-15 dargestellt)

Für den theoretisch „besten" Weg, nämlich die Anwendung einer zentralen Mehrgrößenregelung, existiert eine Vielzahl von Entwurfsverfahren. Eine Übersicht vermitteln u.a. [1.37 bis 1.39]. Allerdings zeigt die Praxiserfahrung der letzten Jahrzehnte, dass sich viele der dort beschriebenen Verfahren, darunter insbesondere die Zustandsregelungen (Regelungen unter Verwendung eines linearen Zustandsmodells der Regelstrecke) in der verfahrenstechnischen Praxis aus verschiedenen Gründen nicht durchgesetzt haben. Schuld daran sind u.a. Schwierigkeiten bei der Modellbildung und -vereinfachung, die fehlende explizite Berücksichtigung von Nebenbedingungen für die Stellgrößen, Integritätsprobleme bei Ausfall einer Mess- und/oder Stelleinrichtung und fehlende Kenntnisse beim Personal. Ein wirklicher Durchbruch bei der Anwendung von Mehrgrößenregelungen in der Prozessindustrie ergab sich erst mit der Entwicklung des MPC-Konzepts, das den Gegenstand dieses Buches bildet. Wie in Kapitel 2 im Detail erläutert wird, kommen MPC-Technologien nicht nur dem Mehrgrößencharakter verfahrenstechnischer Prozesse entgegen, sondern sie sind auch in der Lage, Nebenbedingungen für die Stell- und Regelgrößen explizit im Regelalgorithmus zu berücksichtigen, und Regelungsprobleme mit einer ungleichen und zeitlich veränderlichen Zahl von Stell- und Regelgrößen zu behandeln. Überdies verfügen diese Regler über eine integrierte Funktion zur statischen Arbeitspunktoptimierung, die ihren Einsatz aus ökonomischer Sicht besonders attraktiv machen. Der ökonomische Nutzen kann je nach Art und Größe der Anwendung bis zu mehreren Mio. €/Jahr betragen.

1.5   Online-Prozessoptimierung

MPC-Regelungssysteme enthalten eine Funktion zur statischen Arbeitspunktoptimierung. Allerdings geschieht diese dort im Rahmen des durch die einbezogenen Stell- und Regelgrößen umfassten Anlagenteils und i.A. auf der Grundlage experimentell gewonnener linearer Prozessmodelle. In einer höheren Ebene der Hierarchie von Automatisierungsfunktionen angeordnet ist die so genannte Online-Prozessoptimierung (Real Time Optimization, RTO). Sie umfasst meist einen größeren Teil einer Anlage, die Gesamtanlage oder gar einen Anlagenkomplex und stützt sich auf rigorose nichtlineare Modelle für das statische Prozessverhalten, die meist durch eine Kombination von theoretischer und experimenteller Modellbildung gewonnen werden. Das Ziel der Online-Prozessoptimierung besteht darin, ökonomisch optimale Sollwerte für die in der tieferen Hierarchieebene angeordneten Regelungssysteme zu berechnen.

Mathematisch wird das Problem der Online-Prozessoptimierung als nichtlineares Optimierungsproblem mit Nebenbedingungen formuliert. Die Zielfunktion ist ökonomischer Natur und lässt sich allgemein wie folgt formulieren:

$$Gewinn = J(\overline{w}) = \sum_P c_P \dot{v}_P - \sum_F c_F \dot{v}_F - Betriebskosten \qquad (1\text{-}9)$$

Darin bedeuten $\dot{v}_P$ und $\dot{v}_F$ Produkt- und Rohstoffdurchflüsse, c_P und c_F sind die dazu gehörigen Preise. Mit $\overline{w}$ werden die unabhängigen Variablen bezeichnet, d.h. die Sollwerte unterlagerter Regelkreise, durch deren geeignete Wahl die Zielfunktion zu maximieren ist. Das Prozessmodell für das statische Verhalten geht als ein Satz von Gleichungs-Nebenbedingungen in das Optimierungsproblem ein. Darüber hinaus sind Ungleichungs-Nebenbedingungen für bestimmte Prozessgrößen zu beachten, z.B. sollen Grenzwerte für Drücke oder Temperaturen nicht überschritten werden, bestimmte physikalische Größen können nur positive Werte annehmen, es existieren nur begrenzte Speicherkapazitäten usw.

Die Lösung des Online-Optimierungsproblems geschieht in mehreren Schritten [1.21, Kapitel 19]:

- Sammlung und Vorverarbeitung von Prozessdaten, Bilanzausgleich (data reconciliation/ gross error detection), das heißt Überprüfen und ggf. Erzwingen der physikalischen Plausibilität der Daten [1.40]
- Erkennung des stationären Zustands der Prozessanlage mit speziellen statistischen Methoden als Voraussetzung für den Start der Optimierung [1.41]
- Anpassung ausgewählter Modellparameter an das aktuelle Anlagenverhalten durch nichtlineare Regression
- Lösung des nichtlinearen beschränkten Optimierungsproblems mit aktualisiertem Prozessmodell und aktuellen Preis-/Kosteninformationen

Numerische Verfahren zur Lösung von Online-Optimierungsaufgaben und verfügbare Programmsystem werden u.a. in [1.42] vorgestellt. Im Gegensatz zur optimalen Dimensionierung verfahrenstechnischer Anlagen (Entwurfsoptimierung) wird bei der Online-Prozessoptimierung der optimale Arbeitspunkt in bestimmten Zeitabständen wiederholt ermittelt. Hohe Rechnerleistungen sowie die Entwicklung leistungsfähiger Software zur Modellierung, Simulation und Optimierung verfahrenstechnischer Prozesse haben bei größeren Anlagen beeindruckende Applikationen mit über 100.000 Gleichungen/Variablen und beträchtlichen Gewinnsteigerungen ermöglicht [1.43]. Dem steht aber ein erheblicher Entwicklungs- und Wartungsaufwand gegenüber. Ob dieser gerechtfertigt ist, muss im Einzelfall sorgfältig geprüft werden.

Literatur

[1.1]   Schuler, H., Holl, P.: Erfolgreiche Anwendungen gehobener Prozessführungsstrategien. Automatisierungstechnische Praxis 40(1998) H. 2, S. 37-41.

[1.2]   Seborg, D.E.: A perspective on advanced strategies for process control. Automatisierungstechnische Praxis 41(1999), H. 11, S. 13-31.

[1.3]   Willis, M.J., Tham, M. T.: Advanced Process Control. Chemical and Process Engineering Web Server der University of Newcastle upon Tyne, 1994 http://lorien.ncl.ac.uk/ming/advcontrl/sect1.htm .

[1.4]   G. Strohrmann: Automatisierung verfahrenstechnischer Prozesse. Oldenbourg Industrieverlag München 2002.

[1.5]   Reinisch, K.: Analyse und Synthese kontinuierlicher Regelungs- und Steuerungssysteme. Verlag Technik Berlin 1996.

[1.6]   Breckner, K. Regel- und Rechenschaltungen in der Prozessautomatisierung. Oldenbourg-Verlag München 1999

[1.7]   Schuler, H.(Hrsg.): Prozessführung. Oldenbourg Industrieverlag 1999.

[1.8]   Liptak, B.G.: Optimization of Industrial Unit Processes. CRC Press 1998.

[1.9]   Pfeiffer, B-M.: Towards „plug&control": selftuning temperature controller for PLC. International journal of adaptive control and signal processing. 14(2000) S. 519-532.

[1.10]   Preuß, H.-P., Linzenkirchner, E., Kirchberg, K.-H.: SIEPID – ein Inbetriebsetzungsgerät zur automatischen Regleroptimierung. Automatisierungstechnische Praxis atp 29(1987), H. 9, S. 427-436.

[1.11]   Föllinger, O.: Regelungstechnik. 6. Auflage, Hüthig-Verlag, Heidelberg 1990.

[1.12]   Bialkowski, W.L.: Dreams Versus Reality: A View From Both Sides of the Gap. Pulp and Paper Canada 94(1993) H. 11, S. 19-27.

[1.13]   Ender, D.: Process Control Performance: Not as good as You Think. Control Engineering, September 1993, S. 180-190.

[1.14]   Desborough, L., Miller, R.: Increasing customer value of industrial control performance monitoring – Honeywell's experience. In: Sixth International Conference on Chemical Process Control – CPC VI (Eds.: Rawlings, J.B., Ogunnaike, B.A., Eaton, J.E.) AIChE Symposium Series 326, S. 169-189.

[1.15]   Dittmar, R., Reinig, G., Bebar, M.: Control Loop Performance Monitoring – Motivation, Methoden, Anwenderwünsche. Automatisierungstechnische Praxis atp 45(2003), H. 4, S. 94-103.

[1.16]   Harris, T.J., Seppala,C.T., Desborough, L.D.: A review of performance monitoring and assessment techniques for univariate and multivariate control systems Journal of Process Control 9(1999) H. 1, S. 1-17.

[1.17]   Thornhill, N.F., Oettinger, M., und Fedenczuk, P. : Refinery-wide control loop performance assessment. Journal of Process Control 9(1999)H. 2, S. 109-124.

[1.18]   Palounis, M.A., Cox, J.W.: A practical approach for large-scale controller performance assessment, diagnosis, and improvement. Journal of Process Control 13(2003)H. 2, S. 155-168.

[1.19]   Blevins, T. u.a.: Advanced Control Unleashed. Plant Performance Management for Optimum Benefit. ISA, Research Triangle Park 2003.

[1.20]   Marlin, T.E.: Process Control. Designing processes and control systems for dynamic performance. 2nd edition, McGraw-Hill 2000.

[1.21]   Seborg, D.E., Edgar, T.F., Mellichamp, D. A.: Process Dynamics and Control. 2nd edition, Wiley New York 2003.

[1.22]   Ogunnaike, B.A., Ray, W.H. : Process Dynamics, Modeling and Control. Oxford University Press 1994.

[1.23]   Pfeiffer, B.M., Bergold, S.: Advanced Process Control mit dem Prozessleitsystem SIMATIC PCS 7. Automatisierungstechnische Praxis 44(2002) H. 2, S. 16-20.

[1.24]   Pfeiffer, B-M., Kirchberg, K.H., Bergold, S.: Matlab als offene Systemplattform für „advanced control" im Siemens Prozessleitsystem PCS 7. GMA-Kongress, Ludwigsburg, Juni 1998. VDI-Berichte Nr. 1397, VDI-Verlag, Düsseldorf, 1998, S. 95-102.

[1.25]   Kahlert, J.: Fuzzy-Control für Ingenieure. Vieweg-Verlag Braunschweig/Wiesbaden 1995.

[1.26]   Kiendl, H.: Fuzzy Control methodenorientiert. Oldenbourg Industrieverlag München 1997.

[1.27]   Pfeiffer, B.M. u.a.: Erfolgreiche Anwendungen von Fuzzy Logik und Fuzzy Control. Teile 1 und 2. Automatisierungstechnik at 50(2002), H. 10, S. 461-471 und H. 11, S. 511-521.

[1.28]   Baughman, D. R., Liu, Y.A.: Neural networks in bioürocessing and chemical engineering. Academic Press 1995.

[1.29]   Noergaard, M., u.a.: Neural networks for modelling and control of dynamic systems. Springer-Verlag London 2000.

[1.30]   Hafner, S. (Hrsg.): Neuronale Netze in der Automatisierungstechnik. Oldenbourg Industrieverlag München 1994.

[1.31]   Hussain, M.A.: Review of the applications of neural networks in chemical process control – simulation and online implementation. Artificial Intelligence in Engineering 13(1999) H. 1, S. 55-68.

[1.32]   Luyben, W.L., Tyreus, B.D.: Plantwide Process Control. McGraw Hill New York 1999.

[1.33]   Skogestad, S.: Control structure design for complete chemical plants. Computers and Chemical Engineering 28(2004) H. 1-2, S. 219-239.

[1.34]   Luyben, W.L.: Process Modeling, Simulation and Control for Chemical Engineers. 2nd edition, McGraw-Hill 1990.

[1.35]   Lee J.; Cho W.; Edgar T.F.: Multiloop PI controller tuning for interacting multivariable processes. Computers and Chemical Engineering, 22(1998), H. 11, S. 1711-1723.

[1.36]   Qing Guo Wang: Decoupling control. Springer-Verlag Berlin 2003.

[1.37]   Tolle, H.: Mehrgrößen-Regelkreissynthese. Bde. 1 und 2. Oldenbourg-Verlag München 1983-1985.

[1.38]   Maciejowski, J: Multivariable feedback design. Addison-Wesley 1994.

[1.39]   Skogestad, S., Postlethwaite, I : Multivariable Feedback Control. Wiley 1997.

[1.40]   Narasimhan, S., Jordache; C.: Data Reconciliation and Gross Error Detection. Gulf Publishing Houston 2000.

[1.41]   Cao, S., Rhinehart, R.R.: An efficient method for on-line identification of steady-state. Journal of Process Control 5(1995) H. 6, S. 363-374.

[1.42]   Edgar, T.F. Himmelblau, D.M., Lasdon, L.S.: Optimization od Chemical Processes. 2nd edition, McGraw-Hill, New York 2001.

[1.43]   Georgiou, A.P. u.a.: Plant wide closed loop real time optimzation and advanced control of ethylene plant. Proc. of the NPRA Computer Conference, New Orleans 1997.

2 Grundkonzept und Merkmale modellbasierter prädiktiver Regelungen

2.1 Erfolgsfaktoren der industriellen Anwendung von MPC-Regelungen

Es ist heute unbestritten, dass modellbasierte prädiktive Regelungen unter den in der Prozessindustrie eingesetzten gehobenen Regelungsmethoden eine Ausnahmestellung einnehmen. Kein anderes Regelungsverfahren hat in diesem Bereich eine solche Erfolgsgeschichte aufzuweisen. Während die Zahl der Einsatzfälle von MPC-Regelungen für den gesamten Zeitraum vom Beginn dieser Entwicklung Ende der 70er Jahre bis zum Jahr 1996 noch mit ca. 2 200 angegeben wurde [2.1], kann sie heute bereits auf weit über 5 000 geschätzt werden [2.2]. Nicht nur die Zahl der Einsatzfälle, auch die Zahl der Anbieter und verfügbaren MPC-Programmsysteme hat sich deutlich erhöht, und das trotz der in den letzten Jahren auch in diesem Sektor zu beobachtenden Firmenübernahmen. Es wird geschätzt, dass das jährliche Wachstum des Umsatzes von Advanced-Control-Produkten und -Dienstleistungen bei 18% liegt [2.3], und mit Sicherheit bilden dabei MPC-Anwendungen den Schwerpunkt. Die Bedeutung von MPC-Regelungen gegenüber anderen Advanced-Control-Methoden wird auch durch Umfragen und Untersuchungen in der deutschen und internationalen Prozessindustrie unterstrichen [2.4 und 2.5]. Bemerkenswert an diesen Studien ist vor allem der hohe Grad der erreichten Zufriedenheit der Anwender mit der im Dauerbetrieb erreichten Qualität der entwickelten Lösungen. Für den Raffineriesektor kann man ohne Übertreibung sagen, dass die Anwendung von MPC-Technologien inzwischen weltweit zum Stand der Technik gehört. Besonders in den letzten Jahren ist aber auch ein stärkeres Vordringen in andere Bereiche der Prozessindustrie (Grundstoffchemie, Papier und Zellstoff, Zement, Kraftwerke, Lebensmittelindustrie) zu erkennen.

Die Ursachen für diesen Erfolg liegen vor allem darin, dass MPC-Verfahren Anwendungseigenschaften aufweisen, die einer Reihe von praktischen Anforderungen und Gegebenheiten der Regelung komplexer verfahrenstechnischer Anlagen in besonderer Weise gerecht werden. Die wichtigsten sollen im Folgenden angerissen werden:

1. Viele verfahrenstechnische Prozesse besitzen einen ausgeprägten Mehrgrößencharakter. Das bedeutet, dass jede der manipulierbaren Steuergrößen mehr als eine der interessierenden Regelgrößen beeinflusst, und umgekehrt zur Beeinflussung einer Regelgröße häufig mehrere alternative Steuergrößen existieren. Das trifft auf manche Prozesseinheiten wie z.B. Destillationskolonnen und chemische Reaktoren zu, gilt aber erst recht für ganze Anlagenabschnitte oder eine gesamte Anlage. Traditionell versucht man zunächst, PID-Eingrößenregelungen für die relevanten Prozessgrößen zu entwerfen und so aufeinander abzustimmen, dass Wechselwirkungen zwischen den Prozessgrößen möglichst geringe Auswirkungen auf das Anlagenverhalten haben. Die richtige Zuordnung der Steuer- und Regelgrößen ist dabei eine komplizierte Aufgabe, für die es zwar eine Reihe erprobter Vorgehensweisen, aber noch keine abgeschlossene Theorie gibt [2.6]. In einer Reihe von Fällen sind die Wechselwirkungen zwischen den Prozessgrößen jedoch so groß, dass der Einsatz eines Mehrgrößenreglers zu einer deutlichen Verbesserung der Anlagenfahrweise führen kann, und sich angestrebte Durchsatz- und Qualitätsziele besser erreichen lassen.

MPC-Regelalgorithmen lassen sich einfach vom Eingrößen- auf den Mehrgrößenfall erweitern und sind für die Regelung von verfahrenstechnischen Mehrgrößensystemen besonders geeignet.

2. In verfahrenstechnischen Prozessen treten Beschränkungen (Ungleichungs-Nebenbedingungen) sowohl für die Steuer- als auch für die Regelgrößen auf. Offensichtlich ist das auf der Seite der Steuer- oder Stellgrößen. Die Auswahl der Stelleinrichtungen und die Dimensionierung von Rohrleitungen bringen es mit sich, dass Stoff- und Energieströme nur in bestimmten Bereichen manipuliert werden können. Auch die erreichbare Verstellgeschwindigkeit von Ventilen ist aus mechanischen oder elektromechanischen Gründen begrenzt. Nicht selten werden diese Begrenzungen besonders dann spürbar, wenn die Prozessanlagen in Arbeitspunkten betrieben werden, für die sie ursprünglich nicht ausgelegt waren. Aber auch für Regelgrößen können Ungleichungs-Nebenbedingungen auftreten. Zum Beispiel müssen Füllstände von Pufferbehältern meist nicht genau auf einem Sollwert gehalten werden, sondern es sind obere und untere Grenzen (Überlauf, Leerlauf) einzuhalten. Für Produktspezifikationen sind oft Grenzwerte vorgegeben, von deren Einhaltung die Wirtschaftlichkeit der Anlage entscheidend abhängt. Beispiele sind Mindestanforderungen an die Reinheit eines Produkts oder maximale Schadstoffkonzentrationen. Häufig liegt der optimale Betriebspunkt einer Anlage an einem oder sogar an mehreren dieser Grenzwerte, d.h. an einem Schnittpunkt verschiedener Begrenzungen, wobei nicht von vornherein bekannt ist, welche Nebenbedingungen in einer bestimmten Situation jeweils aktiv sind.

MPC-Regelungen sind die einzigen bekannten Regelungsalgorithmen, in denen Begrenzungen (constraints) für die Steuer- und Regelgrößen vorgegeben werden können, die im Regelalgorithmus selbst explizit und systematisch berücksichtigt werden.

3. MPC-Regler verfügen über ein internes Prozessmodell, mit dessen Hilfe der zukünftige Verlauf der Regelgrößen über einen größeren Zeithorizont vorhergesagt wird. Auf Grund der vorausschauenden Arbeitsweise ist es möglich, bereits zu einem frühen Zeitpunkt auf künftige Abweichungen von Sollwerten oder sich anbahnende Grenzwertverletzungen zu reagieren.

Manche Regelstrecken in der Verfahrenstechnik weisen große Totzeiten und/oder eine schwierige Prozessdynamik auf, darunter zum Beispiel „Inverse-response"-Verhalten. Letzteres ist dadurch gekennzeichnet, dass die Sprungantwort der Regelstrecke zunächst in die „falsche" Richtung läuft, und dann eine Richtungsänderung erfährt. MPC-Regler sind für den Umgang mit solchen komplizierteren Regelstrecken besonders geeignet.

Mitunter werden wichtige Störgrößen bereits messtechnisch erfasst und können in Form einer Störgrößenaufschaltung in das Regelungskonzept einbezogen werden. Bei der Verwendung von MPC muss für diesen Zweck kein gesonderter Entwurf durchgeführt werden, die Ergebnisse der Störgrößenaufschaltung sind daher ausschließlich von der Genauigkeit des Prozessmodells, nicht aber von notwendigen Vereinfachungen im Entwurfsprozess abhängig.

4. Der optimale Arbeitspunkt einer Anlage ist nicht unveränderlich, sondern er variiert mit der Zeit und den Bedingungen, unter denen die Anlage betrieben wird. Zu solchen Veränderungen gehören schwankende Rohstoffzusammensetzungen und nicht konstante Heizwerte von Brennstoffen ebenso wie sich ändernde Umgebungsbedingungen, schwankende Preise für Rohstoffe und Energien sowie der sich ändernde Bedarf für die erzeugten Produkte. So verschieben sich in einer Raffinerie z.B. die einzustellenden Siedeschnitte (bei der Trennung von Gemischen in Kolonnen) aufgrund von jahreszeitlichen Schwankungen zwischen Sommer und Winter, aber auch entsprechend der Bedarfs- und Preissituation auf den Märkten für Rohöl und Raffinerieprodukte. Es ist daher betriebswirtschaftlich sinnvoll, den optimalen Arbeitspunkt einer Prozessanlage fortlaufend zu ermitteln und anzufahren. Damit lassen sich erhebliche Kosteneinsparungen erzielen bzw. Gewinnerhöhungen realisieren, die zu Wettbewerbsvorteilen führen. In vielen Zweigen der Prozessindustrie ist das angesichts der in den letzten Jahren sinkenden Kapitalrendite von großer Bedeutung.

MPC-Programmsysteme verfügen über eine integrierte Funktion der lokalen statischen Arbeitspunktoptimierung, die es ermöglicht, die in der aktuellen Situation günstigsten stationären Werte der Steuer- und Regelgrößen zu ermitteln und den Prozess in die Richtung dieses Optimums zu lenken.

5. Unter Produktionsbedingungen lassen sich Ausfälle von Mess- und Stelleinrichtungen nicht völlig vermeiden. Darüber hinaus sind nicht nur bei Anlagenabstellungen, sondern mitunter auch im laufenden Betrieb der Anlage Wartungsarbeiten erforderlich. Größere Störungen können vorübergehend intensive Bedienereingriffe und Hand-Fahrweisen erforderlich machen. Dadurch kann die Situation entstehen, dass ursprünglich für eine MPC-Regelung vorgesehene Steuer- und/oder Regelgrößen zeitweilig nicht zur Verfügung stehen. Es wäre dann kontraproduktiv, wenn man in diesen Situationen jeweils die gesamte Mehrgrößenregelung außer Betrieb nehmen oder neu konfigurieren müsste.

MPC-Regelungen verfügen über die erforderliche Strukturflexibilität, um auf die sich ändernde Zahl von verfügbaren Steuer- und zu berücksichtigenden Regelgrößen selbständig zu reagieren.

Manche Prozessgrößen werden über Analysenmesseinrichtungen, wie z.B. Online-Gaschromatografen, erfasst, die ihre Messwerte nur in wesentlich größeren Zeitabständen bereitstellen als die für die Regler gewünschte Abtastzeit. MPC-Regler erlauben es, mit wesentlich kleineren Abtastzeiten als die Analysenmesseinrichtungen zu arbeiten, da zwischen zwei Messungen modellbasierte Vorhersagewerte als „Ersatz"messwerte verwendet werden können. Dadurch lässt sich erfahrungsgemäß die Regelgüte für Qualitätsregelungen deutlich verbessern.

6. Advanced-Control-Konzepte haben praktisch nur eine Chance zur Verwirklichung, wenn die für ihren Entwurf, ihre Inbetriebnahme und ihre Pflege aufzuwendenden Personal- und Sachmittel in einem vernünftigen Verhältnis zu den zu erwartenden Ergebnissen stehen. Nun darf nicht verschwiegen werden, dass die Kosten für Advanced-Control-Projekte unter Nutzung der MPC-Technologie nicht zu unterschätzen sind. Auf der anderen Seite gibt es eine Reihe von Tendenzen, die zu einer Senkung dieser Kosten führen oder in Zukunft führen werden. Dazu gehören u.a.

- die Verkürzung von Anlagentests durch die Einführung fortgeschrittener Methoden der Systemidentifikation
- die Entwicklung ausgereifter Werkzeuge für die Modellbildung, den Reglerentwurf und die Simulation des geschlossenen Regelungssystems
- die Entwicklung von Standards und wiederverwendbaren Plattformen für die Projektabwicklung
- die Entwicklung standardisierter Datenschnittstellen wie z.B. OPC (OLE for Process Control), durch die die zeitaufwändige und fehleranfällige Sonderentwicklung von speziellen Schnittstellen überflüssig wird
- die Entwicklung standardisierter Bedienbilder für den Online-Betrieb von MPC-Reglern, so dass es heute meist möglich ist, auf die projektspezifische Entwicklung von Bedienoberflächen zu verzichten
- die Bereitstellung von Werkzeugen für die Überwachung und Bewertung der Arbeitsweise von MPC-Regelungen im Dauerbetrieb (Control Performance Monitoring)

Die Weiterentwicklung der MPC-Technologie führt daher zu sinkenden Projektkosten (relativ zu den sonstigen Kosten der Automatisierung) bei steigender Qualität der Anwendungen, was die Erschließung weiterer Einsatzgebiete begünstigt.

7. Natürlich verlangen die Entwicklung von MPC-Verfahren – einschließlich der dafür notwendigen Modellbildung – und die Untersuchung solcher Eigenschaften von MPC-Regelungssystemen wie Stabilität und Robustheit vertiefte Kenntnisse der Regelungstheorie und der Systemidentifikation. Für den Anwender solcher Systeme ist das Grundprinzip jedoch unmittelbar verständlich und transparent. Dies wird besonders deutlich beim Vergleich mit anderen, in Kapitel 1 genannten, modernen Regelungsmethoden, wie z.B. Optimalregelung, robuste Regelungen (z.B. H_∞ -Regelungen), Regelungen unter Verwendung künstlicher neuronaler Netze usw. Man muss dabei in Rechnung stellen, dass selbst die in den Unternehmen mit der Betriebsbetreuung von Advanced-Control-Systemen beauftragten Verfahrens- und Automatisierungsingenieure i.A. keine Regelungstechnik-Spezialisten sind. Die vorhandenen Grundkenntnisse reichen aber aus, um sich das erforderliche Spezialwissen durch Schulung und Training anzueignen.

MPC-Regelungen sind für den Anwender intuitiv verständlich. Der für die Einsatzvorbereitung und die Betriebsbetreuung erforderliche Trainingsaufwand ist überschaubar, die erforderlichen Kenntnisse lassen sich auf der Grundlage der durch die Regelungstechnik-Ausbildung vorhandenen Voraussetzungen in kurzer Zeit erwerben.

2.2 Schwierigkeiten und Grenzen des industriellen Einsatzes

Bei allen offensichtlichen Vorteilen sollen jedoch Probleme und Grenzen des Einsatzes von MPC-Technologien nicht verschwiegen werden:

1. Voraussetzung für den Einsatz von MPC-Regelungen ist ein ausreichend hohes Niveau der Basisautomatisierung. Dazu gehören die Instrumentierung mit einem Prozessleitsystem und eine möglichst einfach zu realisierende Kopplung zwischen PLS und MPC-Programmpaket ebenso wie die korrekte Funktion der Mess- und Stelleinrichtungen und eine gute Einstellung der PID-Basisregelkreise. Selbst für den Fall, dass ein Advanced-Control-Projekt komplett an einen externen Dienstleister vergeben wird – dies ist in der Mineralölindustrie das übliche Vorgehen –, ist die Entwicklung einer hinreichenden Kompetenz und der Aufbau entsprechender personeller Voraussetzungen beim Anwender erfahrungsgemäß unabdingbar. Das bedeutet jedoch nicht, dass diese Mitarbeiter mit dem mathematischen Apparat von MPC-Algorithmen im Detail vertraut sein müssen. Allerdings ist eine Kombination von Prozesskenntnis, Kenntnis der Leittechnik und Grundkenntnis der MPC-Technologie wünschenswert. Die für die genannten Voraussetzungen erforderlichen Aufwendungen müssen bei der Initiierung eines Advanced-Control-Projektes unter Verwendung von MPC-Technologien beachtet werden.

2. Bei kleinen bis mittleren Anlagen lässt sich der Einsatz von MPC-Regelungen oftmals ökonomisch nicht rechtfertigen, wenn man eine Amortisationsdauer von unter einem Jahr anstrebt, wie das bei vielen Advanced-Control-Projekten der Fall ist. Weniger geeignet für den Einsatz von MPC-Regelungen sind bisher auch Mehrproduktanlagen, in denen überwiegend Batch-Prozesse durchgeführt werden, wie z.B. in der Farbstoff- oder der Pharmaindustrie, weil dort andere Anforderungen (Koordinierung von Ablaufsteuerungen, operative Produktionsplanung) im Vordergrund stehen. MPC-Regelungen sind aufgrund des hohen Rechenaufwands auch (noch) ungeeignet für sehr schnelle Prozesse wie z.B. Kompressoranlagen.

3. Vor dem Einsatz von MPC-Technologien sollte immer erst überprüft werden, ob sich die angestrebten Ziele mit einfacheren Mitteln realisieren lassen. In einer Reihe von Fällen ist es durchaus möglich und ggf. preiswerter, die Regelungsziele mit intelligenten Regel- und Rechenschaltungen zu erreichen, die auf dem PLS selbst unter Verwendung von Standard-Funktionsbausteinen erfolgreich implementiert werden können [2.7]. Die in der Literatur veröffentlichen Warnungen vor einer Überbetonung der Anwendung von MPC-Reglern und evtl. damit verbundenen überzogenen Erwartungen sollten ernst genommen werden [2.8].

4. Die überwiegende Mehrheit der verfügbaren MPC-Programmsysteme stützt sich auf lineare Prozessmodelle zur Beschreibung des statischen und dynamischen Verhaltens der Prozessanlage. Das setzt bei ihrer Anwendung voraus, dass der Prozess im Wesentlichen in der Umgebung eines festen Arbeitspunktes betrieben wird. Traditionelle Anwendungsgebiete von MPC-Regelungen sind daher Raffinerieprozesse und große Konti-Prozesse der Grundchemie mit hohem Jahresdurchsatz (u.a. Olefinherstellung, Ammoniakerzeugung). Eine Vielzahl von Prozessen ist aber durch den häufigen Wechsel der Fahrweise und durch Umsteuervorgänge gekennzeichnet, z.B. Prozesse der Polymerherstellung. Trotz intensiver Bemühungen in den letzten Jahren, die sich bereits in der Entwicklung einiger Programmsysteme zur nichtlinearen modellbasierten prädiktiven Regelung (NMPC-Regelung) niedergeschlagen haben, ist die Entwicklung hier noch nicht so weit fortgeschritten. Das zeigt sich sowohl in der deutlich geringeren Zahl der industriellen Einsatzfälle als auch daran, dass die theoretischen Grundlagen für NMPC-Regelungen derzeit noch Gegenstand intensiver Forschungsarbeiten sind. Für die Zukunft kann aber erwartet werden, dass auf diesem Gebiet große Fortschritte erreicht werden. Unter anderem ist zu erwarten, dass verstärkt theoretische (rigorose) Prozessmodelle verwendet werden, die das nichtlineare Anlagenverhalten in einem großen Arbeitsbereich beschreiben können.

5. Vorhandene Erfahrungen und Prozesskenntnisse des Verfahrenslizenzgebers und des Betreibers, insbesondere in der Form evtl. vorhandener theoretischer Prozessmodelle, lassen sich derzeit noch nicht oder nicht einfach in systematischer Weise in vorkonfektionierte MPC-Programmsysteme integrieren. Dem steht gegenüber, dass mit dem Erwerb eines MPC-Werkzeugs eine wiederverwendbare Plattform zur Verfügung steht, die auf verschiedene Einsatzfälle in der Anlage/im Unternehmen „zugeschnitten" werden kann.

2.3   Grundprinzipien und Begriffe der modellbasierten prädiktiven Regelung

Das Funktionsprinzip einer prädiktiven Regelung soll zunächst anhand von Bild 2-1 im Überblick erläutert werden, bevor auf die einzelnen Arbeitsschritte näher eingegangen wird.

Ein MPC-Regler beobachtet und registriert den historischen Verlauf der Prozessvariablen (Steuer- und Regelgrößen, messbare Störgrößen). Da er intern über ein vollständiges Modell der Prozessdynamik mit allen Verkopplungen zwischen den Steuer- und Regelgrößen verfügt, kann er ein Stück „in die Zukunft schauen", d.h. Vorhersagen („Prädiktionen") über einen bestimmten Zeithorizont machen. Er kann berechnen, wohin sich die Regelgrößen bewegen werden, wenn vom Regler nicht eingegriffen wird („future without control"). Bei der Prädiktion kann auch die Wirkung messbarer Störgrößen berücksichtigt werden.

Vergangenheit ◄── Zukunft

Sollbereich $y_{max} \geq y \geq y_{min}$

fester Sollwert w

optimaler Verlauf der Regelgröße

Vorhersage der Regelgröße im offenen Kreis

historische Werte der Regelgröße y

u_{max}

in der Vergangenheit eingestellte Steuergrößen

optimale Steuergrößenfolge

$\Delta u \leq \Delta u_{max}$

Steuergröße u

u_{min}

Zeit

k-3 k-2 k-1 k k+1 k+2 k+n_c-1 k+n_p

Steuerhorizont

Prädiktionshorizont

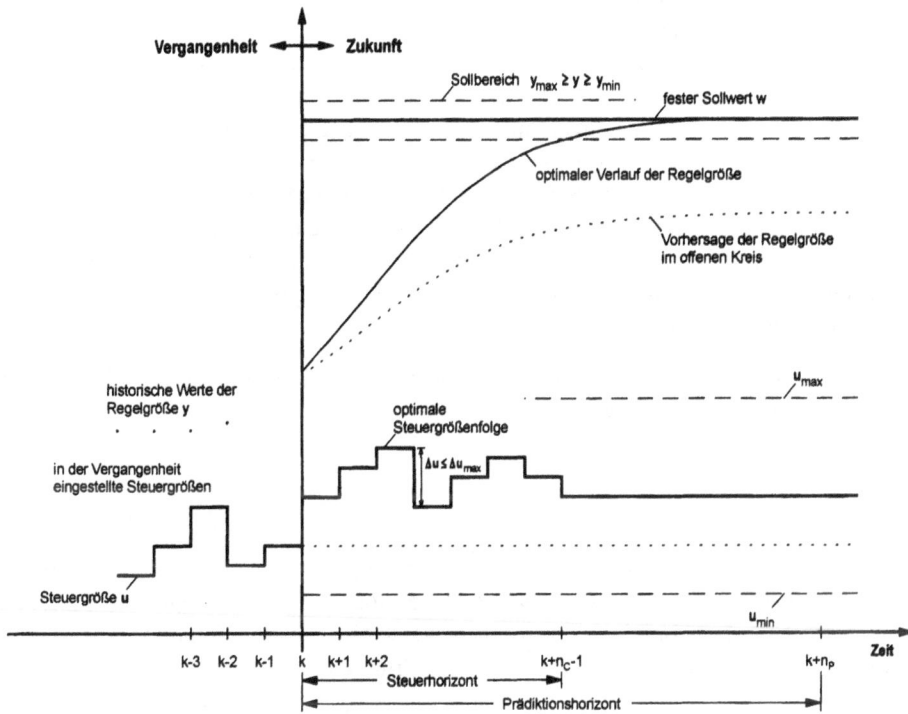

Bild 2-1: Grundprinzip der modellbasierten Prädiktivregelung

Darüber hinaus kann der Regler auch „ausprobieren" (simulieren), wie sich zukünftige Änderungen der verfügbaren Stellgrößen auf die Regelgrößen auswirken: „future with control". Mit Hilfe eines Optimierungsverfahrens wird die beste Stellstrategie ausgewählt. Die Arbeitsweise ist mit der eines Schachcomputers vergleichbar: es werden verschiedene Kombinationen von zukünftigen Zügen ausprobiert und entsprechend ihrer Wirkung bewertet, bevor eine Entscheidung getroffen wird.

Bei der Formulierung des Optimierungskriteriums gibt es sehr viele Möglichkeiten: Neben der zukünftigen Regeldifferenz und dem Stellaufwand können auch Grenzwerte für Stell- und Regelgrößen (als Nebenbedingungen der Optimierung) sowie betriebswirtschaftliche Kriterien eingebracht werden. Das Regelungsproblem wird also als ein Optimierungsproblem aufgefasst und gelöst. Diese Idee ist als solche nicht ungewöhnlich, aber Model-Predictive-Control-Algorithmen haben sich als eine der ersten routinemäßigen Anwendungen dynamischer Optimierungsverfahren in der Prozessindustrie etabliert.

Im Bild 2-1 wird beispielhaft angenommen, dass sich der Sollwert zu einem bestimmten Zeitpunkt in der nahen Vergangenheit sprungförmig erhöht hat. Es ist aber auch möglich, dass der Sollwert konstant bleibt oder sich in der Zukunft nach einem bekannten Zusammenhang ändert (Sollwert-Trajektorie).

Die Vielzahl der publizierten prädiktiven Regelungsalgorithmen lässt sich auf ein allen gemeinsames Schema [2.9 und 2.10] zurückführen, das zunächst am Beispiel einer Eingrößenregelung dargestellt wird. Die Verallgemeinerung auf den Mehrgrößenfall ist im Rahmen desselben Grundkonzepts möglich. Da MPC-Regelungen grundsätzlich rechnergestützt realisiert werden, wird im Folgenden davon ausgegangen, dass alle auftretenden Signale zeitdiskret vorliegen. Die Abtastzeit t_0 wird als konstant angenommen. Der aktuelle Zeitschritt wird mit k bezeichnet. Die verwendeten Symbole sind y für die Regelgröße (ihr Vorhersagewert wird mit $\hat{y}$ bezeichnet), u für die Steuergröße, e für die Regeldifferenz und w für den Sollwert. Messbare Störgrößen sollen mit z bezeichnet werden. Auf der Abszisse ist die (diskrete) Zeit aufgetragen, die Ordinatenachse ist zum aktuellen Zeitpunkt k errichtet, sie teilt also das Bild in Vergangenheit und Zukunft.

Alle MPC-Regelungsalgorithmen haben folgende Hauptschritte gemeinsam, die in jedem Abtastintervall abgearbeitet werden:

Prädiktion

Es wird eine Vorhersage des zukünftigen Verlaufs der Regelgröße y und der Regeldifferenz e unter der Annahme durchgeführt, dass sich die Steuergröße u in der Zukunft nicht ändert (im Bild 2-1 gestrichelt dargestellt). Diese Vorhersage wird auch als Vorhersage der „freien Bewegung" bezeichnet. Sie wird berechnet auf der Grundlage

– der zum aktuellen Zeitpunkt gemessenen und gespeicherten historischen Werte der Regelgröße y,
– gespeicherter, in der Vergangenheit am Prozess wirksamer Werte der Steuergröße u,
– ggf. der zum aktuellen Zeitpunkt gemessenen und gespeicherten historischen Werte der messbaren Störgrößen z,
– eines gegebenen zukünftigen Verlaufs des Sollwerts w sowie
– eines gegebenen Modells für das dynamische Verhalten des Prozesses.

Die Vorhersage ist eine Langzeitvorhersage mit einem Prädiktionshorizont n_P (oder einem Prädiktionszeitraum $n_P t_0$). In ihrem Zentrum steht ein dynamisches Prozessmodell, das im Prinzip jede beliebige Form annehmen kann. Häufig im Zusammenhang mit MPC-Regelungen verwendete Modellformen werden im Kapitel 3 besprochen. Für die meisten praktisch eingesetzten MPC-Regler ist es charakteristisch, dass dieses Modell experimentell durch die Auswertung von Anlagentests ermittelt wird.

Es ist hervorzuheben, dass prädiktive Regler ein Prozessmodell des dynamischen Verhaltens nicht nur in der Entwurfsphase, sondern auch in der Arbeitsphase, also innerhalb des eigentlichen Regelungsalgorithmus verwenden. Damit unterscheiden sie sich z.B. von einem PID-Regler, für dessen Implementierung ein Prozessmodell nur in der Entwurfsphase vonnöten ist – in der Arbeitsphase ist es dann allenfalls implizit in den Werten der Reglerparameter „versteckt".

Dynamische Optimierung

Durch die Lösung eines Optimierungsproblems wird eine Folge zukünftiger Steuergrößen-änderungen Δu über einen vorgegebenen Steuerhorizont n_C bestimmt. Ziel ist es dabei, die über den Prädiktionshorizont n_P vorhergesagten Regeldifferenzen zu minimieren und gleichzeitig mit möglichst geringen Steuergrößenänderungen auszukommen. Die zu minimierende Zielfunktion bewertet daher in den meisten Fällen zwei Aspekte der Regelgüte – die Regeldifferenzen und die erforderliche Stellaktivität. Nur im einfachsten Fall ist die Lösung dieses dynamischen Optimierungsproblems analytisch möglich, i.A. ist eine numerische Lösung erforderlich. Man kann sich das so vorstellen, dass das Optimierungsverfahren systematisch verschiedene Steuerstrategien „ausprobiert", bis eine optimale Lösung gefunden wurde. Das Ergebnis – die optimale Steuergrößenfolge – ist zusammen mit dem daraus resultierenden Verlauf der Regelgröße als durchgezogene Linie ebenfalls in Bild 2-1 dargestellt.

Die Lösung dieser Optimierungsaufgabe ermöglicht es, Ungleichungs-Nebenbedingungen für die Steuer- und Regelgrößen in systematischer Weise innerhalb des Regelalgorithmus zu berücksichtigen. Das bedeutet, dass für die Steuergrößen obere und untere Schranken sowie deren zulässige Änderung pro Abtastintervall vorgegeben werden können. Für die Regelgrö-ßen ist alternativ zur Vorgabe von Sollwerten (Gleichungs-Nebenbedingungen) auch die Vorgabe von Sollbereichen bzw. von oberen und unteren Grenzwerten möglich (Bereichsre-gelung). Der Regelalgorithmus sorgt dafür, dass die Grenzen für die Steuergrößen respektiert werden und dass auf vorhergesagte Verletzungen der Grenzwerte für die Regelgrößen vor-ausschauend reagiert wird.

Prinzip des gleitenden Horizonts

Obwohl im aktuellen Schritt eine ganze Folge zukünftiger Steuergrößenänderungen berech-net wird, wird nur das erste Element dieser Folge an den Prozess ausgegeben. Nach Ver-schiebung des betrachteten Zeithorizonts, d.h. der Datenvektoren für die Größen u, y, e und w um einen Abtastschritt nach vorn, erfolgt im nächsten Abtastintervall eine Wiederholung der gesamten Prozedur mit Prädiktion und Optimierung. Dieses Vorgehen wird als Prinzip des gleitenden Horizonts bezeichnet.

Korrektur der Vorhersage und Schließen des Regelkreises

Mit Hilfe des im aktuellen Abtastintervall jeweils neu eintreffenden Messwerts für die Re-gelgröße y wird die modellgestützte Vorhersage der Regelgröße fortlaufend korrigiert und auf diese Weise der Regelkreis geschlossen. So können nicht gemessene Störgrößen und die immer vorhandene Nichtübereinstimmung von Prozessmodell und realem Prozessverhalten im Regelalgorithmus berücksichtigt werden.

Diese vier Elemente (Prädiktion, dynamische Optimierung, Prinzip des gleitenden Horizonts und Vorhersagekorrektur) sind konstituierende Elemente eines *jeden* prädiktiven Regelungs-verfahrens in seiner „Minimalversion".

Moderne MPC-Programmsysteme gehen jedoch darüber hinaus, indem weitere Schritte aufgenommen werden. Sie hängen damit zusammen, dass MPC-Regelungen in der Praxis fast ausschließlich für Mehrgrößenregelungen mit einer frei konfigurierbaren Zahl von Steuer-, Regel- und messbaren Störgrößen eingesetzt werden. Im Folgenden werden einige dieser Erweiterungen angesprochen.

Bestimmung der aktuellen Struktur des Mehrgrößensystems

Bevor die oben beschriebenen Schritte abgearbeitet werden, wird die aktuelle Struktur des Mehrgrößensystems bestimmt. Oder anders ausgedrückt: Es wird selbständig die verfügbare Teilmenge aus der Gesamtmenge der beim Regelungsentwurf zunächst konzipierten Steuer-, Regel- und messbaren Störgrößen ermittelt. Dieser Schritt trägt dem Umstand Rechnung, dass sich in Folge verschiedener Ursachen die Zahl der verfügbaren Steuergrößen und die Zahl der zu berücksichtigenden Regelgrößen im Laufe der Zeit ändern können. Typische Beispiele hierfür sind vorübergehende Ausfälle von Sensoren oder Aktoren. Statt die Mehrgrößenregelung in diesem Fall vollständig außer Betrieb zu setzen, wird dann versucht, die mit den noch verfügbaren Variablen bestmögliche Lösung zu erreichen. Dabei macht man sich die Eigenschaft von MPC-Algorithmen zunutze, Mehrgrößensysteme mit ungleicher und zeitlich veränderlicher Zahl von Steuer- und Regelgrößen handhaben zu können, ohne eine manuelle Neukonfiguration oder gar einen neuen Regelungsentwurf durchführen zu müssen. Man kann diesen Schritt auch als automatische Rekonfiguration des MPC-Reglers auffassen.

Statische Arbeitspunktoptimierung

Die Berechnung der optimalen Steuergrößenfolge sichert noch nicht, dass die MPC-Regelung im stationären Zustand einen betriebswirtschaftlich optimalen Arbeitspunkt der Anlage ansteuert. Daher wird parallel mit der Lösung der dynamischen Optimierungsaufgabe ein funktional übergeordnetes, aber programmtechnisch integriertes statisches Optimierungsproblem gelöst, wenn dafür genügend Freiheitsgrade bestehen. Das Ziel besteht darin, die für den stationären Zustand der Anlage optimalen Werte der Steuer- und Regelgrößen durch Minimierung oder Maximierung einer *ökonomischen* oder daraus abgeleiteten technologischen Zielfunktion zu ermitteln. Die dynamische Optimierung bestimmt dagegen den günstigsten Weg zu diesem Ziel. Der dynamische Teil des MPC-Reglers hat das Ziel, Störgrößen möglichst schnell auszuregeln und auf Änderungen von Sollwerten bzw. Grenzwerten möglichst schnell zu reagieren. Der optimale statische Arbeitspunkt soll hingegen vergleichsweise langsam angefahren werden. Zur Lösung des statischen Optimierungsproblems wird ebenfalls ein Prozessmodell benötigt, jetzt allerdings für das statische Verhalten. Dieses braucht nicht separat ermittelt zu werden, da es aus dem bereits bekannten dynamischen Prozessmodell übernommen werden kann. Auch das statische Optimierungsproblem ist i.A. beschränkt, die Nebenbedingungen für die Steuer- und Regelgrößen sind dieselben wie bei der Bestimmung der optimalen Steuergrößenfolge. Es muss betont werden, dass die in die MPC-Algorithmen integrierte Form der Arbeitspunktoptimierung lokalen Charakter hat, sie bezieht sich nur auf jenen Teil der Anlage, welcher durch die in den MPC-Regler eingehenden Steuer- und Regelgrößen umfasst wird.

In Bild 2-2 ist die Grundstruktur von MPC-Regelungen noch einmal aus anderer Sicht dargestellt.

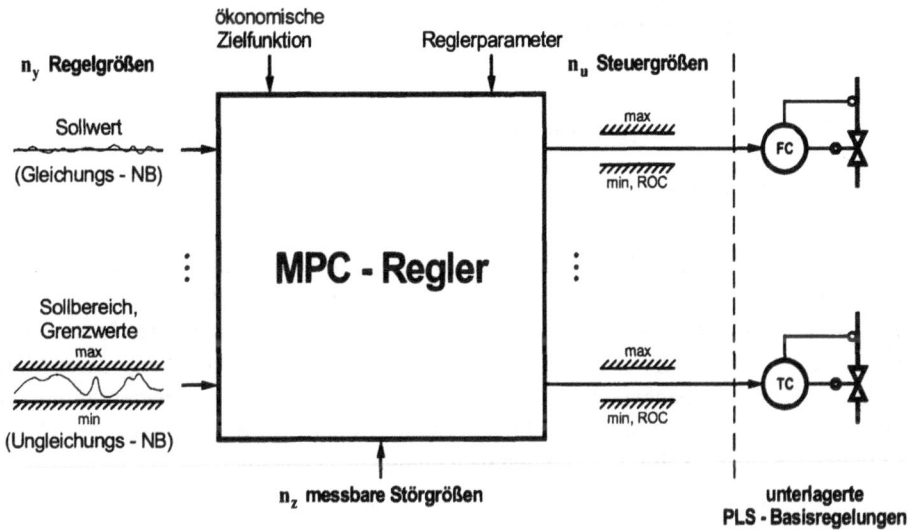

ökonomische
Zielfunktion   Reglerparameter

n_y **Regelgrößen** n_u **Steuergrößen**

Sollwert   max

(Gleichungs - NB)   min, ROC

MPC - Regler   FC

Sollbereich,
Grenzwerte   max

max   min, ROC

min   TC

(Ungleichungs - NB)

n_z **messbare Störgrößen**   **unterlagerte PLS - Basisregelungen**

Bild 2-2: Zusammenwirken von MPC-Regler und unterlagerten PID-Basisregelungen (NB: Nebenbedingungen, ROC: rate of change, d.h. Beschränkung der Änderungsgeschwindigkeit)

Wie im Bild 2-2 zu erkennen ist, wirken die Ausgangsgrößen von MPC-Reglern im Normalfall nicht direkt auf physikalische Stelleinrichtungen (Aktoren), sondern meist auf Sollwerte unterlagerter, bereits auf einem Prozessleitsystem implementierter PID-Basisregelkreise (im Sinne einer Kaskadenstruktur). Diese Vorgehensweise bietet eine Reihe von Vorteilen und hat die rasche Verbreitung von MPC-Verfahren in der Prozessindustrie in der Vergangenheit begünstigt:

- Einerseits ist es auf diese Weise möglich, sichere „Fallback"-Strategien zu verwirklichen. Bei Ausfall der MPC-Regelung werden die zuletzt übergebenen Sollwerte durch die unterlagerten Regelungen gehalten, die Anlagenfahrer können so weiterarbeiten, wie sie es vor Einführung der übergeordneten MPC-Schicht gewohnt waren. Das bedeutet zwar einen vorübergehenden Verlust an Profitabilität, aber die Sicherheit der Anlagenführung bleibt unabhängig vom MPC-Regler erhalten. Dies erhöht erfahrungsgemäß die Akzeptanz für Advanced-Control-Funktionen bei den Bedienern.
- Zweitens führt die Zwischenschicht von PID-Regelkreisen vielfach zu einer Linearisierung des Zusammenhangs zwischen den Steuer- und Regelgrößen des MPC-Reglers, was die Verwendung linearer Prozessmodelle begünstigt.

- Drittens werden die für die Stellgrößen des MPC-Reglers, also die Sollwerte der unterlagerten PID-Regelkreise, vorgegebenen Schranken (obere und untere Grenzwerte, Verstellgeschwindigkeit) in jedem Fall eingehalten, da dies von der Basisautomatisierung sichergestellt wird.

Die Integration von Model-Predictive-Control-Technologien in moderne Prozessleitsysteme wird detaillierter in Kapitel 8 behandelt.

2.4   Zusammenhang mit verwandten regelungstechnischen Methoden

MPC-Regelungen sind in den 70er Jahren in der Industrie zunächst auf heuristischer Grundlage entwickelt worden [2.12 und 2.13]. Besonders seit Beginn der 90er Jahre sind diese Verfahren aber auch Gegenstand der akademischen Forschung geworden, das Interesse für dieses Arbeitsgebiet ist seither ständig gestiegen. Dabei wurde deutlich, dass MPC-Regelungen enge Zusammenhänge zu anderen regelungstechnischen Konzepten aufweisen. Auf drei dieser Konzepte – optimale Zustandsregelung, „Internal Model Control" (IMC) und Smith-Prädiktor-Regler – soll im Folgenden näher eingegangen werden.

2.4.1   Optimale Zustandsregelung

Mit den Entwurfsverfahren der „klassischen" Regelungstechnik werden Reglertyp und Reglerparameter mit dem Ziel bestimmt, ausgewählte Kenngrößen des Regelkreises wie bleibende Regeldifferenz, Überschwingweite und Ausregelzeit an vorgegebene Forderungen anzupassen. Werden Güteforderungen an den *gesamten* Verlauf der Steuer- und Regelgrößen gestellt und in einem Gütefunktional mathematisch ausgedrückt, dann kann der Regler durch Lösung eines Optimierungsproblems gefunden werden. Dieses Vorgehen wurde in den 60er Jahren von Kalman im Zusammenhang mit der Einführung der Zustandsraumdarstellung von Regelungssystemen erstmals erläutert.

Das dynamische Verhalten der Regelstrecke wird beim Entwurf von zeitdiskreten Zustandsregelungen durch ein lineares zeitdiskretes Zustandsmodell (vgl. Kapitel 3) der Form

$$\begin{aligned} \bar{x}(k+1) &= A\,\bar{x}(k) + B\,\bar{u}(k) \quad \bar{x}(0) = \bar{x}_0 \\ \bar{y}(k) &= C\,\bar{x}(k) \end{aligned} \tag{2-1}$$

beschrieben. Darin bezeichnen $\bar{u}(k)$, $\bar{x}(k)$ und $\bar{y}(k)$ die Vektoren der Eingangs-(Steuer-), Zustands- und Ausgangs-(Regel-)größen. Das System soll durch Wahl einer geeigneten Steuerung $\bar{u}(k)$ aus dem Anfangszustand $\bar{x}(0) = \bar{x}_0$ in den Endzustand $\bar{x} = 0$ überführt werden, so dass das quadratische Gütefunktional

$$J = \sum_{k=0}^{\infty} \left[\bar{x}^T(k) Q \bar{x}(k) + \bar{u}^T(k) R \bar{u}(k) \right] \tag{2-2}$$

minimiert wird. (Es kann auch ein anderer definierter Endzustand vorgegeben werden, die Wahl $\bar{x} = 0$ dient hier nur der Vereinfachung der Schreibweise). Mit den Matrizen Q und R werden die Verläufe der Zustands- und Steuergrößen gewichtet. Während sich der erste Term als mittlere zukünftige Regeldifferenz (hier bezogen auf die Zustandsgrößen bzw. deren Differenz zum Zielwert Null) interpretieren lässt, bewertet der zweite Term den Stellaufwand. Die Minimierung dieses Funktionals bedeutet also, sowohl die (zukünftigen) Regeldifferenzen als auch den Stellaufwand möglichst klein zu halten. Da sich diese beiden Ziele widersprechen, kann die Art der Kompromisslösung durch entsprechende Wahl der Gewichtsmatrizen beeinflusst werden. Eine Erhöhung von Q hat zur Konsequenz, dass die mittlere Regeldifferenz verringert wird, aber nur auf Kosten einer erhöhten Stellaktivität. Die Lösung dieses Optimierungsproblems, die optimale Steuerfolge im offenen Wirkungskreis $\bar{\bar{u}}_{opt}(k)$ für $k = 0,1,2...$, ist nur mit großem Rechenaufwand zu bestimmen. Sie ist überdies abhängig vom Anfangszustand und von der Genauigkeit des Prozessmodells, und sie ist nicht in der Lage, in der Zukunft auftretende und daher unbekannte Störgrößen zu berücksichtigen.

Eine Regelung wird daraus, wenn man die Steuerung auf eine (Zustands-) Rückführung der Form

$$\bar{u}(k) = -K \, \bar{x}(k) \tag{2-3}$$

einschränkt. Darin bezeichnet K eine Matrix von konstanten Reglerverstärkungen, die sich aus der Beziehung

$$K = (R + B^T P B)^{-1} B^T P A \tag{2-4}$$

ergibt. Die in dieser Lösung auftretende Matrix P lässt sich ihrerseits durch Lösung der nichtlinearen algebraischen Matrix-Riccati-Gleichung bestimmen [2.14 und 2.15]. Da ein lineares Prozessmodell und ein quadratisches Gütefunktional verwendet werden, hat sich auch die Bezeichnung LQ-Regelung eingebürgert. Wenn die Zustandsgrößen $\bar{x}(k)$ nicht messbar sind, müssen sie durch einen Zustandsbeobachter aus den (messbaren) Ein- und Ausgangsgrößen rekonstruiert werden. Es ergibt sich ein Regelungssystem, das in Bild 2-3 vereinfacht dargestellt ist.

w — u — Regelstrecke (Zustandsgrößen x) — x

Zustandsbeobachter

Zustandsregler (LQ-Regler) — $\hat{x}$

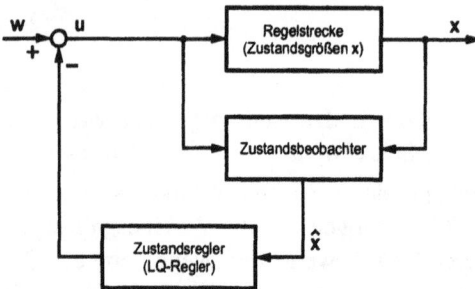

Bild 2-3: Optimale Zustandsregelung mit Beobachter

Durch Erweiterungen dieses Konzepts lassen sich u.a.

- statt der Zustandsrückführung eine Ausgangsrückführung entwerfen,
- die bleibende Regeldifferenz für sprungförmige Sollwert- oder Störgrößenänderungen beseitigen, die bei Verwendung einer proportionalen Rückführung K im Allgemeinen auftreten.

Wichtig sind im Zusammenhang dieses Abschnitts nicht die Einzelheiten des Entwurfs von optimalen Zustandsregelungen, sondern Parallelen und Unterschiede zu MPC-Regelungen. Wie bei der optimalen Zustandsregelung wird auch in MPC-Regelungen ein Optimierungsproblem gelöst, um die optimale Steuergrößenfolge zu bestimmen. Unterschiede bestehen jedoch in Folgendem [2.16]:

- Bei der LQ-Regelung wird die optimale Rückführstrategie im Entwurfsprozess (also offline) berechnet, und in der Arbeitsphase wird mit diesem vorher bestimmten festen Reglergesetz gearbeitet. Bei MPC wird die optimale Steuergrößenfolge in der Arbeitsphase (also online) in jedem Abtastintervall neu bestimmt.
- Bei MPC wird eine optimale Steuergrößenfolge mit endlichem Zeithorizont für den offenen Regelkreis ermittelt, während bei der LQ-Regelung eine optimale Rückführung (i.A. mit unendlichem Zeithorizont) bestimmt wird.
- Bei allgemeineren Optimalsteuerungsproblemen ist die Auffindung der optimalen Rückführstrategie ein kompliziertes mathematisches Problem, während die Bestimmung der optimalen Steuergrößenfolge bei linearen MPC-Regelungen wesentlich einfacher und schneller möglich ist.
- Der Entwurf von LQ-Regelungen erfolgt i.A. ohne Berücksichtigung von Nebenbedingungen für die Eingangs-, Zustands- und Ausgangsgrößen. Deren Einhaltung muss dann durch zusätzliche Maßnahmen außerhalb des Kerns des eigentlichen Regelalgorithmus sichergestellt werden. Die Stärke (und praktische Bedeutung) des MPC-Konzepts resultiert gerade aus der Möglichkeit; solche Restriktionen bei der Bestimmung der Steuergrößenfolge explizit einzubeziehen.

- Die Stabilitäts- und Robustheitsanalyse gestaltet sich bei MPC allerdings wesentlich schwieriger als bei Optimalregelungen.

Im Gegensatz zu MPC haben sich LQ-Regelungen in der industriellen Praxis verfahrenstechnischer Prozessregelungen nicht durchgesetzt (die Gründe dafür werden u.a. in [2.1] diskutiert). Nichtsdestoweniger ist die Theorie der Optimalregelung eine wichtige Grundlage für die Analyse und Weiterentwicklung von MPC-Regelungen.

2.4.2 Internal Model Control (IMC)

Der vereinfachte Wirkungsplan einer modellbasierten prädiktiven Regelung ist in Bild 2-4 dargestellt.

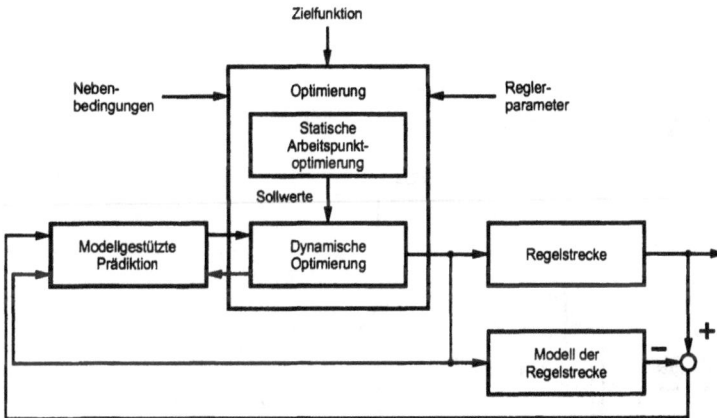

Zielfunktion

Neben-
bedingungen → Optimierung ← Reglerparameter

Statische
Arbeitspunkt-
optimierung

Sollwerte

Modellgestützte
Prädiktion → Dynamische
Optimierung → Regelstrecke

Modell der
Regelstrecke − +

Bild 2-4: Wirkungsplan einer MPC-Regelung

Der MPC-Regler setzt sich aus dem dynamischen Teil (Berechnung der optimalen Steuergrößenfolge) und dem statischen Teil (reglerinterne statische Arbeitspunktoptimierung) zusammen. Einerseits wirken dessen Ausgangsgrößen auf den Prozess. Dass dies indirekt über unterlagerte PID-Regelkreise geschieht, wurde im Bild der Einfachheit halber weggelassen. Andererseits wirken die Reglerausgangsgrößen auf das Prozessmodell für das dynamische Verhalten, mit dessen Hilfe die aktuellen Werte der Regelgrößen vorhergesagt werden. Diese Vorhersagewerte werden mit den aktuell am Prozess gemessenen Werten der Regelgrößen verglichen, die Differenz bildet eine Schätzung für die Wirkung aller nicht messbaren Störungen (und der Modellfehler). Sie wird auf einen Block zurückgeführt, der die Langzeitvorhersage der Regelgrößen durchführt. Dieser Block wird dazu zusätzlich mit den im Regler berechneten Steuergrößen versorgt. Der Regler bestimmt die Steuergrößen auf der Grundlage dieser Prädiktionen, der vorgegebenen Zielfunktion und der Nebenbedingungen für die Steuer- und Regelgrößen. Dabei wird die langfristige Vorhersage reglerintern sehr oft, mit unterschiedlichen angenommenen Steuergrößenverläufen, durchgeführt. Es ist zu erkennen, dass anders als bei einem gewöhnlichen Regelkreis Sollwerte nicht explizit dargestellt sind. Diese werden entweder reglerintern durch die integrierte Arbeitspunktoptimierung berechnet oder zusammen mit den erwähnten Nebenbedingungen durch den Bediener vorgegeben.

Diese Regelkreisstruktur ist einer Struktur sehr ähnlich, die in der Fachliteratur als „Internal Model Control (IMC)" bezeichnet wird [2.17, 2.18 und 2.19, S. 252ff.]. Sie wurde in den 70er Jahren [2.20] entwickelt und spielt seither als Denkmodell in der Regelungstechnik eine große Rolle. Den Signalflussplan einer IMC-Regelung zeigt Bild 2-5 im Vergleich zu einem konventionellen Regelkreis.

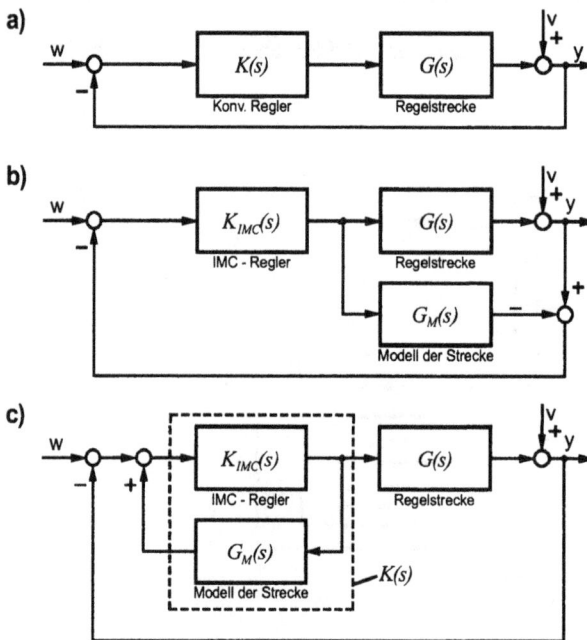

Bild 2-5: Zur IMC-Regelungsstruktur. a) Konventioneller Regelkreis, b) IMC-Struktur c) Umrechung der IMC-Struktur auf eine konventionelle Form

Die Ähnlichkeit zur MPC-Regelung besteht darin, dass auch hier ein Modell für das dynamische Verhalten dem realen Prozess parallel geschaltet ist, mit dessen Hilfe eine Vorhersage der Regelgrößen erfolgt. Während bei einem klassischen Regelkreis die gemessenen Regelgrößen $\bar{y}$ zurückgeführt werden, sind es beim IMC-Regler die Differenzen zwischen den gemessenen und den über das Modell vorhergesagten Regelgrößen. Der Wirkungsplan der IMC-Regelung lässt sich so umformen, wie im unteren Teil von Bild 2-5 gezeigt. Wenn man den IMC-Regler und die „innere" Rückführung der über das Prozessmodell vorhergesagten Regelgröße zu einem Bock zusammenfasst (im Bild gestrichelt umrandet), dann wird ein Vergleich mit der konventionellen Regelungsstruktur im oberen Teil des Bildes ermöglicht.

Die Übertragungsfunktion der Mehrgrößen-Regelstrecke ist hier mit $G(s)$ und die des Streckenmodells mit $G_M(s)$ bezeichnet. Die Übertragungsfunktion des „klassischen" Mehrgrößen-Reglers sei $K(s)$ und die des IMC-Reglers $K_{IMC}(s)$. Durch algebraische Umformung lässt sich zeigen, dass folgende Beziehungen zwischen IMC-Regler einerseits und $K(s)$ in konventioneller Regelungsstruktur gelten:

$$K(s) = K_{IMC}(s)\left[I - G_M(s)K_{IMC}(s)\right]^{-1} \tag{2-5}$$

$$K_{IMC}(s) = K(s)\left[I + K(s)G_M(s)\right]^{-1} \tag{2-6}$$

Darin bezeichnet I eine Einheitsmatrix. Wenn man einen IMC-Regler entwirft, kann man ihn also immer nach Gl. (2-5) in einen Regler umrechnen, der der konventionellen Regelungsstruktur entspricht. Für den geschlossenen Regelkreis nach IMC-Struktur gelten die Beziehungen (zur Vereinfachung der Schreibweise wurde der Laplace-Operator s weggelassen):

$$\begin{aligned}\bar{y} = {}& G\,K_{IMC}\left[I + K_{IMC}(G - G_M)\right]^{-1}\bar{w} + \\ & (I - G_M\,K_{IMC})\left[I + K_{IMC}(G - G_M)\right]^{-1}\bar{v}\end{aligned} \tag{2-7}$$

und

$$\bar{u} = K_{IMC}\left[I + K_{IMC}(G - G_M)\right]^{-1}(\bar{w} - \bar{v}) \tag{2-8}$$

Im Nominalfall, wenn das Modell der Regelstrecke und das reale Streckenverhalten exakt übereinstimmen (kein „plant-model-mismatch", $G(s) \equiv G_M(s)$), ergibt sich aus Gl. (2-7)

$$\bar{y} = G\,K_{IMC}\,\bar{w} + (I - G\,K_{IMC})\,\bar{v} \tag{2-9}$$

Da in diesem Fall die vorhergesagten und die gemessenen Werte der Regelgrößen genau übereinstimmen, ergibt deren Differenz Null, und die zurückgeführte Größe lässt sich als Schätzwert für die nichtmessbaren Störgrößen $\hat{v}$ auffassen. Dieses Prinzip wird auch bei MPC-Regelungen angewendet (siehe Abschnitt 4.1.3).

Der IMC-Regelkreis ist im Nominalfallfall stabil, wenn sowohl die Regelstrecke selbst als auch der Regler stabil sind. Außerdem erkennt man an Gl. (2-9), dass die Regelung „perfekt" ist, d.h. $\bar{y} = \bar{w}$ für alle Störgrößen $\bar{v}$ gilt, wenn man

$$K_{IMC}(s) = G(s)^{-1} \tag{2-10}$$

wählt, also den IMC-Regler so entwerfen könnte, dass seine Übertragungsfunktion gerade die Inverse der Übertragungsfunktion der Regelstrecke (bzw. ihres Modells) ist. Wie später gezeigt werden wird, beinhaltet auch der Entwurf eines MPC-Reglers implizit eine Invertierung eines Modells der Regelstrecke.

Anschaulich lässt sich die IMC-Struktur auch nach dem Prinzip „Soviel steuern wie möglich, soviel regeln wie nötig !" interpretieren:

- Falls der Prozess ungestört und perfekt modelliert ist, handelt es sich um eine reine „Feedforward-Steuerung".
- Ausgeregelt werden muss nur der „Rest": Modellfehler und nicht messbare Störungen.

Aus der Ähnlichkeit von MPC- und IMC-Struktur folgt auch: Falls bei einem Mehrgrößensystem die Matrix G schon bezüglich ihrer stationären Verstärkungen schlecht konditioniert, d.h. schwer invertierbar ist, dann macht dies auch einem Prädiktivregler Schwierigkeiten!

Die IMC-Regelungsstruktur lässt sich in der angegebenen Form nicht unmittelbar realisieren, denn erstens stimmen Modell der Regelstrecke und reales Prozessverhalten nie genau überein, zweitens führt die Invertierung der Übertragungsfunktion des Modells der Regelstrecke i.A. auf eine nicht realisierbare Übertragungsfunktion des IMC-Reglers. Für die Realisierbarkeit von K_{IMC} muss außer der Stabilität vorausgesetzt werden,

- dass die Zählerordnungen von K_{IMC} höchstens so groß sind wie die Nennerordnungen,
- dass der IMC-Regler kausal ist, d.h. dass er die Steuergröße nur auf der Grundlage vergangener oder aktueller Messwerte bestimmt.

Wenn diese Bedingungen nicht eingehalten werden, ist der IMC-Regler physikalisch nicht realisierbar. Schon das einfache Beispiel einer SISO-Regelstrecke 1. Ordnung mit Totzeit zeigt, dass die Entwurfsvorschrift nach Gl. (2-10) nicht auf einen realisierbaren Regler führt. Es ist dann nämlich

$$g_M(s) = \frac{k_S}{t_1 s + 1} e^{-s\theta} \qquad\qquad (2\text{-}11)$$

und $k_{IMC}(s)$ ergibt sich zu

$$k_{IMC}(s) = \frac{t_1 s + 1}{k_S} e^{+s\theta} \qquad\qquad (2\text{-}12)$$

Der erste Teil dieser Übertragungsfunktion entspräche einem PD-Regler, der sich ohne Verzögerung des D-Anteils nicht physikalisch realisieren lässt. Der zweite Teil ist nicht kausal: um die *aktuelle* Steuergröße zu berechnen, müssten *zukünftige* Werte der Regeldifferenz bekannt sein. Um einen IMC-Regler dennoch entwerfen zu können, muss man zu einer Vereinfachung greifen, die dann aber nicht mehr zu einem „perfekten" Regelkreis führt. Die Vorgehensweise besteht dann darin,

- dass das Modell der Regelstrecke $g_M(s)$ in einen invertierbaren Teil g_M^- und einen nicht invertierbaren Teil g_M^+ zerlegt

$$g_M = g_M^- * g_M^+ \tag{2-13}$$

und der IMC-Regler durch

$$k_{IMC} = \left[g_M^- \right]^{-1} \tag{2-14}$$

entworfen wird. g_M^+ enthält alle nicht minimalphasigen Elemente des Streckenmodells, also die Totzeit und vorhandene Nullstellen in der rechten Halbebene, wie sie z.B. bei Allpassgliedern („inverse-response"-Regelstrecken) auftreten.

- dass anschließend durch Hinzufügen eines Filters mit der Übertragungsfunktion $f(s)$ dafür gesorgt wird, das die IMC-Reglerübertragungsfunktion realisierbar wird, d.h.

$$k_{IMC}(s) = \frac{1}{g_M^-(s)} f(s) \tag{2-15}$$

Als Filter werden meist Verzögerungsglieder höherer Ordnung mit gleichen Zeitkonstanten verwendet, z.B.

$$f(s) = \frac{1}{(\lambda s + 1)^n} \tag{2-16}$$

Die Zeitkonstante λ ist darin ein Entwurfsparameter, der die Geschwindigkeit des geschlossenen IMC-Regelkreises bestimmt. Ein kleiner Wert von λ führt zu schnellem Regelkreisverhalten, allerdings auch zu geringerer Robustheit gegenüber der Unsicherheit des Prozessmodells $g_M(s)$.

Die anzuwendende Zerlegung des Streckenmodells ist von Typ der Eingangssignale abhängig, für den der Regelkreis entworfen werden soll (z.B. sprungförmige oder rampenförmige Sollwertänderungen) [2.17]. Für das angegebene Beispiel ließe sich für sprungförmige Signale z.B. ein realisierbarer IMC-Regler nach der Vorschrift

$$k_{IMC}(s) = \frac{t_1 s + 1}{k_S (\lambda s + 1)} \tag{2-17}$$

entwerfen. Das Totzeitglied wurde nicht invertiert, und das hinzugefügte Verzögerungsglied erster Ordnung sichert die Realisierbarkeit. Nach Gl. (2-5) ergibt sich daraus in konventioneller Regelkreisstruktur ein Regler mit der Übertragungsfunktion

$$k(s) = \frac{t_1 s + 1}{k_S \ (\lambda s + 1 - e^{-s\theta})} \qquad (2\text{-}18)$$

2.4.3   Smith-Prädiktor-Regler

Es lässt sich zeigen, dass die Regelungsstruktur eines PI-Reglers mit Smith-Prädiktor als eine Anwendung des IMC-Prinzips betrachtet werden kann [2.18]. Die Struktur einer solchen Regelung ist in Bild 2-6 dargestellt.

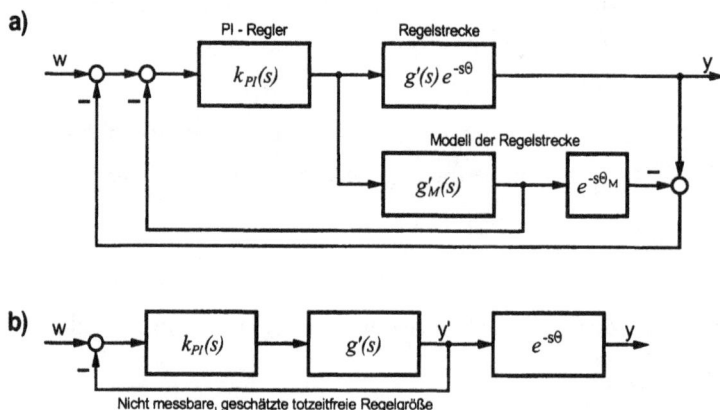

Bild 2-6: *Smith-Prädiktor-Regelung (a) PI-Regler und innere Rückführung mit Prozessmodell, (b) äquivalente Umformung mit Rückführung der totzeitfreien Regelgröße*

Ihre Aufgabe besteht darin, eine Totzeitkompensation im Regelkreis zu erreichen. Die Übertragungsfunktion der Regelstrecke sei

$$g(s) = g'(s) \, e^{-s\theta} \qquad (2\text{-}19)$$

Sie ist hier in einen totzeitfreien Teil $g'(s)$ und die Totzeit $e^{-s\theta}$ zerlegt dargestellt. Der PI-Regler wird mit einer inneren Rückführung versehen, die die Übertragungsfunktion

$$g_{SP}(s) = g'_M(s)(1 - e^{-s\theta_M}) \qquad (2\text{-}20)$$

aufweist und auch als Smith-Prädiktor bezeichnet wird. Darin bezeichnen $g'_M(s)$ das Modell des totzeitfreien Teils der Regelstrecke und $e^{-s\theta_M}$ das Modell der Totzeit. Am realen Prozess kann nur die totzeitbehaftete Regelgröße y gemessen werden. Ein gewöhnlicher PI-Regler müsste bei einem großen Verhältnis zwischen der Totzeit und den anderen Zeitkonstanten des Prozesses sehr vorsichtig eingestellt werden, was zu einem trägen Verhalten des geschlossenen Regelkreises führen würde. Durch die innere Rückführung, in der wiederum das Modell der Regelstrecke auftritt, wird dafür gesorgt, dass dem PI-Regler ein Schätzwert der totzeitfreien Regelgröße zurückgeführt wird (unterer Bildteil). Diese ist dann im geschlossenen Regelkreis nicht mehr vorhanden, was die Stabilitätsreserve erhöht und eine aggressivere Reglereinstellung des PI-Reglers zulässt. Allerdings ist die Wirksamkeit dieser Struktur abhängig von der Genauigkeit des Modells der Regelstrecke, insbesondere von der genauen Kenntnis der Totzeit selbst. Smith-Prädiktor-Regelungen sind überdies nicht optimal hinsichtlich der mit ihnen erreichbaren Ausregelung von Störgrößen am Eingang der Regelstrecke [2.20].

Wie bereits erwähnt, ist die Struktur einer MPC-Regelung mit der hier dargestellten IMC-Struktur bzw. auch mit dem Smith-Prädiktor-Regler eng verwandt. Auch eine MPC-Regelung besitzt die Fähigkeit zur Totzeitkompensation, vorausgesetzt werden muss auch dort die Kenntnis der Totzeit.

Literatur

[2.1]   Qin, J. S., Badgwell,T. A. : An Overview of Industrial Model Predictive Control Technology. In : Fifth International Conference on Chemical Process Control –   CPC V. (Eds. : Kantor, J.C., Garcia,C.E., Carnahan, B.). AIChE Symposium Series No. 316, volume 93, 1997, S. 232-256.

[2.2]   Qin, J., Badgwell, T. A.: A Survey of Industrial Model Predictive Control Technology. Control Engineering Practice 11(2003) H. 7, S.733-764.

[2.3]   Hill, D., O'Brien, L., Chatha, A.: Simulation & Model based Control Software – Global Outlook, Market Analysis and Forecast Through 2002. Automation and Research Corporation 1998.

[2.4]   Takatsu, H., Itoh, T., Araki, M.: Future needs for the control theory in industries - report and topics of the control technology survey in Japanese industry. Journal of Process Control 8(1998) H. 5-6, S. 369-374.

[2.5]   Schuler, H., Holl, P.: Erfolgreiche Anwendungen gehobener Prozessführungsstrategien. Automatisierungstechnische Praxis atp 40(1998) H. 2, S. 37-41.

[2.6]   Luyben, W. L., Tyreus, B.D., Luyben, M. L.: Plantwide Process Control. McGraw Hill 1998.

[2.7]   Breckner, K.: Regel- und Rechenschaltungen in der Prozessautomatisierung. Oldenbourg Industrieverlag München 1999.

[2.8]   Hugo, A.: Limitations of Model Predictive Controllers. Hydrocarbon Processing, January 2000, S. 83-88.

[2.9]   Dittmar, R., Reinig. G.: Anwendung modellgestützter prädiktiver Mehrgrößenregelungen in der Prozessindustrie. Automatisierungstechnische Praxis atp 39(1997) H. 9, S. 25-34.

[2.10]   Bergold, S., Ebersberger, H.: Eine kompakte Darstellung der Struktur modellprädiktiver
         Regelungsverfahren für Mehrgrößensysteme. Automatisierungstechnik at 46(1998) H. 10, S.
         468-477.

[2.12]   Richalet, J. u.a. : Model predictive heuristic control : applications to industrial processes.
         Automatica 14(1978) S. 413-428.

[2..13] Cutler, C.R., Ramaker, B.L.: Dynamic Matrix Control – a computer control algorithm.
         Proceedings of the Joint American Control Conference, San Francisco 1980.

[2.14]   Isermann, R.: Digitale Regelsysteme Band 1. Springer-Verlag Berlin 1988.

[2.15]   Lunze, J.: Regelungstechnik 2. Springer-Verlag Berlin 1997.

[2.16]   Mayne, D.Q. u.a.: Constrained model predictive control: stability and optimality. Automatica
         36(2000) S. 789-814.

[2.17]   Morari, M., Zafiriou, E.: Robust Process Control. Prentice Hall 1989.

[2.18]   Brosilow, C., Joseph, B.: Techniques of Model Based Control. Prentice Hall 2002.

[2.19]   Schuler, H.: Prozessführung. Oldenbourg Industrieverlag 1999.

[2.20]   Frank, P.M.: Entwurf von Regelkreisen mit vorgeschriebenem Verhalten. Karlsruhe 1974.

[2.21]   Shinskey, F. G: PID-deadtime control of distributed processes. Control Engineering Practice
         9(2001), S. 1177-1183.

3   Mathematische Prozessmodelle und ihre Identifikation aus Messdaten

Das Herz eines jedes MPC-Reglers ist ein mathematisches Modell für die Beschreibung des dynamischen Verhaltens der Regelstrecke. In der Arbeitsphase der Regelung wird dieses Modell (reglerintern) für die Vorhersage der Regelgrößen benutzt, auf die sich die Berechnung der Stellgrößen stützt. In der Phase des Reglerentwurfs wird ein Prozessmodell darüber hinaus (reglerextern) für die Simulation des Streckenverhaltens benötigt. Bild 3-1 veranschaulicht die Verhältnisse: in der Arbeitsphase des MPC-Reglers werden die realen Istwerte der Regelgrößen aus dem Prozessleitsystem gelesen und die berechneten Steuergrößen dorthin zurückgeschrieben. In der Entwurfsphase kommuniziert der MPC-Regler mit dem Simulationsprogramm. Reglerinternes Prozessmodell und Simulationsmodell können identisch oder voneinander verschieden sein. Üblicherweise verwendet man beim Reglerentwurf zunächst zwei identische Modelle und erkundet, wie der Regler im Nominalfall arbeitet. Es wird also unterstellt, dass der Regler den Prozess genau kennt. Anschließend kann man dann bewusst verschiedene Modelle generieren oder ein evtl. vorhandenes theoretisches Prozessmodell für die Simulation nutzen, um die Robustheit des Reglers gegenüber ungenauer Streckenkenntnis zu untersuchen. Das ist sinnvoll, weil auch in der Arbeitsphase der Regelung

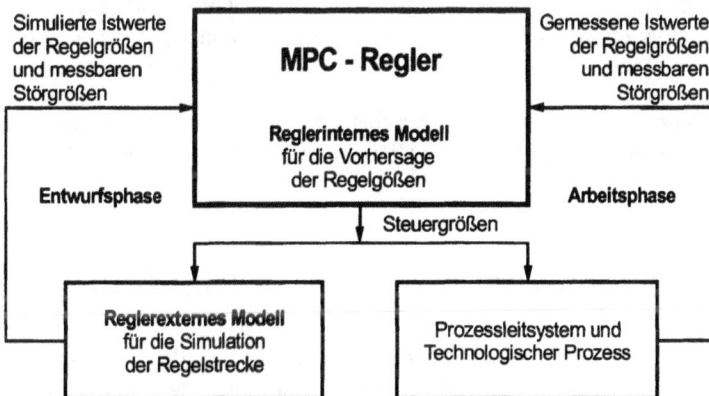

Simulierte Istwerte der Regelgrößen und messbaren Störgrößen

Gemessene Istwerte der Regelgrößen und messbaren Störgrößen

MPC - Regler

Reglerinternes Modell für die Vorhersage der Regelgößen

Entwurfsphase

Arbeitsphase

Steuergrößen

Reglerexternes Modell für die Simulation der Regelstrecke

Prozessleitsystem und Technologischer Prozess

Bild 3-1: Zur Verwendung dynamischer Prozessmodelle bei MPC-Regelungen

Abweichungen des reglerinternen Modells vom realen Prozessverhalten zu erwarten sind.

Obwohl ein MPC-Regler seine modellgestützte Vorhersage der Regelgrößen laufend mit Hilfe neu eintreffender Messwerte korrigiert (output feedback), spielt die Entwicklung eines möglichst genauen Prozessmodells bei MPC-Regelungen eine besonders große Rolle. Zeitaufwand und Schwierigkeit der Modellbildung bestimmen in nicht unerheblichem Maß die Kosten von Advanced-Control-Projekten, in denen MPC-Regler eingesetzt werden.

Die überwiegende Anzahl kommerzieller MPC-Programmsysteme stützen sich auf lineare Prozessmodelle, die durch Auswertung aktiver Experimente in der verfahrenstechnischen Prozessanlage gewonnen werden. Dies geschieht unter Verwendung von Methoden der System- oder Prozessidentifikation. Zunehmende Bedeutung erlangen bei MPC-Regelungen in jüngerer Zeit aber auch nichtlineare Prozessmodelle, die durch theoretische Modellbildung, durch experimentelle Prozessidentifikation oder eine Kombination beider Vorgehensweisen entwickelt werden.

Nach einer Klassifikation dynamischer Prozessmodelle im Abschnitt 3.1 werden in den folgenden Abschnitten 3.2 und 3.3 daher zunächst Formen mathematischer Modelle für das dynamische Verhalten von *linearen* Systemen vorgestellt, die in MPC-Technologien Verwendung finden. Eine ausführliche Darstellung ist in vielen regelungstechnischen Lehrbüchern zu finden, hier sei beispielhaft auf [3.1 bis 3.3] verwiesen. Abschnitt 3.4 veranschaulicht die verschiedenen Formen linearer dynamischer Modelle an einem verfahrenstechnischen Beispiel.

Abschließend wird in den Abschnitten 3.5 und 3.6 auf Probleme der Identifikation des dynamischen Verhaltens aus Messdaten eingegangen. Auch hier erfolgt eine Beschränkung auf ausgewählte Aspekte und Methoden, wie sie für das Verständnis von MPC-Regelungen und die Arbeit mit MPC-Entwicklungswerkzeugen erforderlich sind. Ausführliche Darstellungen sind in [3.4 bis 3.6] und [3.3, Bd. 3] enthalten. Eine lesenswerte „kochrezept"artige Einführung in das Gebiet der Identifikation dynamischer Systeme enthält [3.7]. Mit Identifikationsmethoden, die auf den Entwurf von MPC-Regelungen ausgerichtet sind, befasst sich [3.8]. Eine komprimierte Darstellung der Identifikation linearer Systeme findet sich auch in [3.34, Kap. 16].

Modelle für das dynamische Verhalten *nichtlinearer* Systeme und deren Identifikation werden im Zusammenhang mit nichtlinearen MPC-Regelungen im Kapitel 5 behandelt.

3.1   Klassifikation dynamischer Prozessmodelle

In MPC-Regelungen kommen unterschiedliche Formen mathematischer Prozessmodelle zur Beschreibung des dynamischen Verhaltens von Systemen (hier: der Regelstrecken) zum Einsatz. Diese Vielfalt ist bedingt durch die Vielfalt der Prozesseigenschaften, die sie abbilden sollen, durch den Anwendungszweck des Modells innerhalb der verschiedenen Schritte eines MPC-Algorithmus, aber auch durch die für die Modellbildung eingesetzten Werkzeuge

und Vorgehensweisen. Im Anschluss sollen folgende Klassen von mathematischen Prozessmodellen näher charakterisiert werden:

- Statische und dynamische Modelle
- Theoretische und experimentelle Modelle
- Modelle für nichtlineares und lineares Prozessverhalten
- Modelle für das Ein-/Ausgangsverhalten und für das Zustandsverhalten
- Zeitkontinuierliche und zeitdiskrete Modelle
- Parametrische und nichtparametrische Modelle
- Modelle für Ein- und Mehrgrößensysteme

Bild 3-2 zeigt zur Erklärung der verwendeten Symbole ein Blockschaltbild eines Prozesses
und die darin auftretenden Größen. Darin bezeichnen

$$\bar{u} = \begin{bmatrix} u_1 & u_2 & \dots & u_{n_u} \end{bmatrix}^T$$ einen Vektor von n_u Stell- bzw. Steuergrößen (manipulierbaren
Eingangsgrößen),

$$\bar{z} = \begin{bmatrix} z_1 & z_2 & \dots & z_{n_z} \end{bmatrix}^T$$ einen Vektor von n_z messbaren Störgrößen,

$$\bar{v} = \begin{bmatrix} v_1 & v_2 & \dots & v_{n_v} \end{bmatrix}^T$$ einen Vektor von n_v nicht messbaren Störgrößen,

$$\bar{\theta} = \begin{bmatrix} \theta_1 & \theta_2 & \dots & \theta_{n_p} \end{bmatrix}^T$$ einen Vektor von n_p Prozessparametern

$$\bar{x} = \begin{bmatrix} x_1 & x_2 & \dots & x_{n_x} \end{bmatrix}^T$$ einen Vektor von n_x Zustandsgrößen („inneren" Prozessgrößen),

$$\bar{y} = \begin{bmatrix} y_1 & y_2 & \dots & y_{n_y} \end{bmatrix}^T$$ einen Vektor von n_y Ausgangsgrößen, von denen eine, einige

oder alle in einer MPC-Regelung als Regelgrößen auftreten können.

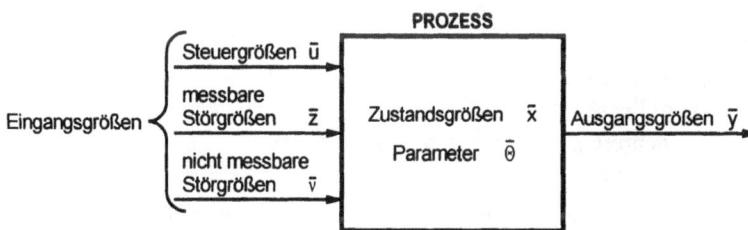

Bild 3-2 : Zur Nomenklatur der bei einer MPC-Regelung auftretenden Größen

3.1.1 Statische und dynamische Modelle

Bei der Auslegung von verfahrenstechnischen Anlagen werden auch heute noch überwiegend statische Modelle verwendet, die das Prozessverhalten nur in Beharrungszuständen
korrekt wiedergeben, aber keinerlei Aussagen über den zeitlichen Verlauf von dynamischen

Übergangsvorgängen zwischen verschiedenen stationären Zuständen machen. Die Zeitabhängigkeit der Prozessgrößen wird in statischen Modellen also nicht berücksichtigt, physikalisch gesehen fehlt die Information über die Speicherfähigkeiten des Systems. Beispielsweise erfasst das statische Modell eines beheizbaren Kessels bezüglich der Kesseltemperatur nur die Heizleistung und den Wärmeverlust an die Umgebung, nicht aber die Wärmekapazität von Kesselwand und -inhalt.

Umgekehrt ist die Information über das statische Verhalten in einem dynamischen Modell natürlich immer enthalten, z.B. in Form des statischen Verstärkungsfaktors von (dynamischen) Übertragungsfunktionen. Für den Entwurf von Regelungen, insbesondere von MPC-Regelungen, ist die (schwierigere) Erstellung dynamischer Prozessmodelle unabdingbar, bei denen der zeitliche Zusammenhang zwischen den Prozessgrößen im Mittelpunkt steht.

3.1.2   Theoretische und experimentelle Modelle

Diese Klassifizierung bezieht sich auf die Vorgehensweise bei der Modellbildung. **Theoretische Prozessmodelle** werden durch Anwendung von Gesetzmäßigkeiten der Natur- und Ingenieurwissenschaften entwickelt. Sie werden in der Literatur auch als „rigorose", „physikalisch-chemische" oder „first-principles"-Modelle bezeichnet. In der Verfahrenstechnik wird bei der theoretischen Modellbildung von den Erhaltungssätzen bzw. Bilanzen für Masse, Energie und Impuls ausgegangen. Diese werden durch Verknüpfungsbeziehungen („phänomenologische Gleichungen") aus verschiedenen Disziplinen, z.B. der mechanischen und thermischen Verfahrenstechnik, der Reaktionstechnik usw. ergänzt [3.9].

Aus diesem Grundansatz entstehen in der Regel Modelle mit so genannten „verteilten Parametern", bei denen die Zustandsgrößen von Zeit und Ort abhängen, und bei denen partielle Ableitungen physikalischer Größen nach der Zeit und nach den Ortskoordinaten vorkommen. Man versucht jedoch soweit möglich, eine gegebene Anlage so in Teilsysteme aufzuteilen, dass innerhalb dieser Teilsysteme gleichmäßige (homogene) Zustände angenommen werden können, z.B. gleichmäßige Temperaturen statt eines räumlichen Temperaturprofils. Gegebenenfalls müssen die Ortskoordinaten diskretisiert werden, d.h. beispielsweise ein Gefäß mit einem Temperaturprofil in mehrere „Scheiben" mit gleichmäßiger Temperatur „aufgeschnitten" werden, um durch diese Approximation zu einem mathematisch einfacheren Modell mit konzentrierten Parametern zu gelangen. Häufig lässt sich ein System dann in Form eines nichtlinearen Differential-Algebra-Systems (DAE-Systems) darstellen, und zwar zunächst oft in der impliziten Form

$$\bar{f}_{impl} \left(\frac{d\bar{x}}{dt}, \bar{x}(t), \bar{u}(t), \bar{z}(t), \bar{v}(t), \bar{\theta}(t) \right) = 0$$

$$\bar{g}_{impl} \left(\bar{y}(t), \bar{x}(t), \bar{u}(t), \bar{z}(t), \bar{v}(t), \bar{\theta}(t) \right) = 0$$

Durch mehr oder weniger schwierige Umformungen kann man daraus die explizite Form der nichtlinearen Zustandsraumdarstellung gewinnen, bei der im algebraischen Teil die Ausgangsgrößen des Systems auf der linken Seite stehen:

$$\dot{\overline{x}}(t) = \frac{d\overline{x}(t)}{dt} = \overline{f}\,(\overline{x}(t), \overline{u}(t), \overline{z}(t), \overline{v}(t), \overline{\theta}\,(t))$$

$$\overline{y}(t) = \overline{g}\,(\overline{x}(t), \overline{u}(t), \overline{z}(t), \overline{v}(t), \overline{\theta}\,(t))$$

(3-1)

Darin bezeichnen $\overline{f}$ und $\overline{g}$ Vektorfunktionen der entsprechenden Dimension. Die in diesen Gleichungen auftretenden Parameter $\overline{\theta}$ sind z.B. Stoff- und Wärmeübergangskoeffizienten, Größen, die Reaktionsgeschwindigkeiten und die Katalysatoraktivität kennzeichnen usw.

Experimentelle Prozessmodelle entstehen hingegen durch die Auswertung von Messdaten, die in der Regel durch aktive Experimente am Prozess gewonnen werden. Zu diesem Zweck werden die manipulierbaren Eingangsgrößen gezielt verändert, d.h. der Prozess wird mit Testsignalen beaufschlagt und die Reaktion des Prozesses wird beobachtet. Anschließend werden Struktur und Parameter eines Prozessmodells so bestimmt, dass das Modell „möglichst gut" das Prozessverhalten widerspiegelt (Bild 3-3).

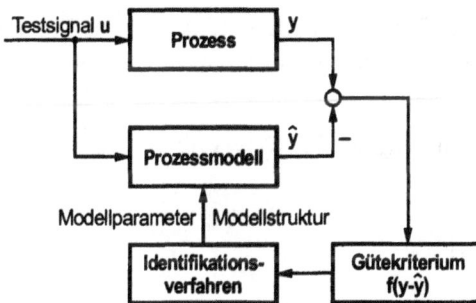

Bild 3-3: Prinzip der experimentellen Prozessanalyse

Dieses Vorgehen wird auch als „experimentelle Prozessanalyse" oder „Prozessidentifikation", die resultierenden Prozessmodelle werden als „black-box"-Modelle bezeichnet. Tab. 3.1 stellt die wichtigsten Merkmale beider Vorgehensweisen einander gegenüber.

Auf Grund dieser Unterschiede ist es naheliegend, beide Vorgehensweisen miteinander zu kombinieren, was in der Praxis der Modellbildung auch immer geschieht. So werden bei der theoretischen Modellbildung die Parameter $\overline{\theta}$ häufig experimentell bestimmt, umgekehrt werden bei der experimentellen Vorgehensweise Annahmen über die Modellstruktur getroffen, die aus theoretischen Überlegungen stammen.

Tab. 3.1:   Gegenüberstellung der theoretischen und experimentellen Modellbildung

Theoretische Prozessmodelle	Empirische Prozessmodelle
mittlerer bis großer Aufwand für die Erstellung	kleiner bis mittlerer Aufwand für die Erstellung
extrapolationsfähig	nur im Bereich der Messdaten gültig
Modellparameter physikalisch interpretierbar	Modellparameter selten physikalisch interpretierbar
Ein-/Ausgangs- und Zustandsverhalten beschrieben	meist nur Ein-/Ausgangsverhalten beschrieben
nichtlineares Modell ist „natürliches" Ergebnis der Modellbildung	Ausgebaute Theorie und Entwicklungswerkzeuge derzeit nur für lineare Modelle
hoher Rechenaufwand bei der Nutzung für Simulation und Regelung	geringer Rechenaufwand bei der Nutzung für Simulation und Regelung

Aufgrund des geringeren Aufwands werden im Rahmen von MPC derzeit überwiegend experimentell gewonnene Modelle genutzt.

3.1.3   Modelle für lineares und nichtlineares Prozessverhalten

Reale verfahrenstechnische Prozesse sind in der Regel nichtlinear. Linearität des Prozessverhaltens ist eine Idealisierung, die nur in einer mehr oder weniger engen Umgebung eines Arbeitspunktes gültig ist.

Ein Prozessmodell mit einer Ein- und einer Ausgangsgröße $y(t) = g(u(t))$ wird als linear bezeichnet, wenn das Superpositionsprinzip gilt:

$$\Delta y = g(a_1 \Delta u_1 + a_2 \Delta u_2) = a_1 g(\Delta u_1) + a_2 g(\Delta u_2) \qquad (3\text{-}2)$$

Darin sind a_1 und a_2 Konstanten. Das bedeutet, dass sich die Wirkungen mehrerer unterschiedlich großer Verstellungen Δu_1 und Δu_2 derselben Eingangsgröße auf die Ausgangsgröße additiv überlagern. Anders ausgedrückt ist ein Prozess dann linear, wenn die Streckenverstärkung(en) konstant und demzufolge nicht abhängig vom Arbeitspunkt sind. Die statische Kennlinie, die den Zusammenhang zwischen Ein- und Ausgangsgröße des Prozesses im Beharrungszustand beschreibt, ist dann im Eingrößenfall eine Gerade. Ein Mehrgrößen-Prozessmodell wird als linear bezeichnet, wenn alle Teil-Prozessmodelle linear sind.

Die Annahme der Linearität ist häufig gerechtfertigt, wenn ein kontinuierlicher Prozess im Wesentlichen in einem unveränderlichen Arbeitspunkt betrieben wird. Das ist zum Beispiel bei vielen Raffinerieprozessen, Prozessen der Petrochemie und der Grundstoffchemie der Fall. In anderen Fällen, z.B. bei häufigen Arbeitspunktänderungen (Mehrproduktanlagen) oder bei Batch-Prozessen, aber auch bei stark nichtlinearen Prozessen wie Reinstdestillationen ist die Linearität des Prozessverhaltens meist nicht gegeben.

Die theoretische Modellbildung führt bei verfahrenstechnischen Prozessen auf nichtlineare Prozessmodelle, die dann in einem gegebenen Arbeitspunkt linearisiert werden können. Traditionelle Methoden der Prozessidentifikation zielen meist von vornherein darauf ab, ein lineares dynamisches Prozessmodell zu entwickeln.

Die in linearen Modellen für das dynamische Verhalten auftretenden Größen sind daher immer als Abweichungen von einem gegebenen Arbeitspunkt aufzufassen. Bezeichnet zum Beispiel y_{phys} die physikalische Ausgangsgröße eines Prozesses und y_0 ihren Arbeitspunkt, dann geht in das lineare Prozessmodell die Größe $y = y_{phys} - y_0$ ein. Im Unterschied dazu werden in nichtlinearen Prozessmodellen die physikalischen Größen als absolute Größen eingesetzt.

In den meisten heute verfügbaren MPC-Paketen werden lineare Modelle verwendet, weil sie einen wesentlich geringeren Rechenaufwand für den Regelalgorithmus erfordern und einfacher zu entwickeln sind.

3.1.4 Modelle für das Ein-/Ausgangs-Verhalten und Zustandsmodelle

Dynamische Modelle für das Ein-/Ausgangsverhalten (mitunter auch als Klemmenmodelle bezeichnet) beschreiben allein den Zusammenhang zwischen dem Zeitverlauf der Eingangs- und der messbaren Ausgangsgrößen, also z.B. $\bar{u}(t) \rightarrow \bar{y}(t)$. Typische Vertreter von E/A-Modellen sind die Sprungantwort (vgl. Abschnitt 3.2.1) oder die Übertragungsfunktion (vgl. Abschnitt 3.2.2) eines Prozesses.

Zustandsmodelle geben hingegen auch Auskunft über das Verhalten der inneren Systemgrößen $\bar{x}(t)$, die auch als Zustandsgrößen bezeichnet werden. Während die Zustandsgrößen bei theoretischer Modellbildung physikalisch interpretierbar sind, ist das bei experimenteller Modellbildung in der Regel nicht der Fall. Die Ordnung eines dynamischen Modells beschreibt die Zahl der unabhängigen Speicher (z.B. Massen- und Energiespeicher) eines Systems. Bei einer Zustandsraumdarstellung ist jedem Speicher ein Zustand zugeordnet. Wenn man zu einem bestimmten Zeitpunkt den kompletten Zustand eines Systems kennt und alle Eingangsgrößen konstant hält, dann ist damit das zukünftige Verhalten des Systems vollständig vorhersehbar.

Mit Hilfe von Zustandsraummodellen wird der Zusammenhang $\bar{u}(t) \rightarrow \bar{x}(t) \rightarrow \bar{y}(t)$ beschrieben. Die Prozessausgangsgrößen sind dann wiederum Funktionen der Zustandsgrößen, im einfachsten Fall eine Teilmenge der Zustandsgrößen selbst.

Der Unterschied soll am Beispiel eines einfachen Reaktionsprozesses in einem gekühlten kontinuierlichen Rührkesselreaktor veranschaulicht werden (Bild 3-4), bei dem die Reaktortemperatur T_R geregelt werden soll. Stellgröße sei die Ventilstellung u im Kühlmittelstrom. Während ein E/A-Modell lediglich den Zusammenhang $T_R(t) = f(u(t))$ beschreiben würde, würden in einem Zustandsmodell weitere Größen auftreten, z.B. die Temperaturen im Kühlmantel T_K, der Füllstand H oder die Konzentrationen $c_A...c_D$ der an der Reaktion beteiligten Komponenten.

Feed A   Feed B   Produkt $A + B \longrightarrow C + D$

V_A V_B

u

Zustandsmodell

$$\frac{dH}{dt} = f_1(V_A, V_B, \ldots, u, t)$$

$$\frac{dT_R}{dt} = f_2(V_A, V_B, \ldots, u, t)$$

$$\vdots$$

$$\frac{dc_D}{dt} = f_n(V_A, V_B, \ldots, u, t)$$

$$y = T_R$$

$H, T_R, c_A, c_B, c_C, c_D$

T_K V_P $y = c_D$

Produkt

E/A - Modell

$$a_n y^{(n)}(t) + \ldots + a_1 \dot{y}(t) + y(t) = f(u(t))$$

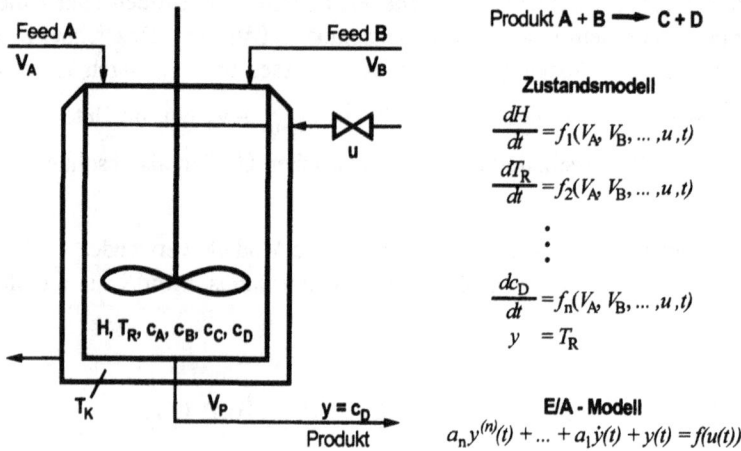

Bild 3-4: Zustands- und Ein-/Ausgangsmodell eines kontinuierlichen Rührkesselreaktors

Derzeit werden in kommerziellen MPC-Programmpaketen überwiegend (lineare) E/A-Modelle verwendet. Für die Zukunft kann man aber davon ausgehen, dass auch zunehmend Zustandsmodelle Eingang finden werden, insbesondere bei nichtlinearen MPC-Regelungen.

3.1.5   Zeitkontinuierliche und zeitdiskrete Modelle

Die hier betrachteten verfahrenstechnischen Prozesse laufen ihrer Natur entsprechend in kontinuierlicher Zeit ab. Die in ihnen auftretenden Signale $\bar{u}(t)$, $\bar{y}(t)$ usw. stehen im Prinzip zu jedem beliebigen Zeitpunkt t zur Verfügung und können innerhalb bestimmter Wertebereiche jeden beliebigen Amplitudenwert annehmen.

Zur Automatisierung verfahrenstechnischer Prozesse werden heute in der Regel Prozessleitsysteme eingesetzt. Deren Arbeitsweise ist dadurch gekennzeichnet, dass Messgrößen zeitdiskret erfasst (abgetastet) und ihre Amplituden über Analog-Digital-Umsetzer quantisiert werden. Stellgrößen werden ebenfalls zu bestimmten (diskreten) Zeitpunkten berechnet und an den Prozess bzw. die Stelleinrichtung über einen Digital-Analog-Umsetzer ausgegeben. Zwischen zwei Abtastzeitpunkten werden die Werte der Stellgrößen konstant gehalten. Bild 3-5 zeigt die prinzipielle Arbeitsweise eines solchen Systems.

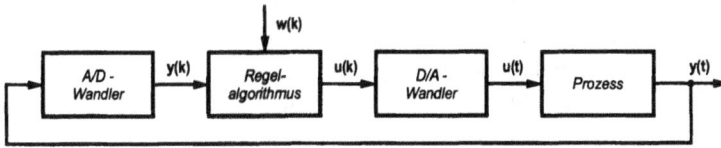

Bild 3-5: Prinzip der digitalen Regelung

In diesem Buch wird davon ausgegangen, dass die Abtastung der Ein- und Ausgangsgrößen zeitsynchron mit einer festen Abtastzeit t_0 erfolgt, und dass der Quantisierungsfehler des A/D-Wandlers klein gegenüber dem Messrauschen ist. Um die zeitdiskrete Arbeitsweise zu kennzeichnen, wird die diskrete Zeit k mit $k = 0, 1, 2, \ldots$ eingeführt, die abgetasteten Signale werden durch $u(k) = u(k\, t_0)$ usw. gekennzeichnet.

Zeitkontinuierliche Prozessmodelle sind demzufolge Beziehungen zwischen zeitkontinuierlichen Signalen. Typische Vertreter sind die Gewichts- und Übergangsfunktion (vgl. Abschnitt 3.2.1), die Differentialgleichung und die s-Übertragungsfunktion (vgl. Abschnitt 3.2.2) sowie das zeitkontinuierliche Zustandsmodell (vgl. Abschnitt 3.3.1). Zeitdiskrete Prozessmodelle beschreiben hingegen Beziehungen zwischen zeitdiskreten Signalen. Typische Vertreter sind das FIR- und das FSR-Modell (vgl. Abschnitt 3.2.1), die Differenzengleichung und die z-Übertragungsfunktion (Abschnitt 3.2.2) sowie das zeitdiskrete Zustandsmodell (Abschnitt 3.3.2).

Aufgrund der abtastenden Arbeitsweise von MPC-Regelungssystemen sind die zeitdiskreten Formen der Prozessmodelle von besonders großer Bedeutung. In MPC-Entwicklungs-umgebungen und Dokumentationen von MPC-Programmsystemen wird aber häufig auch auf zeitkontinuierliche Beschreibungen Bezug genommen. Das hat verschiedene Ursachen, u.a. die bessere Vertrautheit vieler Anwender mit der zeitkontinuierlichen Schreibweise und die Tatsache, dass manche Systemeigenschaften aus zeitkontinuierlichen Modellen leichter „ab-zulesen" sind.

3.1.6   Parametrische und nichtparametrische Modelle

Als „parametrisch" werden solche Prozessmodelle bezeichnet, bei denen sich die Systemei-genschaften mit einer endlichen (i.A. kleinen) Zahl von Parametern beschreiben lassen. So genügt bei einem Verzögerungsglied erster Ordnung mit Totzeit die Angabe der drei Para-meter Proportionalverstärkung, Verzögerungszeitkonstante und Totzeit, um das dynamische Verhalten eindeutig zu beschreiben. Typische Vertreter parametrischer Prozessmodelle sind daher Differential- und Differenzengleichungen, Übertragungsfunktionen und Zustandsmo-delle.

Hingegen werden z.B. die Sprungantwort oder die Impulsantwort eines Prozesses (bzw. ihre normierten Formen Übergangsfunktion und Gewichtsfunktion) als „nichtparametrische"

Prozessmodelle bezeichnet, weil zur Beschreibung des dynamischen Verhaltens ganze Funktionsverläufe angegeben werden müssen. Die Bezeichnung „nichtparametrisches Modell" wird jedoch auch für zeitdiskrete Impuls- oder Sprungantworten benutzt, obwohl hier eine endliche – aber im Allgemeinen wesentlich größere – Anzahl von „Parametern" (besser: Koeffizienten oder Stützstellen) für ein Prozessmodell erforderlich sind.

Die ursprünglich entwickelten MPC-Algorithmen gingen von nichtparametrischen Modellen aus, sicher auch deshalb, weil sie für Verfahrenstechniker einfacher und intuitiv verständlich sind. In den heutigen MPC-Programmen werden zum Teil auch parametrische Prozessmodelle verwendet.

3.1.7　Modelle für Ein- und Mehrgrößensysteme

Viele Verfahren der klassischen Regelungstechnik beziehen sich auf Systeme mit einer Steuergröße $u(t)$ und einer Regelgröße $y(t)$. Diese werden als Eingrößensysteme oder SISO-(Single-Input-Single-Output)-Systeme bezeichnet.

MPC-Regelungsverfahren sind hingegen von vornherein für Systeme mit n_u Steuergrößen und n_y Regelgrößen konzipiert worden. Solche Systeme werden als Mehrgrößensysteme oder MIMO-(Multiple-Input-Multiple-Output)-Systeme bezeichnet. Die Steuer- und Regelgrößen werden dann zu Vektoren $\bar{u}(t)$ und $\bar{y}(t)$ zusammengefasst. Bild 3-6 verdeutlicht den Unterschied zwischen SISO- und MIMO-Systemen.

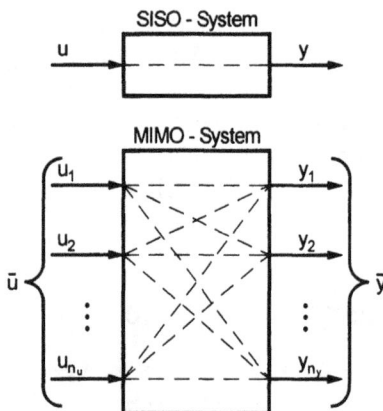

Bild 3-6 : Eingrößen-(SISO-) und Mehrgrößen-(MIMO-)Systeme

Alle im Folgenden behandelten Formen von Modellen für das dynamische Verhalten lassen sich sowohl für SISO- als auch für MIMO-Systeme angeben. Unterschiede bestehen hinsichtlich der Schwierigkeit der mathematischen Notation. Während etwa die Erweiterung eines Gewichtsfunktions-Modells auf den Mehrgrößenfall die Einführung von Blockmatrizen verlangt, ergibt sich bei Zustandsmodellen eine sehr kompakte Schreibweise.

In den folgenden Abschnitten werden die mathematischen Formulierungen zunächst für E/A-Modelle, und dann für Zustandsmodelle eingeführt. Sie sind die Basis sowohl für die Darstellung der Identifikationsverfahren in diesem Kapitel, als auch der eigentlichen MPC-Algorithmen in Kapitel 4. Spezielle Begriffe zur Charakterisierung von Mehrgrößenstrecken werden in Abschnitt 3.2.2 eingeführt.

3.2 Lineare dynamische Prozessmodelle für das Ein/Ausgangs-Verhalten

3.2.1 Nichtparametrische E/A-Modelle

Zeitdiskrete Sprungantwort und FSR-Modell

Eine einfache und anschauliche Methode der Beschreibung des dynamischen Verhaltens eines Systems mit einer Eingangsgröße u und einer Ausgangsgröße y (SISO-System) besteht in der Angabe der Sprungantwort, die sich oft experimentell einfach ermitteln lässt. Wenn auf das System als Eingangssignal eine Sprungfunktion mit der Sprunghöhe Δu

$$u(t) = \begin{cases} u(0) & t < 0 \\ u(0) + \Delta u & t \geq 0 \end{cases} \tag{3-3}$$

aufgegeben wird, dann wird der Zeitverlauf des Antwortsignals $y(t)$ als Sprungantwort und

$$h(t) = \frac{y(t) - y(0)}{\Delta u} \tag{3-4}$$

als bezogene Sprungantwort oder Übergangsfunktion bezeichnet. Bild 3-7 zeigt als Beispiel die Sprungantwort und die Übergangsfunktion einer Durchfluss-Regelstrecke mit Verzögerung erster Ordnung und Totzeit. Dabei wurde die Strecken-Stellgröße zum Zeitpunkt $t = 0$ von 30 auf 40% verstellt, was eine Durchflussveränderung von 100 auf 120 l/h im stationären Zustand zur Folge hat. Die dimensionsbehaftete Streckenverstärkung beträgt daher

$$k_S = \frac{20\,l/h}{10\,\%} = 2\,\frac{l/h}{\%} \tag{3-5}$$

Diese ist als Endwert der Übergangsfunktion $h(t)$ zu erkennen.

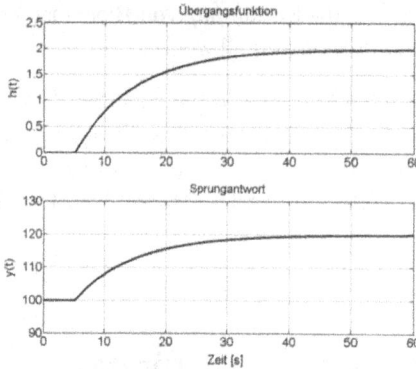

Bild 3-7 : Übergangsfunktion und Sprungantwort einer Durchflussregelstrecke

Da die Übergangsfunktion der Regelstrecke hier gegen einen neuen stationären Endwert strebt, handelt es sich um eine stabile Strecke (auch als „Regelstrecke mit Ausgleich" oder Regelstrecke mit asymptotischem Proportional-Verhalten bezeichnet).

Wird die Übergangsfunktion $h(t)$ zu äquidistanten Zeitpunkten $t = 0, t_0, 2t_0, ..., n_M t_0$ abgetastet bzw. gemessen, entsteht die zeitdiskrete Übergangsfunktion $\vec{h}(k)$

$$\vec{h}(k) = [h(0), h(1), h(2), ..., h(n_M)]^T \qquad (3\text{-}6)$$

Sie wird in diesem Buch auch als „Folge der Sprungantwortkoeffizienten" bezeichnet. In Bild 3-8 ist diese für dasselbe Beispiel wie oben dargestellt (Abtastzeit 2.5 s).

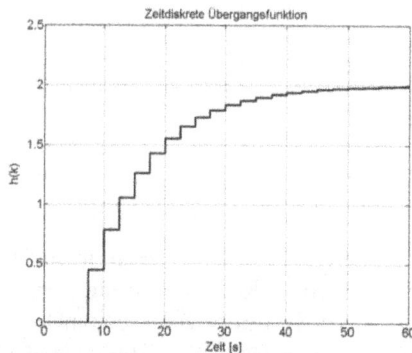

Bild 3-8 : Zeitdiskrete Übergangsfunktion

Man kann davon ausgehen, dass sich der Wert der Übergangsfunktion $h(t)$ für $t > n_M t_0$ nur noch unwesentlich ändert, also vereinfachend

$$h(n_M + j) = h(n_M) = const. \qquad j = 0, 1, 2, ... \tag{3-7}$$

angenommen werden kann. Die Größe n_M wird als „Modellhorizont" bezeichnet. Bei Regelstrecken gilt im Allgemeinen $h(0) = 0$, d.h. eine Änderung der Eingangsgröße wirkt sich nicht ohne Verzögerung auf die Ausgangsgröße aus – solche Systeme werden „nicht sprungfähig" genannt.

Ein Modell dieser Art für das dynamische Verhalten eines Systems wird in der Literatur auch als „finite step response" (FSR-Modell) bezeichnet. Es besteht aus den in Gl. (3-6) angegebenen n_M Koeffizienten der Übergangsfunktion (wenn man $h(0)$ nicht mitzählt). n_M wird dabei so gewählt, dass die Sprungantwort ca. 99% ihres stationären Endwerts erreicht hat, also die Übergangsvorgänge im Wesentlichen abgeklungen sind. In Tab. 3.2 ist die Folge der Sprungantwortkoeffizienten für das o.a. Beispiel numerisch aufgelistet. Man kann erkennen, dass 25...30 Koeffizienten das Übergangsverhalten mit ausreichender Genauigkeit beschreiben.

Tab. 3.2: Koeffizienten der zeitdiskreten Sprungantwort

k	1	2	3	4	5	6	7	8	9	10
$h(k)$	0	0	0	0.442	0.787	1.055	1.264	1.427	1.554	1.653
k	11	12	13	14	15	16	17	18	19	20
$h(k)$	1.729	1.789	1.836	1.872	1.900	1.923	1.940	1.953	1.963	1.972
k	21	22	23	24	25	26	27	28	29	30
$h(k)$	1.978	1.983	1.987	1.990	1.992	1.994	1.995	1.996	1.997	1.998

Wenn nun die Folge der Koeffizienten der Sprungantwort, die Sprunghöhe der Eingangssignaländerung Δu und der Anfangswert der Ausgangsgröße $y(0)$ bekannt sind, lässt sich die Reaktion der Ausgangsgröße y auf einen einmaligen Sprung der Eingangsgröße vorhersagen:

$$
\begin{aligned}
y(1) &= y(0) + h(1)\Delta u \\
y(2) &= y(0) + h(2)\Delta u \\
&\vdots \\
y(n_M) &= y(0) + h(n_M)\Delta u
\end{aligned}
\tag{3-8}
$$

Diese Vorhersage lässt sich erweitern, wenn die Eingangsgröße sich nicht nur einmalig, sondern in aufeinander folgenden Abtastzeitpunkten $k\,t_0 \geq 0$ mehrfach sprungförmig verändert:

$$y(1) = y(0) + h(1)\Delta u(0)$$

$$y(2) = y(0) + h(2)\Delta u(0) + h(1)\Delta u(1)$$

$$\vdots$$

$$y(n_M) = y(0) + h(n_M)\Delta u(0) + h(n_M - 1)\Delta u(1) + \ldots + h(1)\Delta u(n_M - 1)$$

(3-9)

Das bedeutet zum Beispiel, dass die Ausgangsgröße zum Zeitpunkt $k = 2$ von den Änderungen der Eingangsgröße zu den Zeitpunkten $k = 0$ und $k = 1$ beeinflusst wird. Zusammengefasst ergibt sich für den Zeitpunkt k die Antwort eines FSR-Modells auf ein beliebiges Eingangssignal zu

$$y(k) = y(0) + \sum_{i=1}^{\infty} h(i)\Delta u(k - i) \approx y(0) + \sum_{i=1}^{n_M - 1} h(i)\Delta u(k - i) + h(n_M)\, u(k - n_M)$$

(3-10)

mit

$$\Delta u(k) = u(k) - u(k-1)$$

(3-11)

Man beachte, dass die Summe nicht einfach bei $i = n_M$ abgebrochen werden kann, da $h(i) \neq 0 \quad \forall \quad i > n_M$ gilt. Das FSR-Modell eignet sich nur zur Beschreibung stabiler Systeme, weil sich bei instabilen Systemen kein neuer stationärer Zustand einstellt und die Koeffizienten der Sprungantwort nicht gegen einen konstanten Grenzwert streben, d.h. die Annahme nach Gl. (3.7) nicht gerechtfertigt ist. Einen Grenzfall stellen integrierende Systeme (Systeme mit I-Verhalten) dar, bei denen nicht die Sprungantwort selbst, aber deren zeitliche Änderung pro Abtastintervall einem konstanten Grenzwert zustrebt. Für diesen Fall lässt sich das FSR-Modell in leicht modifizierter Form anwenden (siehe Abschnitt 4.1.1).

Zeitdiskrete Impulsantwort und FIR-Modell

Alternativ zur Sprungantwort bzw. zur Übergangsfunktion $h(t)$ lässt sich das dynamische Verhalten eines Systems durch die Impulsantwort oder ihre normierte Form, die Gewichtsfunktion $g(t)$, charakterisieren. Wird ein kontinuierliches System mit einem Delta-Impuls $\delta(t)$ beaufschlagt, dann ergibt sich als Antwortfunktion die Gewichtsfunktion $g(t)$. Die Delta-Impulsfunktion $\delta(t)$ kann man sich dabei als Grenzwert eines realen Impulses der Breite ε und der Höhe $1/\varepsilon$ für $\varepsilon \to 0$ vorstellen. Zwischen der Gewichts- und der Übergangsfunktion besteht der Zusammenhang

$$g(t) = \frac{dh(t)}{dt}$$

(3-12)

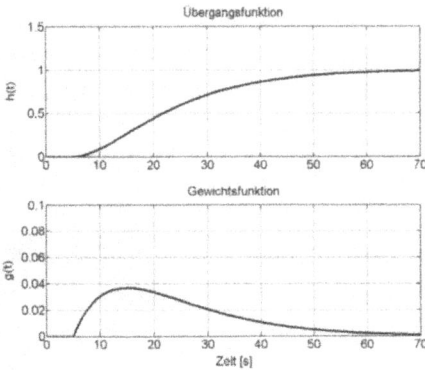

Bild 3-9: Übergangs- und Gewichtsfunktion eines Verzögerungsglieds zweiter Ordnung mit Totzeit

Bild 3-9 zeigt als Beispiel die Übergangs- und die Gewichtsfunktion eines Verzögerungsglieds zweiter Ordnung mit Totzeit.

Die zeitdiskrete Gewichtsfunktion bzw. die Folge der (zeitdiskreten) Gewichtskoeffizienten

$$\vec{g}(k) = \left[g(0),\ g(1),\ g(2), ..., \ g(n_M) \right]^T \tag{3-13}$$

ist die Antwort eines zeitdiskreten Systems auf einen Einheitsimpuls $\delta(0) = 1$. Die Gewichtskoeffizienten werden in der Literatur auch als „Markov-Parameter" bezeichnet. In Bild 3-10 ist diese Folge für dasselbe Beispiel dargestellt.

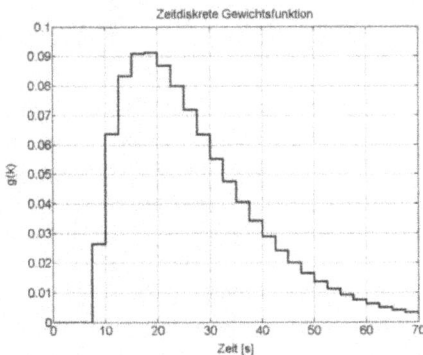

Bild 3-10 : Zeitdiskrete Gewichtsfunktion

Hier kann bei einem stabilen System vereinfachend

$$g(i) = 0 \quad \forall \quad i > n_M \tag{3-14}$$

angenommen werden, d.h. die Elemente der Gewichtskoeffizientenfolge werden hinter dem Modellhorizont vernachlässigbar klein. Für die Wahl von n_M gelten dieselben Bemerkungen wie oben. Ein Modell dieser Art für das dynamische Verhalten eines Systems wird auch als „finite impulse response" (FIR-Modell) bezeichnet. Es besteht aus den in Gl. (3.13) angegebenen n_M Gewichtskoeffizienten, wobei i.A. $g(0) = 0$ gilt und nicht mitgezählt werden muss.

Wenn diese Koeffizienten und eine Folge von Werten der Eingangsgröße $u(j)$ bekannt sind, lässt sich das zeitliche Verhalten der Ausgangsgröße y wie folgt vorausberechnen:

$$
\begin{aligned}
y(1) &= g(1)\, u(0) \\
y(2) &= g(2)\, u(0) + g(1)\, u(1) \\
&\;\;\vdots \\
y(n_M) &= g(n_M)\, u(0) + g(n_M - 1)\, u(1) + \ldots + g(1)\, u(n_M - 1)
\end{aligned}
\tag{3-15}
$$

Dabei wurde zur Vereinfachung $y(0) = 0$ angenommen. Zusammengefasst gilt für das FIR-Modell daher

$$
y(k) = \sum_{i=1}^{n_M} g(i)\, u(k-i)
\tag{3-16}
$$

Es wird auch als „Faltungssumme" oder „discrete convolution model" bezeichnet. Das Vorgehen ist in Bild 3-11 veranschaulicht.

Das FSR- und das FIR-Modell lassen sich leicht ineinander überführen. Zwischen den Koeffizienten der Übergangsfunktion $h(i)$ und denen der Gewichtsfunktion $g(i)$ gelten folgende Beziehungen:

$$
\begin{aligned}
g(i) &= h(i) - h(i-1) \\
h(i) &= \sum_{j=1}^{i} g(j)
\end{aligned}
\tag{3-17}
$$

Im Gegensatz zur Sprungantwort lässt sich die (ideale) Impulsantwort nicht experimentell ermitteln, sondern allenfalls durch eine reale Impulsantwort abschätzen, wobei die Impulslänge klein im Verhältnis zu den Zeitkonstanten des Prozesses sein muss. Die zeitdiskrete Gewichtskoeffizientenfolge lässt sich aber in einfacher Weise aus Messdaten schätzen, die mit Hilfe anderer Testsignale am Prozess ermittelt wurden (siehe Abschnitt 3.4.2).

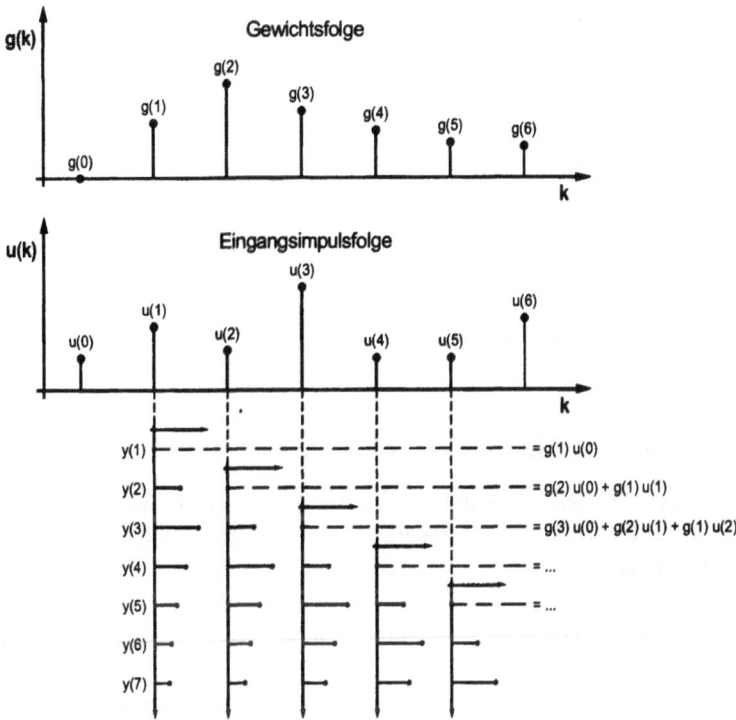

Bild 3-11: Zur Entstehung der Faltungssumme

Sowohl das FIR- als auch das FSR-Modell lassen sich auf den Mehrgrößenfall erweitern. Für das FIR-Modell ergibt sich dann

$$\overline{y}(k) = \sum_{i=1}^{n_M} G(i)\,\overline{u}(k-i) \tag{3-18}$$

Darin ist dann $G(i)$ eine Folge von Matrizen der Koeffizienten der Gewichtsfunktionen, die die Zusammenhänge zwischen den einzelnen Ein- und Ausgangsgrößen beschreiben. Eine solche Matrix $G(i)$ enthält also alle Gewichtskoeffizienten, die zu einem bestimmten Zeitpunkt gehören. Vereinfachend wurde angenommen, dass die Modellhorizonte für alle Eingangs-/Ausgangsgrößen-Kombinationen gleichgesetzt werden und demzufolge einheitlich mit n_M bezeichnet werden können.

Ein stochastisches FIR-Modell entsteht, wenn ein stochastisches Signal $v(k)$ hinzugefügt wird, das die Auswirkung aller nichtmessbaren Störungen auf die Ausgangsgröße beschreibt:

$$y(k) = \sum_{i=1}^{n_M} g(i)\, u(k-i) + v(k) \tag{3-19}$$

Darin wird $v(k)$ als ein stochastischer Zufallsprozess mit bestimmten statistischen Eigenschaften aufgefasst. Auf die Modellierung dieses Störsignals wird in späteren Abschnitten dieses Kapitels noch näher eingegangen.

3.2.2   Parametrische E/A-Modelle

Lineare Differentialgleichung und zeitkontinuierliche Übertragungsfunktion

Das dynamische Ein-/Ausgangsverhalten linearer, zeitinvarianter, zeitkontinuierlicher SISO-Prozesse lässt sich auch durch die Angabe einer linearen Differentialgleichung n-ter Ordnung mit konstanten Koeffizienten der Form

$$a_n y^{(n)}(t) + \ldots + a_1 \dot{y}(t) + a_0 y(t) = b_0 u(t) + b_1 \dot{u}(t) + \ldots + b_m u^{(m)}(t) \tag{3-20}$$

beschreiben. Darin bezeichnen $u(t)$ das Eingangssignal, $y(t)$ das Ausgangssignal, n die Systemordnung und (a_i, b_i) sind konstante Modellparameter. Es sei nochmals ausdrücklich darauf hingewiesen, dass es sich bei den Größen $u(t)$ und $y(t)$ um Abweichungen von einem gegebenen Arbeitspunkt handelt. Für einen physikalisch realisierbaren, kausalen Prozess gilt die Bedingung $n > m$. Tritt eine Totzeit θ zwischen $u(t)$ und $y(t)$ auf, erscheint diese im Zeit-Argument eines der beiden Signale. Für ein Verzögerungsglied erster Ordnung mit Totzeit kann man z.B.

$$a_1 \dot{y}(t) + a_0 y(t) = b_0 u(t - \theta) \tag{3-21}$$

schreiben.

Nach Laplace-Transformation beider Seiten der Gl. (3.20) unter Annahme verschwindender Anfangswerte erhält man die zeitkontinuierliche Übertragungsfunktion $g(s)$ zu

$$g(s) = \frac{y(s)}{u(s)} = \frac{b_m s^m + \ldots + b_1 s + b_0}{a_n s^n + \ldots + a_1 s + a_0}\, e^{-\theta s} \tag{3-22}$$

Sie erlaubt die Beschreibung des dynamischen Verhaltens eines SISO-Prozesses in kompakter Form. Wenn sowohl das Zähler- als auch das Nennerpolynom ausschließlich reelle Nullstellen aufweisen, dann lässt sich die Übertragungsfunktion auch in der Form

$$g(s) = k_S \frac{(t_{d1}s+1)\cdots(t_{dm}s+1)}{(t_1 s+1)\cdots(t_n s+1)} e^{-\theta s} \tag{3-23}$$

schreiben. Darin bezeichnen k_S die Streckenverstärkung, t_{di} die Zählerzeitkonstanten und t_i die Nennerzeitkonstanten. Bei stabilen Prozessen liegen alle Pole (Nullstellen des Nenners) der Übertragungsfunktion $g(s)$ in der linken Hälfte der komplexen s-Ebene, d.h. sie müssen negative Realteile aufweisen. Ein integrierender Prozess ist dadurch gekennzeichnet, dass ein Pol bei $s = 0$ auftritt, die Übertragungsfunktion ändert sich dann zu

$$g(s) = k_{iS} \frac{(t_{d1}s+1)\cdots(t_{dm}s+1)}{s(t_1 s+1)\cdots(t_{n-1}s+1)} e^{-\theta s} \tag{3-24}$$

Wenn eine Zähler-Nullstelle mit positivem Realteil auftritt (in der rechten Halbebene liegt), weist der Prozess „inverse-response"-Verhalten auf, d.h. die Sprungantwort $h(t)$ ändert nach Ablauf einer bestimmten Zeit ihr Vorzeichen. Prozesse mit Totzeit und Zähler-Nullstellen in der rechten Halbebene werden zusammengefasst auch als Prozesse mit nichtminimalphasigem Verhalten (NMP-Verhalten) bezeichnet.

Viele verfahrenstechnische Prozesse lassen sich durch Übertragungsfunktionen niedrigerer Ordnung mit reellen Polen und Nullstellen ausreichend genau beschreiben, und zwar überwiegend als Stecken mit Ausgleich z.B. mit der Übertragungsfunktion

$$g(s) = k_S \frac{(t_{d1}s+1)}{(t_1 s+1)(t_2 s+1)} e^{-\theta s} \tag{3-25}$$

oder sonst als Stecken ohne Ausgleich (mit I-Verhalten)

$$g(s) = k_{iS} \frac{(t_{d1}s+1)}{s(t_1 s+1)(t_2 s+1)} e^{-\theta s} \tag{3-26}$$

Für $t_{d1} < 0$ sind hierin auch Prozesse mit „inverse-response"-Verhalten eingeschlossen. Nur in seltenen Fällen weist die Sprungantwort eines verfahrenstechnischen Prozesses Schwingungsverhalten auf. Dieses kann durch unterlagerte Regelkreise, oder durch Ausgleichsvorgänge in kompressiblen Medien wie z.B. Gasen verursacht werden. In diesem Fall würde die Übertragungsfunktion mindestens ein konjugiert-komplexes Polpaar aufweisen und z.B. die Form

$$g(s) = \frac{k_S}{(a_2 s^2 + a_1 s + 1)} = \frac{k_S}{\dfrac{s^2}{\omega_0^2} + \dfrac{2\varsigma}{\omega_0}s + 1} \tag{3-27}$$

mit der Dämpfungskonstante $0 < \varsigma < 1$ und der Eigenfrequenz ω_0 annehmen. In Tafel 3.1 sind Übertragungsfunktionen und Sprungantworten typischer verfahrenstechnischer Regelstrecken dargestellt.

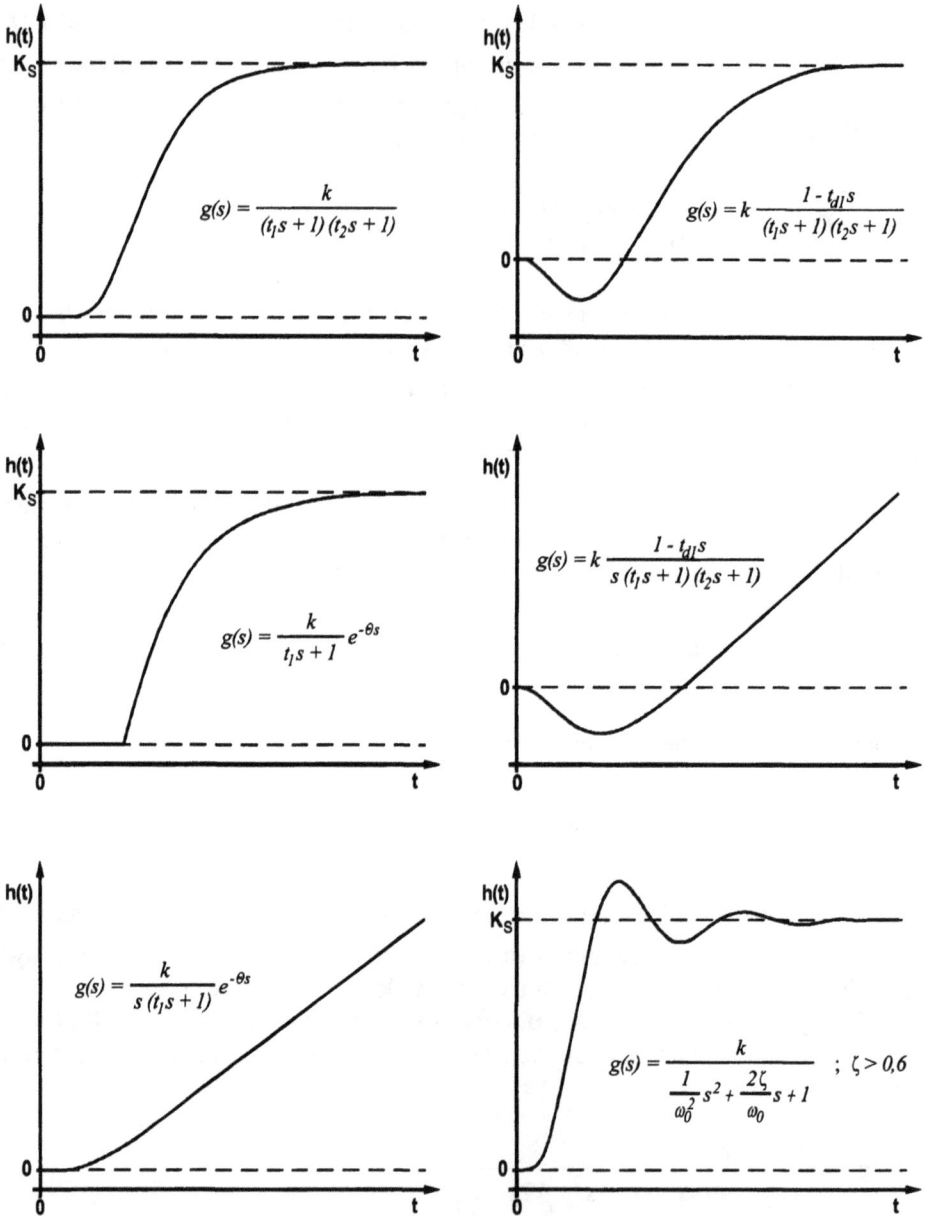

$$g(s) = \frac{k}{(t_1 s + 1)(t_2 s + 1)}$$

$$g(s) = k\,\frac{1 - t_{d1} s}{(t_1 s + 1)(t_2 s + 1)}$$

$$g(s) = \frac{k}{t_1 s + 1}\,e^{-\theta s}$$

$$g(s) = k\,\frac{1 - t_{d1} s}{s\,(t_1 s + 1)(t_2 s + 1)}$$

$$g(s) = \frac{k}{s\,(t_1 s + 1)}\,e^{-\theta s}$$

$$g(s) = \frac{k}{\dfrac{1}{\omega_0^2}\,s^2 + \dfrac{2\zeta}{\omega_0}\,s + 1} \quad ; \; \zeta > 0{,}6$$

Tafel 3.1: Sprungantworten typischer verfahrenstechnischer Regelstrecken

Das Übertragungsfunktions-Modell lässt sich wie in Bild 3-12 gezeigt von SISO- auf MI-MO-Systeme mit n_u Eingangsgrößen (Stell- oder Steuergrößen) und n_y Ausgangsgrößen (Regelgrößen) erweitern.

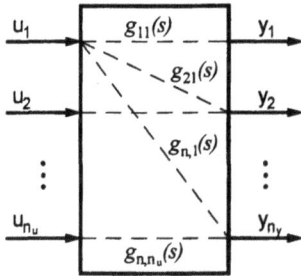

Bild 3-12 : Übertragungsfunktionen in einem Mehrgrößensystem

Die $(n_y \times n_u)$ -dimensionale Übertragungsfunktions-Matrix $G(s)$ ergibt sich dann zu

$$G(s) = \begin{pmatrix} g_{11}(s) & g_{12}(s) & & g_{1n_u}(s) \\ g_{21}(s) & g_{22}(s) & & g_{2n_u}(s) \\ \vdots & \vdots & & \vdots \\ g_{n_y1}(s) & g_{n_y2}(s) & \cdots & g_{n_yn_u}(s) \end{pmatrix} \tag{3-28}$$

wobei jede Teil-Übertragungsfunktion $g_{ij}(s)$ den Zusammenhang zwischen der i-ten Regelgröße und der j-ten Steuergröße beschreibt. Die Diagonal-Elemente werden als Hauptstrecken bezeichnet, die anderen als Koppelstrecken. Falls $G(s)$ nur in der Hauptdiagonalen besetzt ist, sind die einzelnen Teilregelstrecken vollständig entkoppelt und es lassen sich voneinander unabhängige Eingrößenregelungen entwerfen. Je stärker der Einfluss der Koppelstrecken, desto schwerer ist das System zu entkoppeln, und desto dringender wird die Berücksichtigung der Verkopplung beim Reglerentwurf, d.h. ggf. der Einsatz eines Mehrgrößenreglers.

Anhand der MIMO-Übertragungsfunktion lässt sich auch das Phänomen der Richtungsabhängigkeit der Verstärkung („gain directionality") bei Mehrgrößenprozessen erläutern. Wenn man die Menge der n_u Eingangssignale als Vektor in einem n_u -dimensionalen Raum auffasst, kann man diesem Vektor eine Richtung und eine Länge (Betrag) zuordnen, ebenso dem Vektor der Ausgangsgrößen. Die MIMO-Streckenverstärkung als skalare Kennzahl beschreibt das Verhältnis der Beträge dieser beiden Vektoren, und ist tatsächlich von der Richtung des Eingangsvektors, d.h. vom Größenverhältnis der einzelnen Eingangssignale zueinander abhängig. Diese Eigenschaft soll an einem Zweigrößensystem verdeutlicht werden. Die Matrix der Streckenverstärkungen der MIMO-Übertragungsfunktion sei

$$K_S = \begin{bmatrix} 2 & -1 \\ 1 & -3 \end{bmatrix}$$

der Variationsbereich der Eingangsgrößen $-1 \le u_{1,2} \le 1$, also symmetrisch zum Arbeits-punkt, und für beide Eingangsgrößen gleich groß. Der daraus resultierende Bereich der Aus-gangsgrößen ist rechts in Bild 3-13 dargestellt. Er ergibt sich aus

$$\begin{bmatrix} \Delta y_1 \\ \Delta y_2 \end{bmatrix} = \begin{bmatrix} 2 & -1 \\ 1 & -3 \end{bmatrix} \begin{bmatrix} \Delta u_1 \\ \Delta u_2 \end{bmatrix}$$

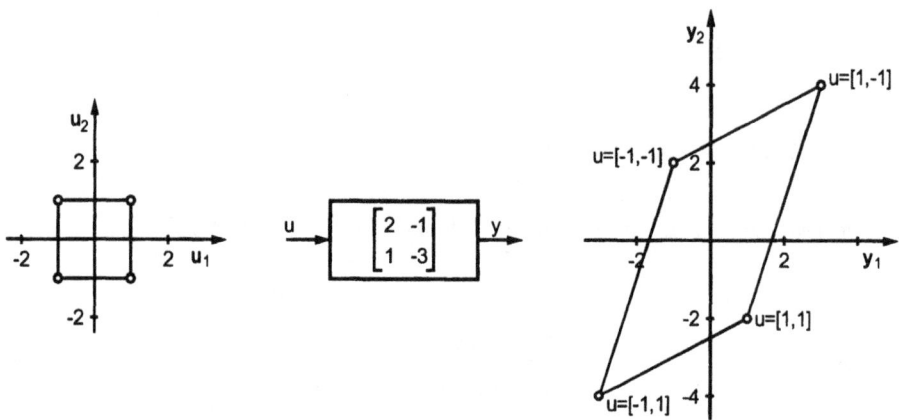

Bild 3-13 : Variationsbereich der Ausgangsgrößen eines 2x2-Systems

Es ist zu erkennen, dass sich die erste Ausgangsgröße im Bereich $-3 \le y_1 \le 3$, die zweite aber im Bereich $-4 \le y_1 \le 4$ bewegt, sie reagiert also insgesamt stärker auf eine Verände-rung der Eingangsgrößen.

Eine mathematische Analyse des statischen Verhaltens von MIMO-Systemen ist durch eine Singulärwertzerlegung (Singular value decomposition, SVD) der Matrix K_S möglich. Die Singulärwertzerlegung schreibt man mathematisch als

$$K_S = U S V^T \tag{3-29}$$

(Das ist die Standardnotation der Singulärwertzerlegung, die Matrix U hat hier nichts mit den Steuergrößen zu tun. Die Spalten von U sind als Ausgangs*richtungen*, die Spalten von V^T als Eingangs*richtungen* des Prozesses aufzufassen. Die Elemente der Diagonalmatrix S sind als Streckenverstärkungen in der jeweiligen Richtung zu verstehen.) Für eine andere Matrix K_S als im obigen Beispiel folgt:

$$K_S = \begin{bmatrix} 90 & -85 \\ 105 & -110 \end{bmatrix} = \begin{bmatrix} -0.631 & -0.776 \\ -0.776 & 0.631 \end{bmatrix} \begin{bmatrix} 196.02 & 0 \\ 0 & 4.97 \end{bmatrix} \begin{bmatrix} -0.705 & -0.709 \\ 0.709 & -0.705 \end{bmatrix}^T$$

Dieses Ergebnis lässt sich wie folgt interpretieren: Aus der ersten Eingangsrichtung $v_1 = \begin{bmatrix} -0.705 & 0.709 \end{bmatrix}^T$ folgt, dass die Streckenverstärkung 196.02 beträgt, wenn beide Eingangsgrößen um etwa denselben Betrag, aber in unterschiedlicher Richtung verstellt werden. Umgekehrt folgt aus $v_2 = \begin{bmatrix} -0.709 & -0.705 \end{bmatrix}^T$, dass die Verstärkung nur 4.974 ist, wenn beide Eingangsgrößen in derselben Richtung verstellt werden. Der Grund dafür ist, dass die beiden Eingangsgrößen einen entgegengesetzten Einfluss auf die Ausgangsgrößen besitzen. Das Verhältnis des größten zum kleinsten Singulärwert wird als Konditionszahl einer Matrix (hier 196.02/4.97 = 39.44) bezeichnet. Sie ist mathematisch gesehen ein Maß für die Schwierigkeit der Matrizeninversion: Systeme mit einer großen Konditionszahl werden als „schlecht konditioniert" (ill-conditioned) bezeichnet.

Die regelungstechnische Interpretation ist diese: MIMO-Systeme sind um so schwieriger zu regeln, je größer die Konditionszahl der Matrix der Streckenverstärkungen ist. In diesem Fall haben bestimmte Eingangsgrößenkombinationen einen starken Einfluss auf die Ausgangsgrößen, andere hingegen nicht. Im angegebenen Beispiel würde eine gleichzeitige Sollwertverstellung der Regelgrößen in verschiedene Richtungen wesentlich größere Verstellungen der Eingangsgrößen verlangen, da in dieser Richtung die Streckenverstärkung klein ist.

Lineare Differenzengleichung und zeitdiskrete Übertragungsfunktion

Wenn man unterstellt, dass die Eingangsgröße eines Prozesses innerhalb des Abtastintervalls t_0 konstant ist, d.h.

$$u(t) = u(k) \quad k\,t_0 \le t < (k+1)\,t_0 \tag{3-30}$$

gilt (Halteglied nullter Ordnung), dann führt die zeitliche Diskretisierung der (zeitkontinuierlichen) Differentialgleichung n-ter Ordnung (3.20) auf eine lineare Differenzengleichung n-ter Ordnung:

$$y(k) + a_1 y(k-1) + \ldots + a_n y(k-n) = b_1 u(k-1) + \ldots + b_n u(k-n) \tag{3-31}$$

Darin bezeichnen $u(i)$ und $y(i)$ abgetastete Werte der Ein- und Ausgangsgröße des Prozesses, n ist wiederum die Systemordnung und (a_i, b_i) sind konstante Modellparameter. Man beachte, dass diese Modellparameter eine andere Bedeutung haben als in Gl. (3.20), obwohl hier der Einfachheit halber dieselben Symbole verwendet werden. Man beachte weiterhin, dass auf der rechten Seite der Differenzengleichung eine Verschiebung um ein Abtastintervall auftritt, die dem Halteglied nullter Ordnung geschuldet ist. Eine Änderung der Eingangsgröße u zum Zeitpunkt k wirkt sich daher nicht sofort auf die Ausgangsgröße $y(k)$

aus. Tritt eine Totzeit von d Abtastintervallen auf, so ist diese im Zeitargument der Eingangsgröße zu berücksichtigen:

$$y(k) + a_1 y(k-1) + ... + a_n y(k-n) = b_1 u(k-1-d) + ... + b_n u(k-n-d)$$

$$(3-32)$$

Wendet man den Verschiebeoperator

$$y(k+1) = q\, y(k) \text{ bzw. } y(k-1) = q^{-1}\, y(k) \qquad (3-33)$$

auf beide Seiten der Differenzengleichung an, dann ergibt sich die zeitdiskrete Übertragungsfunktion

$$g(q) = \frac{b_1 q^{-1} + ... + b_n q^{-n}}{1 + a_1 q^{-1} + ... + a_n q^{-n}}\, q^{-d} \qquad (3-34)$$

Zähler und Nenner dieser Übertragungsfunktion werden zur Vereinfachung der Schreibweise gern als Polynome von q (bzw. q^{-1}) geschrieben:

$$a(q) = 1 + a_1 q^{-1} + ... + a_n q^{-n}$$
$$b(q) = b_1 q^{-1} + ... + b_n q^{-n}$$

$$(3-35)$$

Damit ergibt sich der Zusammenhang zwischen Ein- und Ausgangsgröße zu

$$y(k) = g(q, \bar{\theta})\, u(k) = \frac{b(q)}{a(q)}\, q^{-d}\, u(k) \qquad (3-36)$$

Der Parametervektor $\bar{\theta}$ bezeichnet darin die Gesamtheit der Modellparameter (a_i, b_i, d). Ersetzt man den Verschiebeoperator q durch die Variable z der z-Transformation, dann ergibt sich die z-Übertragungsfunktion $g(z)$. Auf den theoretischen Unterschied zwischen beiden Darstellungen wird hier nicht weiter eingegangen, da er für die praktische Anwendung von untergeordneter Bedeutung ist [3.8]. Im Folgenden wird zur Kennzeichnung der zeitdiskreten Arbeitsweise der Verschiebeoperator q verwendet. Der statische Verstärkungsfaktor ergibt sich hier aus

$$k_S = \frac{\sum_{i=1}^{n} b_i}{1 + \sum_{i=1}^{n} a_i} \qquad (3-37)$$

Stabile Prozesse sind dadurch gekennzeichnet, dass alle Pole (Nullstellen des Nenners) von $g(q)$ im Inneren des Einheitskreises liegen. Integrierende Prozesse weisen einen Pol bei $q = 1$ auf, die Übertragungsfunktion lässt sich dann als

$$g(q) = \frac{b_1 q^{-1} + \ldots + b_n q^{-n}}{(1 - q^{-1})(1 + a_1 q^{-1} + \ldots)} q^{-d} \tag{3-38}$$

schreiben.

Auch im zeitdiskreten Fall lässt sich das Übertragungsfunktions-Modell einfach auf den MIMO-Fall übertragen. Die $(n_y \times n_u)$-dimensionale Übertragungsfunktions-Matrix $G(q)$ ergibt sich dann zu

$$G(q) = \begin{pmatrix} g_{11}(q) & g_{12}(q) & & g_{1n_u}(q) \\ g_{21}(q) & g_{22}(q) & & g_{2n_u}(q) \\ \vdots & \vdots & & \vdots \\ g_{n_y 1}(q) & g_{n_y 2}(q) & \cdots & g_{n_y n_u}(q) \end{pmatrix} \tag{3-39}$$

Ein stochastisches Modell ergibt sich, wenn die Wirkung sich zufällig ändernder, nicht messbarer Störgrößen auf die Ausgangsgröße berücksichtigt werden, im SISO-Fall folgt dann

$$y(k) = g(q, \bar{\theta}) u(k) + v(k) \tag{3-40}$$

Auch für die Störgröße $v(k)$ lässt sich ein Modell angeben. Oft wird davon ausgegangen, dass sich $v(k)$ durch

$$v(k) = g_v(q, \bar{\theta}) \varepsilon(k) \tag{3-41}$$

darstellen lässt, wobei $\varepsilon(k)$ einen statistisch unabhängigen Signalprozess („weißes Rauschen") beschreibt, der durch $g_v(q, \bar{\theta})$ übertragen oder auch „gefiltert" wird, so dass ein „farbiges" Rauschen mit einem definierten Leistungsdichtespektrum (im Frequenzbereich) entsteht.

3.3   Lineare dynamische Prozessmodelle im Zustandsraum

3.3.1   Zeitkontinuierliches Zustandsmodell

Die Modellierung des dynamischen Verhaltens eines verfahrenstechnischen Prozesses unter Nutzung von physikalisch-chemischen Gesetzmäßigkeiten (theoretische Modellbildung) führt i.A. auf Systeme von nichtlinearen Differentialgleichungen. Linearisiert man diese in einem gegebenen Arbeitspunkt, dann ergibt sich ein lineares zeitkontinuierliches Zustandsmodell der Form

$$\dot{\overline{x}}(t) = A\,\overline{x}(t) + B\,\overline{u}(t)$$
$$\overline{y}(t) = C\,\overline{x}(t) + D\,\overline{u}(t) \tag{3-42}$$

Darin bezeichnen

$\overline{u}(t) = \begin{bmatrix} u_1(t) & u_2(t) & \cdots & u_{n_u}(t) \end{bmatrix}^T$ den n_u-dimensionalen Vektor der Eingangsgrößen,

$\overline{x}(t) = \begin{bmatrix} x_1(t) & x_2(t) & \cdots & x_{n_x}(t) \end{bmatrix}^T$ den n_x-dimensionalen Vektor der Zustandsgrößen,

$\overline{y}(t) = \begin{bmatrix} y_1(t) & y_2(t) & \cdots & y_{n_y}(t) \end{bmatrix}^T$ den n_y-dimensionalen Vektor der Ausgangsgrößen.

Die Matrizen A, B, C, D werden als System-, Eingangs-, Beobachtungs- und Durchgangsmatrix bezeichnet. Sie enthalten alle Modellparameter. Die Dimension dieser Matrizen ergibt sich aus der Dimension der Vektoren, die sie miteinander verknüpfen. Bei Regelstrecken gilt i.A. $D = 0$, d.h. eine Änderung der Eingangsgrößen wirkt sich nicht unverzögert auf die Ausgangsgrößen aus, der Prozess ist nicht „sprungfähig". Das Zustandsmodell eines SISO-Systems ergibt sich als Spezialfall zu

$$\dot{\overline{x}}(t) = A\,\overline{x}(t) + \overline{b}\,u(t)$$
$$y(t) = \overline{c}^T\,\overline{x}(t) + d\,u(t) \tag{3-43}$$

Jedes Ein-/Ausgangs-Modell, z.B. in Form einer kontinuierlichen Übertragungsfunktionsmatrix $G(s)$ lässt sich durch Einführung von Zustandsgrößen $\overline{x}(t)$ in ein Zustandsmodell überführen. Allerdings ist diese Überführung nicht eindeutig und von der konkreten Wahl des Zustandsvektors abhängig. Besondere Bedeutung besitzen die so genannten kanonischen Formen wie die Beobachtungs- oder die Regelungs-Normalform [3.2].

Durch Laplace-Transformation des Zustandsmodells $s\,\overline{x}(s) = A\overline{x}(s) + B\overline{u}(s)$, eine Umformung $(sI - A)\overline{x}(s) = B\overline{u}(s) \Leftrightarrow \overline{x}(s) = (sI - A)^{-1}B\overline{u}(s)$ und Einsetzen in die Ausgangsgleichung $\bar{y}(s) = C\,\bar{x}(s) + D\,\bar{u}(s) = \underbrace{(C(sI - A)^{-1}B + D)}_{G(s)}\bar{u}(s)$ lässt sich daraus die Übertragungs-

funktion

$$G(s) = C\,(sI - A)^{-1}\,B + D \tag{3-44}$$

eindeutig herleiten. Darin bezeichnet I die n_x-dimensionale Einheitsmatrix.

3.3.2 Zeitdiskretes Zustandsmodell

Das Äquivalent zum kontinuierlichen Zustandsmodell nach Gl. (3.42) ergibt sich durch zeitliche Diskretisierung mit dem Abtastintervall t_0 zu

$$\begin{aligned} \bar{x}(k+1) &= A\,\bar{x}(k) + B\,\bar{u}(k) \\ \bar{y}(k) &= C\,\bar{x}(k) + D\,\bar{u}(k) \end{aligned} \tag{3-45}$$

Darin bezeichnet k die diskrete Zeitvariable. Man beachte, dass die Matrizen A, B des zeitdiskreten linearen Zustandsmodells nicht mit denen des zeitkontinuierlichen identisch sind, obwohl hier der Einfachheit halber dieselben Symbole verwendet wurden. Die Matrizen C und D der (statischen) Ausgangsgleichung lassen sich dagegen direkt aus der zeitkontinuierlichen Darstellung übernehmen.

Die Bezeichnungen und Bemerkungen aus Abschnitt 3.3.1 gelten ansonsten in analoger Form.

Ein stochastisches Modell ergibt sich, wenn in den Zustands- und Ausgangsgleichungen des Modells (3-45) stochastische Signale hinzugefügt werden:

$$\begin{aligned} \bar{x}(k+1) &= A\,\bar{x}(k) + B\,\bar{u}(k) + \bar{\xi}(k) \\ \bar{y}(k) &= C\,\bar{x}(k) + D\,\bar{u}(k) + \bar{v}(k) \end{aligned} \tag{3-46}$$

Darin bedeuten $\bar{\xi}(k)$ und $\bar{v}(k)$ mehrdimensionale stochastische Signale mit Mittelwert Null und bestimmten statistischen Eigenschaften. Sie werden auch als „Prozessrauschen" und „Messrauschen" bezeichnet.

Das E/A-Modell ergibt sich analog zum zeitkontinuierlichen Fall zu

$$G(q) = C\,(qI - A)^{-1}\,B + D \tag{3-47}$$

3.4 Beispiel: Modellierung eines kontinuierlichen Rührkesselreaktors

In diesem Abschnitt soll am Beispiel eines mantelgekühlten kontinuierlichen Rührkesselre-aktors gezeigt werden, wie verschiedenen Modelle für das dynamische Verhalten erzeugt werden können und wie sie miteinander zusammenhängen. In dem in Bild 3-14 dargestellten Reaktor mit dem Volumen V und konstantem Durchsatz $\dot{V}$ laufe eine exotherme Reaktion $A \rightarrow B$ ab. Der zulaufende Volumenstrom habe die Temperatur T_0 und die Konzentration c_{A0} der Komponente A. Der Reaktor sei ideal durchmischt, die Reaktionstemperatur werde mit T und die im Reaktor vorliegende Konzentration des Stoffes A mit c_A bezeichnet. Die mittlere Temperatur im Kühlmantel sei T_k.

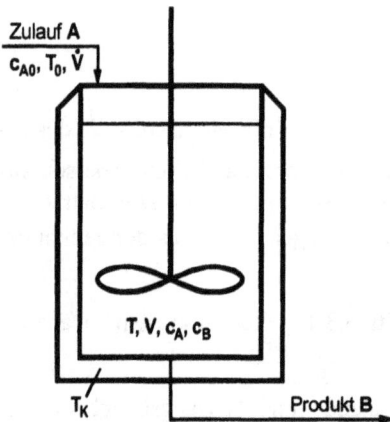

Bild 3-14 : Kontinuierlicher Rührkesselreaktor

Für alle physikalischen Erhaltungsgrößen wie Masse, Energie oder Impuls lassen sich Bi-lanzgleichungen aufstellen, nach dem Schema: Änderungen der im System gespeicherten Erhaltungsgröße ergeben sich immer als Summe aller Zuflüsse minus Summe aller Abflüsse der Erhaltungsgröße. Zuflüsse an Stoff A sind z.B. mit dem Zulauf-Volumenstrom verbun-den, während Abflüsse nicht nur durch den Volumenstrom entstehen, sondern auch durch den Verbrauch der Reaktion:

$$V \frac{dc_A}{dt} = \dot{V}(c_{A0} - c_A) - V k_0 e^{-\frac{E}{RT}} c_A \tag{3-48}$$

Dabei wird angenommen, dass die Reaktionsgeschwindigkeit von der Konzentration c_A, der Temperatur T und Stoffkonstanten abhängt.

Durch Hinzufügen einer entsprechenden Energiebilanz erhält man folgendes theoretisches Prozessmodell für das dynamische Verhalten in Form zweier miteinander gekoppelter nichtlinearer gewöhnlicher Differentialgleichungen:

$$\frac{dc_A}{dt} = \frac{\dot{V}}{V}(c_{A0} - c_A) - k_0 e^{-\frac{E}{RT}} c_A$$

$$\frac{dT}{dt} = \frac{\dot{V}}{V}(T_0 - T) + \frac{(-\Delta H)}{\rho c_p} k_0 e^{-\frac{E}{RT}} c_A + \frac{UA}{V \rho c_p}(T_k - T) \tag{3-49}$$

Änderungen der im System gespeicherten Wärmeenergie ergeben sich also aus den mit den Volumenströmen mitgeführten Wärmemengen, der bei der exothermen Reaktion freiwerdenden Energie und der Wärmeabfuhr an den Kühlmantel.

Legt man die in Tab. 3.3 zusammengestellten Werte der Prozessgrößen und Stoffdaten zu Grunde, dann ergibt sich ein stabiler stationärer Zustand (Arbeitspunkt) des Reaktors bei $c_{A,stat} = 0.8773\ mol\,/\,l$ und $T_{stat} = 324.4754\ K$. Dieser lässt sich bestimmen, wenn man die linken Seiten des Differentialgleichungssystems zu Null setzt und das entstehende nichtlineare Gleichungssystem löst.

Ein lineares Zustandsmodell, wie in Abschnitt 3.3.1 beschrieben, erhält man dann durch Linearisierung der Gl. (3-49) im angegebenen Arbeitspunkt. Fasst man die Reaktortemperatur als Regelgröße (Ausgangsgröße) auf, die durch Manipulation der Kühlmitteltemperatur (Eingangsgröße) geregelt werden soll, dann ergibt sich

$$\frac{dx_1}{dt} = -1.1399\,x_1 - 0.0102\,x_2$$

$$\frac{dx_2}{dt} = 29.2723\,x_1 - 0.9578\,x_2 + 2.9021\,u \tag{3-50}$$

$$y = x_2$$

Die darin auftretenden Variablen bezeichnen jetzt Abweichungen vom Arbeitspunkt, die Zustandsgrößen sind also $x_1 = c_A - c_{A,stat}$ und $x_2 = T - T_{stat}$, die Eingangsgröße ist $u = T_k - T_{k,stat}$, und die Ausgangsgröße ist gleich der zweiten Zustandsgröße. Die Matrizen bzw. Vektoren des Zustandsmodells ergeben sich also zu

$$A = \begin{pmatrix} -1.1399 & -0.0102 \\ 29.2723 & -0.9578 \end{pmatrix} \qquad \bar{b} = \begin{pmatrix} 0 \\ 2.9021 \end{pmatrix} \qquad \bar{c}^T = \begin{pmatrix} 0 & 1 \end{pmatrix} \qquad d = 0$$

Tab. 3.3: Prozessgrößen und Stoffwerte für einen kontinuierlichen Rührkesselreaktor

Variable	Wert	Variable	Wert
Durchfluss $\dot{V}$	100 l/min	E/R (Aktivierungsenergie E , Gas-konstante R)	8750 K
Zulaufkonzentration c_{A0}	0.5 mol/l	Häufigkeitsfaktor k_0	$7.2 \times 10^{10}\,\text{min}^{-1}$
Zulauftemperatur T_0	350 K	UA (Wärmeübergangs-koeffizient U , Fläche A)	$5 \times 10^4\,J/(\text{min}\,K)$
Reaktorvolumen V	100 l	Manteltemperatur T_k	300 K
Dichte ρ	1000 g/l	Spez. Wärmekapazität c_P	50.000 J/mol

Durch Anwendung der Gl. (3-44) ergibt sich die Übertragungsfunktion $g(s)$ von der Kühl-mittel- zur Reaktortemperatur zu

$$g(s) = \frac{2.902s + 3.308}{s^2 + 2.098s + 1.39} \tag{3-51}$$

Im Zeitbereich entspricht das einer gewöhnlichen Differentialgleichung zweiter Ordnung mit konstanten Koeffizienten

$$\ddot{x}(t) + 2.098\dot{x}(t) + 1.39x(t) = 2.902\dot{u}(t) + 3.308u(t) \tag{3-52}$$

Eine zeitliche Diskretisierung mit einer Abtastzeit von $t_0 = 0.5\,\text{min}$ ergibt die Differen-zengleichung

$$x(k) - 1.141x(k-1) + 0.3503x(k) = 1.141u(k-1) - 0.6428u(k-2) \tag{3-53}$$

aus der sich wiederum die zeitdiskrete Übertragungsfunktion $g(q)$ ableiten lässt:

$$g(q) = \frac{1.141q^{-1} - 0.6428q^{-2}}{1 - 1.141q^{-1} + 0.3503q^{-2}} \tag{3-54}$$

Die zeitdiskrete Form des Zustandsmodells ergibt sich zu

$$
\begin{aligned}
x_1(k+1) &= 0.5439x_1(k) - 0.003x_2(k) - 0.0026u(k) \\
x_2(k+1) &= 8.559x_1(k) + 0.597x_2(k) + 1.141u(k) \\
y(k) &= x_2(k)
\end{aligned}
\tag{3-55}
$$

Zuletzt sollen als nichtparametrisches Modell die ersten zwanzig Koeffizienten der Übergangsfunktion angegeben werden (Tab. 3.4).

Tab. 3.4: Koeffizienten der Übergangsfunktion für das Beispielmodell Rührkesselreaktor

k	1	2	3	4	5	6	7	8	9	10
$h(k)$	0	1.141	1.7995	2.1516	2.3226	2.3944	2.4164	2.4163	2.4085	2.3997
k	11	12	13	14	15	16	17	18	19	20
$h(k)$	2.3923	2.3870	2.3835	2.3814	2.3802	2.3796	2.3793	2.3792	2.3792	2.3792

3.5 Verfahren zur Identifikation linearer dynamischer Systeme

Systemidentifikation bedeutet die Gewinnung eines mathematischen Prozessmodells für das dynamische Verhalten auf der Grundlage von Messdaten für die Ein- und Ausgangsgrößen des Prozesses. Für den Entwurf vom MPC-Regelungen sind dabei Modelle für alle Steuergrößen-Regelgrößen-Paare und im Fall der Berücksichtigung messbarer Störgrößen auch für alle Störgrößen-Regelgrößen-Paare zu ermitteln. Im Allgemeinen sind dafür aktive Experimente an der Prozessanlage erforderlich, weil der Informationsgehalt der laufend anfallenden Prozessdaten wegen mangelnder Anregung der Prozessdynamik meist nicht die Entwicklung ausreichend genauer Modelle zulässt. Die Lösung der Identifikationsaufgabe erfolgt in mehreren Schritten, die ggf. auch mehrfach durchlaufen werden:

- Versuchsplanung, insbesondere Festlegung eines Testsignals
- Durchführung von Anlagentests mit Aufzeichnung von Messdaten für die Ein- und Ausgangsgrößen
- Auswahl und Aufbereitung der Messwertsätze
- Auswahl eines geeigneten Satzes potentiell geeigneter Prozessmodelle (Modelltyp und Modellordnung)
- Bestimmung des besten Prozessmodells und der Modellparameter mit Hilfe der aufbereiteten Messdaten und eines gegebenen Gütekriteriums
- Untersuchung der Modelleigenschaften und Validierung des Prozessmodells

In den Abschnitten 3.5.1 bis 3.5.4 wird zunächst auf die Fragen der Wahl geeigneter Prozessmodelle und auf Identifikationsverfahren eingegangen. In Abschnitt 3.5.5 werden anschließend die aus praktischer Sicht ebenso wichtigen Fragen der Versuchsplanung, Messdatenaufbereitung und Modellvalidierung besprochen.

Alle marktgängigen MPC-Programmsysteme beinhalten ein Modul zur rechnergestützten Prozessidentifikation. Darüber hinaus sind heute eine Reihe von weiteren Programmsystemen für die Lösung dieser Aufgabe verfügbar, u.a. die MATLAB System Identification Toolbox. Eine Übersicht enthält z.B. [3.10].

3.5.1   Kennwertermittlung aus Sprungantworten

Die Aufnahme von Sprungantworten der Regelstrecke ist besonders in der frühen Phase des Entwurfs einer MPC-Regelung sinnvoll. Durch deren Analyse lassen sich folgende Informationen gewinnen:

- Welche Steuergrößen beeinflussen welche Regelgrößen? Wo kann kein Zusammenhang experimentell nachgewiesen werden? Welches Vorzeichen und welchen Betrag haben die Streckenverstärkungen? Wurden die Amplituden des Testsignals richtig gewählt? Gibt es mehrere Steuergrößen, die mit annähernd gleichen Streckenverstärkungen auf ein und die selbe Regelgröße einwirken („ill-conditioning", vgl. Abschnitt 4.4)?
- In welcher Größenordnung liegen die dominierenden Zeitkonstanten des Prozesses? Reagieren die verschiedenen in den MPC-Regler einzubeziehenden Regelgrößen mit ähnlicher oder stark unterschiedlicher Geschwindigkeit auf die Eingangsgrößen („Steifheit" des Systems)?
- Welche besonderen Merkmale weist die Prozessdynamik auf (z.B. großes Verhältnis der Totzeit zur Summenzeitkonstante, „inverse-response"-Verhalten, integrierendes Verhalten)?
- Wie gut arbeiten die unterlagerten PID-Regelkreise? Diese Information ergibt sich, da MPC-Regelungen i.A. auf eine Schicht von PID-Regelkreisen aufsetzen und die Testsignale auf die Sollwerte dieser Regler aufgegeben werden. Es ist immer sinnvoll, die unterlagerten PID-Regelkreise zuerst zu optimieren, u.a. da sie anschließend zu einem Teil des Streckenmodells für MPC werden, und dann nicht mehr verändert werden sollten. Dynamik, die bei der Parametrierung der unterlagerten PID-Regler verschenkt wird, kann auch vom MPC-Entwurf nur noch schwer „zurückgeholt" werden!

Durch die Aufnahme von Sprungantworten ist es einfach und schnell möglich, Einsicht in die Ursache-Wirkungs-Zusammenhänge des Prozesses zu gewinnen sowie das statische und dynamische Verhalten grob abzuschätzen. Die so gewonnenen Kenntnisse eignen sich auch dafür, die durch anspruchsvollere Identifikationsverfahren gewonnenen Prozessmodelle zu validieren.

In vielen Fällen ist es möglich, das dynamische Verhalten verfahrenstechnischer Regelstrecken durch ein Verzögerungsglied erster Ordnung mit Totzeit (PT$_1$T$_t$-Verhalten) anzunähern, dessen Übertragungsfunktion

$$g(s) = \frac{k_S}{(t_1 s + 1)} e^{-s\theta} \tag{3-56}$$

lautet. Aus der Sprungantwort sind dann die Streckenverstärkung k_S, die Verzögerungszeitkonstante t_1 und die Totzeit θ zu ermitteln (Bild 3-15). In den „frühen Tagen" der Entwicklung von Methoden zur Prozessidentifikation sind auch Verfahren entwickelt worden, die es erlauben, Kennwerte für Prozessmodelle höherer Ordnung und für integrierende Regelstrecken aus Sprungantworten zu ermitteln (vgl. z.B. [3.11] und die darin angegebene Literatur).

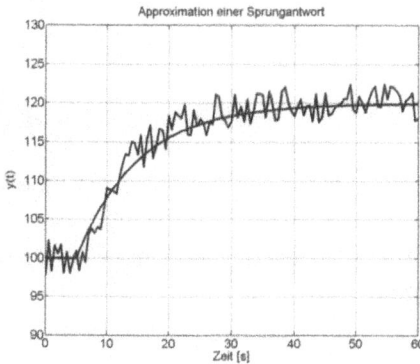

Bild 3-15 : Approximation einer Sprungantwort durch ein Verzögerungsglied erster Ordnung mit Totzeit

Allerdings liefern diese Verfahren insbesondere unter industriellen Bedingungen (instationäre Verläufe der Prozessvariablen, verrauschte Messsignale) oft nur sehr ungenaue Kennwerte und Prozessmodelle, insbesondere dann, wenn die Kennwertermittlung nicht rechnergestützt, sondern „per Hand" durch Auswertung von Trendausdrucken erfolgt. Da heute leistungsfähige, nutzerfreundliche und z.T. auch preiswerte Identifikations-Programmpakete kommerziell verfügbar sind, ist davon abzuraten, die „endgültigen" Prozessmodelle für MPC-Regelungen durch Kennwertermittlung aus Sprungantworten zu ermitteln.

3.5.2   Identifikation von FIR-Modellen

Die Ermittlung der zeitdiskreten Gewichtsfunktion $\bar{g}(k)$ bzw. des FIR-Modells verlangt nicht zwingend die Beaufschlagung des Prozesses mit einem impulsförmigen Testsignal. Stattdessen können z.B. stochastische oder pseudostochastische Testsignale, aber auch Sprungantworten verwendet werden. Die einfachste Möglichkeit der Schätzung der Stützstellen des FIR-Modells ist die Anwendung der Methode der kleinsten Fehlerquadrate (MKQ), englisch Least-Squares-Verfahren.

Das FIR-Modell eines SISO-Systems wird durch folgende Gleichung angegeben:

$$y(k) = \sum_{i=1}^{n_M} g(i)\, u(k-i) \qquad\qquad (3\text{-}57)$$

Zur Herleitung der Schätzgleichungen für die Modellparameter $g(i)$ ist es sinnvoll, eine vektorielle Notation einzuführen:

$$y(k) = \overline{\varphi}(k)\,\overline{\theta} \tag{3-58}$$

Darin bezeichnet $\overline{\theta}$ den Vektor der Koeffizienten der Gewichtsfunktion

$$\overline{\theta} = [\, g(1) \ldots g(n_M)\,]^T \tag{3-59}$$

und $\overline{\varphi}(k)$ einen Vektor zeitlich zurückliegender Werte der Eingangsgröße

$$\overline{\varphi}(k) = [\, u(k-1)\ u(k-2) \ldots u(k-n_M)\,] \tag{3-60}$$

Die Abweichungen zwischen den gemessenen Werten $y(k)$ und den über das FIR-Modell berechneten Werten $\hat{y}(k)$ der Ausgangsgröße werden mit

$$e(k\,|\,\overline{\theta}) = y(k) - \hat{y}(k\,|\,\overline{\theta}) \tag{3-61}$$

bezeichnet. Es seien $n_{max} > n_M$ Messwertsätze $y(1), u(1) \ldots u(n_{max}), y(n_{max})$ für die Ein- und Ausgangsgrößen aufgenommen worden. Ihre Anordnung im FIR-Modell ergibt

$$
\begin{bmatrix} y(1) \\ y(2) \\ \vdots \\ y(n_{max}) \end{bmatrix}
=
\begin{bmatrix}
u(n_M) & u(n_M - 1) & & u(1) \\
u(n_M + 1) & u(n_M) & & u(2) \\
\vdots & \vdots & & \vdots \\
u(n_{max} - 1) & u(n_{max} - 2) & \ldots & u(n_{max} - n_M)
\end{bmatrix}
\begin{bmatrix} g(1) \\ g(2) \\ \vdots \\ g(n_M) \end{bmatrix}
+
\begin{bmatrix} e(1) \\ e(2) \\ \vdots \\ e(n_{max}) \end{bmatrix}
\tag{3-62}
$$

oder kompakt geschrieben

$$\vec{y} = \Phi\,\overline{\theta} + \vec{e} \tag{3-63}$$

Die Koeffizienten der Gewichtsfunktion lassen sich dann durch Minimierung der Summe der Fehlerquadrate

$$J(\overline{\theta}) = \frac{1}{n_{max}} \sum_{i=1}^{n_{max}} e^2(i\,|\,\overline{\theta}) = \frac{1}{n_{max}} \vec{e}^{\,T}\vec{e} \tag{3-64}$$

bestimmen. Alternativ lässt sich das Gleichungssystem (3-63) ohne Fehler

$$\vec{y} = \Phi\,\overline{\theta} \tag{3-65}$$

betrachten. Dieses lineare Gleichungssystem für die unbekannten Parameter im Vektor $\overline{\theta}$ lässt sich nicht geschlossen lösen, da es überbestimmt ist, wenn – wie anzustreben – mehr

Messwertsätze als unbekannte Parameter vorliegen. Die Matrix Φ ist dann nicht quadratisch und damit nicht invertierbar. Wenn man eine nichtquadratische Matrix mit ihrer Transponierten multipliziert, entsteht eine quadratische Matrix, die sich invertieren lässt, wenn sie vollen Rang hat. Die Lösung ergibt sich dann als so genannte Pseudo-Inverse zu

$$\hat{\hat{\theta}} = \left[\Phi^T \Phi\right]^{-1} \Phi^T \bar{y} \tag{3-66}$$

Das ist gleichzeitig die LS-Lösung des Gleichungssystems (3-63), die auch das Minimum der Zielfunktion (3-64) liefert.

Ein anderer Weg der Schätzung der Stützstellen der zeitdiskreten Gewichtsfunktion besteht in der Anwendung der Korrelationsanalyse [3.5]. Dazu wird noch einmal das vollständige Modell der zeitdiskreten Gewichtsfunktion hingeschrieben:

$$y(k) = \sum_{i=1}^{\infty} g(i)\, u(k-i) + v(k) \tag{3-67}$$

Wenn $u(k)$ ein zeitdiskretes stochastisches Signal mit Mittelwert Null und der Autokorrelationsfunktion (AKF) $r_u(k)$

$$r_u(k) = E\{u(i)\, u(i-k)\} \tag{3-68}$$

ist, und wenn das Eingangssignal $u(k)$ und das Störsignal $v(k)$ nicht miteinander korreliert sind, ergibt sich die Kreuzkorrelationsfunktion (KKF) zwischen beiden Signalen zu

$$r_{yu}(k) = E\{y(i)\, u(i-k)\} = \sum_{j=0}^{\infty} g(j)\, r_u(k-j) \tag{3-69}$$

[3.5]. Wenn das Eingangssignal ein so genannter „weißer Rauschprozess" ist, gilt für die AKF

$$r_u(k) = \begin{cases} \lambda & k = 0 \\ 0 & k \neq 0 \end{cases} \tag{3-70}$$

und damit

$$r_{yu}(k) = \lambda\, g(k) \tag{3-71}$$

Die KKF kann aus n_{max} bekannten Messwerten für die Ein- und Ausgangsgröße des Prozesses geschätzt werden:

$$\hat{r}_{yu}(k) = \frac{1}{n_{max}} \sum_{i=1}^{n_{max}} y(i)\, u(i-k) \tag{3-72}$$

Dann ergeben sich die ersten n_M Schätzwerte für die Koeffizienten der Gewichtsfunktion zu

$$\hat{g}(k) = \frac{1}{\lambda}\hat{r}_{yu}(k) \qquad k = 1...n_M \tag{3-73}$$

Der Wert der AKF für $k = 0$ lässt sich selbst zu

$$\hat{\lambda} = \frac{1}{n_{max}} \sum_{i=1}^{n_{max}} u^2(i) \tag{3-74}$$

schätzen. Wenn das Eingangssignal kein weißer Rauschprozess ist, kann man zuerst durch Filterung der gemessenen Ein- und Ausgangssignale „nahezu weiße" Hilfssignale erzeugen:

$$u_F(k) = f(q)u(k) \qquad y_F(k) = f(q)\, y(k) \tag{3-75}$$

Dann kann die Schätzung der Gewichtsfunktions-Koeffizienten auf der Grundlage der gefilterten Ein- und Ausgangssignale durchgeführt werden. Die Funktion $f(q)$ wird in der Literatur als „whitening filter" bezeichnet. Diese kann dadurch festgelegt werden, dass man $u(k)$ als einen autoregressiven Prozess (AR-Prozess) der Form

$$f(q)u(k) = \varepsilon(k) \tag{3-76}$$

bzw. als Differenzengleichung geschrieben

$$u(k) = -f_1 u(k-1) - f_2 u(k-2) - ... - f_{n_f} u(k-n_f) + \varepsilon(k) \tag{3-77}$$

auffasst und die Filter-Koeffizienten f_i mit Hilfe der Methode der kleinsten Quadrate schätzt. $\varepsilon(k)$ ist darin ein weißer Rauschprozess. Die Zahl der Koeffizienten wird erfahrungsgemäß zu $n_f = 4...8$ gewählt [3.5]. Die beschriebene Methode ist z.B. in der MATLAB System Identification Toolbox unter dem Namen CRA (correlation analysis) verwirklicht und wird in modifizierter Form auch in Identifikations-Tools von MPC-Programmpaketen verwendet.

Wenn die Koeffizienten der Gewichtsfunktion $g(i)$ bekannt sind, lassen sich daraus die Koeffizienten der Sprungantwort $h(i)$ nach Gl. (3-17) berechnen. Eine Erweiterung der Methode der Korrelationsanalyse auf den Mehrgrößenfall wurde in [3.12] vorgenommen.

Die Schätzung der Gewichtsfunktion ermöglicht einen schnelle Abschätzung der Totzeit und der dominierenden Zeitkonstanten des Prozesses. Es sind keine speziellen Eingangssignale erforderlich, und ein schlechtes Nutz-/Rauschsignal-Verhältnis kann i.A. durch längere Messreihen kompensiert werden. Ein Vorteil ist, dass keine Vorkenntnisse über die Ordnung des Prozesses oder die Totzeit erforderlich sind. Die Schätzung des FIR-Modells ist erwartungstreu (d.h. der Erwartungswerte der Modellparameter sind gleich deren „wahren" Werten) und konsistent (d.h. die Schätzwerte für die Modellparameter nähern sich den „wahren" Werten mit steigender Anzahl von Messwerten). Da vorausgesetzt wird, dass Eingangs- und Störsignal nicht korreliert sind, eignet sich diese Methode aber nicht für die Anwendung im geschlossenen Regelkreis. Ein weiterer Nachteil ist, dass verhältnismäßig viele Koeffizienten geschätzt werden müssen. Ihre Anzahl ergibt sich aus der gewählten Abtastzeit und den Zeitkonstanten des Prozesses und liegt praktisch häufig im Bereich $30 \leq n_M \leq 120$. Die Unsicherheit bzw. Varianz der einzelnen Gewichtskoeffizienten ist daher groß. Das gilt insbesondere für die Schätzung in MIMO-Systemen mit unterschiedlichen Zeitkonstanten bei den einzelnen Stellgrößen-Regelgrößen-Paaren. Durch Korrelationsanalyse gewonnene Modelle eignen sich i.A. nicht für den unmittelbaren Einsatz in der Prozesssimulation und für die Prädiktion des Verhaltens der Regelgrößen in MPC-Reglern.

3.5.3 Parameterschätzung in Differenzengleichungen

Praktische Erfahrungen zeigen [3.13], dass für den Entwurf von MPC-Regelungen die Identifikation parametrischer Prozessmodelle besser geeignet ist, weil sich eine gleich hohe Modellgenauigkeit mit kürzeren Versuchszeiten erreichen lässt. Wenn man bei der Identifikation parametrische statt nichtparametrischer Modelle verwendet, ist die Zahl der zu schätzenden Parameter deutlich geringer. Ein allgemeingültiges parametrisches, lineares, zeitdiskretes Modell für das dynamische Verhalten eines SISO-Prozesses lässt sich durch die Gleichung

$$y(k) = g(q, \overline{\theta}) u(k) + v(k) \tag{3-78}$$

schreiben. Darin ist $g(q, \overline{\theta})$ eine zeitdiskrete Übertragungsfunktion, die von Modellparametern $\overline{\theta}$ (hier den Koeffizienten b_i und f_i) abhängig ist:

$$g(q, \overline{\theta}) = \frac{b(q)}{f(q)} = \frac{b_1 q^{-1} + \ldots + b_{n_b} q^{-n_b}}{1 + f_1 q^{-1} + \ldots + f_{n_f} q^{-n_f}} q^{-d} \tag{3-79}$$

Der Störgrößenterm kann seinerseits durch den Ausdruck

$$v(k) = g_v(q, \overline{\theta}) \varepsilon(k) \tag{3-80}$$

mit

$$g_v(q,\bar{\theta}) = \frac{c(q)}{d(q)} = \frac{1 + c_1 q^{-1} + \ldots + c_{n_c} q^{-n_c}}{1 + d_1 q^{-1} + \ldots + d_{n_d} q^{-n_d}} \tag{3-81}$$

beschrieben werden. Der Vektor der Modellparameter enthält hier die Koeffizienten c_i und d_i. Die „Modellstruktur" wird durch die Polynomordnungen n_b, n_f, n_c und n_d sowie die Totzeit d bestimmt. Zusammengefasst ergibt sich

$$y(k) = g(q,\bar{\theta})u(k) + g_v(q,\bar{\theta})\,\varepsilon(k) = \frac{b(q)}{f(q)}u(k) + \frac{c(q)}{d(q)}\varepsilon(k) \tag{3-82}$$

Dieses Modell wird in der Literatur als **Box-Jenkins-Modell** (BJ-Modell) bezeichnet. Durch Vereinfachungen ergeben sich Spezialfälle, für die sich ebenfalls bestimmte Bezeichnungen durchgesetzt haben, u.a. das **Output-Error-Modell** (OE-Modell). Dieses Modell ergibt sich für $g_v(q,\bar{\theta}) \equiv 1$, d.h. das auf die Ausgangsgröße wirkende Störsignal wird als weißer Rauschprozess aufgefasst, und es ergibt sich

$$y(k) = \frac{b(q)}{f(q)}u(k) + \varepsilon(k) \tag{3-83}$$

Wird in $g(q,\bar{\theta})$ und $g_v(q,\bar{\theta})$ derselbe Nenner $f(q) = d(q) = a(q)$ verwendet, ergibt sich (nach Multiplikation mit $a(q)$ auf beiden Seiten der Gleichung) das **ARMAX-Modell** (Auto Regressive Moving Average with eXogenous input)

$$a(q)\,y(k) = b(q)\,u(k) + c(q)\,\varepsilon(k) \tag{3-84}$$

Eine weitere Vereinfachung ergibt sich, wenn im ARMAX-Modell $c(q) \equiv 1$ gesetzt wird, das resultierende Modell

$$a(q)\,y(k) = b(q)\,u(k) + \varepsilon(k) \tag{3-85}$$

wird als **ARX-Modell** (Auto Regressive with eXogenous input) bezeichnet.

Bild 3-16 zeigt die verschiedenen Modelle als Blockschaltbilder.

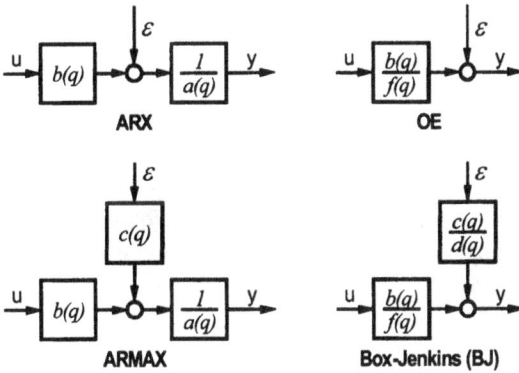

Bild 3-16 : Modellstrukturen für die Identifikation linearer Systeme

Auch das im vorangegangenen Abschnitt behandelte FIR-Modell lässt sich als Spezialfall generieren, wenn im ARX-Modell $a(q) \equiv 1$ gesetzt und eine ausreichend große Polynomordnung für $b(q)$ gewählt wird.

Mit Hilfe der genannten Modelle ist es möglich, die Ausgangsgröße $y(k)$ vorherzusagen, wenn historische Messwerte für die Ein- und Ausgangsgrößen bekannt sind. Ein optimaler Prädiktor sollte so beschaffen sein, dass die Differenz zwischen der gemessenen Ausgangsgröße $y(k)$ und ihrem Vorhersagewert $\hat{y}(k \mid k-1)$ – d.h. die Vorhersage der Ausgangsgröße für den Zeitpunkt k unter Verwendung der bis zum Zeitpunkt $(k-1)$ vorliegenden Messwerte – gleich dem weißen Rauschsignal $\varepsilon(k)$ ist, weil das die einzige nicht vorhersagbare Größe im Prozess ist. Es ist also

$$\varepsilon(k) = y(k) - \hat{y}(k \mid k-1) \tag{3-86}$$

zu fordern. Setzt man diesen Ausdruck in Gl. (3-82) ein und stellt nach $\hat{y}(k \mid k-1)$ um, dann ergibt sich als optimaler (Ein-Schritt-)Prädiktor

$$\hat{y}(k \mid k-1) = \frac{g(q)}{g_v(q)} u(k) + \left(1 - \frac{1}{g_v(q)}\right) y(k) \tag{3-87}$$

Diese allgemein gültige Gleichung lässt sich nun auf die verschiedenen Modelle anwenden. So ergibt sich für das ARX-Modell, bei dem $g(q) = b(q)/a(q)$ und $g_v(q) = 1/a(q)$ gilt, als optimaler Prädiktor

$$\hat{y}(k \mid k-1) = b(q) u(k) + \left(1 - a(q)\right) y(k) \tag{3-88}$$

Im Zeitbereich erhält man demzufolge unter Berücksichtigung einer zusätzlichen Totzeit d die Vorhersage

$$\hat{y}(k \mid k-1) = -a_1 y(k-1) - \dots - a_{n_a} y(k-n_a)$$
$$+ b_1 u(k-d-1) + \dots + b_{n_b} u(k-d-n_b) \tag{3-89}$$

Auf der rechten Seite dieser Gleichung treten nur zurückliegende Werte der Steuer- und Regelgröße auf. Wenn die Modellstruktur (d.h. die Polynomordnungen und die Totzeit) festliegt, besteht die Aufgabe der Identifikation darin, die Modellparameter (im ARX-Modell die Parameter a_i und b_i) so zu bestimmen, dass eine möglichst gute Übereinstimmung zwischen dem Prozessmodell und den am realen Prozess gemessenen Daten erreicht wird. Das kann durch Minimierung des Vorhersagefehlers

$$e(k \mid \overline{\theta}) = y(k) - \hat{y}(k \mid \overline{\theta}) \tag{3-90}$$

geschehen. Methoden zur Lösung dieser Aufgabe werden als Prediction-Error-Methoden (PE-Methoden) bezeichnet. Die gebräuchlichste Variante besteht darin, die Modellparameter $\overline{\theta}$ so zu bestimmen, dass die Fehlerquadratsumme über die Anzahl der Messwerte n_{max}

$$J(\overline{\theta}) = \frac{1}{n_{max}} \sum_{i=1}^{n_{max}} e^2(i \mid \overline{\theta}) = \frac{1}{n_{max}} \sum_{i=1}^{n_{max}} \left[y(i) - \hat{y}(i \mid \overline{\theta}) \right]^2 \tag{3-91}$$

minimiert wird. Die resultierenden Schätzwerte für die Modellparameter werden mit $\hat{\overline{\theta}}$ bezeichnet. Eine besonders einfache Lösung ergibt sich im Falle eines ARX-Modells, weil dort die Vorhersage der Ausgangsgröße eine lineare Funktion der Modellparameter ist, es gilt nämlich nach Gl. (3-89)

$$\hat{y}(k \mid \overline{\theta}) = \overline{\varphi}(k)^T \overline{\theta} \tag{3-92}$$

mit dem Vektor der Modellparameter

$$\overline{\theta} = \left[a_1 \dots a_{n_a} \; b_1 \dots b_{n_b} \right]^T \tag{3-93}$$

und dem Vektor der Messwerte für die Ein- und Ausgangsgrößen

$$\overline{\varphi}(k) = \left[-y(k-1) \dots -y(k-n_a) \; u(k-d-1) \dots u(k-d-n_b) \right]^T \tag{3-94}$$

Die Parameterschätzung führt in diesem Fall auf ein lineares Regressionsproblem, dessen Lösung explizit bestimmt werden kann.

Setzt man jetzt die Gl. (3-92) für jedes Messdaten-Paar von Ein- und Ausgangsgrößen an, und schreibt alle Gleichungen untereinander, so erhält man folgendes lineares, überbestimmtes Gleichungssystem:

$$\overline{y}(\overline{\theta}) = \Phi \overline{\theta} \tag{3-95}$$

Die optimale Näherungslösung erhält man analog zum FIR-Modell wieder als Pseudo-Inverse:

$$\hat{\bar{\theta}} = (\Phi^T \Phi)^{-1} \Phi^T \bar{y} \tag{3-96}$$

Während der Parametervektor im Fall des FIR-Modells die Stützstellen der Gewichtsfunktion enthält, sind es beim ARX-Modell die Polynomkoeffizienten a_i und b_i. Bei komplizierteren Modellstrukturen (OE, BJ, ARMAX) gibt es keine geschlossene Lösung des Optimierungsproblems (3-91), sondern sie muss durch iterative Suchverfahren gefunden werden. Das liegt an der nichtlinearen Abhängigkeit des Vorhersagefehlers von den Modellparametern. Es handelt sich also um ein nichtlineares Regressionsproblem, bei dem geeignete Startwerte für die Modellparameter erforderlich sind, und es kann i.A. nicht garantiert werden, dass das globale Optimum gefunden wird [3.14].

Zusätzliche Schwierigkeiten treten auf, wenn lineare Regressionsverfahren auf Mehrgrößensysteme übertragen werden sollen. Ein Ansatz ([3.4], Band 2, S. 200) besteht darin, mit einer vereinfachten Struktur zu arbeiten, die nur ein gemeinsames Nennerpolynom $a_i(q)$ für alle Teil-Übertragungsfunktionen zu einem Ausgang i enthält. In der Praxis tritt häufig auch der Fall auf, dass die Ein- oder Ausgangsgrößen des MIMO-Systems untereinander korreliert sind, was zu Schwierigkeiten bei der Matrizeninversion in Gl. (3-96) und zu Fehlern in der Schätzung der Modellparameter führt, wenn gewöhnliche lineare Regressionsverfahren angewendet werden. Zur Lösung dieser Probleme sind eine Reihe von modifizierten multivariablen Regressionsverfahren entwickelt worden darunter „principal component regression" (PCR), „partial least squares" (PLS) und „canonical correlation regression" (CCR). Eine ausführliche Darstellung enthält [3.15].

3.5.4 Identifikation von zeitdiskreten Zustandsmodellen durch „subspace identification"

Die Parameter zeitdiskreter linearer Zustandsmodelle der Form

$$\bar{x}(k+1) = A\,\bar{x}(k) + B\,\bar{u}(k) + \bar{\xi}(k)$$
$$\bar{y}(k) = C\,\bar{x}(k) + D\,\bar{u}(k) + \bar{v}(k) \tag{3-97}$$

können ebenfalls mit Hilfe von Prediction-Error-Methoden geschätzt werden. Allerdings sind damit einige Schwierigkeiten verbunden:

- die Modell-Ordnung n und die Struktur der Matrizen *(A, B, C, D)* müssen ebenso vorgegeben werden wie sinnvolle Startwerte der Modellparameter (d.h. der Elemente der genannten Matrizen)
- die Parameterschätzung führt wiederum auf ein nichtlineares Regressionsproblem, das nur mit Hilfe von Suchverfahren gelöst werden kann, und es gibt keine Garantie für eine Konvergenz zu einem globalen Minimum.

Zu Beginn der 90er Jahre wurde eine neue Gruppe von Identifikationsverfahren für lineare Zustandsmodelle entwickelt, die unter dem Namen „subspace identification methods" zusammengefasst werden. Eine ausführliche mathematische Darstellung dieses Ansatzes enthält [3.16], für eine Einführung sei auf [3.17, 3.6, Abschnitt 10.6 und 3.8, Kapitel 8] verwiesen. Vergleiche zwischen klassischen Regressionsverfahren und Subspace-Methoden zur Identifikation von linearen Mehrgrößensystemen finden sich in [3.18].

Subspace-Methoden arbeiten nach einem zweistufigen Verfahren: in einem ersten Schritt werden aus den gemessenen Verläufen der Ein- und Ausgangsgrößen die Verläufe der Zustandsgrößen $\hat{\bar{x}}(i)$ und/oder die erweiterte Beobachtbarkeitsmatrix

$$Q_{B,r} = \begin{pmatrix} C & CA & CA^2 & ... & CA^r \end{pmatrix}^T$$

des Systems durch Anwendung von Projektionsmethoden der linearen Algebra geschätzt. Anschließend werden die Matrizen (A, B, C, D) durch lineare Regression ermittelt.

Subspace-Identifikationsmethoden weisen gegenüber PE-Methoden folgende Vorteile auf:

- die Parameterschätzung mit Hilfe von Subspace-Methoden verlangt nicht den Einsatz iterativer Suchverfahren und die Vorgabe von Startwerten für die Modellparameter, die Lösung kann stattdessen mit (schnellen und zuverlässigen) Methoden der linearen Algebra und anschließende lineare Regression gefunden werden, was dem Verfahren numerische Stabilität und Schnelligkeit verleiht
- die Modellordnung muss nicht vorgegeben werden, ihre Bestimmung ist Teil des Identifikationsverfahrens
- stabile und instabile Systeme können auf die gleiche Weise identifiziert werden
- der Übergang von SISO- zu MIMO-Systemen stellt kein besondere Schwierigkeit dar, Subspace-Methoden sind im Gegenteil für die Identifikation von MIMO-Systemen mit einer größeren Zahl von Eingangs-, Zustands- und Ausgangsgrößen geeignet

Nachteile bestehen in der Schwierigkeit, vorhandene Vorkenntnisse über das Streckenverhalten im Identifikationsverfahren zu berücksichtigen, z.B. nicht vorhandene E/A-Relationen (Zero-Gain- oder Null-Teilmodelle) in einem MIMO-System oder Teilregelstrecken mit integrierendem Verhalten. Außerdem ist die Wahl der Parameter des Identifikationsverfahrens für einen unerfahrenen Nutzer nicht trivial. Das Verfahren liefert i.A. ein suboptimales Identifikationsergebnis und ist erfahrungsgemäß empfindlich in Bezug auf die Schätzung von Totzeiten [3.18].

Es sind verschiedene Varianten von Subspace-Identifikations-Algorithmen bekannt geworden, darunter „N4SID" und „CVA" („canonical variate analysis"). Das erste Verfahren ist Bestandteil der MATLAB System Identification Toolbox und auch in [3.16] als Quellcode veröffentlicht. Der zweite Algorithmus ist Kern des Programmsystems ADAPT$_X$ [3.19]. Subspace-Methoden sind allerdings bisher nur in wenige MPC-Programmsystemen (bzw. deren Identifikations-Tools) integriert worden (vgl. Kapitel 7).

3.6   Praktische Gesichtspunkte bei der Prozessidentifikation

3.6.1   Testsignalplanung

Die Testsignale, mit denen der Prozess angeregt wird, spielen eine bedeutende Rolle bei der Identifikation des dynamischen Verhaltens. Unter industriellen Bedingungen sind beim Entwurf der Signale eine Reihe von Nebenbedingungen einzuhalten, weil Produktionsprozesse möglichst wenig und in einem möglichst kurzem Zeitraum gestört werden sollen, und weil Sicherheitsgrenzen eingehalten werden müssen. Gleichzeitig soll durch die Auswertung der Testergebnisse ein „möglichst gutes" Prozessmodell gefunden werden.

Unter systemtheoretischen Gesichtspunkten sollten Testsignale so gewählt werden, dass sie den Prozess im interessierenden Frequenzspektrum ausreichend anregen. Jedes Testsignal lässt sich durch sein Frequenzspektrum charakterisieren, das den „Energieinhalt" in Abhängigkeit von der Frequenz beschreibt. So ist z.B. ein Sprungsignal dadurch charakterisiert, das sein Energieinhalt bei kleinen Frequenzen besonders hoch ist. Sprungförmige Testsignale eignen sich daher gut für die Identifikation des statischen Prozessverhaltens, aber nicht so gut für die Identifikation kleiner Zeitkonstanten. Als besonders brauchbar haben sich folgende Testsignale erwiesen:

- pseudostochastische Binärsignale (Pseudo Random Binary Signals, PRBS)
- verallgemeinerte binäre Zufallsignale (Generalized Binary Noise, GBN) [3.8]
- Summen von Sinussignalen unterschiedlicher Frequenz [3.20]

PRBS-Testsignale können als eine Folge von Rechteckimpulsen unterschiedlicher Länge aufgefasst werden, wobei zwischen zwei Amplitudenwerten zu bestimmten (pseudozufälligen) Zeitpunkten umgeschaltet wird. Entwurfsparameter von PRBS sind

- die beiden Amplituden u_{min} und u_{max}, die i.A. symmetrisch zum Arbeitspunkt u_0 gelegt werden. Bei der Wahl der Amplituden ist zu beachten, dass einerseits während der Anlagentests der Prozess nicht zu stark gestört werden darf, andererseits das Signal-/Rausch-Verhältnis der resultierenden Ausgangssignale ausreichend groß ist, um den Effekt der Verstellung der Eingangsgrößen auf die Ausgangsgrößen klar von deren Messrauschen unterscheiden zu können. Wenn lineare Modelle (für lineare MPC-Regelungen) identifiziert werden sollen, ist weiterhin zu beachten, dass der Prozess in der Nähe des Arbeitspunktes und damit im Linearitätsbereich verbleibt.
- die kürzeste Impulsdauer γt_0 (die kürzeste Umschaltzeit zwischen den beiden Amplitudenwerten)
- die Periodendauer $n_{per} \gamma t_0$. Im Gegensatz zu binären Zufallsignalen, bei denen die Umschaltung zwischen den Amplitudenwerten zu rein zufälligen Zeitpunkten erfolgt, sind PRBS deterministische Signale, die sich aber ähnlich einem stochastischen Signal verhal-

ten. Das drückt sich darin aus, dass sich die Impulsfolge nach $n_{per} \gamma t_0$ Zeiteinheiten wiederholt. Die Wahl von n_{per} bestimmt auch die Dauer des längsten im PRBS enthaltenen Impulses.

PRBS können mit Hilfe von geeignet rückgekoppelten Schieberegistern erzeugt werden [3.4] Die Anzahl der Register n_R bestimmt die Periodendauer n_{per} gemäß

$$n_{per} = 2^{n_R} - 1 \tag{3-98}$$

Je größer n_R, desto ähnlicher werden die Eigenschaften eines PRBS denen eines weißen Rauschsignals. Typische Werte von n_R liegen zwischen 4 und 7. Bild 3-17 zeigt ein Beispiel für ein PRBS-Signal.

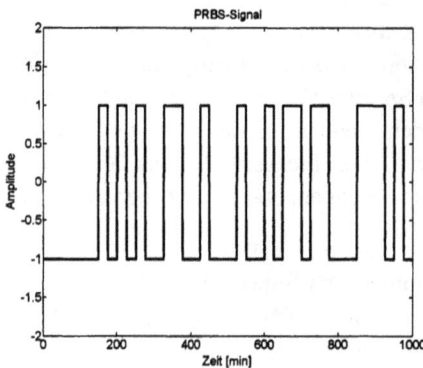

Bild 3-17 : PRBS-Signal

Von Rivera [3.21] wurden Faustformeln zur Festlegung günstiger Parameter von PRBS vorgeschlagen. Sie beruhen darauf, dass der durch das Testsignal anzuregende, für die Identifikation interessante Frequenzbereich durch

$$\omega_{min} \leq \frac{1}{\beta t_{dom, max}} \leq \omega \leq \frac{\alpha}{t_{dom, min}} \leq \omega_{max} \tag{3-99}$$

begrenzt wird. Darin bezeichnen

- $t_{dom, min}$ und $t_{dom, max}$ untere und obere Grenzwerte (Schätzwerte) für die dominierende Zeitkonstante des Prozesses,
- β einen ganzzahliger Faktor, der die dominierende Zeitkonstante mit der $t_{95\%}$-Zeit ($\beta = 3$) oder der $t_{99\%}$-Zeit ($\beta = 5$) in Beziehung setzt (d.h. $t_{99\%} = 5 t_{dom}$), und

- α einen Faktor, der das Verhältnis der $t_{95\%}$ -Zeit des geschlossenen Regelkreises (die Ausregelzeit) zur $t_{95\%}$ -Zeit der Regelstrecke beschreibt (d.h. $t_{95\%, Regelkreis} = \alpha\, t_{95\%, Regelstrecke}$).

Die Faustformeln lauten

$$\gamma t_0 \le \frac{2.8\, t_{dom, min}}{\alpha}, \quad n_{per} \ge \frac{2\pi\, \beta\, t_{dom, max}}{\gamma\, t_0} \tag{3-100}$$

Eine andere Vorgehensweise zur Parametrierung des PRBS-Signals wurde von Unbehauen [3.3, Bd. 3] vorgeschlagen: die Periodendauer $n_{per} \gamma t_0$ sollte etwas größer als die $t_{99\%}$ -Zeit der Regelstrecke gewählt werden, und für n_{per} wähle man 15, 31 oder 63, wobei $n_{per} = 15$ bei stark gestörtem, $n_{per} = 63$ bei schwach gestörtem Messsignal vorzuziehen ist.

PRBS-Tests weisen gegenüber Sprungtests einige Vorteile auf: sie erlauben kleinere Amplituden, regen ein breiteres Frequenzspektrum des Prozesses an und führen daher zu genaueren Modellen. Sie sind weniger empfindlich gegenüber Störungen während der Anlagentests oder einer vorübergehenden Unterbrechung der Tests durch die Anlagenfahrer, wenn dies aus betrieblichen Gründen notwendig ist.

Ein GBN-Signal kann ebenso wie ein PRBS-Signal zwei Amplitudenwerte annehmen, zwischen denen zu jedem potentiellen Umschaltzeitpunkt (also jeweils nach Ablauf der vorzugebenden kürzesten Impulslänge γt_0) mit der Wahrscheinlichkeit p_s umgeschaltet wird. Die mittlere Umschaltzeit bzw. Impulslänge ergibt sich dann zu $t_m = \dfrac{\gamma t_0}{p_s}$, und eine Faustformel für deren Wahl ist $t_m = \dfrac{t_{98\%}}{3}$, woraus die für die Signalgenerierung notwendige Umschaltwahrscheinlichkeit p_s berechnet werden kann [3.8].

Ein geeignetes Multi-Sinussignal ist das „Schroeder phase signal", dass sich als Summe von Sinussignalen unterschiedlicher Frequenzen und Phasenverschiebungen darstellen lässt:

$$u(t) = \sum_{j=1}^{m} a \sin(\omega_j t + \varphi_j) \quad 0 < \omega_1 < \dots < \omega_m < \pi \tag{3-101}$$

wobei die Phasenverschiebungen ausgehend von einem beliebigen Startwert φ_1 nach der Beziehung

$$\varphi_j = \varphi_1 - \frac{j(j-1)}{m}\pi \quad 2 \le j \le m$$

gewählt werden.

Trotz des genannten Nachteils (Betonung des Systemverhaltens bei niedrigen Frequenzen) werden alternativ in der Praxis auch häufig Sprungfolgen als Testsignale verwendet (Bild 3-18).

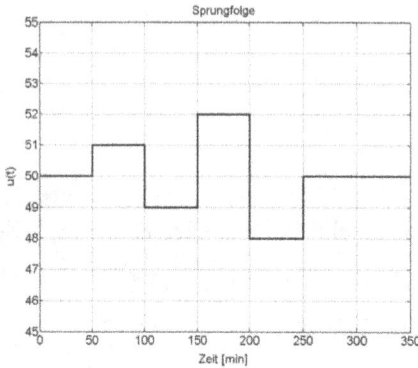

Bild 3-18 : Folge von Sprungsignalen unterschiedlicher Richtung und Amplitude

Dabei wird die Länge eines Sprungsignals meist so gewählt, dass sich der Prozess jeweils auf einen neuen stationären Zustand einstellt. Üblich ist es, Sprünge in unterschiedlicher Richtung und mit unterschiedlicher Sprunghöhe zu generieren, um einen Eindruck vom Grad der Nichtlinearität der Regelstrecke zu bekommen. Diese Zusatzinformation ist in einem PRBS-Versuch mit konstanter Amplitude nicht enthalten. Zur Popularität sprungförmiger Testsignale in der Praxis hat auch beigetragen, dass sich Sprungantworten leichter interpretieren lassen, weil externe Störungen einfacher von den Wirkungen der Verstellungen zu unterscheiden sind. Andererseits sind die zu wählenden Signalamplituden größer als z.B. bei PRBS-Signalen. Sprungsignalfolgen werden i.A. manuell generiert, während kompliziertere Testsignale automatisch erzeugt und an den Prozess ausgegeben werden. Einige MPC-Programmsysteme verfügen zu diesem Zweck über entsprechende Module.

3.6.2   Wahl der Abtastzeit

Es ist zu unterscheiden zwischen der Abtastzeit, mit der die Prozessdaten während der Anlagentests aufgenommen werden, und der Abtastzeit, mit der später der MPC-Regler arbeiten soll und die daher meist auch der Modellbildung zugrunde gelegt wird. Eine typische Vorgehensweise ist die, die Datenaufnahme zunächst mit einer höheren Abtastrate (Faustregel zwei- bis viermal häufigere Abtastung) durchzuführen und im Lauf des Identifikationsprozesses nach Vorverarbeitung der Messdaten offline einen neuen Datensatz mit verringerter Abtastrate (also größerer Abtastzeit) zu erzeugen, indem nur jeder n-te Wert aus den Originaldaten herausgegriffen wird. Bild 3-19 verdeutlicht die Vorgehensweise.

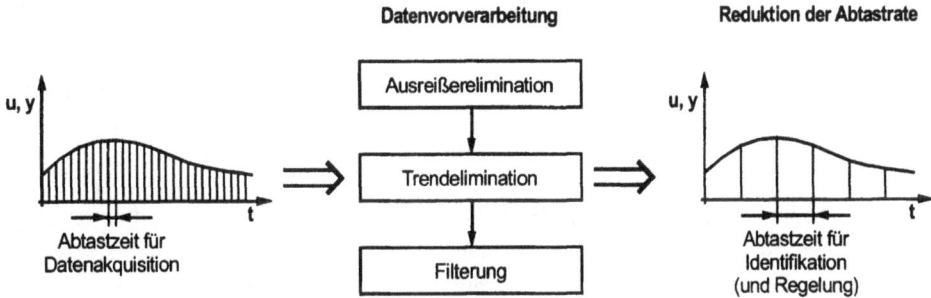

Bild 3-19: Datenvorverarbeitung und Reduktion der Abtastrate

Die Wahl der Abtastzeit t_0 für die Prozessidentifikation ist abhängig von der Prozessdynamik. Wird sie zu klein gewählt, ist die Signaländerung zwischen zwei Abtastungen gering bzw. die „Daten-Redundanz" groß. Das kann zu numerischen Schwierigkeiten in der Identifikation führen, da die zu invertierende Datenmatrix (vgl. Gl. (3-94, 3-95)) Zeilen bzw. Spalten enthält, die nahezu linear abhängig sind. Eine zu groß gewählte Abtastzeit führt dazu, dass die Prozessdynamik nicht genügend genau bestimmt werden kann [3.4]. Für die Wahl der Abtastzeit bei der Identifikation sind verschiedene Faustregeln angegeben worden [3.4, 3.5 und 3.8], u.a.

- $\dfrac{1}{t_0} \approx 10 f_0$, wobei f_0 die Grenzfrequenz des Systems ist

- $t_0 \approx \dfrac{t_{min}}{3}$, wobei t_{min} die kleinste Zeitkonstante des Systems ist

- $t_0 \approx \dfrac{t_{95\%}}{10}$, wobei $t_{95\%}$ die 95%-Zeit bezeichnet (d.h. die Zeit, die vergeht, bis die Sprungantwort der Regelstrecke 95% ihres Endwertes erreicht hat)

- Abtastzeit t_0 für die Prozessidentifikation kleiner oder gleich der Abtastzeit des Reglers, in dem das identifizierte Prozessmodell eingesetzt wird [3.4].

Durch die Signalabtastung entsteht immer ein Verlust an Information. Bezeichnet man $\omega_0 = 2\pi \dfrac{1}{t_0}$ als Abtastfrequenz (in rad/s), dann ergibt sich die so genannte Nyquist-Frequenz zu $\omega_N = \dfrac{\omega_0}{2}$. In den abgetasteten Signalen enthaltene Vorgänge mit Frequenzen, die größer als die Nyquist-Frequenz sind, täuschen niedrigfrequente Signale vor. Dieser durch die Signalabtastung entstehende Effekt wird als Aliasing-Effekt bezeichnet. (Er tritt z.B. auch beim Filmen kontinuierlicher Bewegungsabläufe auf – siehe das scheinbare Rückwärtsdrehen von Speichenrädern im Film). Dieser Effekt muss durch den Einsatz analoger

Tiefpassfilter (Anti-Aliasing-Filter) vor der Abtastung der Ein- und Ausgangsgrößen unterdrückt werden.

Ein anderes Problem im Zusammenhang mit der Wahl der Abtastzeit bei der Modellbildung für Mehrgrößen-MPC-Regelungen entsteht dann, wenn die Regelgrößen unterschiedlich schnell auf Verstellungen der Steuergrößen reagieren. Ein typisches Beispiel ist die Regelung einer (langsam veränderlichen) Temperatur oder Konzentration und eines (vergleichsweise schnell veränderlichen) Drucks innerhalb desselben MPC-Reglers. Um die (theoretisch notwendige, praktisch aber schwer zu handhabende) Verwendung verschiedener Abtastzeiten für die verschiedenen Prozessgrößen zu vermeiden, versucht man dann meistens einen Kompromiss zu finden und eine einheitliche Abtastzeit für alle Regel- und Steuergrößen festzulegen, d.h. zum Beispiel die Temperatur „zu schnell" und den Druck „zu langsam" zu erfassen, und die resultierende Verschlechterung der Regelgüte in Kauf zu nehmen.

3.6.3   Aufbereitung der Messwertsätze

Vor der Weiterverwendung der aufgenommenen Messwertsätze ist es meist notwendig, eine Daten-Vorverarbeitung durchzuführen. Dazu gehören folgende Aufgaben:

Auswahl geeigneter Datensätze

In vielen Fällen ist es nicht möglich, alle während der Anlagentests gesammelten Datensätze zur Identifikation einzusetzen, da z.B. während der Versuchsdurchführung zeitweilig größere externe Störungen aufgetreten sind oder/und sich der Arbeitspunkt des Prozesses zu stark verändert hat und damit die Annahme der Linearität nicht mehr erfüllt ist. Ein Teil der Messdatensätze muss dann „herausgeschnitten" werden. Häufig wird diese Aufgabe nicht automatisiert, sondern nach visueller Analyse der Prozessdaten und unter Nutzung von Prozesskenntnissen durchgeführt. Überdies ist es sinnvoll, einen Teil der Prozessdaten als Validierungsdaten für die anschließende Prüfung der Modelle zu reservieren.

Subtraktion von Gleichanteilen und Normierung

Wie oben angemerkt, gehen in alle linearen Prozessmodelle Ein- und Ausgangsgrößen u und y ein, die als Abweichungen vom stationären Arbeitspunkt (u_0, y_0) aufzufassen sind, also $u = u_{phys} - u_0$ bzw. $y = y_{phys} - y_0$. Gemessen werden aber die physikalischen Größen u_{phys} und y_{phys}. Vor der Weiterverarbeitung in einem Identifikationsalgorithmus sind daher von den Messreihen der Ein- und Ausgangsgrößen deren Arbeitspunktwerte (bei einem driftfreien Prozess die Mittelwerte) zu subtrahieren, damit ein lineares Modell ohne Gleichanteil oder „Offset" angewendet werden kann.

Wenn im Fall der Identifikation eines MIMO-Systems mehrere Ausgangsgrößen gleichzeitig in die Fehlerquadratsumme eingehen, ist es notwendig, diese vorher geeignet zu normieren, da die einzelnen Variablen je nach verwendeter Maßeinheit von unterschiedlicher Größenordnung sein können. Ein Beispiel mit zwei Ausgangsgrößen y_1 und y_2 soll das verdeutlichen: die erste sei eine Temperatur, die zweite eine Konzentration. Die Arbeitspunktwerte seien 1000°C bzw. 1 Gew.-%, die in die Identifikation eingehenden Abweichungen vom Arbeitspunkt maximal 50°C und 0.1 Gew.-%, typische Vorhersagefehler z.B. in der Größenordnung von 5°C und 0.01 Gew.-%. Für eine einzelne Messung ergibt sich der Beitrag zur Fehlerquadratsumme (ohne Maßeinheit geschrieben) aus $e(i) = (5)^2 + (0.01)^2 = 25,0001$, d.h. der Einfluss der Temperatur auf die Fehlerquadratsumme ist dominant. Ein Verzicht auf eine Normierung hätte die Konsequenz, dass man für die Temperatur wahrscheinlich ein gutes, für die Konzentration ein vergleichsweise schlechtes oder gar unbrauchbares Prozessmodell bekäme. Ein Möglichkeit der Normierung besteht darin, die gemessenen physikalischen Größen auf ihren Wertebereich (y_{min}, y_{max}) zu beziehen, z.B. in der Form

$$y_{norm} = \frac{y_{phys} - y_{min}}{y_{max} - y_{min}} \times 100$$

Kommerzielle Identifikationsprogrammsysteme erledigen diese beiden Aufgaben meist automatisch, so dass sich der Anwender darum nicht zu kümmern braucht.

Detektion und Entfernung von Ausreißern

Ausreißer sind einzelne Datensätze, die vergleichsweise große Amplituden im Verhältnis zum gültigen Signal haben und durch Fehler in der Sensorik, der Datenübertragung oder im Messwerterfassungssystem entstehen. Ihre Erkennung und anschließende Entfernung aus den Messdaten ist notwendig, weil sonst die Identifikationsergebnisse stark verfälscht werden können, insbesondere wenn eine Parameterschätzung wie üblich durch Minimierung der Fehlerquadratsumme erfolgt. Neben der Entfernung solcher Datensätze kann auch ihr Ersatz (z.B. durch Interpolation zwischen benachbarten gültigen Daten) erwogen werden. In den meisten Fällen kann diese Aufgabe durch visuelle Inspektion und Nutzung geeigneter Werkzeuge einer grafischen Benutzeroberfläche erledigt werden. Daten, die bereits vom Prozessleitsystem mit einem Statusattribut „ungültig" markiert werden, oder außerhalb des physikalisch sinnvollen Wertebereichs liegen, sind in jedem Fall als Ausreißer zu betrachten. Statistische Methoden und Algorithmen zur automatischen Ausreißererkennung werden in [3.22] behandelt.

Trend-Elimination

Trend- oder Drifterscheinungen (d.h. die Überlagerung der Messdaten mit sehr langsam veränderlichen Signalen) sind typisch für industrielle Messdatensätze. Sie treten insbesondere bei langen Messzeiten auf und können u.a. durch veränderte Umgebungsbedingungen oder Rohstoffzusammensetzungen bedingt sein. Da es sich um instationäre Signale handelt, gleichen sich ihre Wirkungen im Gegensatz zu stationären stochastischen Signalen nicht aus. Sie verfälschen ebenfalls die Identifikationsergebnisse. Für die Driftelimination hat sich der

Einsatz von Algorithmen der Hochpass-Filterung bewährt, die niedrigfrequente Signalanteile ausblenden [3.8].

Filterung und evtl. Dezimierung der Messdaten

Wenn die Messdatensätze trotz geeignet gewählter Abtastzeit und Einsatz von Anti-Aliasing-Filtern stark verrauscht sind, kann das höherfrequente Messrauschen durch Tiefpassfilterung entfernt werden. Für diesen Zweck werden häufig Algorithmen eingesetzt, die das Verhalten von PT_1- oder Butterworth-Filtern niedriger Ordnung nachbilden. Für die Offline-Datenverarbeitung kommen auch nichtkausale Filter in Frage, z.B. eine gleitende Mittelwertbildung zeitsymmetrisch zum Aktualwert.

Nichtlineare Variablentransformation

Die in diesem Abschnitt vorgestellten Identifikationsmethoden beziehen sich auf lineare Systeme. Diese lassen sich jedoch auch dann anwenden, wenn zwar der Zusammenhang zwischen den gemessenen Ein- und Ausgangsgrößen des Prozesses u und y nichtlinear ist, der Zusammenhang zwischen geeignet transformierten Größen $f(u)$ und $g(y)$ aber linearen Charakter hat. Wenn die Tranformationsbeziehungen a-priori bekannt sind, kann man sie auf die Original-Messdaten anwenden und die transformierten Daten der Identifikation zu Grunde legen. Die Anwendung dieser Technik erfordert gute Prozesskenntnis bzw. Simulationsstudien an statischen Prozessmodellen. Häufig zitierte Beispiele sind die Verwendung von logarithmierten Konzentrations-Messwerten bei der Regelung einiger Reinst-Destillationskolonnen, die Anwendung von Transformationsbeziehungen bei stark nichtlinearen Stellgliedern (z.B. Ventilkennlinien) und die Anwendung hyperbolischer Funktionen zur Linearisierung des Differenzdrucks als Maß für den Flutpunkt einer Kolonne [3.23].

3.6.4 Wahl der Modellstruktur und Modellordnung

Vor dem Einsatz eines Parameterschätzverfahrens muss zunächst festgelegt werden, für welche Modellstruktur (FIR, ARX, ARMAX usw.) die Schätzung erfolgen soll, und welche Modellordnung(en) untersucht werden sollen, d.h. von welcher Ordnung die in diesen Modellen auftretenden Polynome sein sollen.

Von den in Abschnitt 3.4.3 genannten parametrischen E/A-Modellen ist das ARX-Modell am leichtesten (durch lineare Regression) zu identifizieren. Es hat allerdings den Nachteil, dass das Störmodell sehr einfach ist und die Pole der Regelstrecke enthält:

$$v(k) = \frac{1}{a(q)}\,\varepsilon(k)$$

Das ARMAX-Modell enthält im Störterm ebenfalls die Streckenpole, weist aber durch das Zählerpolynom $c(q)$ eine größere Flexiblität auf. Im OE-Modell wird auf eine gesonderte Modellierung des Störterms gänzlich verzichtet, allerdings ist die Lösung der Identifikationsaufgabe numerisch aufwändiger. Eine vollständig separierte Schätzung der Strecken- und der Stördynamik ermöglicht das BJ-Modell, allerdings ebenfalls auf Kosten erhöhten numerischen Aufwands und der Notwendigkeit, die Ordnungen für vier Polynome vorzugeben.

Die praktische Erfahrung zeigt, dass es sinnvoll ist, mit einfacheren Modellstrukturen (ARX, ARMAX) zu beginnen, besonders dann, wenn die Störgrößen in der Nähe des Streckeneingangs angreifen (und daher die Annahme gleicher Pole eher gerechtfertigt ist).

Die Ordnung eines dynamischen Modells beschreibt die Zahl der unabhängigen Speicher eines Systems. Bei einer Zustandsraumdarstellung ist jeder Speichergröße ein Zustand zugeordnet. Die Wahl einer geeigneten Modellordnung bei der Identifikation realer Systeme ist nicht ganz trivial. Dahinter steckt z.B. die Frage, inwieweit es zulässig ist, mehrere kleine Energiespeicher zu einem größeren zusammenzufassen, oder Totzeiten durch Verzögerungen höherer Ordnung zu approximieren.

Bei der Spezifikation der Modellordnung ist zu beachten, dass höhere Modellordnungen i.A. auch dann zu einer kleineren Fehlerquadratsumme führen, wenn diese bereits größer als die „angemessene" Ordnung des zu modellierenden Prozesses ist. In diesem Fall werden die (überschüssigen) Modellparameter benutzt, um eine immer bessere Anpassung an die in dem spezifischen Messdatensatz enthaltenen Störsignale zu erreichen. Man erreicht also eine kleinere Fehlerquadrat-Summe für den konkreten Messdatensatz, aber auf Kosten der Verallgemeinerbarkeit (d.h. der Gültigkeit des Modells auch für andere Messdatensätze desselben Prozesses). Diese Erscheinung wird auch als „overfitting" bezeichnet. In der Literatur sind verschiedene Kriterien vorgeschlagen worden, um die Ordnung zusammen mit den Modellparametern geeignet zu bestimmen. Am bekanntesten ist das Informations-Kriterium nach Akaike (Akaike's information criterion, AIC):

$$\min_{n_p, \theta} \left(1 + \frac{2n_p}{n_{max}}\right) \sum_{i=1}^{n_{max}} e^2(i, \bar{\theta}) \tag{3-102}$$

Darin bezeichnet n_p die Zahl der Modellparameter (d.h. der Elemente des Vektors der Modellparameter $\bar{\theta}$), mit der das Kriterium wächst. Ein Anwachsen der Zahl der Modellparameter wird in diesem Kriterium also bestraft. Die Wahl einer geeigneten Modellordnung kann dann dadurch erfolgen, dass die Identifikation mehrfach mit steigender Modellordnung durchgeführt wird, von denen dann diejenige gewählt wird, die das AIC-Kriterium minimiert. Eine andere Möglichkeit zur Wahl der Modellordnung besteht in folgendem pragmatischen Vorgehen [3.5, 3.7]:

• Schätzung einer Anzahl von ARX-Modellen mit unterschiedlichen Modellordnungen, Auswahl derjenigen Ordnung, die die höchste Modellgüte unter Verwendung der Validierungsdaten liefert.

- Grafische Darstellung der Pol-Nullstellen-Verteilung des „besten" ARX-Modells und Überprüfung, ob man durch Kürzung von dicht beieinanderliegenden Polen und Nullstellen eine Ordnungsreduktion erreichen kann.
- Vergleich mit ARMAX-, OE- und BJ-Modellen, wobei für das Streckenmodell diese reduzierte Ordnung verwendet wird, während für das Störfilter erste oder zweite Ordnung angenommen wird.

Vor der Anwendung eines Parameterschätzverfahrens muss bei parametrischen Modellen auch die Totzeit d des Prozesses spezifiziert werden. Dafür gibt es verschiedene Möglichkeiten, u.a.:

- Experimentelle Bestimmung durch Durchführung von Vorversuchen (Aufnahme der Sprungantwort).
- Schätzung eines nichtparametrischen FIR-Modells, bei dem die Totzeit nicht vorgegeben werden muss.
- „Probieren" verschiedener (schnell zu identifizierender) ARX-Modelle z.B. vierter Ordnung mit verschiedenen Totzeiten aus einem sinnvollen Bereich, Auswahl der Totzeit auf der Grundlage der besten erreichten Modellgüte.
- Berechnung der Kreuzkorrelationsfunktion (KKF) zwischen der Steuer- und der Regelgröße $\hat{r}_{yu}(k)$, bei Vorhandensein einer Totzeit ist eine ausgeprägte Spitze bei $k = d$ zu erwarten, während für $k < d$ die KKF Werte nahe bei Null aufweist.

Weitere nützliche Hinweise zur Vorgehensweise bei der Wahl von Modellstruktur und Modellordnung sind [3.4 bis 3.7] zu entnehmen.

3.6.5 Identifikation im geschlossenen Regelkreis

In den bisherigen Ausführungen wurde davon ausgegangen, dass die Identifikation im offenen Regelkreis erfolgt. Da die in einem MPC-Regler verwendeten Prozessmodelle den dynamischen Zusammenhang zwischen den Sollwerten unterlagerter Regelkreise (den MPC-Steuergrößen) einerseits und den MPC-Regelgrößen andererseits beschreiben sollen, bedeutet Identifikation im offenen Kreis, dass Testsignale auf die Sollwerte unterlagerter Regelkreise aufgegeben und die resultierenden Verläufe der MPC-Regelgrößen beobachtet werden. Für den Fall, dass ein MPC-Regler erstmalig entworfen und in Betrieb genommen werden soll, ist das auch die typische Vorgehensweise.

Anders sieht es aus, wenn ein MPC-Regler bereits in Betrieb ist, und die Prozessmodelle erneut identifiziert werden sollen, weil z.B. Änderungen in der Anlage durchgeführt wurden, deren Wirkung auf die Prozessdynamik nicht vernachlässigt werden können. Dann gibt es zwei Alternativen: entweder der MPC-Regler wird für diesen Zeitraum außer Betrieb genommen, und es werden wie bei der Erst-Identifikation Tests im offenen Kreis durchgeführt, oder der MPC-Regler bleibt in Betrieb und es werden Tests im geschlossenen Regelkreis durchgeführt (closed-loop tests). Identifikation im offenen und geschlossenen Regelkreis sind in Bild 3-20 einander gegenübergestellt.

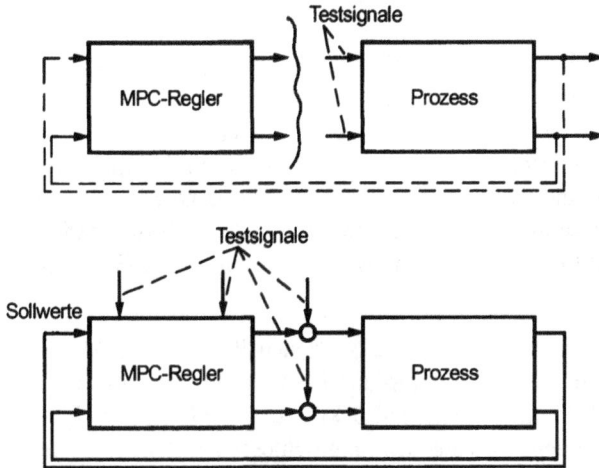

Bild 3-20 : Identifikation im offenen und geschlossenen Regelkreis

In selteneren Fällen kann eine Identifikation im geschlossenen Regelkreis auch bei einer Erstidentifikation erforderlich sein, nämlich dann, wenn der Zusammenhang zwischen einer oder mehreren MPC-Steuer- und –Regelgrößen instabil ist und daher im offenen Regelkreis eine Versuchsdurchführung nicht oder nur erschwert möglich ist. In diesen Fällen kann man eine spätere MPC-Regelgröße vorübergehend durch einen PID-(Eingrößen-)Regler stabilisieren und Versuche in diesem Regelkreis durchführen (Bild 3-21).

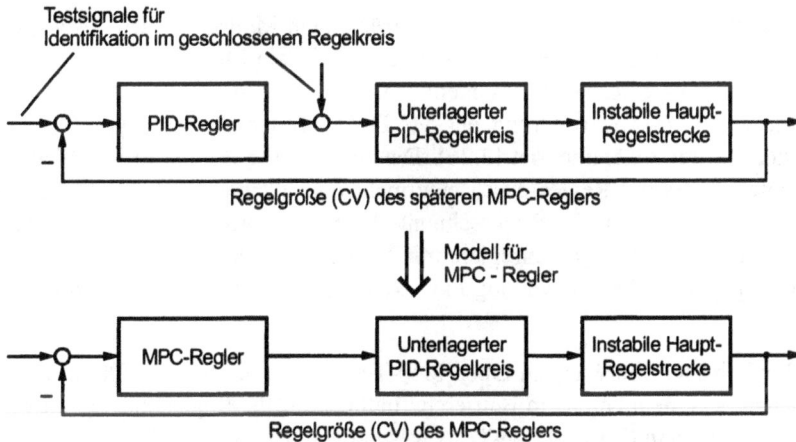

Bild 3-21 : Vorübergehender Einsatz eines PID-Reglers und Identifikation im geschlossenen Regelkreis für eine instabile MPC- Regelstrecke

Im Folgenden wird nur der Fall betrachtet, dass eine Identifikation der MIMO-Regelstrecken bei geschlossenem MPC-Regelungssystem erfolgt. In diesem Fall können Testsignale entweder dadurch eingebracht werden, dass den vom MPC-Regler berechneten Ausgangsgrößen Zusatzsignale überlagert werden, oder dass Sollwerte des MPC-Reglers verändert werden (oder durch eine Kombination beider Vorgehensweisen). Die Schwierigkeit der Identifikation im geschlossenen Regelkreis besteht darin, dass die Steuergrößen mit den nicht messbaren Störgrößen korreliert sind, denn die Aufgabe des Reglers besteht ja gerade darin, solche Steuergrößen zu bestimmen, die diese Störgrößen kompensieren sollen. Für die Identifikation im geschlossenen Regelkreis gibt es grundsätzlich zwei Vorgehensweisen [3.4, 3.24 und 3.25]:

Bei der *direkten* Methode werden genau wie im Fall des offenen Regelkreises Messreihen der Steuer- und Regelgrößen aufgezeichnet, Reglertyp und Reglerparameter müssen im einzelnen nicht bekannt sein, und die Tatsache der Regler-Rückführung wird praktisch ignoriert. Erfreulicherweise konnte gezeigt werden, dass aus den im geschlossenen Regelkreis gewonnenen Datensätzen auch eine Identifikation der Regelstrecke möglich ist, wenn bestimmte Bedingungen eingehalten werden: unter anderem müssen die Testsignale den Regelkreis ausreichend anregen, der verwendete Regler darf nicht „zu einfach" sein, und die Modelle für Stell- und Störstrecke müssen von ihrer Struktur her so geartet sein, dass sie in der Lage sind, das wahre Prozessverhalten adäquat zu beschreiben. Diese Bedingungen sind meist gegeben bzw. sie lassen sich entsprechend gestalten. Deshalb – und auf Grund ihrer Einfachheit – wird in der Literatur empfohlen, zunächst direkte Methoden für die Identifikation im geschlossenen Regelkreis einzusetzen. Auf einer Korrelationsanalyse basierende Verfahren wie in Abschnitt 3.4.2 zur Schätzung des FIR-Modells sind allerdings nicht anwendbar. Besonders geeignet sind hingegen ARX-Modelle höherer Ordnung, ARMAX- und BJ-Modelle, auch für den Fall, dass die Regelstrecke selbst instabil ist [3.24].

Die Grundidee *indirekter* Methoden besteht darin, zunächst ein Modell für den geschlossenen Regelkreis zu schätzen und aus diesem im zweiten Schritt ein Modell der Regelstrecke zu ermitteln. Dafür sind eine Reihe unterschiedlicher Verfahren entwickelt worden, von denen die wichtigsten in einer Erweiterung der MATLAB System Identification Toolbox implementiert sind, die frei zugänglich ist [3.26]. Die Anwendung der indirekten Methode setzt allerdings voraus, dass der Regler durch eine mehr oder weniger einfache Gleichung beschrieben werden kann und dass die Rückrechnung der Strecke aus dem Regelkreis möglich ist. Im Falle eines MPC-Mehrgrößenreglers mit Nebenbedingungen sind diese Voraussetzungen i.A. nicht gegeben, die Anwendung indirekter Methoden scheidet daher praktisch aus.

Obwohl in der Praxis bisher überwiegend Open-loop-Tests (auch für eine Re-Identifikation von Prozessmodellen bei einem bereits in Betrieb befindlichen MPC-Regler) bevorzugt werden, hat die Durchführung von Closed-Loop-Tests wesentliche Vorteile:

• Der Prozess wird weniger gestört, da der nach wie vor in Betrieb befindliche MPC-Regler dafür sorgt, dass technologische Grenzen respektiert werden, die als Ungleichungs-Nebenbedingungen für die Regelgrößen erscheinen, oder dass Sollwerte für Regelgrößen eingehalten werden. Im Vergleich zu einem Open-loop-Test sind daher weniger Bedienereingriffe erforderlich, um negative Auswirkungen der Testsignale auf die Prozessführung zu vermeiden bzw. zu begrenzen.

- Die resultierenden Prozessmodelle sind i.A. besser für den MPC-Reglerentwurf geeignet, da sich die Unsicherheit von im geschlossenen Regelkreis identifizierten Modellen weniger stark auf die Regelgüte auswirkt [3.25]. Besonders geeignet sind Closed-Loop-Tests bei schlecht konditionierten Mehrgrößensystemen [3.27].

3.6.6   Modellvalidierung

Der letzte Schritt in der Prozessidentifikation ist die Beurteilung der Güte des identifizierten Prozessmodells und die Untersuchung von dessen Eigenschaften.

Die einfachste und gebräuchlichste Möglichkeit zu testen, ob das gewonnene Modell das gemessene Prozessverhalten widerspiegelt, ist die Simulation des Prozessmodells: das Modell wird mit dem Testsignal $u(k)$ beaufschlagt und der berechnete Verlauf der Ausgangsgröße $\hat{y}(k\,|\,\hat{\theta})$ mit den Messwerten $y(k)$ für $k = 1...n_{max}$ verglichen. Dies geschieht üblicherweise grafisch („predicted vs. actual"), Bild 3-22 zeigt ein Beispiel.

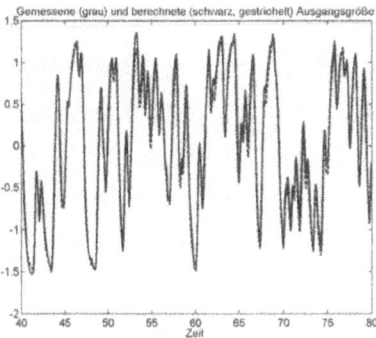

Bild 3-22 : Vergleich gemessener und berechneter Verläufe von Prozessgrößen zur Modellvalidierung

Wann immer möglich sollte dieser Vergleich nicht (nur) mit den Messwerten durchgeführt werden, die während der Identifikation verwendet wurden, sondern (darüber hinaus) mit „frischen" Validierungsdaten. Damit soll getestet werden, ob das identifizierte Modell das Prozessverhalten auch in anderen Situationen (Datensätzen) korrekt beschreibt, die nicht in die Identifikation eingegangen sind. Diese Technik wird in der Literatur auch als „cross validation" bezeichnet. Eine gute Übereinstimmung zwischen $y(k)$ und $\hat{y}(k\,|\,\hat{\theta})$ ist bei einem großen Nutz-/Störsignalverhältnis meist ein guter Indikator für eine ausreichende Modellgüte. Falls zur Identifikation künstliche Testsignale verwendet wurden, ist es besonders aufschlussreich, das Modell mit Validierungsdaten zu testen, die eher dem normalen Anlagenbetrieb entsprechen.

Wenn eine große Anzahl von Messwertsätzen vorhanden ist, die zu unterschiedlichen Zeitpunkten bzw. unter unterschiedlichen Bedingungen aufgenommen wurden, sollte man die Modellbildung mehrfach mit unterschiedlichen Datensätzen wiederholen und untersuchen, ob die Ergebnisse reproduzierbar sind. Als aussagekräftig kann sich auch der Vergleich von Modellierungsergebnissen erweisen, die mit unterschiedlichen Methoden gewonnen wurden, so kann man z.B. den Frequenzgang eines parametrischen Prozessmodells dem direkt (durch Spektralanalyse [3.5]) aus Messdaten gewonnenen Frequenzgang gegenüberstellen. Wenn parametrische Modelle identifiziert wurden, kann man aus diesen nichtparametrische, wie z.B. die Sprungantwort, berechnen und mit vorhandenen A-priori-Kenntnissen über den Prozess in Beziehung setzen. Dies gilt z.B. für Vorkenntnisse hinsichtlich der Streckenverstärkung und der $t_{95\%}$-oder $t_{99\%}$-Zeit.

Aussagekräftig ist auch eine statistische Analyse der Prädiktionsfehler oder Residuen $e(k\,|\,\overline{\theta}) = y(k) - \hat{y}(k\,|\,\overline{\theta})$. Diese sollten idealerweise statistisch unabhängig von der Eingangsgröße, also dem verwendeten Testsignal sein. Das kann man testen, indem man die Kreuzkorrelationsfunktion zwischen Residuen und Eingangssignal

$$\hat{r}_{eu}(k) = \frac{1}{n_{max}} \sum_{i=1}^{n_{max}} e(i+k)\,u(i) \tag{3-103}$$

schätzt und prüft, ob deren Werte nahe Null sind. Häufig wird die KKF in einem Diagramm zusammen mit den Geraden $\pm 3\sqrt{\sigma_{eu}^2}$ dargestellt (ein Beispiel zeigt Bild 3-23, im Bild ist auch die AKF der Residuen dargestellt).

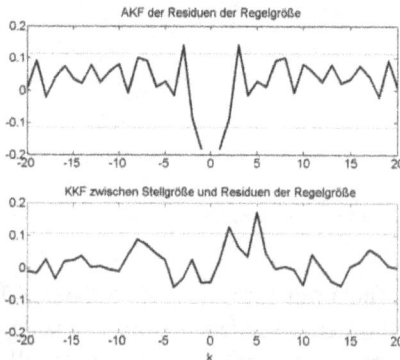

Bild 3-23 : AKF der Residuen der Regelgröße und KKF zwischen Eingangssignal und Residuen der Regelgröße

Darin bezeichnet σ_{eu}^2 die Varianz der KKF, die ihrerseits aus den Residuen und dem Eingangssignal geschätzt werden kann [3.5]. Liegen Werte der KKF für bestimmte k außerhalb dieses „Toleranzbandes", ist ein statistischer Zusammenhang zwischen $u(k)$ und $e(k)$ für diese Werte von k wahrscheinlich. Wenn die Analyse der KKF eine Korrelation für negative Werte von k ergibt, ist das ein Indiz dafür, dass die Messungen in einem geschlossenen Regelkreis durchgeführt wurden, da dann $e(k)$ einen Zusammenhang mit $u(k + j)$ aufweist. Die Analyse der KKF ist auch nützlich im Zusammenhang mit der Abschätzung der Totzeit d und der Modellordnung [3.5].

Im Zusammenhang mit der Beurteilung der Modellgüte spielen in der Literatur die Begriffe „bias error" und „variance error" eine besondere Rolle [3.6]. „Bias errors" sind systematische Abweichungen der Modellparameter von den wahren Werten, die durch Mängel in der Modellstruktur zustande kommen. So kann z.B. ein dynamisches Prozessmodell erster Ordnung nicht die Erscheinungen beschreiben, die in einem realen Prozess zweiter Ordnung auftreten können – ein „Bias" würde sogar dann auftreten, wenn man die Identifikation mit Signalen durchführen könnte, die frei von Messrauschen sind. Bias-Fehler machen sich dadurch bemerkbar, dass man unterschiedliche Identifikationsergebnisse (Modelle) bekommt, wenn unterschiedliche Messwertsätze verwendet werden. Man kann mathematisch zeigen, dass bei Prediction-error-Modellen für $n_{max} \to \infty$ die Schätzwerte der Modellparameter $\hat{\bar{\theta}}$ gegen deren „wahren" Werte streben [3.4]. Diese Eigenschaft wird auch als „Konsistenz" der Parameterschätzung bezeichnet. Das heißt, eine Vergrößerung von n_{max} verbessert tendenziell die Approximation für das gegebene Prozessmodell.

„Variance errors" sind zufällige Modellfehler, die durch den Einfluss von Zufallssignalen auf den Prozess und die Messungen entstehen. Sie können i.A. durch die Verwendung längerer Messwertreihen reduziert werden. Man kann zeigen, dass für die Varianz der Modellparameter die Beziehung

$$\sigma_\theta^2 \sim \frac{n}{n_{max}} \frac{\sigma_v^2}{\sigma_u^2} \qquad (3\text{-}104)$$

gilt [3.5]. Das heißt, eine Erhöhung der Anzahl der Messdatensätze und eine Vergrößerung der Amplitude des Eingangssignals erhöhen die Genauigkeit des Prozessmodells (oder verringern die Varianz der Modellparameter). Umgekehrt wirken sich eine Erhöhung der Zahl der Modellparameter mit steigender Systemordnung und eine größere Varianz des Rauschsignals negativ auf die erreichbare Genauigkeit aus.

Die Unsicherheit des geschätzten Prozessmodells lässt sich gut veranschaulichen, indem die Sprungantwort des Prozesses zusammen mit einem Vertrauensbereich dargestellt wird. Bei einem nichtparametrischen Prozessmodell, z.B. einem FSR-Modell, kann dieses Konfidenzband über die geschätzte Streuung von dessen Stützstellen konstruiert werden. Ein Beispiel zeigt Bild 3-24 (linke Bildhälfte).

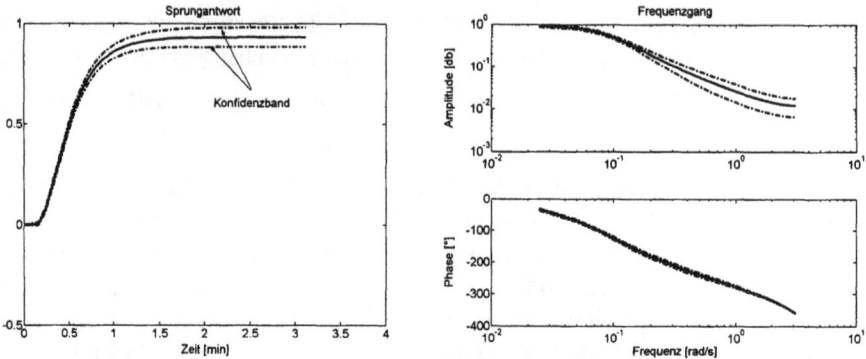

Bild 3-24 : FSR-Modell und Frequenzgang mit Konfidenzbändern zur Beschreibung der Modellunsicherheit

Ein schmales Konfidenzband ist ein Hinweis darauf, dass sich die mit Hilfe des geschätzten Prozessmodells berechnete Sprungantwort nicht wesentlich verändern würde, wenn man die Versuche wiederholt. Eine noch genauere Beurteilung der Modellgüte erlaubt die Betrachtung des Frequenzgangs, bei dem die Konfidenzbänder aus den Leistungsdichtespektren der gemessenen Signale und des Vorhersagefehlers berechnet werden können [3.8]. Da die identifizierten Prozessmodelle für eine Regelung eingesetzt werden, ist der Frequenzbereich in der Umgebung der Nyquist-Frequenz (also bei einer Phasenverschiebung von $-180°$) von besonderem Interesse.

3.6.7 Identifikation von Mehrgrößensystemen

In den bisherigen Darlegungen wurde unterstellt, dass Systeme mit einer Eingangs- und einer Ausgangsgröße identifiziert werden sollen. MPC-Regelungen sind jedoch auf Mehrgrößensysteme ausgerichtet. Für ihren Entwurf und für ihre Anwendung im Echtzeitbetrieb müssen dynamische Prozessmodelle für *alle* Kombinationen von Eingangsgrößen (n_u Steuergrößen und n_z messbare Störgrößen) und n_y Ausgangsgrößen (Regelgrößen) identifiziert werden.

Es erhebt sich die Frage, wie das Vorgehen bei der Identifikation von SISO-Systemen auf MIMO-Systeme verallgemeinert werden kann. Dafür gibt es prinzipiell folgende Möglichkeiten, die im Folgenden näher erläutert werden sollen:

- Zerlegung des MIMO-Systems in $(n_u + n_z)$ SIMO-Systeme, Beaufschlagung der Eingangssignale einzeln und nacheinander mit Testsignalen, wobei jeweils alle resultierenden Ausgangssignalverläufe aufgezeichnet werden, sequentielle Identifikation der Modelle für die n_y Ausgangsgrößen

- Zerlegung des MIMO-Systems in n_y MISO-Systeme, gleichzeitige Anregung aller Eingangssignale, sequentielle Identifikation der Modelle für die n_y Ausgangsgrößen

- Beibehaltung der MIMO-Struktur, gleichzeitige Anregung aller Eingangssignale, gemeinsame Identifikation aller Modelle für die n_y Ausgangsgrößen

Diese Varianten unterscheiden sich also einerseits dadurch, ob die Eingangsgrößen sequentiell oder simultan mit Testsignalen beaufschlagt werden, und andererseits dadurch, ob die Teilmodelle für die Ausgangsgrößen nacheinander oder gemeinsam identifiziert werden. Bis in die jüngste Zeit war es in der Praxis üblich, bei der Identifikation von Mehrgrößensystemen so vorzugehen, dass die Eingangssignale einzeln nacheinander (sequentiell) mit Testsignalen beaufschlagt werden und die Reaktion aller Ausgangsgrößen aufgezeichnet wird. Auf dieser Grundlage werden dann jeweils n_y SISO-Modelle identifiziert und nach Abarbeitung aller Eingangssignale zu einem MIMO-Modell zusammengefasst. Die sequentielle Vorgehensweise hat den Vorteil, dass die Testergebnisse leichter interpretiert werden können, und dass Wirkungen des Testsignals leichter von der Wirkung äußerer Störgrößen isoliert werden können. Der Experimentierende wird überdies in die Lage versetzt, den Prozess schrittweise besser zu verstehen. Nachteilig sind allerdings die bei dieser Vorgehensweise auftretenden langen Versuchszeiträume und die damit einhergehende Beeinträchtigung der Produktion. Unterstellt man beispielsweise einen MPC-Regler mit zehn Eingangsgrößen und nimmt für jede Eingangsgröße nacheinander fünf Sprungantworten auf, so summiert sich die Versuchzeit auf das Fünfzigfache der größten im Mehrgrößensystem vorhandenen $t_{99\%}$-Zeit.

Bei sehr trägen Prozessen mit $t_{99\%}$-Zeiten von mehreren Stunden ergeben sich dann Versuchszeiträume von mindestens einer Woche, selbst wenn man die Versuche „rund um die Uhr" durchführt. Falls der Einfluss messbarer Störgrößen modelliert werden soll, lässt sich außerdem nicht immer sicherstellen, dass diese für den gewünschten Zeitraum konstant bleiben.

Wesentlich effektiver ist es, gleichzeitig mehrere Eingangsgrößen mit Testsignalen zu beaufschlagen und dadurch die erforderlichen Testzeiträume wesentlich zu verkürzen. Bild 3-25 stellt beide Vorgehensweisen einander gegenüber.

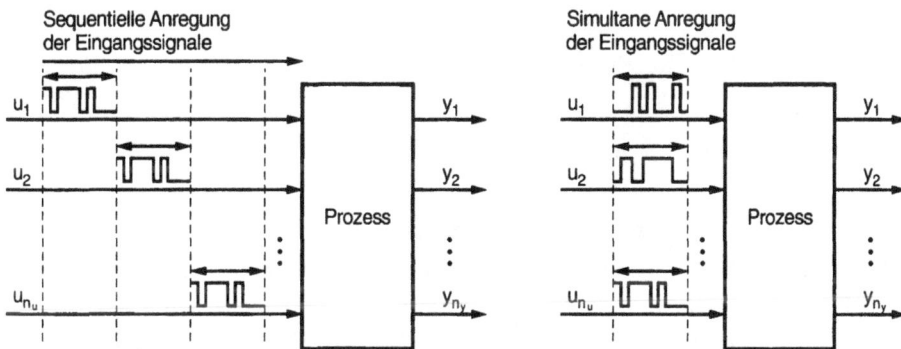

Bild 3-25 : Sequentielle und simultane Anregung der Eingangssignale eines MIMO-Systems

Es erhebt sich bei diesem Vorgehen die Frage, wie die einzelnen Testsignale gestaltet werden sollen. Verwendet man beispielsweise PRBS-Signale, ist es sicher nicht sinnvoll, alle Eingangsgrößen gleichzeitig mit einer identischen PRBS-Folge zu beaufschlagen, da die Eingangsgrößen dann völlig miteinander korreliert wären. Besser geeignet sind unabhängige PRBS-Signale, PRBS-Folgen mit unterschiedlicher Periodendauer oder unterschiedlich initialisierte GBN-Signale. Eine Vielzahl von Hinweisen zur Testsignalplanung bei Mehrgrößensystemen findet man in [3.28]. Die meisten kommerziellen MPC-Programmsysteme stellen inzwischen PRBS-Testsignalgeneratoren für die simultane Anregung von Eingangssignalen bereit.

Oft wird bei der Wahl der Testsignalamplituden für gleichzeitig anzuregende Testsignale in der Praxis so vorgegangen, als handele es sich um unabhängig voneinander zu planende Steuergrößenänderungen, d.h. genauso wie im Fall der sequentiellen Vorgehensweise. Das birgt zwei Gefahren in sich:

• die für die einzelnen Regelgrößen resultierenden Modelle sind von unterschiedlicher Genauigkeit
• es können sich Wertekombinationen für die einzelnen Steuergrößen ergeben, die den Prozess in einen ungewünschten oder unzulässigen Arbeitsbereich treiben (dies ist bei einer größeren Anzahl von Eingangsgrößen viel schwieriger vorherzusehen als im Eingrößenfall)

Diese Probleme hängen mit der in Abschnitt 3.2.2 erläuterten Eigenschaft der Richtungsabhängigkeit der Streckenverstärkung von Mehrgrößensystemen zusammen.

Für die Testsignalplanung bei gleichzeitiger Anregung mehrerer Eingangsgrößen ergibt sich aus diesen Überlegungen die Konsequenz, alle Richtungen der Ausgangsgrößen möglichst in gleichem Maß anzuregen, um möglichst Modelle gleicher Güte zu erhalten. Das kann dadurch geschehen, dass man die SVD-Methode (Singular Value Decomposition) auf die Testsignalplanung anwendet [3.29]. Die gleichzeitige Anregung aller Eingangssignale lässt sich durch den Ausdruck

$$\vec{U} = \begin{bmatrix} \vec{u}^T_1 \\ \vdots \\ \vec{u}^T_{n_u} \end{bmatrix} = \begin{bmatrix} a_1 & & 0 \\ \vdots & & \vdots \\ 0 & \dots & a_{n_u} \end{bmatrix} \begin{bmatrix} \vec{s}^T_1 \\ \vdots \\ \vec{s}^T_{n_u} \end{bmatrix} \qquad (3\text{-}105)$$

beschreiben. Darin bedeutet $\vec{s}_i$ das auf die Amplitudenwerte ± 1 normierte, individuelle, PRBS-Signal für die i-te Eingangsgröße, ein Vektor der Länge $n_{max} \gg n_{per}$ mit

$\vec{s}_i = \begin{bmatrix} 1 & 1 & -1 & 1 & -1 & \dots & -1 & -1 \end{bmatrix}^T$. Dieses wird mit einer Amplitude a_i multipliziert, das Signal bleibt dabei symmetrisch zu seinem Mittelwert bzw. dem Arbeitspunktwert, für den ein Modell identifiziert werden soll. Die Testsignalfolgen der einzelnen Eingangssignale $\vec{u}_i$ werden zeilenweise untereinander angeordnet und ergeben die Matrix $\vec{U}$ der Dimension

$(n_u \times n_{max})$. Dies entspricht der Vorgehensweise, bei der zwar alle Eingangsgrößen gemeinsam angeregt werden, die Testsignalamplituden aber so gestaltet werden, als handele es sich um ein SISO-System. Unter Anwendung der SVD-Methode kann man besser geeignete Testsignale nach der Vorschrift

$$\vec{U} = \begin{bmatrix} \vec{u}^T{}_1 \\ \vdots \\ \vec{u}^T{}_{n_u} \end{bmatrix} = k \begin{bmatrix} \dfrac{\vec{v}_1}{\sigma_1} & \cdots & \dfrac{\vec{v}_{n_u}}{\sigma_{n_u}} \end{bmatrix} \begin{bmatrix} \vec{s}^T{}_1 \\ \vdots \\ \vec{s}^T{}_{n_u} \end{bmatrix} = T \begin{bmatrix} \vec{s}^T{}_1 \\ \vdots \\ \vec{s}^T{}_{n_u} \end{bmatrix} \tag{3-106}$$

konstruieren. Darin bedeuten die σ_i die Singulärwerte der Matrix K_s der Streckenverstärkungen, die $\vec{v}_i$ sind Spaltenvektoren von V, und k ist ein vom Nutzer zu wählender Skalierungsfaktor. Geometrisch lässt sich diese Vorgehensweise so interpretieren, dass eine Drehung (Transformationsmatrix T) im Raum der Eingangsgrößen so erfolgt, dass neu erzeugte (orthogonal rotierte) Eingangsgrößen die „Richtungen" der Ausgangsgrößen gleich stark anregen. Es kann dann erwartet werden, dass die mit diesen Testdaten identifizierten Prozessmodelle die gleiche Qualität für alle Richtungen der Ausgangsgrößen haben werden. Voraussetzung für die Anwendung dieser Methode sind allerdings A-priori-Kenntnisse über die Matrix der Streckenverstärkungen, die evtl. in Vorversuchen bestimmt werden müssen.

Diese Vorgehensweise sichert aber noch nicht, dass durch die in den Prozess eingebrachten mehrdimensionalen Eingangssignale vorgegebene Arbeitsbereiche der Regelgrößen eingehalten werden. Sind jedoch A-priori-Informationen über die Matrix der Streckenverstärkungen ohnehin bekannt, lässt sich die o.a. Vorgehensweise erweitern. Man kann dann nämlich versuchen, die Elemente der Transformationsmatrix T so festzulegen, dass der Informationsgehalt der Testdatensätze möglichst groß unter vorgegebenen Nebenbedingungen für die Ein- und Ausgangsgrößen wird. Mathematisch lässt sich das als ein Optimierungsproblem mit Nebenbedingungen formulieren [3.30]:

$$\begin{aligned} & \max_{t_{i,j}} \left\{ |\det(T)| \right\} \\ & \vec{u}_{min} \leq T \begin{bmatrix} \vec{s}_1 \\ \vdots \\ \vec{s}_{n_u} \end{bmatrix} \leq \vec{u}_{max} \\ & \vec{y}_{min} \leq K_S T \begin{bmatrix} \vec{s}_1 \\ \vdots \\ \vec{s}_{n_u} \end{bmatrix} \leq \vec{y}_{max} \end{aligned} \tag{3-107}$$

Die Elemente der Transformationsmatrix sollen also so bestimmt werden, dass der Absolutwert ihrer Determinante maximiert wird, wobei Nebenbedingungen für die Steuer- und Regelgrößen einzuhalten sind. Der geometrische Hintergrund dieser Forderung besteht darin, dass sich auf diese Weise bei einem gegebenen Volumen des Eingangssignalbereichs das Volumen des Ausgangssignalbereichs maximieren lässt. Das Resultat ist eine Testsignalplanung für mehrdimensionale Eingangssignale, die nicht nur Rücksicht auf die Richtungsabhängigkeit der Verstärkungen, sondern auch auf den zulässigen Arbeitsbereich der Anlage nimmt. Noch einmal: Voraussetzung für die Anwendung dieser Methode sind Vorkenntnisse über die Streckenverstärkungen.

Eine andere, pragmatische Vorgehensweise besteht darin, vor der Ausgabe simultaner Testsignale an den Prozess zumindest eine rechnergestützte Simulation des zu erwartenden Prozessverhaltens anhand von groben Prozessmodellen durchzuführen, die in einer Vortest-Phase ermittelt worden sind. Dies ermöglicht die rechtzeitige Erkennung ungünstiger Testsignalkombinationen und eine entsprechende Anpassung der Testsignalplanung.

In den bisherigen Ausführungen wurde davon ausgegangen, dass zwar die Eingangssignale gemeinsam angeregt werden, die Identifikation der Prozessmodelle aber für jede Ausgangsgröße getrennt erfolgt. Dieses Vorgehen ist dann optimal (und numerisch einfacher), wenn die einzelnen MISO-Modelle keine gemeinsamen oder korrelierten Parameter enthalten und die auf die Ausgangsgrößen wirkenden Störgrößen nicht untereinander korreliert sind. In einigen Fällen sind diese Annahmen aber in der Praxis nicht gerechtfertigt. Charakteristische Beispiele sind die Regelung von miteinander korrelierten Qualitätsparametern von Korngrößenverteilungen von Schüttgütern, die Regelung von Profilparametern in der Papier- oder Stahlindustrie oder die Regelung von Destillationskolonnen, in denen Vielstoffgemische thermisch getrennt werden. In diesen Fällen ist der dritte oder MIMO-Zugang zu bevorzugen, wenn er auch den Einsatz komplizierterer Schätzverfahren verlangt [3.31]. Das heißt, es werden nicht nur die Eingangsgrößen gleichzeitig verstellt und alle Ausgangssignalverläufe parallel aufgezeichnet, sondern auch die Teilmodelle für alle n_y Ausgangsgrößen gemeinsam unter Berücksichtigung der Korrelationen zwischen den einzelnen Ausgangsgrößen identifiziert. Für die Identifikation von FIR- und ARX-Modellen mit mehreren Ein- und Ausgangsgrößen können dann Schätzverfahren der linearen Regression eingesetzt werden, die speziell für korrelierte (Ausgangs-)Größen entwickelt wurden. Dazu gehören u.a. die Verfahren „curds and whey", „canonical correlation regression" (CCR), „reduced rank regression" (RRR) und „partial least squares" (PLS), und „principal components regression" (PCR). Für eine ausführliche Beschreibung und Gegenüberstellung dieser Verfahren sei auf [3.15] verwiesen.

In den letzten Jahren sind Methoden und Werkzeuge entwickelt worden, die eine Identifikation von Mehrgrößensystemen (auch im geschlossenen Regelkreis) ermöglichen. Man kann daher davon ausgehen, dass diese in einem überschaubaren Zeitraum auch Eingang in MPC-Entwicklungswerkzeuge finden werden. Mit dieser Vorgehensweise ist es möglich, die erforderlichen Testzeiträume wesentlich zu verkürzen [3.27]. Hier sei insbesondere auf die Programmsysteme Tai-Ji ID [3.32, 3.33] und das bereits erwähnte ADAPT$_X$ verwiesen. Im erstgenannten Programmsystem ist ein so genanntes „asympotisches Identifikationsverfahren" (ASYM) implementiert, bei dem zunächst ein ARX-Modell hoher Ordnung identifiziert wird, was eine nahezu konsistente Schätzung gewährleistet. Anschließend wird eine Modellreduktion derart durchgeführt, dass der Frequenzgangfehler des reduzierten Modells im Vergleich zum ARX-Modell hoher Ordnung minimiert wird. Im Ergebnis erhält man ein parametrisches Box-Jenkins-Modell, d.h. sowohl ein reduziertes Prozessmodell als auch ein (ebenfalls reduziertes) Störmodell. Die Ordnungen dieser reduzierten Modelle werden in diesem Verfahren automatisch bestimmt.

Bei ADAPT$_X$ handelt es sich hingegen um ein Programmsystem, in dem ein spezielles Subspace-Identifikationsverfahrens, das so genannte CVA-Verfahren („canonical variate analysis") implementiert ist. In seiner jüngsten Version ermöglicht es auch die Identifikation von Totzeiten von MIMO-Systemen durch Auswertung von Experimenten im geschlossenen Regelkreis [3.18].

Literatur

[3.1]   Unbehauen, R.: Systemtheorie Band 1 und 2. Oldenbourg-Verlag München 1997.

[3.2]   Lunze, J.: Regelungstechnik Band 1 und 2. Springer-Verlag Berlin/Heidelberg 2001.

[3.3]   Unbehauen, H.: Regelungstechnik 1 bis 3. Vieweg-Verlag Braunschweig 2000.

[3.4]   Isermann, R.: Identifikation dynamischer Systeme. Band 1 und 2. Springer-Verlag Berlin 1992.

[3.5]   Ljung, L., Glad, T. Modeling of dynamic systems. Prentice Hall, Englewood Cliffs 1994.

[3.6]   Ljung, L.: System Identification. Theory for the User. 2nd Edition Prentice Hall, Englewood Cliffs 1999.

[3.7]   Ljung, L.: System Identification Toolbox for use with MATLAB. The Mathworks Inc. 1995 www.mathworks.com .

[3.8]   Zhu, Y.: Multivariable system Identification for Process Control. Pergamon Press 2001.

[3.9]   Himmelblau, D.M.: Basic Principles and Calculations in Chemical Engineering. Prentice Hall 1996.

[3.10]   Schumann, R.: CAE von Regelsystemen Automatisierungstechnische Praxis atp 40(1998) H. 9, S. 48-62.

[3.11]   Lorenz, G.: Experimentelle Bestimmung dynamischer Modelle. Verlag Technik Berlin 1976.

[3.12]   Fontes, C.H.O, Embiricu, M.: Multivariable correlation analysis and its applications to an industrial polymerization reactor. Computers and Chemical Engineering 25(2001) H. 2-3, S. 191-210.

[3.13]   Zhu Y.C., E. Arrieta, F. Butoyi and F. Cortes (2000). Parametric versus nonparametric models in industrial process identification for MPC. Hydrocarbon Processing, February, 2000.

[3.14]   Seber, G.A.F., Wild, C.J.: Nonlinear regression. Wiley 1989.

[3.15]   Breiman, L., Friedman. J.: Predicting multiple responses in multiple linear regression. Journal of the Royal Statistical Society B 59(1997) S. 3-54.

[3.16]   van Overschee, P., de Moor, B.: Subspace identification for linear systems. Kluwer Academic Publishers , Norwell 1994.

[3.17]   Favoreel, W., de Moor, B., van Overschee, P. : Subspace state system identification for industrial processes. Journal of Process Control 10(2000) H. 2-3, S. 149-155.

[3.18]   Juricek, B., Seborg, D.E., Larimore, W.E.: Identification of multivariable, linear dynamic models: comparing regression and subspace techniques. Ind. Eng. Chem. Res. 41(2002) H. 9, S. 2185-2203.

[3.19]   Larimore, W.E.: Automated multivariable system identification and industrial applications. Proceedings of the American Control Conference San Diego 1999, S. 1148-1162, vgl. auch www.adaptics.com.

[3.20]   Rivera, D.E., M.W. Braun, and H.D. Mittelmann: Constrained multisine inputs for plant-friendly identification of chemical processes. Proceedings of the 15th IFAC Congress 2002, Barcelona.

[3.21]   Rivera, D.E. and M. E. Flores: Beyond Step Testing and Process Reaction Curves: Introducing Meaningful Identification Concepts in the Undergraduate Chemical Engineering Curriculum: Proceedings of the IFAC Symposium on System Identification (SYSID 2000), Santa Barbara, S. 815-820.

[3.22]   Rousseeuw, P.J., LeRoy, A.M.: Robust Regression and Outlier Detection. Wiley 1987.

[3.23]   Hokanson, D.A., Gerstle, J.G.: Dynamic Matrix Control Multivariable Controllers. In: Luyben, W.L. (Ed.): Practical distillation control. Van Nostrand Reinhold, New York 1992, S. 248-271

[3.24]   Hjalmarsson, H.M., Gevers, M., de Bruyne, F.: For model-based control design, closed loop identification gives better performance. Automatica 32(1996) H. 12, S. 1659-1673.

[3.25]   Forssell, U., Ljung, L.: Closed-loop system identification revisited. Automatica 35(1999) S. 1215-1241.

[3.26]   van den Hof, P., Callafon, R. de, van Donkelaar, E.: CLOSID – a MATLAB toolbox for closed-loop system identification. IFAC Symposium on System Identification, Santa Barbara 2000.

[3.27]   Zhu, Y., Butoyi, F.: Case studies on closed-loop identification for MPC. Control Engineering Practice 10(2002) 403-417.

[3.28]   Godfrey, K.: Perturbation signals for System Identification. Prentice-Hall New York 1993.

[3.29]   Koung, C.W., MacGregor, J.F.: Design of identification experiments for robust control. Industrial and Engineering Chemistry Research 32(1993), S. 1658-1666.

[3.30]   Zhan, Q., Georgakis, C.: Steady state optimal test design for constrained multivariable systems. IFAC Symposium on System Identification, Santa Barbara 2000.

[3.31]   Dayal, B.S., MacGregor, J.F.: Multi-output process identification. Journal of Process Control 7(1997) H. 4, S. 269-282.

[3.32]   Butoyi, F., Zhu, Y.C.: Increase MPC project efficiency. Hydrocarbon Processing March 2001, S. 49-57.

[3.33]   Zhu, Y.C., Ge, X.H.: Tai-Ji ID: automatic system identification package for model based process control. Journal A 38(1997) H. 3, S. 42-45.

[3.34]   Nelles.O.: Nonlinear System Identification. Springer Verlag Berlin 2001.

4 Prädiktive Regelung mit linearen Prozessmodellen

Das Funktionsprinzip prädiktiver Regelungsalgorithmen wurde bereits in Abschnitt 2.2 veranschaulicht. Im folgenden Kapitel werden – für lineare Systeme – die dort genannten Bestandteile jedes MPC-Algorithmus detaillierter erläutert und formelmäßig beschrieben. In der Literatur wird für die prädiktive Regelung mit linearen Prozessmodellen auch der Begriff „lineare prädiktive Regelung" (Linear Model Predictive Control, LMPC) verwendet. Werden Nebenbedingungen für die Steuer- und Regelgrößen im Regelalgorithmus berücksichtigt, wird durch einen LMPC-Regler jedoch ein nichtlineares Reglergesetz verwirklicht, wenn eine oder mehrere dieser Nebenbedingungen aktiv sind.

Das Rechenschema eines typischen MPC-Algorithmus zeigt Bild 4-1.

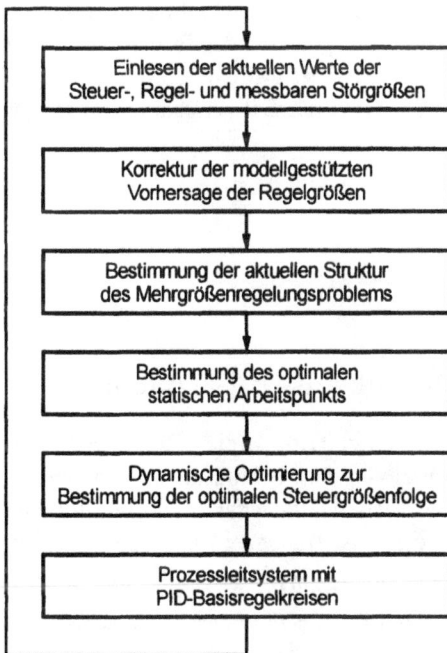

Bild 4-1: Ablauf der Berechnungen in einem MPC-Algorithmus

Nach dem Einlesen der aktuellen Messwerte für die Steuer-, Regel- und messbaren Störgrößen (und – wie im Bild aus Platzgründen weggelassen – der dazu gehörigen Soll- bzw. Grenzwerte, Statusinformationen und Reglerparameter) wird zunächst die Vorhersage des zukünftigen Verlaufs der Regelgrößen aktualisiert. Anschließend wird die momentan gültige Struktur des zu regelnden Mehrgrößensystems bestimmt, d.h. es wird ermittelt, welche Steuergrößen aktuell zur Verfügung stehen und welche Regelgrößen zu berücksichtigen sind. Es folgen die Berechnung des optimalen statischen Arbeitspunkts und die Ermittlung der optimalen Steuergrößenfolge, also des besten Wegs zum optimalen Arbeitspunkt. Nur das erste Element dieser Steuergrößenfolge wird an den Prozess ausgegeben. Im nächsten Abtastintervall wird die Gesamtprozedur nach dem Prinzip des gleitenden Horizonts wiederholt.

Die Gliederung des Kapitels 4 folgt nicht diesem Ablaufschema, das den Regler im Online-Betrieb auszeichnet, sondern geht aus Gründen der besseren Verständlichkeit einen anderen Weg: In Abschnitt 4.1 wird auf die Vorhersage des zukünftigen Verlaufs der Regelgrößen mit Hilfe von Prozessmodellen für das dynamische Verhalten eingegangen, und zwar zunächst für Eingrößen- und dann für Mehrgrößensysteme. Die Ausführungen stützen sich auf die Verwendung von einfach zu verstehenden Sprungantwortmodellen, auf die Verwendung anderer Modellformen wird ebenfalls kurz eingegangen. Abschnitt 4.2 beschreibt, wie eine optimale Steuergrößenfolge gefunden werden kann. Dabei werden zunächst Systeme ohne, anschließend mit Ungleichungs-Nebenbedingungen für die Steuer- und Regelgrößen behandelt. Abschnitt 4.3 widmet sich der Bestimmung des optimalen Arbeitspunkts für das statische Prozessverhalten, Abschnitt 4.4 ist der Ermittlung der aktuell gültigen Struktur des Mehrgrößen-Regelungsproblems gewidmet. Abschnitt 4.5 geht auf das Prinzip des gleitenden Horizonts ein, das ein charakteristisches Merkmal jedes MPC-Algorithmus ist. Abschließend werden in Abschnitt 4.6 Hinweise für die Wahl der Entwurfsparameter (Reglerparameter) gegeben.

4.1   Modellgestützte Prädiktion

4.1.1   Prädiktion mit Hilfe von Sprungantwort-Modellen

Das Sprungantwort-Modell (oder – in dessen normierter Form – die Übergangsfunktion) wurde in Kapitel 3 als eine Möglichkeit zur Beschreibung des dynamischen Verhaltens von Systemen eingeführt. Im Folgenden soll erläutert werden, wie man das zukünftige Verhalten der Regelgrößen vorhersagen kann, wenn die Koeffizienten der Sprungantwort $\vec{h}(k) = \left[h(0),\ h(1),\ ...,\ h(n_M) \right]^T$ bis zu einer Horizontlänge n_M (auch als Modellhorizont bezeichnet) bekannt sind. Betrachtet man einen stabilen Prozess mit einer Steuergröße u und einer Regelgröße y (SISO-System), dann lässt sich die Sprungantwort, wie in Kapitel 3 für den Zeitpunkt $t = k$ hergeleitet, auch für den Zeitpunkt $t = k+1$ als Faltungssumme

$$y(k+1) = y(0) + \sum_{i=1}^{n_M-1} h(i)\, \Delta u(k-i+1) + h(n_M)\, u(k-n_M+1) \tag{4-1}$$

schreiben. Darin ist $y(k+1)$ die Regelgröße zum Abtast-Zeitpunkt $(k+1)$, die Größen $\Delta u(k-i+1) = u(k-i+1) - u(k-i)$ bezeichnen die Änderung der Steuergrößen in den Abtastzeitpunkten $(k-i+1)$, $h(1) \dots h(n_M)$ sind die Stützstellen der Sprungantwort, und $y(0)$ bezeichnet den Anfangswert der Regelgröße. Wenn k der aktuelle Abtastzeitpunkt ist, lässt sich unter Nutzung dieses Modells der Wert der Regelgröße zum Zeitpunkt $(k+1)$ vorhersagen (Ein-Schritt-Vorhersage), wenn die zurückliegenden Steuergrößenänderungen bekannt sind. Zur Vereinfachung wird angenommen, dass der Anfangswert der Regelgröße $y(0)$ gleich null ist:

$$\hat{y}(k+1\,|\,k) = \sum_{i=1}^{n_M-1} h(i)\, \Delta u(k-i+1) + h(n_M)\, u(k-n_M+1) \tag{4-2}$$

Darin bezeichnet nun $\hat{y}(k+1\,|\,k)$ die Vorhersage der Regelgröße für den Zeitpunkt $(k+1)$, die im aktuellen Zeitpunkt k berechnet wird. Das Dach über der Variable $\hat{y}$ kennzeichnet einen Vorhersagewert. Diese Gleichung lässt sich auch anders schreiben:

$$\hat{y}(k+1\,|\,k) = \underbrace{h(1)\, \Delta u(k)}_{\substack{\textit{Effekt der aktuellen} \\ \textit{Steuergrößenänderung}}} + \underbrace{\sum_{i=2}^{n_M-1} h(i)\, \Delta u(k-i+1) + h(n_M)\, u(k-n_M+1)}_{\substack{\textit{Effekt der vergangenen} \\ \textit{Steuergrößenänderungen}}} \tag{4-3}$$

Der erste Term in Gl. (4-3) beschreibt die Wirkung der aktuellen Steuergrößenänderung auf die Regelgröße, die beiden letzten Terme berücksichtigen die Wirkung der zurückliegenden Steuergrößenänderungen.

Die Vorhersagegleichung lässt sich in einfacher Weise auf j Schritte in die Zukunft erweitern (j-Schritt-Vorhersage), wobei j eine beliebige, positive ganze Zahl ist, indem Auswirkungen zukünftiger Steuergrößenänderungen nach dem Superpositionsprinzip hinzugefügt werden:

$$\hat{y}(k+j\,|\,k) = \underbrace{\sum_{i=1}^{j} h(i)\, \Delta u(k+j-i)}_{\substack{\textit{Effekt der aktuellen und zukünftigen} \\ \textit{Steuergrößenänderungen}}} + \underbrace{\sum_{i=j+1}^{n_M-1} h(i)\, \Delta u(k+j-i) + h(n_M)\, u(k-n_M+j)}_{\substack{\textit{Effekt der vergangenen} \\ \textit{Steuergrößenänderungen}}}$$

$$\tag{4-4}$$

Der erste Term in Gl. (4-4) beschreibt nun die Wirkung der aktuellen und der zukünftigen Steuergrößenänderungen auf den Verlauf der Regelgröße. So wird z.B. für $j = 3$ der Vorhersagewert $\hat{y}(k\,|\,k+3)$ von den Steuergrößenänderungen $\Delta u(k)$, $\Delta u(k+1)$ und $\Delta u(k+2)$ beeinflusst. Die beiden anderen Terme geben an, wie sich die Regelgröße zukünftig verhält, wenn weder zum aktuellen Zeitpunkt k noch in der Zukunft eine Steuergrößenänderung stattfindet, d.h. wenn gilt $u(k+i) = u(k-1)$ für $i \geq 0$. Diesen Teil bezeichnet man daher auch als „Vorhersage der freien Bewegung" (im Englischen als „open-loop" oder „unforced prediction" bzw. „future without control" bezeichnet). Wenn man für diesen Anteil die Notation

$$\hat{y}_f(k+j\,|\,k) = \sum_{i=j+1}^{n_M-1} h(i)\,\Delta u(k+j-i) + h(n_M)\,u(k-n_M+j) \qquad (4\text{-}5)$$

einführt, ergibt sich schließlich

$$\hat{y}(k+j\,|\,k) = \sum_{i=1}^{j} h(i)\,\Delta u(k+j-i) + \hat{y}_f(k\,|\,k+j) \qquad (4\text{-}6)$$

Das heißt, die Vorhersage der Regelgröße setzt sich aus der Vorhersage der freien Bewegung (bei unveränderten Werten der Steuergröße) und den Effekten zusammen, die aktuelle und zukünftige Steuergrößenänderungen auf sie ausüben. In Bild 4-2 sind die Zusammenhänge verdeutlicht.

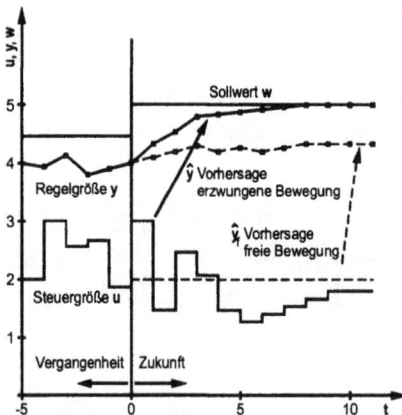

Bild 4-2: Vorhersage der freien und der erzwungenen Bewegung der Regelgröße

Zur Vereinfachung der Schreibweise wird eine vektorielle Notation eingeführt. Die Vektoren der Vorhersagewerte für die Regelgröße für die nächsten n_P Abtastwerte seien

$$\hat{\vec{y}}(k+1\,|\,k) = \hat{\vec{y}}(k+1:k+n_P\,|\,k) = \begin{bmatrix} \hat{y}(k+1\,|\,k) \\ \hat{y}(k+2\,|\,k) \\ \vdots \\ \hat{y}(k+n_P\,|\,k) \end{bmatrix} \tag{4-7}$$

und

$$\hat{\vec{y}}_f(k+1\,|\,k) = \begin{bmatrix} \hat{y}_f(k+1\,|\,k) \\ \hat{y}_f(k+2\,|\,k) \\ \vdots \\ \hat{y}_f(k+n_P\,|\,k) \end{bmatrix} \tag{4-8}$$

Die Größe n_P wird als Prädiktionshorizont bezeichnet. Der Vektor der nächsten n_C Steuergrößenänderungen sei

$$\Delta\vec{u}(k) = \begin{bmatrix} \Delta u(k) \\ \Delta u(k+1) \\ \vdots \\ \Delta u(k+n_C-1) \end{bmatrix} \tag{4-9}$$

Die Größe n_C wird als Steuerhorizont bezeichnet, sie gibt an, wie viele zukünftige Steuergrößenänderungen in der Vorhersage der Regelgröße berücksichtigt werden sollen. Dabei wird die aktuelle Steuergrößenänderung mit einbezogen. Im MPC-Regelalgorithmus müssen diese Steuergrößenänderungen so bestimmt werden, dass sich die Regelgrößen in optimaler Weise ihren Sollwerten annähern oder vorgegebene Sollbereiche/Grenzwerte eingehalten werden. Die Bestimmung optimaler Steuergrößenänderungen ist Gegenstand des Abschnitts 4.2. Die Horizontlängen n_P und n_C gehören zu den „Reglerparametern" des MPC-Reglers. Hinweise für ihre Wahl finden sich in Abschnitt 4.6.

Mit der vereinbarten Notation lässt sich die Vorhersagegleichung für die Regelgrößen kompakt als

$$\hat{\vec{y}}(k+1\,|\,k) = H\,\Delta\vec{u}(k) + \hat{\vec{y}}_f(k+1\,|\,k) \tag{4-10}$$

schreiben. Darin ist H eine Matrix der Dimension $(n_P \times n_C)$, die die Koeffizienten der Sprungantwort der Regelstrecke in folgender Anordnung enthält:

$$
H = \begin{bmatrix}
h(1) & 0 & & 0 \\
h(2) & h(1) & & 0 \\
\vdots & \vdots & & 0 \\
h(n_C) & h(n_C - 1) & \cdots & h(1) \\
h(n_C + 1) & h(n_C) & & \\
\vdots & \vdots & & \vdots \\
h(n_P) & h(n_P - 1) & \cdots & h(n_P - n_C + 1)
\end{bmatrix}
\tag{4-11}
$$

Diese Matrix wird auch als „Dynamik-Matrix" bezeichnet, sie hat dem bereits mehrfach erwähnten „Dynamic-Matrix-Control"-Algorithmus den Namen gegeben.

Sprungantwort-Modelle eignen sich nicht für die Beschreibung der Dynamik von instabilen Regelstrecken, weil die Übergangsfunktion dann nicht gegen einen konstanten Endwert strebt. Man kann die Sprungantwort in diesem Fall nicht durch n_M Stützstellen approximieren. Für integrierende Regelstrecken, wie sie z.B. bei Füllstandsregelungen auftreten, ist aber eine Modifikation der Vorhersagegleichung möglich [4.1]. Bei integrierenden Regelstrecken strebt nicht die Regelgröße selbst, sondern deren Änderung zwischen zwei Abtastintervallen gegen einen konstanten Endwert. Man kann dann in Gl. (4-2) den Vorhersagewert der Regelgröße $\hat{y}(k+1 \mid k)$ durch $\Delta\hat{y}(k+1 \mid k) = \hat{y}(k+1 \mid k) - \hat{y}(k \mid k-1)$ ersetzen und erhält

$$
\hat{y}(k+1 \mid k) = \hat{y}(k \mid k-1) + \sum_{i=1}^{n_M - 1} h(i)\, \Delta u(k-i+1) + h(n_M)\, u(k - n_M + 1)
\tag{4-12}
$$

Darin bedeutet $\hat{y}(k \mid k-1)$ den zum Abtastzeitpunkt $(k-1)$ für den aktuellen Zeitpunkt k vorhergesagten Wert der Regelgröße. Bei integrierenden Regelstrecken ist es daher ebenfalls möglich, den zukünftigen Verlauf der Regelgröße mit Hilfe des Sprungantwort-Modells vorherzusagen. Bei im offenen Kreis instabilen Regelstrecken (mit mindestens einem Pol in der rechten Halbebene) kann das Sprungantwort-Modell hingegen nicht angewendet werden. In diesem Fall, der bei verfahrenstechnischen Prozessen aber nicht sehr häufig vorkommt, müssen andere Modelle für die Beschreibung der Regelstrecken-Dynamik angewendet werden, z.B. Übertragungsfunktions- oder Zustandsmodelle.

4.1.2   Einbeziehung messbarer Störgrößen in die Prädiktion

MPC-Algorithmen ermöglichen es, messbare Störgrößen in eleganter Weise im Sinne einer Störgrößenaufschaltung (feedforward control) in die Regelung einzubeziehen.

Die konventionelle Form einer Störgrößenaufschaltung auf den Ausgang eines PID-Reglers wurde bereits in Kapitel 1 beschrieben. Dort wurde gezeigt, dass sich für allgemeine Streckenübertragungsfunktionen komplizierte oder gar nicht realisierbare Kompensationsglieder ergeben können. Dann müssen Vereinfachungen durch Reduktion der Ordnung der Übertragungsfunktionen getroffen werden, die den Effekt der Störgrößenaufschaltung schmälern. Im

Falle eines Mehrgrößensystems mit einer ungleichen Zahl von Steuer- und Regelgrößen lässt sich eine Störgrößenaufschaltung in der angegebenen Form nicht realisieren, da dies die Berechnung der Inversen der Matrix der Streckenübertragungsfunktionen $G^{-1}(s)$ vorausset-zen würde.

Bei MPC-Regelungen kann hingegen eine Einbeziehung messbarer Störgrößen z dadurch erfolgen, dass eine einfache Erweiterung der Vorhersagegleichung vorgenommen wird. Vor-ausgesetzt wird auch hier die Kenntnis eines Modells für das dynamische Verhalten der Störstrecke. Liegt dies in Form der Stützstellen der Sprungantwort $h_z(i)$ $i = 1...n_{M,z}$ vor, dann lässt sich z.B. Gl. (4-2) wie folgt modifizieren

$$\hat{y}(k+1\,|\,k) = \sum_{i=1}^{n_M-1} h(i)\,\Delta u(k-i+1) + h(n_M)\,u(k-n_M+1) + $$
$$+ \sum_{i=1}^{n_{M,z}-1} h_z(i)\,\Delta z(k-i+1) + h_z(n_{M,z})\,z(k-n_{M,z}+1) \qquad (4\text{-}13)$$

Ähnliche Modifikationen sind für die anderen oben angegebenen Gleichungen möglich. Für eine j-Schritt-Vorhersage müssen allerdings Annahmen über zukünftige Änderungen der Störgröße z getroffen werden. Da das i.A. nicht möglich ist, wird oft $z(k+i) = z(k)$ $i = 1...n_P$ vorausgesetzt. Die Effekte der in der Vergangenheit gemessenen Störgrößenänderungen werden aber sehr wohl berücksichtigt.

Wie im Fall einer konventionellen Störgrößenaufschaltung muss also auch bei MPC-Regelungen ein Modell des dynamischen Verhaltens der Störstrecke vorliegen, allerdings kann der Kompensatorentwurf entfallen, und die praktisch immer erforderlichen Vereinfa-chungen bzw. Vernachlässigungen in diesem Zusammenhang sind nicht erforderlich. Das Ergebnis der Störgrößenaufschaltung ist also nur noch von der Genauigkeit des Prozessmo-dells und nicht von der Realisierbarkeit des Kompensationsglieds abhängig.

Darüber hinaus lässt sich der beschriebene Ansatz sehr einfach auf die Einbeziehung mehre-rer messbarer Störgrößen erweitern. Es müssen dann „nur" die mathematischen Modelle für die Prozessdynamik in allen Störstrecken bekannt sein.

4.1.3   Korrektur der Vorhersage

Die Vorhersage des zukünftigen Verhaltens der Regelgröße nach den Gleichungen (4-4) oder (4-10) bzw. unter Einbeziehung messbarer Störgrößen (4-13) ist aus zwei Gründen ungenau:

- einerseits ist das dynamische Verhalten der Regelstrecke nur ungenau bekannt und es ist im Allgemeinen zeitveränderlich (Modellunsicherheit)
- andererseits wird das zukünftige Verhalten der Regelgröße von nichtmessbaren Störgrö-ßen und unbekannten zukünftigen Werten der messbaren Störgrößen beeinflusst.

Die Vorhersagegenauigkeit kann verbessert werden, wenn der aktuell gemessene Wert der Regelgröße $y(k)$ in den Algorithmus einbezogen wird. Dies wird in der MPC-Fachliteratur auch als „output feedback" bezeichnet. Es ist also gerade dieser Schritt in einem MPC-Algorithmus, in dem der Regelkreis tatsächlich geschlossen wird.

Der einfachste Ansatz für eine Korrektur der Vorhersage unter Einbeziehung eines neu eintreffenden Messwerts für die Regelgröße besteht darin, zu allen Vorhersagewerten $\hat{y}(k+j\,|\,k)$ einen Term hinzuzufügen, der sich aus der Differenz der aktuell gemessenen Regelgröße $y(k)$ und ihrem ein Abtastintervall zuvor vorhergesagten Wert $\hat{y}(k\,|\,k-1)$ ergibt. Dieser Term wird auch als „bias" oder „residual", das Verfahren als „bias correction" bezeichnet. Es gilt also

$$b(k+j) = y(k) - \hat{y}(k\,|\,k-1) \quad j = 1 \ldots n_P \tag{4-14}$$

und

$$\tilde{y}(k+j\,|\,k) = \hat{y}(k+j\,|\,k) + b(k+j) \quad j = 1 \ldots n_P \tag{4-15}$$

Mit der Tilde wird der *korrigierte* Vorhersagewert der Regelgröße gekennzeichnet. Man kann den Biasterm auch als einen Schätzwert für eine nicht gemessene Störgröße auffassen. Hier findet sich das IMC-Prinzip aus Kapitel 2 wieder. Implizit wird nach dieser Vorgehensweise also angenommen, dass eine zukünftig konstante Störgröße auf die Regelgröße einwirkt, und dass sich diese (nichtmessbare) Störgröße nach Gl. (4-14) schätzen lässt. Bild 4-3 veranschaulicht die Vorgehensweise.

Die Gleichung für die korrigierte Vorhersage lautet dann in vektorieller Form

$$\tilde{\underline{y}}(k+1\,|\,k) = H\,\Delta\underline{\bar{u}}(k) + \hat{\underline{\bar{y}}}_f(k+1\,|\,k) + [y(k) - \hat{y}(k\,|\,k-1)]\,\overline{1} \tag{4-16}$$

Die Größe $\overline{1}$ bezeichnet darin einen n_P-dimensionalen Spaltenvektor mit Einsen

$$\overline{1} = \underbrace{\begin{bmatrix} 1 & 1 & \ldots & 1 \end{bmatrix}^T}_{n_P-fach}.$$

Für stabile Prozesse kann gezeigt werden, dass diese einfache Vorgehensweise dem MPC-Regler I-Verhalten verleiht und ihn damit in die Lage versetzt, die bleibende Regeldifferenz für sprungförmige Eingangssignale (z.B. Sollwertänderungen) zu beseitigen. Bei integrierenden oder instabilen Prozessen müssen Modifikationen vorgenommen werden oder es ist ein explizites Störgrößenmodell zu schätzen [4.2].

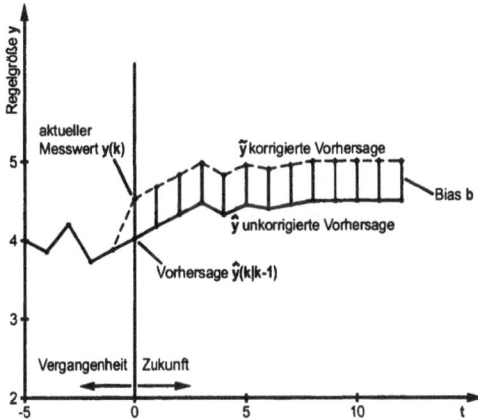

Bild 4-3: Korrektur der Vorhersage der Regelgröße

Es ist zu Recht bemerkt worden, dass die hier beschriebene Vorgehensweise zwar in vielen MPC-Programmsystemen angewendet wird, aber einige Nachteile hat: u.a. werden Störgrößen am Eingang der Regelstrecke nur langsam ausgeregelt. Bessere Eigenschaften lassen sich erreichen, wenn Zustandsmodelle zur Beschreibung des Systemverhaltens verwendet werden und dann Zustandsschätzung und Regelung getrennt angegangen werden [4.3 und 4.4].

4.1.4 Erweiterung der Prädiktion auf Mehrgrößensysteme

Bei linearen Systemen lassen sich die Vorhersagegleichungen in einfacher Weise nach dem Superpositionsprinzip von Ein- auf Mehrgrößensysteme erweitern. Bei einem System mit zwei Steuer- und zwei Regelgrößen (Bild 4-4) müssen vier Teilmodelle für das dynamische Verhalten der einzelnen Steuergrößen-Regelgrößen-Paare bekannt sein.

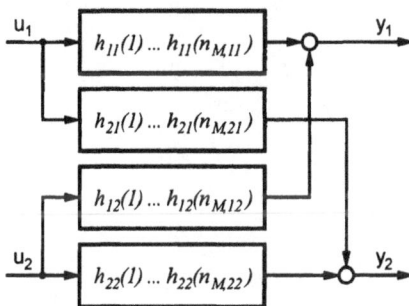

Bild 4-4: Mehrgrößen-Regelstrecke mit zwei Steuer- und zwei Regelgrößen

Wenn man wieder von Sprungantwortmodellen ausgeht, sind das die vier Folgen von Sprungantwort-Koeffizienten $h_{11}(1)...h_{11}(n_{M,11})$, $h_{12}(1)...h_{12}(n_{M,12})$, $h_{21}(1)...h_{21}(n_{M,21})$ und $h_{22}(1)...h_{22}(n_{M,22})$. Dabei bezeichnet $h_{12}(i)$ zum Beispiel die i-te Stützstelle der Sprungantwort der Regelgröße y_1 gegenüber einer Verstellung der Steuergröße u_2. Die Modellhorizonte $n_{M,ij}$ können i.A. für die Teilregelstrecken verschieden lang sein. Wenn man zur Vereinfachung der Schreibweise von einem einheitlichen Wert n_M ausgeht, werden dann aus Gl. (4-2) die beiden Vorhersagegleichungen

$$\hat{y}_1(k+1 \mid k) = \sum_{i=1}^{n_M-1} h_{11}(i)\, \Delta u_1(k-i+1) + h_{11}(n_M)\, u_1(k-n_M+1) +$$
$$+ \sum_{i=1}^{n_M-1} h_{12}(i)\, \Delta u_2(k-i+1) + h_{12}(n_M)\, u_2(k-n_M+1) \tag{4-17}$$

und

$$\hat{y}_2(k+1 \mid k) = \sum_{i=1}^{n_M-1} h_{21}(i)\, \Delta u_1(k-i+1) + h_{21}(n_M)\, u_1(k-n_M+1) +$$
$$+ \sum_{i=1}^{n_M-1} h_{22}(i)\, \Delta u_2(k-i+1) + h_{22}(n_M)\, u_2(k-n_M+1) \tag{4-18}$$

Dieses Vorgehen lässt sich auf Systeme mit einer beliebigen Zahl von Ein- und Ausgangsgrößen erweitern. Sind zum Beispiel n_u Steuergrößen

$$\bar{u} = \begin{bmatrix} u_1 \\ u_2 \\ \vdots \\ u_{n_u} \end{bmatrix} \tag{4-19}$$

und n_y Regelgrößen

$$\bar{y} = \begin{bmatrix} y_1 \\ y_2 \\ \vdots \\ y_{n_y} \end{bmatrix} \tag{4-20}$$

vorhanden, dann wird aus Gl. (4-10) jetzt

$$\hat{\bar{Y}}(k+1 \mid k) = H\, \Delta \vec{U}(k) + \hat{\vec{Y}}_f(k+1 \mid k) \tag{4-21}$$

und aus Gl. (4-16)

$$\tilde{Y}(k+1\,|\,k) = H\,\Delta\vec{U}(k) + \hat{\tilde{Y}}_f(k+1\,|\,k) + [\vec{y}(k) - \hat{\vec{y}}(k\,|\,k-1)]\,\bar{I} \tag{4-22}$$

Die mit Großbuchstaben dargestellten Größen $\hat{\tilde{Y}}$, $\hat{\tilde{Y}}_f$, $\tilde{Y}$ und $\Delta\vec{U}$ stellen jetzt mehrfach

untereinander gesetzte Vektoren dar, so ist $\tilde{Y}$ ein $(n_y \times n_P)$-dimensionaler Spaltenvektor der

Form

$$\tilde{Y}(k+1\,|\,k) = \begin{bmatrix} \tilde{\bar{y}}(k+1\,|\,k) \\ \tilde{\bar{y}}(k+2\,|\,k) \\ \vdots \\ \tilde{\bar{y}}(k+n_P\,|\,k) \end{bmatrix} \tag{4-23}$$

Jeder der darin auftretenden Vektoren $\tilde{\bar{y}}(k+j)$ setzt sich wiederum aus n_y Elementen

zusammen, also soviel Elementen, wie Regelgrößen vorhanden sind:

$$\tilde{\bar{y}}(k+j\,|\,k) = \begin{bmatrix} \tilde{\bar{y}}_1(k+j\,|\,k) \\ \tilde{\bar{y}}_2(k+j\,|\,k) \\ \vdots \\ \tilde{\bar{y}}_{n_y}(k+j\,|\,k) \end{bmatrix} \tag{4-24}$$

(Dies ist eine Ausnahme von der in diesem Buch gebräuchlichen Notation, bei der Vektoren mit Kleinbuchstaben und Matrizen mit Großbuchstaben dargestellt werden. Sie wurde hier gewählt, um dreifache Überstreichungen der Art $\hat{\tilde{\bar{y}}}$ zu vermeiden.). Die Größe $\Delta\vec{U}$ bezeichnet einen $(n_u \times n_C)$-dimensionalen Spaltenvektor der Form

$$\Delta\vec{U}(k+1\,|\,k) = \begin{bmatrix} \Delta\bar{u}(k\,|\,k) \\ \Delta\bar{u}(k+2\,|\,k) \\ \vdots \\ \Delta\bar{u}(k+n_C-1\,|\,k) \end{bmatrix} \tag{4-25}$$

$\bar{I}$ ist eine Matrix der Dimension $(n_y n_p \times n_y)$, die sich aus n_p Einheitsmatrizen der Dimension n_y zusammensetzt:

$$\bar{I} = \underbrace{\begin{bmatrix} I_{n_y} & I_{n_y} & \cdots & I_{n_y} \end{bmatrix}}_{n_P-fach} \tag{4-26}$$

Die Dynamik-Matrix H bezeichnet jetzt eine Hyper-Matrix (Matrix von Matrizen) der Dimension $(n_y n_P \times n_u n_C)$, die die Sprungantwortkoeffizienten aller Teilmodelle (also aller Steuergrößen-Regelgrößen-Paare) enthält:

$$H = \begin{bmatrix} H_1 & 0 & \cdots & 0 \\ H_2 & H_1 & 0 & \vdots \\ \vdots & \vdots & \ddots & \vdots \\ H_{n_C} & H_{n_C-1} & & H_1 \\ H_{n_C+1} & H_{n_C} & & H_2 \\ \vdots & \vdots & & \vdots \\ H_{n_P} & H_{n_P-1} & \cdots & H_{n_P-n_C+1} \end{bmatrix} \tag{4-27}$$

Jede Teilmatrix H_k enthält die $(n_y \times n_u)$ Sprungantwortkoeffizienten aller Steuergrößen-Regelgrößen-Paare für den k-ten Zeitschritt:

$$H_k = \begin{bmatrix} h_{11}(k) & h_{12}(k) & & h_{1n_u}(k) \\ h_{21}(k) & h_{22}(k) & & h_{2n_u}(k) \\ \vdots & \vdots & & \vdots \\ h_{n_y 1}(k) & h_{n_y 2}(k) & \cdots & h_{n_y n_u}(k) \end{bmatrix} \tag{4-28}$$

Was in dieser mathematisch exakten Schreibweise sehr kompliziert aussieht, erweist sich als gar nicht so kompliziert, wenn es darum geht, diesen Algorithmus programmtechnisch zu realisieren. Die angegebenen Gleichungen sind dann als Programmschleifen zu realisieren, bei denen die richtige Indexierung beachtet werden muss.

Die Rechnungen können dadurch vereinfacht werden, dass die Vorhersage der freien Bewegung $\hat{\vec{Y}}_f(k+1\,|\,k)$ nach einer rekursiven Beziehung ermittelt wird [4.3]. Wie im Eingrößenfall ist auch bei Mehrgrößensystemen die Einbeziehung von einer oder mehreren messbaren Störgrößen durch Erweiterung der Prädiktionsgleichungen möglich.

4.1.5   Prädiktion mit Hilfe von anderen dynamischen Prozessmodellen

Die Verwendung von Sprungantwortmodellen zur Beschreibung des dynamischen Verhaltens der Regelstrecke ist nicht die einzige Möglichkeit der Vorhersage des Verhaltens der Regelgrößen. Als weiteres nichtparametrisches Modell kann die Impulsantwort (oder ihre normierte Form, die Gewichtsfunktion) verwendet werden, und zwar in ihrer abgetasteten Form, d.h. als Folge von Impulsantwortkoeffizienten $\vec{g}(k) = [g(0), g(1), ..., g(n_M)]^T$, wobei n_M wiederum den Modellhorizont bezeichnet. Für stabile Regelstrecken kann man annehmen, das die Impulsantwortkoeffizienten für $i > n_M$ verschwinden und die Impulsantwort wie in Kapitel 3 hergeleitet durch die endliche Faltungssumme

$$y(k) = \sum_{i=1}^{n_M} g(i)\, u(k-i) \tag{4-29}$$

annähern. Eine Vorhersage der Regelgrößen kann dann analog zu Gl. (4-4) wie folgt durchgeführt werden:

$$\hat{y}(k+j \mid k) = \underbrace{\sum_{i=1}^{j} g(i)\, u(k+j-i)}_{\substack{\text{Effekt der aktuellen und} \\ \text{zukünftigen Steuergrößen}}} + \underbrace{\sum_{i=j+1}^{n_M} g(i)\, u(k+j-i)}_{\substack{\text{Effekt der vergangenen} \\ \text{Steuergrößen}}} \tag{4-30}$$

Auch hier wurde eine Aufspaltung der Prädiktion in zwei Terme vorgenommen, der erste beschreibt die Wirkung der aktuellen und zukünftigen, der zweite Term die Wirkung der vergangenen Einstellungen der Steuergrößen. Die Korrektur der Vorhersage durch neu eintreffende Messungen der Regelgrößen sowie die Verallgemeinerung auf Mehrgrößensysteme und die Einbeziehung messbarer Störgrößen kann dann in Analogie zu dem Vorgehen erfolgen, das für das Sprungantwortmodell in den vorhergehenden Abschnitten beschrieben wurde.

Wie bereits in Kapitel 3 erläutert, werden im Zusammenhang mit prädiktiven Regelungen auch parametrische Prozessmodelle verwendet, darunter vor allem zeitdiskrete Übertragungsfunktionen und zeitdiskrete Zustandsmodelle.

Mit Hilfe einer zeitdiskreten Übertragungsfunktion lässt sich eine SISO-Regelstrecke durch

$$y(k) = \frac{b(q)}{a(q)}\, q^{-d}\, u(k) \tag{4-31}$$

beschreiben. Die dazu gehörige Differenzengleichung im Zeitbereich lautet

$$y(k) + a_1 y(k-1) + \ldots + a_{n_a} y(k-n_b) = b_1 u(k-d-1) + \ldots + b_{n_b} u(k-d-n_b) \tag{4-32}$$

Sie lässt sich so umformen, dass eine Vorhersage der Regelgröße möglich wird. Für eine Ein-Schritt-Vorhersage ergibt sich

$$\begin{aligned}\hat{y}(k+1 \mid k) = & -a_1 y(k) - \ldots - a_{n_a} y(k+1-n_a) + \\ & + b_1 u(k-d) + \ldots + b_{n_b} u(k-d-n_b+1)\end{aligned} \tag{4-33}$$

und für eine Zwei-Schritt-Vorhersage entsprechend

$$\hat{y}(k+2\,|\,k) = -a_1\hat{y}(k+1\,|\,k) - \sum_{j=2}^{n_a} a_j y(k+2-j) + \sum_{j=1}^{n_b} b_j u(k+2-d-j) \qquad (4\text{-}34)$$

In dieser Gleichung steht auf der rechten Seite bereits ein vorhergesagter Wert $\hat{y}$ für die Regelgröße, nämlich der für den Zeitpunkt $(k+1)$, der seinerseits abhängig ist von den aktuell gemessenen und weiter zurückliegenden y-Werten. Durch rekursive Anwendung dieser Rechenvorschrift lässt sich eine j-Schritt-Vorhersage erreichen, in der nur aktuelle und historische Werte der Regelgröße y, sowie in der Vergangenheit am Prozess eingestellte und (noch zu berechnende) aktuelle bzw. zukünftige Werte der Steuergröße u vorkommen.

Die Verwendung der Modellform „Übertragungsfunktion" erlaubt es nun, auch ein explizites Modell der nicht gemessenen Störgrößen hinzuzufügen und in die Prädiktion einzubeziehen. Bild 4-5 zeigt ein Blockschaltbild des erweiterten Modells der Regelstrecke.

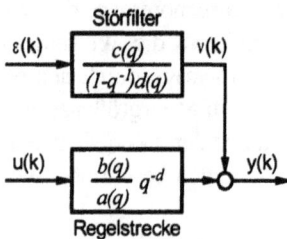

Bild 4-5: Erweitertes Regelstrecken-Modell

Es ergibt sich dann z.B.

$$y(k) = \frac{b(q)}{a(q)} q^{-d}\, u(k) + \frac{c(q)}{(1-q^{-1})d(q)}\, \varepsilon(k) \qquad (4\text{-}35)$$

Das Störgrößenmodell

$$v(k) = \frac{c(q)}{(1-q^{-1})d(q)}\, \varepsilon(k) \qquad (4\text{-}36)$$

wird auch als ARIMA-Modell (AutoRegressive Integrating Moving Average) bezeichnet. Mit $\varepsilon(k)$ wird ein statistisch unabhängiger Zufallsprozess mit Mittelwert Null bezeichnet (weißes Rauschen). Das angegebene Modell ist in der Lage, eine große Klasse von Störgrößen (darunter auch instationären und sprungförmigen) zu beschreiben. Wie in Kapitel 3 beschrieben, werden oft Vereinfachungen vorgenommen. Beispielsweise ergibt sich bei der

Wahl von $c(q) \equiv 1$ und $(1 - q^{-1})d(q) = a(q)$ das ARX-Modell, mit $(1 - q^{-1})d(q) = a(q)$ und $c(q) \neq 1$ das ARMAX-Modell [4.5].

Auf dieser Grundlage lassen sich verbesserte, aber auch aufwändigere Prädiktionsgleichungen für die Regelgrößen angeben. Voraussetzung ist, dass dann außer dem Modell der Steuerstrecke $g(q) = \dfrac{b(q)}{a(q)} q^{-d}$ auch das Modell des Störfilters $g_v(q) = \dfrac{c(q)}{d(q)}$ identifiziert wird.

Die in Abschnitt 4.1.3 besprochene Korrektur der Vorhersage, die in vielen MPC-Programmsystemen angewendet wird, ergibt sich, wenn als Störgrößenmodell

$$v(k) = \frac{1}{(1 - q^{-1})} \varepsilon(k) \tag{4-37}$$

verwendet wird. Als optimaler Prädiktor für $v(k)$ ergibt sich dann $\hat{v}(k+j \mid k) = \hat{v}(k)$, und $v(k)$ kann wie dort angegeben durch die Differenz $y(k) - \hat{y}(k \mid k-1)$ geschätzt werden. Das heißt aber, das die in vielen MPC-Programmsystemen angewendete Vorhersagemethode ein sehr spezielles Modell der nicht messbaren Störgrößen unterstellt, das Ergebnis der Vorhersage kann also nur suboptimal sein.

Übertragungsfunktions-Modelle werden auch in dem als „Generalized Predictive Control" (GPC) bekannt gewordenen prädiktiven Regelungsalgorithmus angewendet. Dieser Algorithmus wurde in den 80er Jahren im Zusammenhang mit adaptiven Regelungsverfahren entwickelt [4.6]. In der Prozessindustrie haben Programmsysteme, die diese MPC-Technologie benutzen, bisher allerdings nur geringe Verbreitung gefunden. Aus diesem Grund wird auf GPC-Regelungen in diesem Buch nicht näher eingegangen. Der interessierte Leser sei hier auf [4.7, 4.8] verwiesen.

Auch bei der direkten Anwendung von Übertragungsfunktions-Modellen in MPC-Regelalgorithmen ist eine Verallgemeinerung auf Mehrgrößensysteme und die Einbeziehung messbarer Störgrößen möglich.

Die bisher besprochenen Modelle zur Beschreibung der Regelstrecken-Dynamik waren Ein-/Ausgangs- bzw. Klemmenmodelle, bei denen innere Zustände nicht berücksichtigt wurden. Bei der theoretischen Behandlung von MPC-Regelungsverfahren hat es sich heute durchgesetzt, Zustandsmodelle zur Beschreibung des Systemverhaltens zu verwenden. Dies hat mehrere bedeutsame Vorteile, darunter die einfachere Verallgemeinerung vom Eingrößen- auf den Mehrgrößenfall, verbesserte Möglichkeiten zur Analyse des geschlossenen MPC-Regelungssystems (Regelgüte, Stabilität, Robustheit) und die Nutzbarmachung einer Reihe von Erkenntnissen und Methoden der linearen Regelungstheorie, darunter der optimalen Zustandsregelung und -schätzung, des Inneren-Modell-Prinzips usw. In den ersten Jahren der Entwicklung von MPC-Algorithmen war es noch nicht ohne großen Aufwand möglich, Zustandsmodelle aus experimentell gewonnenen Messreihen zu identifizieren. Hier ist mit der Weiterentwicklung der Methoden zur Prozessidentifikation, insbesondere mit der Entwicklung von Subspace-Methoden eine wesentliche Änderung eingetreten [4.9]. Die Anwendung von Zustandsmodellen hat nicht zuletzt deshalb inzwischen auch Eingang in kommerziell verfügbare MPC-Programmsysteme gefunden.

Das lineare Zustandsmodell in zeitdiskreter Form

$$\bar{x}(k+1) = A\,\bar{x}(k) + B\,\bar{u}(k)$$
$$\bar{y}(k) = C\,\bar{x}(k) \tag{4-38}$$

wurde bereits in Kapitel 3 eingeführt. Wenn die Zustandsgrößen $\bar{x}(k)$ zu irgendeinem Zeitpunkt k bekannt sind – diese Anfangswerte werden im Folgenden mit $\bar{x}(k\,|\,k)$ bezeichnet – lässt sich eine Vorhersage der Zustandsgrößen $\bar{x}$ und der Ausgangsgrößen (Regelgrößen) $\bar{y}$ rekursiv nach der Vorschrift

$$\hat{\bar{x}}(k+j\,|\,k) = A\,\hat{\bar{x}}(k+j-1\,|\,k) + B\,\bar{u}(k+j-1) \quad j = 1 \ldots n_P$$
$$\hat{\bar{y}}(k+j\,|\,k) = C\,\hat{\bar{x}}(k+j\,|\,k) \tag{4-39}$$

durchführen, wobei für $j = 1$ die Anfangswerte einzusetzen sind. In dieser Prädiktionsgleichung treten nur zukünftige, noch zu bestimmende Werte der Steuergrößen auf. Das Problem ist hier, das i.A. zwar die Ausgangsgrößen $\bar{y}$ gemessen werden können, aber nicht die Zustandsgrößen $\bar{x}$, zumindest nicht alle von ihnen. Um die Prädiktion dennoch durchführen zu können, müssen diese Größen unter Verwendung der messbaren Ein- und Ausgangsgrößen in jedem Abtastintervall geschätzt werden. Das führt auf das Problem der Zustandsbeobachtung oder -schätzung. Das Prinzip ist in Bild 4-6 dargestellt.

Im oberen Teil ist der reale Prozess gezeigt, an dem die Ein- und Ausgangsgrößen (Steuer- und Regelgrößen) gemessen werden können. Im unteren Teil ist das Prozessmodell dargestellt, das auf einem Rechner in jedem Abtastintervall parallel zum Prozess abgearbeitet wird. Die über das Modell berechneten Ausgangsgrößen $\hat{\bar{y}}(k\,|\,k-1)$ werden mit den gemessenen Ausgangsgrößen $\bar{y}(k)$ verglichen, die Differenz wird über eine Matrix L mit dem Ziel zurückgeführt, den Fehler $\bar{y}(k) - \hat{\bar{y}}(k\,|\,k-1)$ gegen null gehen zu lassen und damit die geschätzten (Modell-)Zustandsgrößen $\hat{\bar{x}}(k)$ an die „wahren" Zustandsgrößen $\bar{x}(k)$ anzunähern. Die Gleichung des Zustandsbeobachters lautet

$$\hat{\bar{x}}(k+1\,|\,k) = (A - LC)\,\hat{\bar{x}}(k\,|\,k-1) + B\,\bar{u}(k) + L\,\bar{y}(k) \tag{4-40}$$

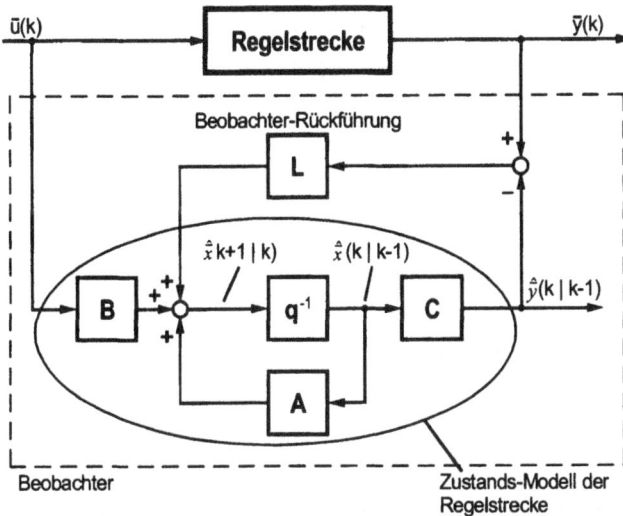

Bild 4-6: Prinzip der Zustandsbeobachtung

Mit ihrer Hilfe lassen sich rekursiv Schätzwerte für die Zustandsgrößen berechnen, wenn Messwerte für die Eingangsgrößen $\bar{u}(k)$ und die Ausgangsgrößen und $\bar{y}(k)$ bekannt sind, und wenn das System beobachtbar ist. Die erstmalige Anwendung dieser Vorschrift verlangt die Vorgabe von Anfangswerten für die Zustandsgrößen, die – wenn nichts anderes bekannt ist – willkürlich erfolgen kann. Die Aufgabe des Beobachterentwurfs besteht darin, die Rückführmatrix L so festzulegen, dass der Beobachter stabil ist und der Beobachterfehler $\bar{x}(k) - \hat{\bar{x}}(k \mid k-1)$ asymptotisch gegen null strebt. Dies kann durch Festlegung geeigneter Eigenwerte der Matrix $(A - LC)$ geschehen. Wenn man annimmt, dass die Zustands- und Ausgangsgrößen durch stochastische Rauschsignale überlagert werden, deren Kovarianzmatrizen bekannt sind, lässt sich die Rückführmatrix des Beobachters L so bestimmen, dass der mittlere quadratische Fehler der geschätzten Zustandsgrößen minimiert wird. Dieser Beobachter wird dann als Kalman-Filter bezeichnet [4.10].

Wie im Fall zeitdiskreter Übertragungsfunktionen lässt sich auch das lineare Zustandsmodell um ein Störgrößenmodell erweitern, die Gleichungen des Zustandsbeobachters sind dann entsprechend zu modifizieren [4.11].

4.2   Berechnung einer optimalen Folge von zukünftigen Steuergrößenänderungen

Nachdem nun klar ist, wie der zukünftige Verlauf der Regelgrößen unter Nutzung von Modellen für das dynamische Verhalten der Regelstrecke vorhergesagt werden kann, soll in diesem Abschnitt auf die Bestimmung der optimalen Folge zukünftiger Steuergrößenänderungen eingegangen werden. Dabei wird zunächst der Fall betrachtet, dass für die Regelgröße ein Sollwert w und nicht ein Sollbereich der Form $y_{min} \leq y \leq y_{max}$ spezifiziert wird, und dass für die Steuergröße keine Nebenbedingungen der Form $u_{min} \leq u \leq u_{max}$ bzw. $\Delta u_{max} \leq \Delta u \leq \Delta u_{max}$ existieren. Diese Art der MPC-Regelung wird auch als MPC-Regelung ohne Nebenbedingungen (unconstrained MPC) bezeichnet. Die Betrachtungen werden in diesem Abschnitt auf Grund der übersichtlicheren Schreibweise nur für den Eingrößenfall durchgeführt. Eine Erweiterung auf den Mehrgrößenfall mit n_u Steuergrößen und n_y Regelgrößen ist in einfacher Weise möglich, es muss nur auf die in Abschnitt 4.1.4 eingeführte Notation zurückgegriffen werden.

Der zukünftige Verlauf der Sollwerte der Regelgrößen bis zum Prädiktionshorizont n_P wird mit

$$\vec{w}(k+1) = \begin{bmatrix} w(k+1) \\ w(k+2) \\ \vdots \\ w(k+n_P) \end{bmatrix} \tag{4-41}$$

bezeichnet und sei bekannt. Die zukünftigen Sollwerte können, müssen aber nicht konstant sein.

4.2.1   MPC-Regelung ohne Nebenbedingungen

Die zeitliche Folge der n_C zukünftigen (inklusive der aktuellen) Steuergrößenänderungen

$$\Delta \vec{u}(k) = \begin{bmatrix} \Delta u(k) \\ \Delta u(k+1) \\ \vdots \\ \Delta u(k+n_C-1) \end{bmatrix} \tag{4-42}$$

wird durch die Minimierung eines Gütefunktionals (einer Zielfunktion) bestimmt, in das – in Analogie zur optimalen Zustandsregelung – die vorhergesagten zukünftigen Regeldifferenzen und die Stellaktivität eingehen.

Die Vorhersage der zukünftigen Regeldifferenzen ist möglich, indem man die Differenz zwischen den bekannten zukünftigen Sollwerten und den vorhergesagten Werten der Regelgrößen bildet:

$$\hat{\tilde{e}}(k+1 \mid k) = \vec{w}(k+1 \mid k) - \tilde{\vec{y}}(k+1 \mid k) \tag{4-43}$$

Es sei darauf hingewiesen, dass in die Gl. (4-43) die *korrigierte* Vorhersage der Regelgröße eingeht, und dass angenommen wird, dass sich die Steuergrößen künftig ändern können. Eine Vorhersage der Regeldifferenz bei freier Bewegung ergibt sich dann zu

$$\hat{\tilde{e}}_f(k+1 \mid k) = \vec{w}(k+1 \mid k) - \tilde{\vec{y}}_f(k+1 \mid k) =$$
$$= \vec{w}(k+1 \mid k) - \left(\tilde{\vec{y}}_f(k+1 \mid k) + \overline{1} \left[y(k) - \hat{y}(k \mid k-1) \right] \right) \tag{4-44}$$

Von den Sollwerten werden in diesem Fall die bei freier Bewegung vorhergesagten Werte der Regelgrößen abgezogen. Das sind die Werte, die sich für den Fall ergeben würden, dass zukünftig keine Steuergrößenänderungen stattfinden oder, mathematisch ausgedrückt, $\Delta u(k+j) = 0 \quad \forall \; j = 0,1,\ldots n_C - 1$ gilt.

Die beiden „Arten" der zukünftigen Regeldifferenzen – bei freier und bei erzwungener Bewegung des Systems – sind in Bild 4-7 dargestellt.

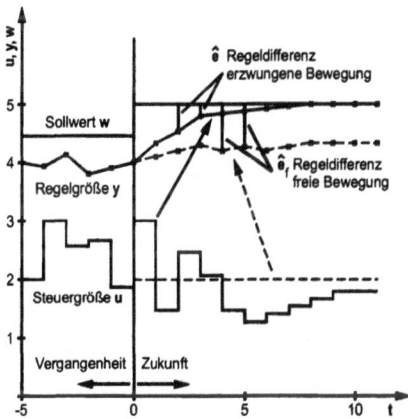

Bild 4-7: Vorhersage der Regeldifferenzen bei freier und bei erzwungener Bewegung des Systems

Die Aufgabe der Bestimmung der zukünftigen Steuergrößenänderungen lässt sich dann als dynamisches Optimierungsproblem in kompakter Notation wie folgt formulieren:

$$\min_{\Delta \vec{u}(k)} \left\{ J = \hat{\tilde{e}}(k+1 \mid k)^T \; Q \; \hat{\tilde{e}}(k+1 \mid k) + \Delta \vec{u}(k)^T \; R \; \Delta \vec{u}(k) \right\} \tag{4-45}$$

Die unabhängigen Entscheidungsvariablen in diesem Optimierungsproblem sind die n_C zukünftigen Steuergrößenänderungen. Der erste Term des Gütefunktionals beinhaltet die Summe der quadratischen (zukünftigen, vorhergesagten) Regeldifferenzen:

$$\hat{\vec{e}}(k+1\,|\,k)^T\,\hat{\vec{e}}(k+1\,|\,k) = \sum_{j=1}^{n_P}\left[w(k+j\,|\,k)-\tilde{y}(k+j\,|\,k)\right]^2 \tag{4-46}$$

Der zweite Term drückt den Stellaufwand in Form von Änderungen der Steuergrößen aus:

$$\Delta\vec{u}(k)^T\,\Delta\vec{u}(k) = \sum_{j=0}^{n_C-1}\left[\Delta u(k+j)\right]^2 \tag{4-47}$$

In Analogie zur optimalen Zustandsregelung wird also versucht, die zukünftigen Regeldifferenzen so klein wie möglich zu halten, und gleichzeitig keine exzessiven Steuergrößenänderungen zuzulassen. Da sich diese beiden Ziele (Minimierung der Regeldifferenz und Minimierung der Stellenergie) widersprechen, werden Gewichtsmatrizen Q und R als Entwurfsparameter eingeführt, um einen geeigneten Kompromiss gestalten zu können. Für Q und R werden i.A. Diagonalmatrizen mit positiven Diagonalelementen gewählt. Im Eingrößenfall ist

$$Q = diag\,(q_1,q_2,...,q_{n_P}) = \begin{bmatrix} q_1 & 0 & & 0 \\ 0 & q_2 & & 0 \\ \vdots & \vdots & & 0 \\ 0 & 0 & \cdots & q_{n_P} \end{bmatrix} \quad \text{und } R = diag(r_1,r_2,...,r_{n_C}). \text{ Es ist möglich,}$$

unterschiedliche Werte der Gewichtskoeffizienten q_i über den Prädiktionshorizont n_P zu verwenden, und damit z.B. früh innerhalb dieses Horizonts auftretende Regeldifferenzen stärker zu wichten als spät auftretende. Die Verwendung so genannter „Koinzidenzpunkte" (vgl. Abschnitt 4.2.2) ist eine andere Möglichkeit: hierbei werden innerhalb des Prädiktionshorizonts nur wenige Gewichtskoeffizienten ungleich null gewählt. Im Mehrgrößenfall ergeben sich die Dimensionen von Q zu $(n_P n_y \times n_P n_y)$ und von R zu $(n_C n_u \times n_C n_u)$. Die Gewichtsmatrix Q hat im Fall von zwei Regelgrößen dann folgenden Aufbau:

$$Q = \begin{bmatrix} q_{1,1} & & 0 & 0 & & 0 \\ \vdots & & \vdots & \vdots & & \\ 0 & \cdots & q_{1,n_P} & 0 & & 0 \\ 0 & & 0 & q_{2,1} & & 0 \\ \vdots & & \vdots & \vdots & & \vdots \\ 0 & & 0 & 0 & \cdots & q_{1,n_P} \end{bmatrix} \tag{4-48}$$

Die Elemente der Gewichtsmatrizen Q und R können im Mehrgrößenfall nun zusätzlich so gewählt werden, dass sie die relative Bedeutung der Regel- und Steuergrößen zum Ausdruck bringen. Die Festlegung ihrer Werte ist Bestandteil der Reglereinstellung und wird in Abschnitt 4.6 näher besprochen.

Wenn keine Nebenbedingungen für die Steuer- und Regelgrößen existieren, lässt sich die Lösung dieses Optimierungsproblems analytisch bzw. explizit bestimmen, indem das Gütekriterium nach dem Vektor der zukünftigen Steuergrößenänderungen abgeleitet wird, und Nullstellen dieses Gradientenvektors gesucht werden. Es ergibt sich

$$\Delta \vec{u}_{opt}(k) = \left[H^T Q H + R \right]^{-1} H^T Q \, \hat{\vec{e}}_f (k+1 \mid k) \tag{4-49}$$

In die Lösung gehen neben den Gewichtsmatrizen Q und R die Vorhersage der Regeldifferenz bei freier Bewegung des Systems und die Dynamik-Matrix H ein. Für zeitinvariante Systeme, also zeitlich konstante Werte dieser Matrizen, kann man verkürzt schreiben

$$\Delta \vec{u}_{opt}(k) = K_P \, \hat{\vec{e}}_f (k+1 \mid k) \tag{4-50}$$

Die Verstärkungsmatrix des Reglers K_P ist als

$$K_P = \left[H^T Q H + R \right]^{-1} H^T Q \tag{4-51}$$

definiert. Die optimalen zukünftigen Steuergrößenänderungen ergeben sich in diesem Fall also durch Multiplikation einer konstanten Verstärkungsmatrix K_P, die sich offline berechnen lässt, mit der vorhergesagten Regeldifferenz, die in jedem Abtastintervall neu zu bestimmen ist. Die Berechnung der Verstärkungsmatrix erfordert die Inversion einer Matrix der Dimension $(n_u n_C \times n_u n_C)$, wobei n_u die Zahl der Steuergrößen und n_C die Zahl der zukünftig geplanten Steuergrößenänderungen (der Steuerhorizont) ist. Das Reglergesetz nach Gl. (4-50) kann als Mehrgrößen-P-Regler aufgefasst werden, der sich aber nicht auf die aktuelle Regeldifferenz (Sollwert minus Istwert der Regelgröße), sondern auf die vorhergesagte Regeldifferenz bei freier Bewegung des Systems bezieht.

Der Istwert der Regelgröße $y(k)$ wird implizit im Regelalgorithmus gleichwohl verwendet, er geht wie oben beschrieben in die Prädiktion von $\hat{\vec{e}}_f (k+1 \mid k)$ ein. Da sich nach Gl. (4-50) Steuergrößenänderungen ergeben, solange dieser Fehler nicht zu null wird, hat der MPC-Regler Integralverhalten, kann also bleibende Regeldifferenzen für sprungförmige Sollwert- und Störgrößenänderungen beseitigen.

Bevor eine Erweiterung auf MPC mit Beschränkungen für die Steuer- und Regelgrößen eingegangen wird, sollen einige Bemerkungen zur Modifikation des beschriebenen Verfahrens gemacht werden, die in kommerziell verfügbaren MPC-Programmsystemen eine Rolle spielen.

4.2.2   Szenarien für das zukünftige Verhalten der Steuer- und Regelgrößen

Bisher wurde davon ausgegangen, dass die Abweichungen der Regelgröße von den zukünftigen Sollwerten in die Berechnung des Gütefunktionals eingehen. Dieser Fall ist nochmals oben links in Bild 4-8 dargestellt. Dieses Vorgehen führt zu einer im Durchschnitt großen integrierten Regeldifferenz und damit zu vergleichsweise großen Steuergrößenänderungen, wenn der Regler nicht bewusst langsamer eingestellt wird. Daher sind auch andere „Szenarien" für die Berechnung der zukünftigen Regeldifferenzen entwickelt worden, die in der Praxis der MPC-Regelung ebenfalls angewendet werden. Diese sind ebenfalls in Bild 4-8 dargestellt.

Die erste dieser alternativen Möglichkeiten besteht in der Spezifikation von so genannten Referenztrajektorien, die die aktuellen Istwerte der Regelgrößen mit den zukünftigen Sollwerten verbindet. Hintergrund ist die Überlegung, dass es physikalisch sowieso nicht möglich ist, die Sollwerte „sofort" zu erreichen. Es werden dann im Gütefunktional nur noch die Abweichungen des zukünftigen Verlaufs der Regelgrößen von den Referenztrajektorien, und nicht mehr vom Sollwert selbst, bestraft. Eine Referenztrajektorie lässt sich z.B. individuell für jede Regelgröße nach der Vorschrift

$$
y_{ref}(k+j) = \alpha \, y_{ref}(k+j-1) + (1-\alpha)w(k+n_p) \,,
$$
$$
mit \; j = 1 \cdots n_p \,, \quad 0 \le \alpha < 1, \quad y_{ref}(k+0) = y(k)
$$

(4-52)

spezifizieren. Der aktuelle Wert der Regelgrößen $y(k)$ wird dann mit dem zukünftigen Sollwert $w_i(k+n_p)$ durch eine Kurve verbunden, die sich wie die Sprungantwort eines Verzögerungsglieds erster Ordnung mit der Zeitkonstanten $t_1 = -t_0 / \ln \alpha$ verhält, die durch den Anwender zu wählen ist. Die Entsprechung zum PT$_1$-Verhalten erkennt man durch z-Transformation der Gl. (4-52) für $j = 0$: $y_{ref}(z) = \dfrac{1-\alpha}{1-\alpha \, z^{-1}} w(z)$. Mit α bzw. t_1 steht ein weiterer Entwurfsparameter zur Verfügung, mit dem das Verhalten des geschlossenen Regelungssystems beeinflusst werden kann. Wird ein kleiner Wert von t_1 gewählt, dann wird versucht, einen sehr schnellen Übergang zum Sollwert zu erreichen, je größer t_1 gewählt wird, desto langsamer wird der gewünschte Übergangsvorgang, der Regelkreis wird also träger. Anders ausgedrückt: kleine Werte von t_1 bedeuten aggressiveres Reglerverhalten mit stärkeren Steuergrößenänderungen, aber auch eine geringere Robustheit gegenüber Modellunsicherheit.

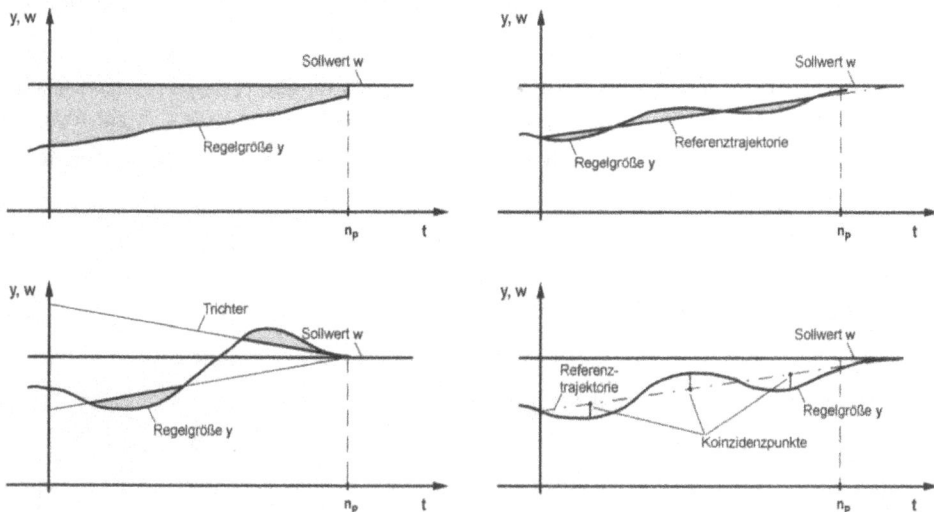

Bild 4-8: *Varianten der Berechnung der zukünftigen Regeldifferenzen (oben links: herkömmliche Vorgehensweise, oben rechts: Referenztrajektorie, unten links: Trichtertechnik, unten rechts: Koinzidenzpunkte)*

Werden Referenztrajektorien verwendet, dann sind in die Gleichungen für die Vorhersage der Regeldifferenzen statt der Sollwertverläufe $\overline{w}(k + j)$ die Verläufe der Referenztrajektorien $\overline{y}_{ref}(k + j)$ einzusetzen, der Algorithmus zur Bestimmung der optimalen Steuergrößenänderungen ändert sich ansonsten nicht. Ein Nachteil der Verwendung einer Referenztrajektorie besteht darin, dass auch eine schnelle Annäherung an den Sollwert bestraft wird, die z.B. infolge einer nicht messbaren Störung auftreten kann. Das liegt daran, dass Abweichungen von der Trajektorie in beiden Richtungen in das Gütefunktional eingehen.

Eine weitere Möglichkeit der Spezifikation des zukünftigen Verhaltens der Regelgrößen besteht in der Spezifikation von so genannten „Trichtern", in denen sich die Regelgrößen zukünftig bewegen dürfen. Es wird nur das „Ausbrechen" der vorhergesagten Regelgröße aus diesen Trichtern im Gütefunktional berücksichtigt bzw. „bestraft". Die Trichter können symmetrisch oder asymmetrisch gestaltet sein, ihre Länge wird von der gewünschten Ausregelzeit bestimmt. Die Verwendung von Trichtern bedeutet, dass die Regelgrößen zukünftig sowohl etwas über- als auch etwas unterschwingen dürfen, am Trichterende sollen aber die Sollwerte $w_i(k + n_P)$ erreicht sein. Damit wird der beschriebene Nachteil einer Referenztrajektorie vermieden. Die Trichterlänge ist in diesem Fall ein zusätzlicher Reglerparameter, der durch den Anwender vorzugeben ist.

Im Allgemeinen werden die zukünftigen Regeldifferenzen $\hat{\overline{e}}_f(k + j \mid k)$ für *alle* Abtastzeitpunkte $j = 1...n_P$ berechnet. Eine Alternative, die mit einer Verringerung des Rechenaufwandes verbunden ist, besteht darin, die zukünftigen Regeldifferenzen nur noch an einigen ausgewählten Stützstellen, den so genannten „Koinzidenzpunkten" (coincidence points) zu berechnen und in der dynamischen Optimierung zu berücksichtigen. Diese Variante wird unten rechts in Bild 4-8 veranschaulicht.

Auch auf der Seite der Steuergrößen sind andere Szenarien möglich (Bild 4-9). Bisher wurde davon ausgegangen, dass die zukünftigen Steuergrößenänderungen $\Delta \bar{u}(k+j)$ für *jedes* Abtastintervall von $j = 0 \dots n_C - 1$ berechnet werden. Dieser Fall ist nochmals im oberen Teil von Bild 4-9 dargestellt.

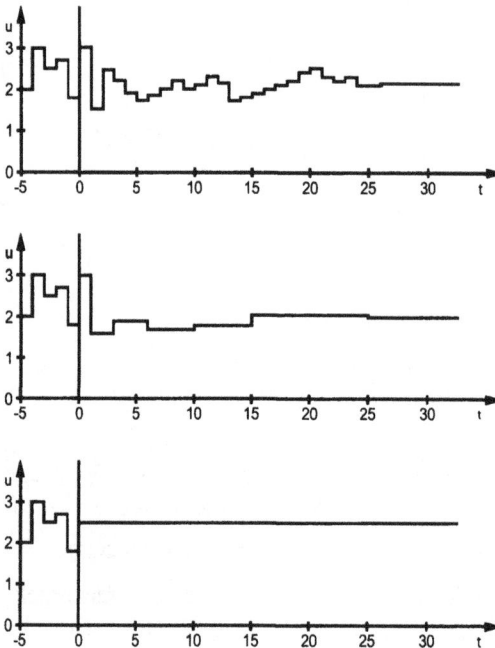

Bild 4-9: Szenarien für zukünftige Steuergrößenänderungen (von oben nach unten: Änderung in jedem Abtastintervall, Blockbildung, einmalige Änderung im aktuellen Abtastzeitpunkt)

Eine Vereinfachung lässt sich vornehmen, wenn die Anzahl der zu berechnenden zukünftigen Steuergrößenänderungen dadurch reduziert wird, dass nicht mehr in jedem zukünftigen Abtastintervall eine Änderung zugelassen wird. Stattdessen werden die Steuergrößenänderungen zu Blöcken zusammengefasst. Zum Beispiel kann man, wie in der Bildmitte dargestellt, Steuergrößenänderungen in den zukünftigen Zeitpunkten $k = \{0, 1, 3, 6, 10, 15, 25\}$ berechnen, die Blöcke beinhalten dann 1, 2, 3, 4, 5 und 10 Abtastintervalle. Es hat sich bewährt, am Anfang des Steuerhorizonts kürzere und am Ende längere Intervalle zu wählen. Obwohl der zeitliche Horizont der Steuergrößenänderungen immer noch 25 Abtastintervalle umfasst, beträgt deren Anzahl nur noch sieben. Das reduziert die Zahl der Entscheidungsvariablen im dynamischen Optimierungsproblem (4-45) erheblich. Es sei daran erinnert, dass die Größe n_C die Dimension der zu invertierenden Matrix mitbestimmt. Besonders bei Mehrgrößensystemen mit vielen Regel- und Steuergrößen sowie bei MPC mit Beschränkungen der Steuer- und Regelgrößen, bei denen die Matrizeninversion nicht mehr im Offline-

Betrieb erfolgen kann, wird durch diese Blockbildung der Rechenaufwand erheblich verringert. Die praktische Erfahrung zeigt, dass die erreichbare Regelgüte durch diese Methode nicht wesentlich verkleinert wird.

Ein Extremfall ergibt sich, wenn nur noch eine Steuergrößenänderung zugelassen wird, wie im unteren Teil von Bild 4-9 gezeigt. Damit werden die Berechnungen stark vereinfacht. Von dieser Option machen allerdings die meisten MPC-Programmsysteme keinen Gebrauch, weil die mit diesem Szenarium erreichbare Regelgüte oft nicht ausreichend ist.

4.2.3   MPC-Regelung mit Nebenbedingungen für die Steuer- und Regelgrößen

Ihren industriellen Erfolg haben MPC-Regelungen wesentlich der Tatsache zu verdanken, dass sie in der Lage sind, Ungleichungs-Nebenbedingungen für die Steuer- und Regelgrößen in systematischer Art und Weise im Regelungsalgorithmus zu berücksichtigen. Diese Art der MPC-Regelung wird auch als „constrained MPC" bezeichnet.

Die Existenz von Nebenbedingungen (NB) für die Steuer- und Regelgrößen war ein wesentliches Motiv für die Entwicklung von MPC-Technologien in der Industrie. Beschränkungen für die Steuergrößen treten z.B. dadurch auf, dass sich Durchflüsse von Stoffströmen, bedingt durch die Auslegung der Anlagen und die zur Verfügung stehenden Apparaturen wie Pumpen, Rohrleitungen oder Stellventile nur in bestimmten Grenzen und mit einer bestimmten Geschwindigkeit verstellen lassen. Im Allgemeinen werden bei MPC-Regelungen für *alle* Steuergrößen (die ja ihrerseits meist Sollwerte unterlagerter PID-Regelkreise darstellen) solche NB spezifiziert. Damit wird gewährleistet, dass die Sollwerte der PID-Regelkreise durch den MPC-Regler nur in einem vorgegebenen Bereich und mit einer bestimmten Geschwindigkeit (rate of change) manipuliert werden können.

In der Regelungstechnik ist es üblich, konstante oder zeitveränderliche Sollwerte für Regelgrößen vorzugeben (Festwert- und Folgeregelungen). In der Praxis der Prozessautomatisierung ist es aber ebenso wichtig, Regelgrößen in einem bestimmten *Bereich* (Soll- oder Gutbereich) zu halten, also die Verletzung von oberen und unteren Schranken für diese Größen zu verhindern. Wenn der Bereich nur einseitig begrenzt ist, spricht man von einem oberen bzw. unteren Grenzwert. Regelgrößen, für die Ungleichungs-NB spezifiziert werden, sind z.B. der Differenzdruck in einer Destillationskolonne als Maß für die Annäherung an den Flutpunkt, Wandtemperaturen von Behältern, in denen exotherme Prozesse stattfinden, Behälterfüllstände usw. Häufig werden Ventilpositionen bestimmter PID-Regelkreise als Regelgrößen eines MPC-Reglers verwendet, für die dann Grenzwerte nicht verletzt werden sollen. Wenn das Ziel der Anlagenfahrweise zum Beispiel in der Maximierung des Durchsatzes bei Einhaltung bestimmter Produktspezifikationen besteht, dann können Ventilpositionen von Temperaturregelkreisen als Maß dafür aufgefasst werden, wie dicht sich die Anlage an der Grenze der dafür erforderlichen Heiz- oder Kühlleistung befindet. In der Praxis werden bei vielen Anwendungen eher Sollbereiche oder Grenzwerte als Sollwerte für MPC-Regelgrößen spezifiziert, manchmal sogar ausschließlich (siehe das Beispiel in Abschnitt 9.1). Dieses Vorgehen wird auch als Bereichsregelung (im Englischen „range" oder „zone control") bezeichnet, sie ist bei MPC eher die Regel als die Ausnahme. Selbstverständlich können für MPC-Regelgrößen aber auch Sollwerte (oder mathematisch gesehen: Zielvorgaben in Gleichungsform) spezifiziert werden, wenn es darauf ankommt, eine Vorgabe möglichst genau einzuhalten.

Zwar kann man auch bei einem PID-Regler durch Vorgabe einer Totzone einen Sollwertbereich spezifizieren, ein MPC-Regler hat aber den Vorteil, dass in der Zukunft zu erwartenden Grenzwertverletzungen rechtzeitig entgegengewirkt wird und bei einem Mehrgrößensystem gleichzeitig viele Beschränkungen im Auge behalten werden können.

Ungleichungs-NB für *Steuergrößen* werden in MPC-Regelungen i.A. als harte Nebenbedingungen (hard constraints) aufgefasst, die unter allen Umständen einzuhalten sind. Nebenbedingungen für die *Regelgrößen* werden hingegen meist als weiche Nebenbedingungen (soft constraints) aufgefasst, und zwar sowohl im Fall von Gutbereichs- als auch von Sollwertvorgaben. (Sollwertvorgaben werden dann als Bereichsvorgabe mit identischen oberen und unteren Grenzen interpretiert). Bei weichen NB wird eine vorübergehende Verletzung toleriert, da sie bei der Lösung des Optimierungsproblems nicht als Begrenzung des zulässigen Lösungsraums, sondern nur als Strafterme im Gütekriterium auftauchen.

Ob und für welche Regelgrößen auch harte NB spezifiziert und eingehalten werden können, hängt von der Struktur und Dynamik des Mehrgrößensystems ab. Wenn größere Störungen in der Anlage auftreten, kann die Spezifikation von harten NB für die Regelgrößen unter Umständen zur Nichtlösbarkeit des Optimierungsproblems führen [4.2]. Die meisten kommerziellen MPC-Programmsysteme erlauben daher zwar die Spezifikation von harten NB für die Steuergrößen, aber nur die Spezifikation von weichen NB für die Regelgrößen. Dort, wo auch die Vorgabe von harten NB für die Regelgrößen zugelassen wird, werden oft nutzerdefinierte Prioritäten für die Regelgrößen verwendet, um die Zulässigkeit der Lösung des Optimierungsproblems sicherzustellen.

Nebenbedingungen für die Steuergrößen und Steuergrößenänderungen lassen sich wie folgt formulieren:

$$u_{min}(k) \leq u(k+j) \leq u_{max}(k) \quad j = 0, 1, ... n_C - 1 \tag{4-53}$$

$$\Delta u_{min}(k) \leq \Delta u(k+j) \leq \Delta u_{max}(k) \quad j = 0, 1, ... n_C - 1 \tag{4-54}$$

Dass auch bei den oberen und unteren Schranken der Index k auftritt, soll darauf hindeuten, dass diese Grenzen durch den Nutzer im laufenden Betrieb verstellt werden können, mithin zeitveränderlich sind.

Analog lassen sich NB für die Regelgrößen folgendermaßen schreiben:

$$y_{min}(k) \leq y(k+j) \leq y_{max}(k) \quad j = 1, 2, ... n_P \tag{4-55}$$

Wenn in dieser Ungleichung obere und untere Grenzwerte gleichgesetzt werden, ergibt sich wieder eine Regelung auf Sollwert als Spezialfall. Auch hier deutet der Index k darauf hin, dass die Grenzwerte im Online-Betrieb verändert werden können. Handelt es sich um weiche NB, können Schlupfvariable eingeführt werden:

$$y_{\min}(k) - s(j) \le y(k+j) \le y_{\max}(k) + s(j) \quad j = 1, 2, \dots n_P \qquad (4\text{-}56)$$

Die dynamische Optimierungsaufgabe lautet dann

$$\min_{\Delta \vec{u}(k)} \left\{ J = \hat{\vec{e}}(k+1 \mid k)^T \ Q \ \hat{\vec{e}}(k+1 \mid k) + \Delta \vec{u}(k)^T \ R \ \Delta \vec{u}(k) + \vec{s}^T T \ \vec{s} \right\} \qquad (4\text{-}57)$$

unter Berücksichtigung der NB (4-53) bis (4-56). Darin ist $\vec{s}$ der n_P-dimensionale Spalten-vektor der Schlupfvariablen und T wiederum eine Gewichtsmatrix.

Die Lösung dieses Optimierungsproblems ist im Gegensatz zum unbeschränkten Fall nun nicht mehr analytisch, sondern nur noch numerisch möglich. Bei MPC mit linearen Prozess-modellen handelt es sich um ein Optimierungsproblem mit quadratischer Zielfunktion und linearen Nebenbedingungen. Für die Lösung solcher Probleme existieren schnell und zuver-lässig konvergierende Suchverfahren, die auch als QP-Verfahren (quadratic programming) bekannt sind [4.12]. Für eine detaillierte Beschreibung der Anwendung von QP-Verfahren auf die Lösung des Constrained-MPC-Problems sei auf [4.11] verwiesen. Es sei nochmals erwähnt, dass im Fall der Berücksichtigung von Beschränkungen für die Steuer- und Regel-größen trotz der Verwendung eines linearen Prozessmodells ein nichtlineares MPC-Reglergesetz entsteht.

4.3   Statische Arbeitspunktoptimierung

In den bisherigen Darlegungen ist davon ausgegangen worden, dass die Sollwerte für die Regelgrößen und die Nebenbedingungen für die Stell- und Regelgrößen bekannt sind bzw. durch den Nutzer vorgegeben werden. Damit ist aber noch nicht gewährleistet, das sich die Prozessanlage im stationären Zustand in einem optimalen Arbeitspunkt befindet, der sich zum Beispiel durch betriebswirtschaftliche Größen wie maximalen Gewinn oder minimale Kosten, oder durch technologische Ziele wie maximalen Durchsatz, maximale Ausbeute an bestimmten Produkten oder minimalen Energie- und Hilfsstoffeinsätze kennzeichnen lässt.

MPC-Programmsysteme verfügen meist über eine *integrierte* Komponente zur Bestimmung des optimalen Arbeitspunkts. Dieser Teil des MPC-Algorithmus wird meist mit derselben Frequenz ausgeführt wie die weiter oben besprochenen dynamische Optimierung, also typi-scherweise im Minutenbereich. Das ist deshalb erforderlich, weil sich die in der Anlage vor-handenen Nebenbedingungen durch Störungen und Bedienereingriffe, aber auch durch ver-änderte Prozessbedingungen und die Verfügbarkeit von Mess- und Stelleinrichtungen ändern können, und sich damit ein neues Optimum der Fahrweise ergibt. Bei dieser integrierten Optimierungsfunktion handelt es sich aber um eine *lokale* und nicht um eine anlagenweite (globale) statische Prozessoptimierung. Diese lokale statische Prozessoptimierung bezieht sich nur auf den Teil der Anlage, der durch die in den MPC-Regler eingehenden Steuer- und Regelgrößen umfasst wird. Wenn der MPC-Regler also nur auf die Regelung einer einzelnen Kolonne oder eines Reaktors ausgerichtet ist, wird auch die integrierte Funktion der statischen Prozessoptimierung nur in der Lage sein, den optimalen Arbeitspunkt für diesen Anlagenteil zu bestimmen und anzusteuern. Bei LMPC-Regelungen kommt hinzu, dass nur *lineare* Modelle zur Beschreibung des Prozessverhaltens verwendet werden. Lokal ist diese Art der Arbeitspunktoptimierung also in zweifacher Hinsicht:

- in Bezug auf die angenommene Linearität des Prozessverhaltens und
- auf die Betrachtung eines Ausschnitts aus der Gesamtanlage.

Trotzdem zeigt die praktische Erfahrung, dass mit dieser Funktion ein erheblicher ökonomischer Nutzen erreicht werden kann. In vielen Advanced-Control-Projekten ist es gerade *diese* Funktion, mit der sich der Einsatz einer MPC-Technologie wirtschaftlich rechtfertigen lässt.

In größeren verfahrenstechnischen Anlagen, beispielsweise im Raffineriesektor, werden mitunter weitere Optimierungsfunktionen realisiert, die z.B. auf die Koordinierung mehrerer MPC-Regler in einer Anlage oder auf eine globale Arbeitspunktoptimierung abzielen. Für letztere werden dann rigorose (theoretische) nichtlineare Modelle für das statische Verhalten eingesetzt, um weitere wirtschaftliche Potentiale zu erschließen. Die übergeordneten, nicht in die MPC-Programme integrierten Optimierungsfunktionen werden zudem mit geringerer Frequenz ausgeführt, typischerweise im Abstand von mehreren Stunden. Für die globale Arbeitspunktoptimierung, die in diesem Buch nicht weiter betrachtet wird, sind auf dem Markt eine Reihe von Werkzeugen verfügbar, darunter die Programmsysteme ROMEO (Foxboro/Invensys), ProfitMax (Honeywell) sowie Aspen Plus Optimizer und HYSYS.RTO+ (Aspen Technology).

Die Hierarchie der Optimierungsfunktionen ist in Bild 4-10 dargestellt. Diese Darstellung kann als ein Ausschnitt aus der bereits in Kapitel 2 gezeigten Hierarchie der Automatisierungsfunktionen aufgefasst werden.

Die Aufgabe der lokalen statischen Arbeitspunktoptimierung besteht darin, optimale Sollwerte für die Steuer- und/oder Regelgrößen ($\overline{u}_{soll}$ und $\overline{y}_{soll}$) zu finden. Im dynamischen Teil des MPC-Reglers wird dann die optimale Steuerstrategie ermittelt, um diese stationäroptimalen Sollwerte zu erreichen. Mathematisch lässt sich das Problem der Arbeitspunktoptimierung wie folgt formulieren: es soll das Gütefunktional

$$\min_{\overline{u}_{soll},\overline{y}_{soll}} \left\{ \begin{array}{l} J = \overline{c}^T \overline{u}_{soll} + \overline{d}^T \overline{y}_{soll} + (\overline{y}_{soll} - \overline{y}_{ziel})^T \; Q_{st} \; (\overline{y}_{soll} - \overline{y}_{ziel}) + \\ + (\overline{u}_{soll} - \overline{u}_{ziel})^T \; R_{st} \; (\overline{u}_{soll} - \overline{u}_{ziel}) + \vec{S}^T \; T_{st} \; \vec{S} \end{array} \right\} \qquad (4\text{-}58)$$

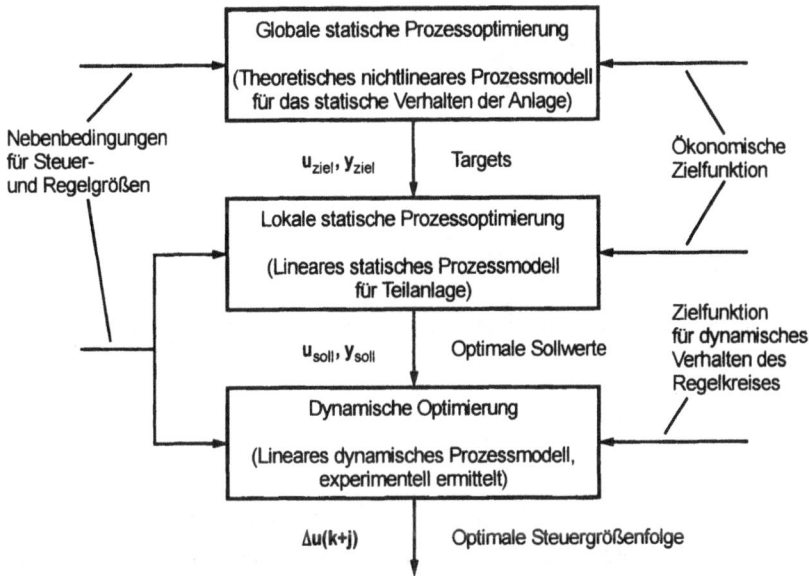

Bild 4-10: Hierarchie der Funktionen der Prozessoptimierung

unter Beachtung der Nebenbedingungen

$$\bar{u}_{\min}(k) \leq \bar{u}_{soll} \leq \bar{u}_{\max}(k) \tag{4-59}$$

$$\Delta\bar{u}_{\min}(k) \leq \Delta\bar{u}_{soll} \leq \Delta\bar{u}_{\max}(k) \tag{4-60}$$

$$\bar{y}_{\min}(k) - \bar{s} \leq \bar{y}_{soll} \leq \bar{y}_{\max}(k) + \bar{s} \tag{4-61}$$

minimiert werden. Die Gewichtsvektoren und -matrizen $\bar{c}^T, \bar{d}^T, Q_{st}, R_{st}$ werden aus betriebswirtschaftlichen Überlegungen bestimmt. Die Gewichtsmatrix T_{st} bezieht sich auf die Schlupfvariablen $\bar{s}$. Die in der Zielfunktion (4-58) vorkommenden Größen $\bar{u}_{ziel}$ und $\bar{y}_{ziel}$ sind Zielgrößen (auch „Targets" genannt), die durch eine übergeordnete (globale) Optimierungsfunktion bestimmt werden können. Man beachte, dass die in den Nebenbedingungen auftretenden Grenzwerte für $\bar{u}$ und $\bar{y}$ dieselben sind wie im Fall der dynamischen Optimierung (Gl. (4-53) bis (4-57)). Sowohl diese Grenzwerte als auch die Gewichtsvektoren und -matrizen können im Online-Betrieb durch den Nutzer geändert werden, sind also zeitlich veränderlich. Im Gegensatz zu dem in Abschnitt 4.2 beschriebenen dynamischen Optimierungsproblem, bei dem *zeitliche* Folgen zukünftiger Steuergrößen-Änderungen als Entscheidungsvariable auftraten, sind es jetzt deren stationäre Endwerte. Die Dimension, d.h. die Zahl der Entscheidungsvariablen, ist daher im Fall des statischen Optimierungsproblems im Normalfall kleiner als bei seinem dynamischen Gegenstück.

Die Zielfunktion (4-58) lässt sich leicht an verschiedene Optimierungsaufgaben anpassen. Wenn zum Beispiel der Anlagendurchsatz maximiert werden soll, und die Durchflussregelung für die Einsatzmenge als eine Steuergröße u_1 Bestandteil des MPC-Reglers ist, so ergibt sich die Optimierungsaufgabe

$$\min_{u_{1,soll}} \quad J = -u_{1,soll} \tag{4-62}$$

Das Minuszeichen vor der Variablen u_1 bewirkt die Maximierung des Durchsatzes.

Oft besteht die Aufgabe darin, den betriebswirtschaftlichen Gewinn zu maximieren. Dann kann man das Optimierungsproblem

$$\min_{\bar{u}_{soll},\bar{y}_{soll}} \left\{ J = -\bar{c}^T \bar{u}_{soll} - \bar{d}^T \bar{y}_{soll} \right\} \tag{4-63}$$

formulieren. Die Vektoren $\bar{c}^T$, $\bar{d}^T$ müssen dann aus Preis- oder Kosteninformationen ermittelt werden, die den einzelnen Steuer- und Regelgrößen zuzuordnen sind. Das ist manchmal einfach, zum Beispiel wenn eine MPC-Steuergröße ein Heizdampf- oder Heißöldurchfluss ist und dessen betrieblicher Preis bekannt ist, oder wenn es darauf ankommt die Konzentration einer Komponente zu maximieren/minimieren, die als Regelgröße Bestandteil der MPC-Regelung ist.

Wenn durch eine übergeordnete (globale) statische Optimierungsfunktion das anlagenweite Optimum für die Steuer- und Regelgrößen – also deren Zielwerte oder Targets $\bar{u}_{ziel}$ und $\bar{y}_{ziel}$ – ermittelt wird, dann kann die lokale statische Optimierungsaufgabe lauten

$$\min_{\bar{u}_{soll},\bar{y}_{soll}} \left\{ J = (\bar{y}_{soll} - \bar{y}_{ziel})^T Q_{st} (\bar{y}_{soll} - \bar{y}_{ziel}) + (\bar{u}_{soll} - \bar{u}_{ziel})^T R_{st} (\bar{u}_{soll} - \bar{u}_{ziel}) \right\}$$

$$\tag{4-64}$$

Es werden in diesem Fall die stationär-optimalen Sollwerte $\bar{u}_{soll}$ und $\bar{y}_{soll}$ so bestimmt, dass sie möglichst geringe Abweichungen von den globalen Zielvorgaben $\bar{u}_{ziel}$ und $\bar{y}_{ziel}$ aufweisen. Es stellt sich in diesem Fall die Frage, warum die Zielgrößen $\bar{u}_{ziel}$ und $\bar{y}_{ziel}$ nicht direkt als Sollwerte $\bar{u}_{soll}$ und $\bar{y}_{soll}$ verwendet werden, ohne nochmals eine lokale Optimierungsaufgabe zu lösen. Deshalb sei noch einmal angemerkt, dass die Zielgrößen nur in größeren Zeitabständen berechnet werden und in der aktuellen Situation vom MPC-Regler unter Umständen gar nicht angefahren werden können, weil sich in der Zwischenzeit die Anlagensituation verändert hat.

Da die Nebenbedingungen in jedem Fall linear in den Steuer- und Regelgrößen sind und die Zielfunktion entweder linear oder quadratisch ist, lässt sich die lokale statische Arbeitspunktoptimierung durch den Einsatz von Verfahren der Linear- oder der quadratischen Optimierung effektiv und zuverlässig lösen, wenn eine zulässige Lösung existiert. Für den Fall von zwei Regel- und zwei Steuergrößen und einer linearen Zielfunktion (wie in Gl. (4-62) oder (4-63)) lässt sich die Optimierungsaufgabe auch grafisch veranschaulichen (Bild 4-11). In diesem Bild sind außer den Ungleichungs-NB auch die Höhenlinien der Zielfunktion eingezeichnet, das Optimum liegt wie bei jeder Linearoptimierung in einer Ecke des zulässigen Gebiets.

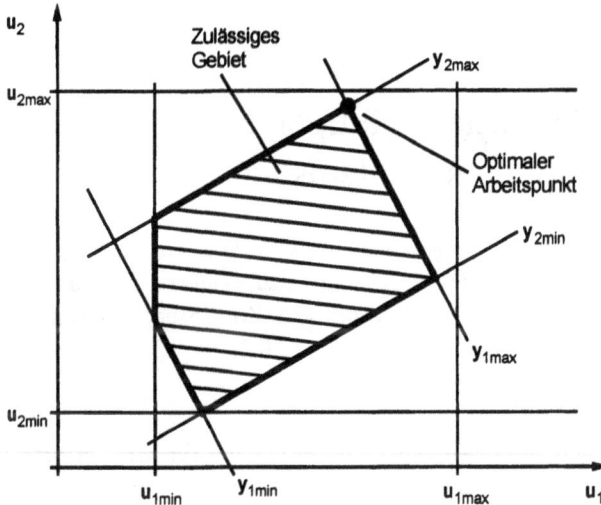

Bild 4-11: Lokale statische Arbeitspunktoptimierung mit linearer Zielfunktion und linearen Nebenbedingungen für die Steuer- und Regelgrößen

In der Zielfunktion (4-64) sind die Variablen $\bar{y}_{soll}$ und $\bar{u}_{soll}$ als voneinander getrennte, gesonderte Entscheidungsvariablen aufgeführt, um auszudrücken, dass in der Zielfunktion sowohl Stell- als auch Regelgrößen auftreten können. Natürlich hängen die Regelgrößen über das lineare statische Prozessmodell

$$(\bar{y}_{soll} - \bar{y}_f) = K_S\,(\bar{u}_{soll} - \bar{u}(k))$$ (4-65)

von den Steuergrößen ab, das implizit in der lokalen statischen Prozessoptimierung verwendet wird. In diesem Modell bezeichnet K_S die Matrix der (statischen) Streckenverstärkungen

$$K_S = \begin{bmatrix} k_{11} & k_{12} & & k_{1n_u} \\ k_{21} & k_{22} & \cdots & k_{2n_u} \\ \vdots & \vdots & \ddots & \vdots \\ k_{n_y 1} & k_{n_y 2} & \cdots & k_{n_y n_u} \end{bmatrix}$$ (4-66)

Die Größe $\bar{y}_f$ bezeichnet die Werte der Regelgrößen, die sich im stationären Zustand ergäben, wenn die Steuergrößen auf ihren aktuellen Werten $\bar{u}(k)$ konstant gehalten würden. Die Matrix der Streckenverstärkungen braucht nicht gesondert − etwa durch zusätzliche Experimente am Prozess − ermittelt zu werden. Sie ergibt sich unmittelbar aus den dynamischen Prozessmodellen, die für die Lösung der dynamischen Optimierungsaufgabe ohnehin gebraucht werden.

4.4 Bestimmung der aktuell gültigen Struktur des Mehrgrößenregelungsproblems

In den bisherigen Darlegungen wurde davon ausgegangen, dass die *Struktur* des Regelungssystems, also die Anzahl und Art der in die MPC-Regelung einzubeziehenden Steuer-, Regel- und messbaren Störgrößen (MV's, CV's und DV's) festliegt. Zur Lösung der Aufgaben der dynamischen und statischen Optimierung ist das auch erforderlich.

In der Praxis kommt es aber vor, dass

- unterlagerte PID-Regelkreise (Steuergrößen) vom Bediener aus der für MPC erforderlichen Betriebsart heraus, und stattdessen in die Betriebsart Automatik (mit internem Sollwert) oder in den Handbetrieb genommen werden, um z.B. schneller auf bestimmte Störsituationen reagieren zu können,
- Messsignale für die Steuergrößen fehlerbehaftet sind oder nicht zur Verfügung stehen, was evtl. dazu führt, dass ein damit verknüpfter PID-Regelkreis zwangsläufig in die Betriebsart Hand wechselt,
- sich PID-Regelkreise „am Anschlag" befinden, da eine Stelleinrichtung voll geöffnet oder geschlossen hat (Windup-Zustand),
- Messsignale für Regelgrößen und/oder messbare Störgrößen fehlerbehaftet sind oder nicht zur Verfügung stehen (z.B. bei Wartungsmaßnahmen an Online-Analysenmessgeräten),
- Ausgangsgrößen von PID-Regelkreisen (typischerweise Ventilstellungen), die ihrerseits als Regelgrößen in die MPC-Regelung aufgenommen werden sollen, von den MPC-Steuergrößen nicht mehr beeinflusst werden können, weil der zugeordnete PID-Regelkreis sich in der Betriebsart Hand befindet.

Aus diesen Gründen kann sich im laufenden Betrieb der MPC-Regelung sowohl die Zahl der manipulierbaren Steuergrößen als auch die Zahl der in die Regelung einzubeziehenden Regelgrößen gegenüber dem Entwurfszustand ändern. In der Praxis ist es wünschenswert, in solchen Fällen die MPC-Regelung nicht manuell umkonfigurieren zu müssen. Der MPC-Algorithmus muss im Gegenteil selbständig in der Lage sein, die aktuell gültige Struktur des Mehrgrößenregelungsproblems festzustellen. Anders ausgedrückt, es muss die Teilmenge der aktuell vorhandenen bzw. zu berücksichtigenden Steuer- und Regelgrößen aus der Gesamtmenge herausgesucht werden, die ursprünglich in der Phase des MPC-Entwurfs festgelegt wurde. Die Fähigkeit eines Mehrgrößenreglers, den Prozess auch bei Ausfall von Komponenten stabil zu beherrschen, wird in der Literatur auch als „Integrität" bezeichnet.

Praktisch wird die aktuelle MPC-Struktur dadurch bestimmt, dass Statusinformationen ausgewertet werden, die auf dem Prozessleitsystem für die einzelnen PLT-Stellen generiert bzw. eingegeben und vom MPC-Programmsystem ausgewertet werden. Das sind z.B.

- die Betriebsart und der Windup-Status, in denen sich unterlagerte PID-Regelkreise aktuell befinden
- im Falle von Kabelbruch oder anderen Ausfallursachen generierte Meldebits für die aufgeschalteten Messsignale
- vom Bediener eingegebene Informationen über den Zustand von Messstellen, z.B. über die Wartung von Analysenmessgeräten
- vom Bediener eingegebene Informationen über die aktuell einzubeziehenden Regel- und Stellgrößen.

Im Allgemeinen wird nur der Totalausfall einer Messstelle über Statussignale erfasst, nicht aber Drifterscheinungen oder andere systematische Messfehler. In diesem Zusammenhang ist eine Bemerkung zu Regelgrößen angebracht, deren Istwerte von diskontinuierlich arbeitenden Analysenmesseinrichtungen bereitgestellt werden. Ein typisches Beispiel ist die Verwendung von Online-Gaschromatografen (GC) zur Bestimmung der Zusammensetzung von Stoffströmen. Je nach Anordnung können für die so gemessenen Größen Abtastzeiten auftreten, die deutlich größer sind als die MPC-Regler-Abtastzeit. Oft vergehen 15-30 Minuten bis zum Eintreffen eines neuen Messwerts des GC, während für den Regler eine Abtastzeit von 1 Minute vorgesehen ist. Das bedeutet, dass verschiedene Regelgrößen innerhalb desselben MPC-Regler mit unterschiedlicher Abtastzeit erfasst werden (multi-rate sampling). Das Problem wird pragmatisch so gelöst, dass im MPC-Regler jeweils bis zum Eintreffen neuer Analysenmessungen die aus dem Leitsystem eingelesenen Istwerte der Konzentrationen durch die MPC-intern generierten Vorhersagewerte ersetzt werden. Das ist erfahrungsgemäß besser als mit einem über die GC-Abtastzeit konstanten Istwert zu arbeiten. Für die Überwachung von Analysenmesseinrichtungen werden (auf dem Prozessleitsystem oder innerhalb der MPC-Algorithmen) oft Mechanismen implementiert, mit deren Hilfe Ausreißer (spikes) oder „eingefrorene" (d.h. nicht aktualisierte) Messsignale erkannt werden können. Tritt eine solche Situation auf, ist es über einen begrenzten Zeitraum ebenfalls möglich, statt mit den (als fehlerhaft erkannten) Istwerten mit Prädiktionswerten in der MPC-Regelung zu arbeiten.

In einigen MPC-Programmsystemen ist es überdies möglich, Regel- und Steuergrößen als kritisch oder nicht-kritisch zu kennzeichnen, wobei bei Ausfall einer kritischen PLT-Stelle die MPC-Regelung deaktiviert wird.

Die auf diesem Weg bestimmte aktuelle Struktur des Mehrgrößenregelungssystems bildet die Grundlage für die Durchführung der in den Abschnitten 4.1 bis 4.3 besprochenen Rechnungen (Prädiktion, statische und dynamische Optimierung). Dabei werden Steuergrößen, die für den MPC-Regler nicht mehr manipulierbar sind, deren Signale aber noch korrekt zur Verfügung stehen, vorübergehend als messbare Störgrößen aufgefasst. Die Lösungen der MPC-

Optimierungsaufgaben können sich mehr oder weniger stark von denen im Nominalzustand unterscheiden, das hängt von der Zahl der nicht mehr zur Verfügung stehenden Messgrößen und von der inneren Struktur des Mehrgrößensystems ab. Mit Bezug auf die Zahl der Steuer- und Regelgrößen und der daraus resultierenden Anzahl von Freiheitsgraden kann man drei Strukturen von Mehrgrößensystemen unterscheiden [4.13]:

- überspezifizierte Systeme (Zahl der Freiheitsgrade < 0, mehr Regelungsziele als Stellmöglichkeiten)
- exakt spezifizierte Systeme (Zahl der Freiheitsgrade = 0, Zahl der Regelungsziele gleich Zahl der Stellmöglichkeiten)
- unterspezifizierte Systeme (Zahl der Freiheitsgrad > 0, Zahl der Regelungsziele kleiner Zahl der Stellmöglichkeiten)

Der Freiheitsgrad n_f wird in diesem Zusammenhang wie folgt definiert:

$$n_f = n_u^* - n_y^* \qquad\qquad (4\text{-}67)$$

Dabei ist n_u^* die Zahl der zur Verfügung stehenden manipulierbaren Steuergrößen. Von deren Gesamtzahl im Nominalfall n_u sind diejenigen abzuziehen, bei denen eine Veränderung der Sollwerte der zugeordneten unterlagerten PID-Regelkreise im Moment wegen falscher Betriebsart oder Windup-Zustand wirkungslos bliebe. n_y^* bezeichnet die Zahl der einzubeziehenden Regelgrößen. Von deren Gesamtzahl im Nominalfall n_y sind sowohl diejenigen abzuziehen, deren Messsignale momentan gestört sind, als auch diejenigen Regelgrößen mit zugeordneten Sollbereichen oder Grenzwerten, die im Vorhersagezeitraum diese Sollbereiche/Grenzwerte nicht verletzen werden und daher nicht beachtet werden müssen. Bild 4-12 zeigt symbolisch unterschiedliche Strukturen von Mehrgrößen-Regelungssystemen.

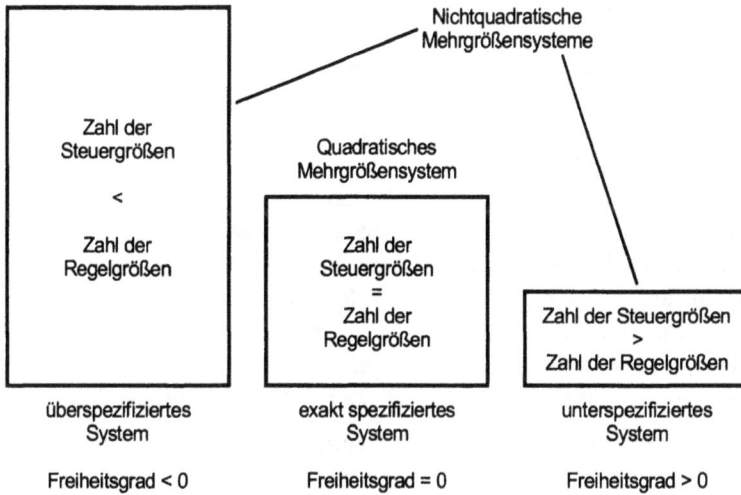

Bild 4-12: Strukturen von Mehrgrößensystemen (nach [4.13])

Folgendes Beispiel soll den Sachverhalt verdeutlichen. Betrachtet wird eine Destillationskolonne mit der im Bild 4-13 gezeigten Regelungsstruktur.

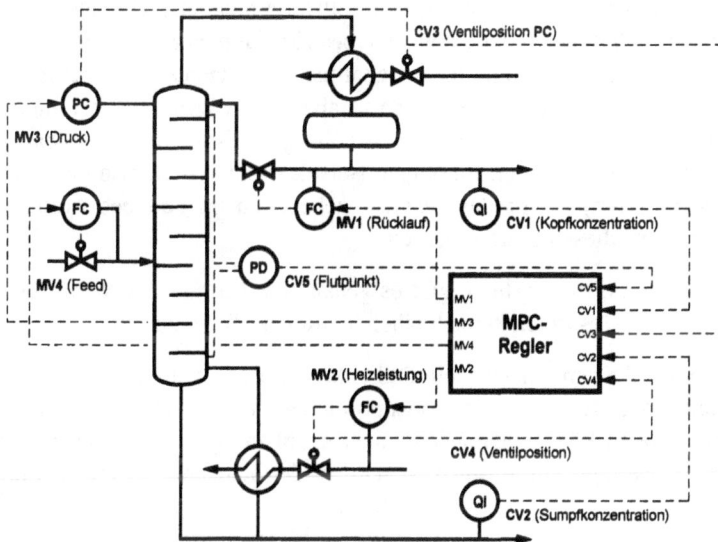

Bild 4-13: MPC-Regelung einer Destillationskolonne

Der Entwurfs- oder Nominalzustand ist dadurch gekennzeichnet, dass für den MPC-Regler als Steuergrößen die Sollwerte der PID-Regler für die Einsatzmenge, den Rücklauf, die Heizdampfmenge und den Kopfdruck zur Verfügung stehen. Kopf- und Sumpfkonzentration sollen auf vorgegebenen Sollwerten gehalten werden. Es seien Grenzen für die verfügbare Heizleistung und Kühlleistung und den Flutpunkt der Kolonne einzuhalten. Die Annäherung an den Flutpunkt kann durch den Differenzdruck über der Kolonne bestimmt werden, die Ventilstellungen der Heizdampf- und Druckregler seien ein Maß für die noch vorhandene Heiz- und Kühlkapazität. Regelgrößen sind also die beiden gemessenen Konzentrationen, der Differenzdruck und die beiden Ventilstellungen. Damit liegt ein MPC-Problem mit vier Steuergrößen (MV's) und fünf Regelgrößen (CV's) vor. Messbare Störgrößen (z.B. die Zulauftemperatur) sollen nicht einbezogen werden. Im Nominalzustand, wenn alle PID-Regelkreise zur Verfügung stehen und die Grenzwerte für die Ventilstellungen und den Differenzdruck eingehalten werden, ist der Freiheitsgrad $n_f = 2$ (4 MV's minus 2 CV's mit Sollwertvorgabe). Der Freiheitsgrad fällt auf den Wert eins, wenn z.B. im Sommer infolge hoher Rückkühlwassertemperatur die Kondensationsleistung fällt und der Druckregler das Stellventil öffnen muss. Er fällt auf null, wenn nun zusätzlich einer der PID-Regelkreise in die Betriebsart Hand geschaltet wird. Er kann kleiner als null werden, wenn man zusätzlich versucht, den Durchsatz zu erhöhen und die Grenze für den Flutpunkt erreicht wird. Er steigt wiederum, wenn für eine der Konzentrationen keine Sollwert- sondern nur eine Grenzwertvorgabe gemacht wird usw. Aus den oben dargelegten Gründen kommt es in der Praxis häufiger vor, das ein Mehrgrößen-Regelungsproblem in der Arbeitsphase seine Struktur ändert.

Wenn ein überspezifiertes System vorliegt, also mehr Regelungsziele vorhanden sind als Stellmöglichkeiten, dann sind bleibende Regeldifferenzen bei *allen* Regelgrößen unvermeidlich. Sie äußern sich darin, dass im stationären Zustand Sollwerte nicht erreicht bzw. Grenzwertverletzungen nicht verhindert werden können. Es besteht dann nur die Möglichkeit, durch Veränderung der den einzelnen Regelgrößen zugeordneten Gewichte eine oder mehrere dieser bleibenden Abweichungen zu verringern, dafür aber deren Erhöhung bei anderen Regelgrößen in Kauf zu nehmen. Es ist dann also nur eine Kompromisslösung erreichbar, die über die Gewichte beeinflusst werden kann. Im obigen Beispiel könnte man also der Regelgröße Differenzdruck (=Flutpunkt) ein großes Gewicht geben, um im Fall des Auftretens einer bleibenden Regeldifferenz diese gering zu halten.

Wenn ein exakt spezifiziertes System vorliegt, gibt es genau eine Lösung des Mehrgrößenproblems im stationären Zustand, es treten keine bleibenden Regeldifferenzen auf.

Bei einem überspezifizierten System (mehr Stellmöglichkeiten als Regelungsziele) gibt es prinzipiell unendlich viele Lösungen des Mehrgrößenproblems im stationären Zustand. Für die überschüssigen Steuergrößen können dann Vorgaben unabhängig von der eigentlichen Regelungsaufgabe gemacht werden. Diese Situation wird in der statischen Prozessoptimierung ausgenutzt.

In engem Zusammenhang mit der Frage nach der Bestimmung der aktuellen MPC-Struktur steht ein anderes Problem. Wenn sich diese Struktur zwischen zwei Abtastintervallen ändern kann, dann ist es möglich, dass die anschließenden Optimierungsrechnungen numerisch schlecht konditioniert („ill-conditioned") sind. Dieses Problem kann aber auch durch eine ungünstige Auswahl der Steuer- und Regelgrößen bereits in der Konfigurationsphase entstehen. Es kommt dadurch zustande, dass in der Matrix der Streckenverstärkungen nahezu linear abhängige Zeilen oder Spalten auftreten. Das ist zum Beispiel der Fall, wenn mehrere Regelgrößen sehr ähnlich auf die sie beeinflussenden Steuergrößen reagieren. Ein typisches verfahrenstechnisches Beispiel ist der Versuch, benachbarte Bodentemperaturen in Kolonnen oder benachbarte Wandtemperaturen in Reaktoren unabhängig voneinander auf verschiedene Sollwerte zu bringen. Dafür sind dann sehr große Verstellungen der Steuergrößen erforderlich, was i.A. unerwünscht ist. Ein Maß für die Schwierigkeit der Lösung des Mehrgrößenproblems ist die Konditionszahl der Matrix der Streckenverstärkungen, die als Verhältnis ihres größten und des kleinsten Singulärwerts definiert ist. Je größer diese Zahl ist, desto näher ist die Matrix der Singularität, und desto größeren Einfluss haben Unsicherheiten in den Streckenverstärkungen auf die Lösung des Regelungsproblems im stationären Zustand.

Da es praktisch unmöglich ist, in der Entwurfsphase die Konditionierung aller denkbaren Subsysteme abzuprüfen, muss auch dieses Problem innerhalb des MPC-Algorithmus „abgefangen" werden. Dafür gibt es verschiedene Konzepte [4.2]:

- Am einfachsten ist es, die Regelgrößen mit Prioritäten zu versehen und solche mit geringerer Priorität aus dem MPC-Problem zu entfernen.
- Eine andere Möglichkeit besteht in einer langsameren Reglereinstellung durch Vergrößerung der Elemente der Gewichtsmatrix R für die Steuergrößen-Änderungen im Gütekriterium für die statische und dynamische Optimierung.
- Eine dritte Möglichkeit besteht in der Singulärwertzerlegung der Verstärkungsmatrix und in der Vernachlässigung der kleinsten Singulärwerte. Dieses Verfahren wird auch als „Singular-value-thresholding" bezeichnet. Der Vorteil dieser Vorgehensweise besteht darin, dass keine Regelgröße aus dem Problem entfernt und die Regelgüte nicht wesentlich beeinträchtigt wird.

Ein ganz anders geartetes Problem der „Strukturierung" eines Mehrgrößen-Regelungssystems geht von der Tatsache aus, dass es in verfahrenstechnischen Anlagen typischerweise folgende Hierarchie von Regelungszielen gibt:

1. Zuerst muss die Sicherheit der Anlage gewährleistet sein und gesetzgeberische Forderungen eingehalten werden (operational constraints).
2. Danach soll gewährleistet werden, dass die Produktqualität vorgegebene Spezifikationen erfüllt (quality specifications).
3. Schließlich sollen die Produktionskosten (z.B. Rohstoff- und Energieverbrauch) minimiert werden (economic targets).

Einige MPC-Programmsysteme gestatten daher die Vorgabe von Prioritäten oder Rängen für die CV- und MV-Nebenbedingungen bzw. -Zielwerte, durch die diese Regelungsziele ausgedrückt werden. Das statische MPC-Optimierungsproblem (für die Gesamtheit der zum MPC-Regler gehörenden Steuer- und Regelgrößen) wird dann in mehrere kleinere Teilprobleme zerlegt, zu denen jeweils die MV- und CV-Nebenbedingungen gleicher Priorität gehören, und die nacheinander beginnend mit der höchsten Priorität gelöst werden. Dieser Prozess wird so lange fortgesetzt, bis keine Freiheitsgrade mehr zur Verfügung stehen. Dabei werden die Lösungen der Teilprobleme höherer Priorität als zusätzliche Nebenbedingungen für die Teilprobleme niedrigerer Priorität aufgefasst.

Mathematisch hängt diese Vorgehensweise mit dem Problem zulässiger Lösungen von Optimierungsaufgaben bei Vorgabe von „hard" und „soft constraints" zusammen. Wie bereits weiter oben besprochen, werden die Grenzwerte und Verstellgeschwindigkeiten von Steuergrößen üblicherweise als „hard constraints" aufgefasst. Das bedeutet, dass diese Nebenbedingungen unter allen Umständen jederzeit einzuhalten sind, also die höchste Priorität aufweisen. Sollwerte unterlagerter PID-Regelkreise werden also in jedem Fall nur innerhalb vorgegebener Grenzen und mit einer bestimmten Geschwindigkeit verstellt. Die Einhaltung von Nebenbedingungen (Sollwerte/Gutbereiche/Grenzwerte) für alle Regelgrößen und das Erreichen wirtschaftlich günstiger Steuergrößenwerte (MV ideal resting values oder targets) kann hingegen nicht jederzeit garantiert werden, diese werden daher als „soft constraints" aufgefasst. Das Konzept der Priorisierung oder Rangbildung erlaubt es aber, „hard constraints" auch für diese Größen zu formulieren, wobei von den verfügbaren Freiheitsgraden und dem Prozessverhalten anhängt, wie viele davon in einer konkreten Situation auch eingehalten werden können.

Kommt es zu Konflikten zwischen Zielen mit gleicher Priorität, wird eine Kompromisslösung im Sinne der kleinsten Fehlerquadrate gesucht, die über die Gewichte beeinflusst werden kann.

4.5   Das Prinzip des gleitenden Horizonts

Das Ergebnis der im Abschnitt 4.2 beschriebenen dynamischen Optimierung ist eine optimale *Folge* von n_C Steuergrößenänderungen $\Delta \overline{u}(k + j)$ $j = 0,1,...n_C - 1$. Nur das erste Element dieser Folge, also $\Delta \overline{u}(k)$, wird aber an den Prozess bzw. als Sollwertänderung an die unterlagerten PID-Basisregelkreise ausgegeben. Im nächsten Abtastintervall werden neue Datensätze aus dem Prozessleitsystem eingelesen, darunter

- aktuelle Messwerte für die Regelgrößen
- Sollwerte und Nebenbedingungen für die Steuer- und Regelgrößen, die der Bediener inzwischen verändert haben kann
- Statusinformationen über die unterlagerten PID-Regelkreise
- aktuelle Werte der Reglerparameter und der Koeffizienten der Zielfunktion für die statische Prozessoptimierung

Anschließend werden die den Rechnungen zugrunde liegenden Datensätze um ein Abtastintervall verschoben, d.h. es wird

$$\vdots$$
$$(k-1) \rightarrow (k-2)$$
$$k \rightarrow (k-1)$$
$$(k+1) \rightarrow k$$
$$\vdots$$

gesetzt , und der gesamte Berechnungsablauf wird wiederholt. Dieses für MPC-Regelungen typische Vorgehen wird als Prinzip des gleitenden Horizonts („receding horizon principle") bezeichnet. Man kann sich das so vorstellen, als ob die Ordinatenachse in Bild 2.1 auf der Zeitachse von der Gegenwart in die Zukunft „wandert" oder als ob ehemals aktuelle Informationen in der Vergangenheit verschwinden (to recede = zurücktreten).

Es könnte die Frage entstehen, warum zunächst mit großem Aufwand eine Steuerstrategie mit einer Horizontlänge n_C berechnet wird, wenn man dann nur den ersten Schritt dieser Strategie implementiert und den Rest „wegwirft". Die Antwort liegt auf der Hand: nur so lassen sich die in den Messwerten für die Regelgrößen $\bar{y}(k)$ enthaltenen Informationen und die Bedienereingriffe sofort in den Algorithmus einbeziehen, ohne die nächsten n_C Abtastintervalle abzuwarten. Würde man die Rechnungen etwa nur alle n_C Schritte wiederholen, dann würde die berechnete Steuerstrategie auf veralteten Informationen beruhen, auf nichtmessbare Störgrößen und Bedienhandlungen würde unter Umständen zu spät reagiert werden, zum Beispiel bei einer Wahl von $n_C = 15$ und $t_0 = 1\,\text{min}$ im Extremfall erst nach 15 Minuten.

4.6   Reglereinstellung von MPC-Reglern

Für den dynamischen Teil des MPC-Reglers müssen eine Reihe von Entwurfsparametern spezifiziert werden, z.B.

- die Abtastzeit t_0 und die Länge des Modellhorizonts n_M
- der Steuerhorizont n_C und der Prädiktionshorizont n_P
- die Gewichtsmatrizen Q und R
- die Zeitkonstante der Referenztrajektorie bzw. die Tunnellänge, falls von diesen Optionen im Algorithmus Gebrauch gemacht wird

Hinzu kommen evtl. weitere Parameter, die spezifisch für den jeweiligen MPC-Algorithmus sind. Die Vielzahl der im Prinzip verfügbaren Entwurfsparameter erscheint zunächst verwirrend, zumal sich mit verschiedenen Parametern ähnliche Wirkungen auf das Verhalten des geschlossenen Regelkreises erzielen lassen. Die praktische Erfahrung zeigt jedoch, dass es gelingt, einige der Parameter in der Entwurfsphase im Offline-Betrieb zu fixieren, und mit wenigen, noch dazu in ihrer Wirkung transparenten Parametern eine Feineinstellung im Online-Betrieb mit befriedigendem Reglerverhalten zu erreichen. Oft geht man dabei so vor, dass zunächst Abtastzeit und Modellhorizont festgelegt werden und die anderen Horizont-längen auf feste Erfahrungswerte eingestellt werden. Anschließend versucht man, durch Simulation des geschlossenen Regelungssystems günstige Werte für die verbleibenden Parameter zu finden. Die dafür erforderlichen Hilfsmittel werden in den kommerziellen MPC-Programmsystemen bereitgestellt (vgl. Kapitel 7). Es ist derzeit nicht möglich, aus der Vorgabe von Güteanforderungen für den geschlossenen Regelkreis im Zeit- und/oder Frequenzbereich günstige oder gar optimale Reglerparameter analytisch explizit zu ermitteln. Mehr oder weniger umfangreiche Simulationsrechnungen in der Entwurfsphase sind auch deshalb erforderlich, weil für MPC-Regler mit endlichem Prädiktionshorizont auch im Nominalfall – d.h. wenn das intern im Regler verwendete Streckenmodell exakt mit der Wirklichkeit übereinstimmt (d.h. kein „plant-model-mismatch" auftritt) – keine Stabilitätsgarantie gegeben werden kann [4.2].

Im Folgenden sollen einige Hinweise zur Wahl der oben genannten Entwurfsparameter gegeben werden. Weitere Angaben zum Vorgehen bei der Einstellung von MPC-Regelungen können u.a. [4.16 bis 4.19] und der dort angegebenen Literatur entnommen werden. Nützlich für das Verständnis der Arbeitsweise von Prädiktivregelungen sind auch Überlegungen, welche Wirkung die Wahl ganz spezieller Parameterwerte (z.B. $R \to \infty$ oder $n_C = 1/$ $n_C = n_P = 1$ bei $R = 0$) auf das Verhalten des geschlossenen Regelkreises hat. Dies wird u.a. in [4.20, 4.21, S. 85ff. und 4.11, S. 191ff.] diskutiert. Eine fortlaufende Adaption der MPC-Reglerparameter in der Arbeitsphase der Regelung wird u.a. in [4.22] untersucht. Sie ist aber bisher bei kommerziellen MPC-Programmsystemen nicht gebräuchlich.

Abtastzeit t_0 und Modellhorizont n_M

Für die Abtastzeit t_0 gelten zunächst dieselben Hinweise wie für digitale PID-Regelungen, nach denen die Abtastzeit aus Kennwerten der Streckendynamik abgeleitet werden kann, z.B.

$$\frac{t_{95\%}}{15} \le t_0 \le \frac{t_{95\%}}{6} \tag{4-68}$$

nach [4.14], wobei $t_{95\%}$ die Zeit ist, nach der die Sprungantwort der Regelstrecke 95% ihres Endwerts erreicht hat. Je schneller die Streckendynamik ist, desto kürzer ist die Abtastzeit zu wählen. Bei Mehrgrößensystemen mit unterschiedlicher Dynamik in den einzelnen Stellgrößen-Regelgrößen-Kanälen wird die Abtastzeit üblicherweise anhand der schnellsten Teilregelstrecke bestimmt. Bei sehr trägen Regelstrecken mit Zeitkonstanten im Stundenbereich werden in der Praxis kürzere Abtastzeiten gewählt, als sie sich nach Anwendung der Regeln ergeben würden, u.a. um eine Sollwertänderung zeitnah zu ihrer Eingabe durch den Bediener im Prozess auch wirksam zu machen. Typisch für MPC-Anwendungen in der Verfahrenstechnik sind Abtastzeiten zwischen 20 s und 5 min, wobei $t_0 = 1$ min ein häufig gewählter Wert ist. Die heute verfügbare Rechenleistung erlaubt aber auch kürzere Abtastzeiten, selbst bei Problemen mit 30-50 Ein- und Ausgangsgrößen wird der MPC-Algorithmus im Bereich weniger Sekunden abgearbeitet. Die unterlagerten PID-Regelkreise werden auf dem Prozess-leitsystem dagegen mit wesentlich kürzeren Abtastzeiten bearbeitet (Durchflussregelungen z.B. mit $t_0 = 0.1...0.33s$).

Die Wahl des Modellhorizonts n_M hängt eng mit der Wahl der Abtastzeit t_0 zusammen, in der Regel sollte $n_M t_0 \geq t_{99\%}$ gelten. Durch diese Wahl wird gesichert, dass nahezu die ge-samte Übergangsfunktion der Regelstrecke im Prozessmodell berücksichtigt wird. Zu kurze Modellhorizonte führen zu einer Fehleinschätzung der stationären Verstärkung und zu ent-sprechenden Einbußen an Regelgüte, während zu lange relativ unkritisch sind und nur Re-chenleistung kosten. Typischerweise ergeben sich für den Modellhorizont n_M Werte im Bereich $30 < n_M < 180$, im Einzelfall finden noch größere Werte Verwendung. Wenn sich die Streckendynamik in den einzelnen Kanälen stark voneinander unterscheidet, kann man den einzelnen Regelgrößen auch verschiedene Werte für n_M zuordnen.

Steuerhorizont n_C und Prädiktionshorizont n_P

Der Steuerhorizont n_C gibt an, über welchen Zeitraum die zukünftigen Steuergrößenände-rungen berechnet werden. Eine Erhöhung von n_C bewirkt

- eine Erhöhung des Rechenaufwands für die Lösung des dynamischen Optimierungsprob-lems
- ein aggressiveres Stellverhalten, d.h. im Durchschnitt höhere Stellamplituden
- eine Verringerung der integralen Regeldifferenz
- eine Verringerung der Robustheit gegenüber Modellunsicherheit

Faustformeln für die Wahl des Steuerhorizonts sind $5 \leq n_C \leq 20$ oder $n_M/3 \leq n_C \leq n_M/2$ [4.15]. Bei manchen Prädiktivreglern werden sogar Werte bis zu $n_C \leq 0.8n_M$ empfohlen.

Der Prädiktionshorizont n_P wird üblicherweise nach der Vorschrift $n_P \geq n_M + n_C$ gewählt, um die Effekte aller, auch der am weitesten in der Zukunft liegenden, Steuergrößenänderun-gen in die Berechnung einzubeziehen. Eine Erhöhung von n_P hat einen stabilisierenden Effekt auf einen MPC-Regelkreis. Für den Grenzfall $n_P \to \infty$ kann gezeigt werden, dass ein MPC-Regler im Nominalfall zu einem stabilen Regelkreis führt [4.11].

Gewichtsmatrizen Q und R

Die Gewichtsmatrix Q bezieht sich auf die Regelgrößen $\bar{y}$, sie ist im Mehrgrößenfall $(n_y n_P \times n_y n_P)$-dimensional und wird i.A. diagonal angenommen. Durch die Wahl der Elemente von Q ist es zum einen möglich, die relative Bedeutung der einzelnen Regelgrö-ßen zu bewerten. Wenn zum Beispiel die Einhaltung eines Sollwertes für eine Konzentration wichtiger ist als für einen Füllstand, dann kann man die der Konzentration zuzuordnenden Elemente von Q größer wählen. Das spielt insbesondere dann eine Rolle, wenn das Mehrgrößensystem überbestimmt ist, und durch die Wahl der Gewichte auf die Größe der bleibenden Regeldifferenzen Einfluss genommen werden kann. Die Elemente der Gewichtsmatrix Q werden *nicht* dazu verwendet, numerische Probleme zu lösen, die durch die Summation von Termen unterschiedlicher Größenordnung (z.B. Temperatur im Hunderterbereich, Konzentration im Zehntelbereich) in der Zielfunktion entstehen können – diesem Umstand tragen die meisten MPC-Programmsysteme durch Normierung der Variablen selbständig Rechnung. Wo das nicht der Fall ist, sollten mit den Gewichtsfaktoren die Variablen zunächst skaliert werden.

Man kann die Elemente von Q aber nicht nur von den einzelnen Regelgrößen abhängig machen, sondern auch innerhalb des Prädiktionshorizonts verschiedene Werte der Gewichtskoeffizienten verwenden. Es lässt sich damit zum Beispiel erreichen, dass früh innerhalb von n_P auftretende Regeldifferenzen stärker bestraft werden als solche, die für einen späteren Zeitpunkt vorhergesagt werden und umgekehrt. Die Verwendung von Koinzidenzpunkten (siehe Abschnitt 4.2.2) im Szenarium für die Regelgrößen lässt sich auch als Spezialfall der Wahl der Elemente von Q interpretieren: es werden dann nämlich alle Elemente von Q außer in den Koinzidenzpunkten gleich null gesetzt.

Schließlich können die Elemente von Q auch in der Arbeitsphase der Regelung durch den MPC-Algorithmus selbst verändert werden, z.B. kann man Elemente von Q vorübergehend erhöhen, wenn sich eine Regelgröße an einen Grenzwert annähert. Auf diese Weise lassen sich „soft constraints" im Algorithmus implementieren.

Die Inversen der Diagonalelemente von Q werden manchmal auch als „equal concern factors" bezeichnet.

Die Gewichtsmatrix R bezieht sich auf die Steuergrößen, sie ist im Mehrgrößenfall $(n_u n_C \times n_u n_C)$-dimensional und ebenfalls von Diagonalstruktur. Eine Erhöhung der Elemente von R führt dazu, dass Steuergrößenänderungen in der Zielfunktion (4-45) stärker „bestraft" werden, in der Konsequenz also zu kleineren Stellgrößenänderungen und zu einem trägeren Verhalten des geschlossenen Regelkreises. Die Diagonalelemente von R werden daher auch als „move suppression factors" oder auch „MV penalties" bezeichnet.

Referenztrajektorie und Trichterlänge

Die Schnelligkeit des geschlossenen Regelkreises lässt sich, wie in 4.2.2 bereits erläutert, auch durch die Zeitkonstante der Referenztrajektorien bzw. der Trichterlängen für die Regelgrößen beeinflussen, wenn eine solche Option im Algorithmus verwendet wird. Größere Zeitkonstanten/Trichterlängen bewirken dabei eine Verlangsamung des geschlossenen Regelkreises, kleinere Stellamplituden und größere Robustheit.

Literatur

[4.1]   Hokanson, D. A., Gerstle, J. G.: Dynamic Matrix Control Multivariable Controllers. In: W. L. Luyben (Ed.): Practical Distillation Control. Van Nostrand Reinhold, New York 1992, S. 248 ff.

[4.2]   Qin, J., Badgwell, T. A.: A Survey of Industrial Model Predictive Control Technology. Control Engineering Practice 11(2003) H. 7, S. 733-764.

[4.3]   Lundström, P., u.a.: Limitations of Dynamic Matrix Control. Computers and Chemical Engineering. 19(1995) H. 4, S. 409-421.

[4.4]   Muske, K. R., Rawlings, J. B.: Model Predictive Control with linear models. AIChE Journal 39(1993)2, S. 262-287.

[4.5]   Ljung, L., Glad, T. : Modeling of Dynamic Systems. Prentice Hall 2000.

[4.6]   Clarke, D. W., Mohtadi, C., Tuffs, P.S.: Generalized Predictive Control – Part I: TheBasic Algorithm. Automatrica 23(1987)2, S. 137-148.

[4.7]   Camacho, E.F., Bordons, C.: Model Predictive Control. Springer-Verlag London 2004.

[4.8]   Clarke, D.W.: Applications of generalized predictive control to industrial processes. IEEE Control Systems Magazine 8(1988) H.2, S.49-54.

[4.9]   van Overschee, P.: Subspace identification for linear systems: Theory. Implementation, Applications. Kluwer Academic Publishers 1996.

[4.10] Brammer, K., Siffling, G.: Kalman-Bucy-Filter. Oldenbourg-Verlag München 1994.

[4.11] Maciejowski, J.: Predictive control with constraints. Prentice Hall 2001.

[4.12] Bertsekas, D.: Nonlinear Programming. Athenas Scientific 1996.

[4.13] Froisy, J.B.: Model predictive control: Past, present and future. ISA Transactions 33(1994) S. 235-243.

[4.14] Isermann, R. : Digitale Regelsysteme. Springer-Verlag Berlin 1995.

[4.15] Seborg, D. E., Edgar, T. F., Mellichamp, D. A.: Process Dynamics and Control. 2nd edition. Wiley 2003.

[4.16] Shridhar, R., Cooper D. J.: A novel tuning strategy for multivariable predictive control ISA Transactions 36(1997) H. 4, S. 273-280.

[4.17] Dougherty, D., Cooper, D.J.: Tuning guidelines of a Dynamic Matrix Controller for integrating (non-self-reguilating) processes. Industrial and Engineering Chemistry Research 42(2003) S. 1739-1752.

[4.18] Wojsznis, W. u.a.: Practical approach to tuning MPC. ISA Transactions, 42(2003) S. 149-162.

[4.19]   Lee, J.H., Yu, Z.H. : Tuning of model predictive controllers for robust performance. Computers and Chemical Engineering 18(1994), H. 1, S. 15-37.

[4.20]   Clarke, D.W., Mohtadi, C: Properties of generalised predictive control. Automatica 25(1989), S. 859-875.

[4.21]   Rossiter, J.A.: Model based predictive control – a practical approach. CRC Press, Boca Raton 2003.

[4.22]   Al Ghazzawi, u.a. : Online tuning strategy for model predictive control. Journal of Process Control 11(2001) H. 3, S. 265-284.

5 Nichtlineare MPC-Regelung

5.1 Motivation

Der Erfolg und Verbreitungsgrad von MPC ist zu einem nicht geringen Teil darauf zurückzuführen, dass Methoden und ausgereifte kommerzielle Programmsysteme für die Identifikation linearer (zeitinvarianter) dynamischer Modelle aus experimentell gewonnenen Daten zur Verfügung stehen. Die erfolgreiche Anwendung von LMPC (Linear MPC) ist jedoch an die Voraussetzung gebunden, dass die zu regelnden Prozesse in einer mehr der weniger engen Umgebung eines festen Arbeitspunktes betrieben werden und keine gravierenden Nichtlinearitäten aufweisen. Überdies muss gewährleistet sein, dass sich das dynamische Verhalten im Laufe der Betriebsdauer nicht wesentlich ändert. Das ist bei vielen Raffinerie- und Petrochemieanlagen der Fall. Daraus – und überdies aus Wirtschaftlichkeitserwägungen – erklärt sich der hohe Anteil dieser Branchen an der Gesamtzahl der MPC-Einsatzfälle.

Bei einer großen Zahl potentieller MPC-Anwendungen ist die Voraussetzung der Linearität im Arbeitsbereich des Prozesses jedoch nicht erfüllt. Dazu gehören u.a.

- Prozesse, die starke lokale Nichtlinearitäten in einer engen Umgebung ihres Arbeitspunkts aufweisen, wie z.B. Reinst-Destillationsanlagen
- Prozesse, die lokal gesehen nur schwach nichtlinear sind, die aber in einem weiten Arbeitsbereich betrieben werden, wie z.B.
  - Mehrprodukt-Polymerisationsanlagen, bei denen Wechsel der Fahrweisen („grade transitions") typisch sind,
  - Kraftwerksanlagen mit häufigen größeren Lastwechseln bzw. An- und Abfahrvorgängen, oder aber
  - Batch- und Fed-Batch-Prozesse, wie sie z.B. in der Biotechnologie, in der Farbstoff- oder Pharmaindustrie auftreten.

In vielen Fällen bezieht sich die Nichtlinearität auf eine Abhängigkeit der Werte der Streckenverstärkungen vom Arbeitspunkt, beispielsweise sind bei Polymerisationsprozessen Änderungen im Verhältnis von mehr als 15:1 in Abhängigkeit vom hergestellten Produkt beobachtet worden. Bei nichtlinearen dynamischen Systemen können aber auch andere, weitaus kompliziertere Phänomene auftreten, z.B.:

- Änderungen des Vorzeichens der Streckenverstärkungen im Arbeitsbereich,
- Änderung des Stabilitätsverhaltens des Prozesses in Abhängigkeit vom Eingangssignal,
- mehrfache stationäre Zustände (input- oder output-multiplicity), d.h. eine mehrdeutige Zuordnung zwischen Ein- und Ausgangsgrößen des Prozesses im stationären Zustand, beispielsweise kann der stationäre Ausgangwert zu einem bestimmten Eingangswert von der Vorgeschichte des Systems abhängen,
- die Veränderung der Signalform bei Anregung mit einem sinusförmigen Signal (superharmonic generation: Erzeugung eines nicht-sinusförmigen Signals mit gleicher Periodendauer und höherfrequenten Signalanteilen, subharmonic generation: Erzeugung eines nicht-sinusförmigen Signals mit größerer Periodendauer) – im Gegensatz dazu werden bei linearen Systemen zwar Amplitude und Phase bei der Signalübertragung verändert, aber der sinusförmige Charakter und die Frequenz bleiben erhalten,
- asymmetrische Reaktion auf symmetrische Eingangssignalverläufe, z.B. ein anderes Verhalten beim Hochfahren als beim Herunterfahren, beim Beheizen als beim Abkühlen usw.
- chaotisches Verhalten, d.h. bei minimal unterschiedlichen Anfangsbedingungen können sich völlig unterschiedliche Zeitverläufe herausbilden, so dass eine Vorhersage fast unmöglich ist.

Erscheinungen dieser Art sind keineswegs allein von akademischem Interesse, sondern seit langem auch bei realen verfahrenstechnischen Prozessen, insbesondere Reaktionsprozessen, bekannt [5.1 bis 5.3]. Es liegt auf der Hand, das in solchen Fällen die Beschreibung mit linearen Modellen und die Anwendung linearer MPC-Regelungen entweder gar nicht oder nur mit starken Vereinfachungen und Einschränkungen möglich ist. Auch die bisher verfügbaren NMPC-Werkzeuge (Nonlinear MPC) bieten Lösungsansätze nur für die „harmloseren" Nichtlinearitäten an.

Ein weiteres Problem bei der Anwendung linearer MPC-Regelungen wurde bereits in Kapitel 4 angedeutet: In einer langsam wachsenden Zahl von Fällen werden die Zielwerte (targets) von linearen Prädiktivreglern (LMPC) mit Hilfe einer übergeordneten (globalen, anlagenweiten) statischen Arbeitspunktoptimierung im Echtzeitbetrieb ermittelt. Diese Funktion nutzt in aller Regel ein auf theoretischem Weg ermitteltes nichtlineares Prozessmodell. MPC-intern wird aber häufig ebenfalls ein (lokales) statisches Optimierungsproblem mit Hilfe eines linearen Modells gelöst. Es lässt sich nicht vermeiden, dass es zu Konflikten zwischen diesen, mit Hilfe unterschiedlicher Modelle ermittelten optimalen Lösungen kommen kann. Um die Konsistenz der Optimallösungen zu sichern, wäre die Anwendung nichtlinearer Modelle auch auf Regler-Ebene vorzuziehen.

Es stellt sich daher die Frage, ob und wie das in Kapitel 2 dargestellte Grundkonzept modellbasierter prädiktiver Regelungen auf den nichtlinearen Fall übertragen werden kann. Die Antwort ist scheinbar einfach: Alle einen MPC-Regler konstituierenden Elemente und Schritte sind beizubehalten, für die Vorhersage des Verhaltens der Regelgrößen und die Bestimmung optimaler Steuergrößen ist „nur" statt eines linearen ein nichtlineares dynamisches Prozessmodell einzusetzen. Der Vorteil dieser Vorgehensweise besteht darin, dass wesentliche Anwendungseigenschaften von MPC-Technologien erhalten bleiben (Regelung nichtquadratischer Mehrgrößensysteme zeitveränderlicher Struktur, Berücksichtigung von Nebenbedingungen für die Steuer- und Regelgrößen, Transparenz für den Anwender usw.). Was so einfach klingt, erweist sich in Wirklichkeit aber als sehr kompliziert, und zwar aus verschiedenen Ursachen [5.4 bis 5.6]:

- Der Aufwand für die Entwicklung eines dynamischen Prozessmodells ist für nichtlineare Systeme im Allgemeinen wesentlich größer als im linearen Fall, das gilt sowohl für die theoretische Modellbildung als auch für den Weg der Identifikation empirischer Modelle.
- Im Gegensatz zu linearen Systemen gibt es für die Identifikation nichtlinearer dynamischer Systeme auf der Grundlage von Messdaten weder eine ausgereifte Theorie noch kommerziell verfügbare Software. Alle Schritte der Identifikation (Wahl der Modellform, Entwurf geeigneter Testsignale, Parameterschätzverfahren, Modellvalidierung) erweisen sich als recht kompliziert und sind an Expertenkenntnisse gebunden.
- Die Lösung beider Optimierungsaufgaben (dynamische Optimierung zur Auffindung der besten Steuergrößenfolge und statische Prozessoptimierung zur Bestimmung optimaler Sollwerte) sind wesentlich schwieriger als im Fall linearer MPC-Regelungen, i.A. entsteht ein nichtlineares, nichtkonvexes Optimierungsproblem mit Nebenbedingungen, das im Echtzeitbetrieb gelöst werden muss.
- Die Untersuchung wichtiger Eigenschaften des geschlossenen Regelungssystems wie Stabilität und Robustheit gestalten sich viel komplizierter als im linearen Fall.

Im Verhältnis zu Theorie und Praxis von LMPC ist das Gebiet der nichtlinearen MPC-Regelungen noch jung und gerade gegenwärtig stark in Entwicklung begriffen. Weder die Methoden noch die verfügbaren Werkzeuge haben bisher einen Reifegrad erreicht, der mit LMPC vergleichbar wäre. Es scheint sich aber zu wiederholen, was schon bei der Einführung der ersten MPC-Generation Ende der 70er Jahre zu beobachten war: trotz der ungelösten theoretischen Probleme gibt es bereits einige kommerziell verfügbare NMPC-Programmsysteme und auch eine im Vergleich zu LMPC zwar wesentlich geringere, aber doch schnell wachsende Zahl erfolgreicher industrieller Einsatzfälle [5.7]. Anders als damals, als die theoretische Durchdringung der praktischen Anwendung in der Industrie erst später folgte (und dann auch einige Schwachstellen der herkömmlichen MPC-Algorithmen aufzeigte), wird dieser Prozess heute erfreulicherweise durch einen fruchtbaren Dialog zwischen Theoretikern und Praktikern gekennzeichnet. Dem an theoretischen Fragen im Zusammenhang mit NMPC interessierten Leser seien daher als Einstieg in die Problematik die Übersichtsaufsätze [5.7 bis 5.10] und die Sammelbände [5.11 bis 5.13] empfohlen.

Die weiteren Abschnitte dieses Kapitels können daher nur ausgewählte Aspekte der Entwicklung und Anwendung von NMPC-Regelungen näher beleuchten, um dem Leser einen Eindruck von den Schwierigkeiten und Herausforderungen zu vermitteln, die es zu meistern gilt, wenn diese auf breiterer Basis in der Prozessindustrie eingesetzt werden sollen. Sie sollen gleichzeitig aufzeigen, welche Vielfalt an Lösungen hier zu erwarten ist, die in Zukunft die Auswahl, den Vergleich und die Bewertung von NMPC-Technologien zu einer komplizierten, aber auch interessanten ingenieurtechnischen Aufgabe werden lassen.

In Abschnitt 5.2. werden Lösungsansätze klassifiziert und kurz beschrieben, die im Zusammenhang mit der Anwendung des MPC-Konzepts auf nichtlineare und zeitveränderliche

Systeme stehen. Abschnitt 5.3 geht auf die Entwicklung theoretischer und empirischer nicht-linearer dynamischer Prozessmodelle ein, Abschnitt 5.4 beschäftigt sich mit der Frage der effizienten Gestaltung des NMPC-Algorithmus, und Abschnitt 5.5 befasst sich schließlich mit dem Problem der Zustandsschätzung in nichtlinearen Systemen.

5.2 Lösungsansätze für nichtlineare und zeitveränderliche Systeme

Die verschiedenen Lösungsansätze für die prädiktive Regelung nichtlinearer und zeitverän-derlicher Systeme, die in der regelungstechnischen Literatur beschrieben und in unterschied-lichem Umfang auch praktisch angewendet werden, können beispielsweise in die folgenden fünf Gruppen eingeteilt werden:

- nichtlineare Variablen-Transformationen
- LMPC mit multiplen, linearen Modellen
- adaptive LMPC-Regelung
- robuste LMPC-Regelung
- NMPC

Diese Lösungsansätze werden im Folgenden näher beschrieben.

5.2.1 Verwendung nichtlinearer Variablen-Transformationen

Mitunter gelingt es, durch Anwendung nichtlinearer Transformationsbeziehungen auf die Regel- und/oder Stellgrößen eine Linearisierung des Zusammenhangs zwischen diesen Grö-ßen herbeizuführen. Das Prinzip ist in vereinfachter Form in Bild 5-1 am Beispiel einer Ein-größenregelung dargestellt [5.15, S. 632 ff].

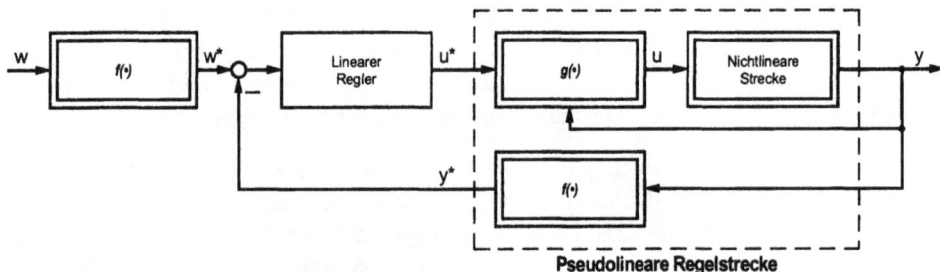

Bild 5-1: Linearisierung durch Variablentransformation

Durch die Variablentransformation entsteht ein lineares „Ersatz"-System, für das ein LMPC-Regler entworfen werden kann. Die Schwierigkeit besteht in der Auffindung geeigneter Transformationsbeziehungen $f(\bullet)$ und $g(\bullet)$. Diese können z.B. aus einem theoretischen Prozessmodell, auf experimentellem Weg oder durch Simulationsstudien gefunden werden. Nachteilig ist, dass sie meist an einen konkreten Prozess gebunden und nicht auf andere Einsatzfälle übertragbar sind. Vorhandenes Expertenwissen lässt sich so aber auf elegante und wirksame Weise einbringen. Die Transformation $f(\bullet)$ muss nicht nur auf den Istwert, sondern auch auf den Sollwert der Regelgröße angewendet werden. Anwendungsbeispiele sind u.a. [5.16, S. 258 f.]

- die Verwendung einer logarithmischen Transformation zur Erzeugung einer Ersatzregelgröße bei der Konzentrationsregelung an Destillationskolonnen nach der Vorschrift
$$y^* = f(y) = \log[(1-y)/(1-w)]]$$
- die Verwendung einer inversen Ventilkennlinie, die den Zusammenhang zwischen Ventilposition und Durchfluss linearisiert

Transformationsbeziehungen dieser Art werden seit langem in der Praxis der Prozessregelung angewendet. Für bestimmte Aufgaben dieser Art existieren Software-Funktionsbausteine auf Prozessleitsystemen. Nichtlineare Kennlinien können z.B. durch einen Polygonzug mit einer begrenzten Anzahl von Stützstellen definiert werden. Es kann daher nicht verwundern, dass die Möglichkeit der Definition von Variablentransformationen auch von den meisten MPC-Programmsystemen unterstützt wird. Diese Vorgehensweise ist mit der Methode der „exakten Linearisierung" nichtlinearer Systeme verwandt, für die Analyse- und Entwurfsverfahren u.a. in [5.14, 5.51, S. 281ff. und 5.52, S. 559ff.] näher erläutert werden.

5.2.2 LMPC mit multiplen linearen Modellen

Eine direkte und unmittelbar einleuchtende Erweiterung von LMPC-Regelungen stellt die Verwendung einer „Bank" linearer Prozessmodelle dar. Bild 5-2 zeigt das Grundprinzip [5.17]. Es wird angenommen, dass der gesamte Arbeitsbereich des Prozesses in n Teilbereiche untergliedert werden kann, für die jeweils ein lineares Prozessmodell identifiziert wird.

Alle Modelle werden parallel zur Vorhersage der Regelgrößen $\bar{y}$ herangezogen. Die Vorhersagen der einzelnen Prozessmodelle werden gewichtet aufsummiert, wobei sich der gewichtete Mittelwert zu $\hat{\bar{y}} = \sum_{i=1}^{n} \alpha_i \hat{\bar{y}}_i$ ergibt. Die Gewichtsfaktoren α_i können in einem rechenzeitsparenden Verfahren rekursiv aus den Residuen $(\bar{y} - \hat{\bar{y}}_i)$ ermittelt werden [5.17]. Je größer ein Gewicht α_i ist, desto besser ist das i-te Teilmodell geeignet, das aktuell vorliegende Betriebsregime zu beschreiben. Der Prädiktions- und Optimierungsteil des Reglers müssen bei geeigneter Normierung der Gewichtsfaktoren nicht modifiziert werden.

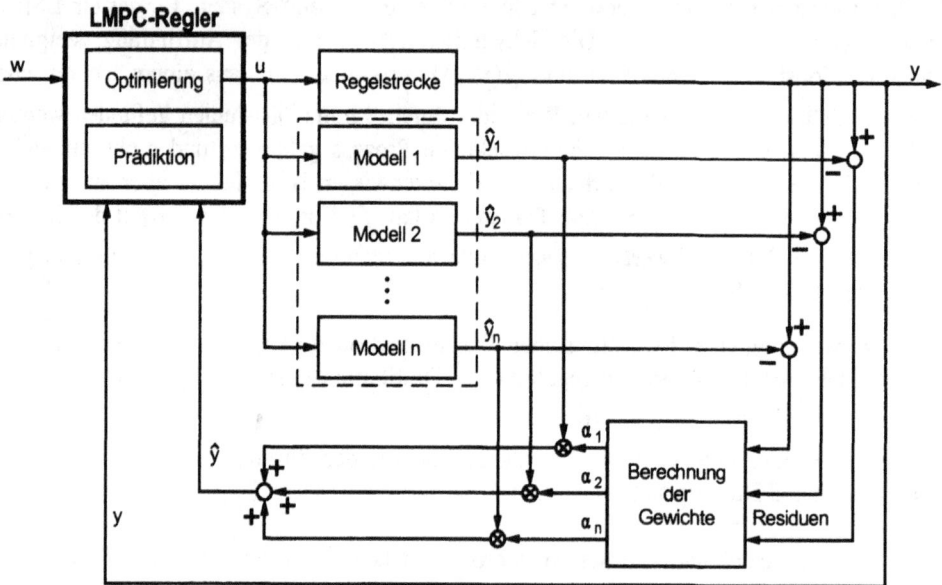

Bild 5-2: MPC-Regelung mit multiplen linearen Modellen

Während das Problem der rekursiven Gewichtsanpassung relativ einfach zu lösen ist, erweisen sich die Bestimmung der Anzahl n der notwendigen Teilmodelle, eine geeignete Unterteilung des Gesamtarbeitsbereichs in Teilbereiche und natürlich die Identifikation der Teilmodelle als arbeitsintensive und nicht triviale Aufgaben. Die einfachste Zerlegungsmethode besteht darin, den Gesamtarbeitsbereich in ein gleichmäßiges mehrdimensionales Gitter im Raum der Eingangsvariablen (Steuergrößen und messbare Störgrößen des geplanten MPC-Reglers) aufzuteilen und für jeden Gitterpunkt ein lineares Modell zu identifizieren. Dies führt bei MPC-Anwendungen typischer Größe (z.B. 5...15 Eingangsgrößen) selbst bei grober Rasterung zu einer riesigen Zahl lokaler Modelle, deren experimentelle Identifikation praktisch unmöglich ist. Daher sind systematische Konstruktionsverfahren für eine günstige Dekomposition des Arbeitsbereichs entwickelt worden, die zu einer wesentlich geringeren Zahl lokaler Modelle führen. Eine Übersicht über die dafür verwendeten Methoden findet sich in [5.18 und 5.19]. Aufgrund seiner Effizienz besonders geeignet erscheint das so genannte LOLIMOT-Verfahren (Local Linear Model Tree) [5.20], für das es auch eine Matlab-Toolbox gibt.

Eine Vereinfachung des in Bild 5-2 dargestellten Schemas ergibt sich, wenn statt der gewichteten Summation jeweils nur eins von mehreren lokalen linearen Modellen ausgewählt wird. Diese Auswahl kann entweder manuell durch eine Nutzervorgabe oder aber automatisch – z.B. in Abhängigkeit von einem äußeren Signal – geschehen, welches den aktuellen Arbeitspunkt der Regelstrecke charakterisiert. Wichtig ist in diesem Fall die Gewährleistung einer korrekten Initialisierung der modellgestützten Vorhersage und einer stoßfreien Umschaltung zwischen den Modellen.

Das oben beschriebene Verfahren ist mit dem „Gain Scheduling" verwandt, bei dem die Reglerparameter nach einem während des Regelungsentwurfs festgelegten funktionalen Zusammenhang an den aktuellen Arbeitspunkt angepasst werden. Allerdings bezieht sich das Scheduling hier auf die reglerintern verwendeten Prozessmodelle und im Allgemeinen nicht auf die MPC-Reglerparameter wie Horizontlängen und Gewichtsmatrizen.

Eine weitere Alternative mit großer Ähnlichkeit zu der in Bild 5-2 dargestellten Lösung stellt eine Struktur mit mehreren parallel geschalteten MPC-Reglern (und dazugehörigen linearen Prozessmodellen) dar, deren Ausgangsgrößen gewichtet aufsummiert werden [5.21].

Einige der in Kapitel 7 vorgestellten MPC-Programmsysteme unterstützen die Verwendung lokaler linearer Modelle.

5.2.3   Adaptive LMPC-Regelung

Eine andere Möglichkeit, nichtlineares und/oder zeitvariantes Verhalten in einer MPC-Regelung zu berücksichtigen, ist in Bild 5-3 dargestellt. Dabei wird fortlaufend oder in bestimmten Zeitabständen aus den im geschlossenen Regelkreis anfallenden Messdaten für die Steuer- und Regelgrößen ein lineares Prozessmodell identifiziert und somit an das aktuelle Prozessverhalten angepasst. Bei einer fortlaufenden Identifikation werden dafür rekursive Parameterschätzverfahren eingesetzt. Weil es sich so eingebürgert hat, wird das Verfahren hier verkürzt als „adaptive LMPC-Regelung" bezeichnet, obwohl natürlich auch die vorher beschriebene Verwendung multipler Modelle eine Form der Adaption darstellt.

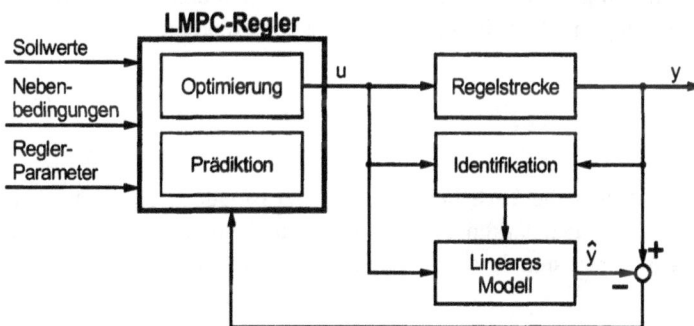

Bild 5-3: Adaptive LMPC-Regelung

Charakteristisches Merkmal ist hier die Online-Identifikation des Prozessmodells im geschlossenen Regelkreis (online closed-loop identification). Die Methode weist eine enge Verwandtschaft mit der permanent adaptiven Regelung (self-tuning control) auf [5.22]. Auf Grund der direkten Verwendung des Modells im MPC-Regler entfällt hier allerdings i.A. der bei der selbsteinstellenden Regelung typische Schritt des erneuten Reglerentwurfs auf der Basis der Identifikationsergebnisse.

Historisch gesehen reichen Theorie und Anwendung adaptiver prädiktiver Regelungen weit zurück. Genau genommen weisen MPC-Regelungen nämlich zwei Quellen auf. Zum einen die in diesem Buch schon mehrfach zitierten in der Industrie entwickelten Algorithmen auf der Grundlage nichtparametrischer Prozessmodelle (DMC, IDCOM), zum anderen im akademischen Bereich entstandene Algorithmen unter Verwendung parametrischer Übertragungsfunktionsmodelle (extended horizon adaptive control – EHAC, extended prediction self-adaptive control – EPSAC). Wie die Namen sagen, sind Letztere aber ursprünglich im Zusammenhang mit *adaptiven* Regelungen entwickelt worden. Zusammengefasst und verallgemeinert wurde diese Klasse von Regelalgorithmen unter dem Namen Generalized Predictive Control (abgekürzt GPC) [5.23].

Während beim Konzept der multiplen Modelle die Schwierigkeit und der Arbeitsaufwand in der geeigneten Zerlegung des Arbeitsbereichs und der Offline-Identifikation einer größeren Zahl linearer Modelle besteht, stellt bei adaptiven MPC-Regelungen die Notwendigkeit der Online-Identifikation eines Mehrgrößensystems mit einer großen Zahl von Ein- und Ausgangsgrößen die größte Hürde dar [5.7, 5.24]. Über industrielle Anwendungen adaptiver LMPC-Regelungen in der Prozessindustrie ist daher bisher kaum berichtet worden. Gleichzeitig unterstützen auch nur wenige MPC-Programmsysteme die Online-Identifikation von Prozessmodellen.

5.2.4   Robuste LMPC-Regelung

Robuste Regelung bedeutet, die Unsicherheit des Prozessmodells von vornherein beim Reglerentwurf zu berücksichtigen. Nimmt man zum Beispiel an, dass sich eine Regelstrecke als Verzögerungsglied erster Ordnung mit Totzeit mit der Übertragungsfunktion

$$g(s) = \frac{k_S}{1 + t_1 s} e^{-s\theta} \tag{5-1}$$

approximieren lässt, dann lässt sich die Unsicherheit des Prozessmodells durch die Unsicherheit der drei Parameter Streckenverstärkung, Zeitkonstante und Totzeit ausdrücken. Der Unsicherheitsbereich kann am einfachsten durch die Angabe oberer und unterer Grenzen

$$
\begin{aligned}
k_{S,min} &\leq k_S \leq k_{S,max} \\
t_{1,min} &\leq t_1 \leq t_{1,max} \\
\theta_{min} &\leq \theta \leq \theta_{max}
\end{aligned}
\tag{5-2}
$$

definiert werden. Alle Kombinationen der in diesem Bereich möglichen Werte der Streckenparameter ergeben die Modellfamilie, für die nun ein Regler entworfen werden muss, der außer der Stabilität des Regelkreises auch eine gewünschte Regelgüte des geschlossenen Regelkreises gewährleistet. Im linken Teil von Bild 5-4 ist der Bereich dargestellt, in dem die Sprungantworten des Prozesses liegen können, wenn die Nominalwerte der Streckenparameter $k_S = 1$, $t_1 = 30$ und $\theta = 10$ betragen und eine Unsicherheit von $\pm10\%$ für Streckenverstärkung und Zeitkonstante sowie $\pm20\%$ für die Totzeit betragen.

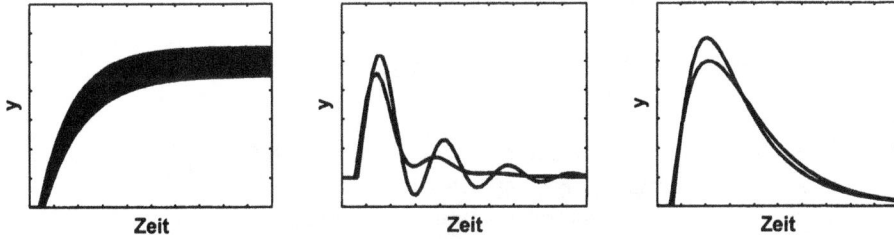

Bild 5-4: Sprungantworten bei Parameterunsicherheit des Prozessmodells

Ein robuster Regler gewährleistet nun nicht nur Stabilität und eine vorgegebene Regelgüte im Nominalfall, sondern für die gesamte Modellfamilie, also für alle denkbaren Parameterkombinationen der Regelstrecke. Im mittleren Teil von Bild 5-4 ist das Verhalten des Regelkreises nach einer sprungförmigen Störung am Eingang der Regelstrecke dargestellt, wenn ein PI-Regler mit den Reglerparametern $k_P = 2.7$ und $t_i = 33$ nach den Einstellregeln von Ziegler und Nichols verwendet wird. Es sind sowohl der Nominalfall dargestellt als auch das Ergebnis bei der ungünstigsten Kombination der Streckenparameter ($k_S = 1.1, t_1 = 27$ und $\theta = 12$). Im letzteren Fall ergibt sich eine deutliche Verschlechterung (erhöhte Schwingungsneigung, größere Überschwingweite und Ausregelzeit). Im rechten Teil von Bild 5-4 sind demgegenüber die Verläufe der Regelgröße gezeigt, die sich ergeben, wenn man einen robusten PI-Reglerentwurf durchführt (hier ergaben sich $k_P = 0.77$ und $t_i = 31$). Das Verhalten wird zwar insgesamt träger, aber die Abweichungen zwischen dem Nominalfall und dem Fall ungünstiger Streckenparameter sind deutlich geringer.

Für die Analyse und den Entwurf robuster Regelungen sind in den zurückliegenden Jahren eine Reihe von Methoden und leistungsfähiger Software entwickelt worden, eine gute Übersicht vermittelt [5.25]. Die Anwendung auf MPC steht aber noch am Anfang. Ein bekannter Ansatz besteht in der Formulierung einer Min-Max-Optimierungsaufgabe. Das Prozessmodell sei in Form eines linearen zeitdiskreten Zustandsmodells gegeben (die Form des Modells spielt in diesem Zusammenhang keine Rolle, entscheidend ist die Unsicherheit der Modellparameter):

$$\bar{x}(k+1) = A(\bar{\theta})\bar{x}(k) + B(\bar{\theta})\bar{u}(k) + \bar{\xi}(k)$$
$$\bar{y}(k) = C\,\bar{x}(k) + \bar{\upsilon}(k)$$

$$(5\text{-}3)$$

Die in diesem Modell auftretenden Matrizen $A(\bar{\theta})$ und $B(\bar{\theta})$ seien von Parametern $\bar{\theta}$ abhängig, die nur mit einer gewissen Unsicherheit bekannt sind und/oder sich zeitlich ändern. Durch Gl. (5-3) wird also eine ganze Modellfamilie angegeben. Die Parameterunsicherheit kann nun dadurch beschrieben werden, dass ein Bereich $\bar{\theta} \in \Theta$ vorgegeben wird, indem die Parameter $\bar{\theta}$ liegen können. Am einfachsten ist eine Menge von Ungleichungen $\bar{\theta}_{min} \leq \bar{\theta} \leq \bar{\theta}_{max}$, d.h. die Beschreibung der Unsicherheit in Form einer mehrdimensionalen „Box". Das Min-Max-Optimierungsproblem lautet dann

$$\min_{\Delta\bar{u}(k)} \max_{\bar{\theta}\in\Theta}\left\{ J = \hat{\bar{e}}(k+1\,|\,k)^T \; Q \; \hat{\bar{e}}(k+1\,|\,k) + \Delta\bar{u}(k)^T \; R \; \Delta\bar{u}(k)\right\} \tag{5-4}$$

mit den üblichen Nebenbedingungen für die Steuer- und Regelgrößen. Es sind also zwei ineinander verschachtelte Optimierungsaufgaben zu lösen. Zunächst werden die unter Betrachtung aller denkbaren Parameterkombinationen maximal möglichen zukünftigen Regeldifferenzen ermittelt (innere Optimierung), danach die Stellgrößenfolge ermittelt, die diese Differenzen minimiert (äußere Optimierung). Das entspricht einer Worst-case-Betrachtung. Die numerische Lösung von Min-Max-Optimierungsaufgaben dieser Art ist selbst dann kompliziert und zeitaufwändig, wenn man sie nur einmalig im Offline-Betrieb durchführt. Um so größere Schwierigkeiten ergeben sich, wenn man daran denkt, dass bei einer MPC-Regelung diese Aufgabe wiederholt im Online-Betrieb gelöst werden muss. Die Suche nach effizienten Verfahren für robuste MPC-Regelungen und nach Methoden der Robustheitsanalyse ist daher eine aktuelle Forschungsrichtung [5.25]. Robustheitsaspekte werden daher in den marktgängigen MPC-Programmsystemen bisher nur ansatzweise und nicht in der oben angedeuteten rigorosen Form berücksichtigt.

5.2.5   MPC-Regelung unter Verwendung nichtlinearer Prozessmodelle

Der letzte der an dieser Stelle zu beschreibenden Lösungsansätze ist schließlich die direkte Verwendung eines nichtlinearen Prozessmodells im MPC-Regler. Dieser Ansatz wird in der Literatur als nichtlineare MPC-Regelung (nonlinear model predictive control, NMPC) bezeichnet. Charakteristisch ist hier, dass das Grundkonzept und charakteristische Merkmale der MPC-Regelung vollständig erhalten bleiben, d.h.

- Bestimmung eines optimalen Arbeitspunkts für das statische Verhalten unter Berücksichtigung von Nebenbedingungen für die Steuer- und Regelgrößen
- modellgestützte Vorhersage der freien und erzwungenen Bewegung der Regelgrößen
- Ermittlung einer optimalen Stellgrößenfolge, ebenfalls unter Berücksichtigung von Nebenbedingungen
- Anwendung des Prinzips des gleitenden Horizonts
- Rekonstruktion nicht messbarer Zustandsgrößen aus den gemessenen Ein- und Ausgangsgrößen im Falle der Verwendung eines Zustandsmodells
- Korrektur der Vorhersage auf der Basis neu eintreffender Messungen (Schätzung nicht messbarer Störgrößen)

An die Stelle eines linearen Modells tritt an den entsprechenden Stellen jetzt aber ein nichtlineares dynamisches Prozessmodell. Bild 5-5 zeigt die NMPC-Struktur.

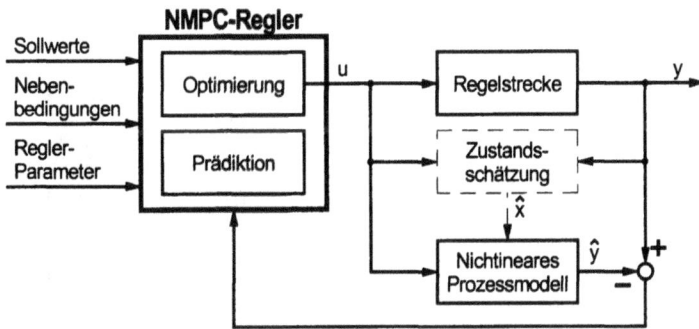

Bild 5-5: NMPC-Regelung

Die Entwicklung eines adäquaten nichtlinearen Prozessmodells ist hierbei die größte Herausforderung und verlangt einen wesentlich höheren Aufwand als im linearen Fall. Welche prinzipiellen Möglichkeiten es dafür gibt und welche Perspektiven diese aufweisen, soll im nächsten Abschnitt beschrieben werden.

5.3   Nichtlineare dynamische Prozessmodelle

Bei LMPC werden überwiegend empirische (experimentelle) Modelle eingesetzt, die durch aktive Experimente in den Prozessanlagen und anschließende Identifikation aus Messdaten gewonnen werden. In seltenen Fällen geht man auch den Weg, vorhandene theoretische Prozessmodelle im Arbeitspunkte zu linearisieren oder Testsignale auf rigorose Simulationsmodelle aufzugeben und die so gewonnenen Testdaten zum Ausgangspunkt einer Prozessidentifikation zu machen.

Bei NMPC ist hingegen derzeit noch nicht zu erkennen, ob sich zukünftig ein Übergewicht der theoretischen oder der experimentellen Modellbildung herausbilden wird. Vor- und Nachteile beider Vorgehensweisen sind bereits in Abschnitt 3.1.2 gegenübergestellt worden.

5.3.1   Theoretische Prozessmodelle

Theoretische Prozessmodelle für verfahrenstechnische Prozesse entstehen durch die Anwendung von Erhaltungssätzen für Masse, Energie und Impuls und das Einsetzen von so genannten Verknüpfungsbeziehungen, die verschiedenen Wissensdisziplinen (Thermodynamik, Strömungsmechanik, Reaktionstechnik, mechanische und thermische Verfahrenstechnik usw.) entstammen. Das prinzipielle Vorgehen wird u.a. in [5.27 und 5.28] beschrieben. Beschränkt man sich auf Systeme mit konzentrierten Parametern, d.h. lässt man die Ortsabhängigkeit der Zustandsgrößen außer Betracht, dann entsteht auf diesem Weg ein System von nichtlinearen zeitkontinuierlichen Differential- und algebraischen Gleichungen (ein so genanntes DAE-System), dass sich vereinfacht

$$\dot{\bar{x}}(t) = \frac{d\bar{x}(t)}{dt} = \bar{f}\,(\bar{x},\bar{u},\bar{\theta}) \tag{5-5}$$

$$0 = \bar{h}(\bar{x},\bar{u},\bar{\theta}) \tag{5-6}$$

$$\bar{y}(t) = \bar{g}\,(\bar{x},\bar{u},\bar{\theta}) \tag{5-7}$$

schreiben lässt. Darin bezeichnen $\bar{u}$, $\bar{x}$ und $\bar{y}$ wie vorher die Vektoren der Steuer-, Zustands- und Regelgrößen des Prozesses und $\bar{\theta}$ einen Vektor von Modellparametern (Stoffkonstanten u.a. physikalisch interpretierbare Parameter). Das Zeitargument ist der einfacheren Schreibweise wegen weggelassen. $\bar{f}$, $\bar{g}$ und $\bar{h}$ sind nichtlineare Vektorfunktionen der entsprechenden Dimension. Die Gln. (5-5) und (5-7) bilden zusammen die Normalform eines nichtlinearen Zustandsmodells. Das algebraische Gleichungssystem (5-6) kann man sich als nach einem Teil der Zustandsgrößen aufgelöst und in Gl. (5-5) eingesetzt vorstellen, wodurch ein Teil der Zustandsvariablen in Gl. (5-5) „absorbiert" und damit deren Gesamtzahl reduziert wird.

Die Zahl der sich ergebenden Differentialgleichungen liegt für Prozesse realistischer Komplexität in der Größenordnung von 10^1 bis 10^4 (bei komplexen Anlagen sogar darüber), hinzu kommt noch eine Zahl von algebraischen Gleichungen in derselben Größenordnung.

In vielen Fällen muss man heute bei der Entwicklung theoretischer Prozessmodelle für das dynamische Verhalten nicht bei null beginnen, sondern kann auf vorhandenes Wissen aufbauen. Man kann leistungsfähige Werkzeuge nutzen, die von kommerziellen Anbietern oder innerhalb von Nutzerorganisationen erworben werden können. Wie man bei der Modellbildung vorgeht, ist für typische Prozesseinheiten (Tank, Mischprozess, Rührkessel- und Rohrreaktor, Kolonnen), Teilanlagen und ausgewählte Anlagen (u.a. Alkylierung, Methylaminerzeugung) unter Nutzung der Werkzeuge HYSYS und AspenDynamics in [5.29] beschrieben. Mitunter stehen theoretische Modelle für das statische Anlagenverhalten zur Verfügung, die im Zusammenhang mit der Anlagenplanung entwickelt wurden, und die als Ausgangspunkt für ein dynamisches Prozessmodell dienen können.

Dynamische Simulatoren auf der Grundlage theoretischer Prozessmodelle können für unterschiedliche Aufgaben eingesetzt werden:

- Validierung des Anlagenkonzepts in der Phase des Entwurfs und der Projektierung der verfahrenstechnischen Anlage,
- Verifikation der regelungs- und steuerungstechnischen Lösungen während der Anlagenplanung und im laufenden Anlagenbetrieb,

- Training der Anlagenfahrer (Operator-Trainings-Simulatoren, OTS),
- Austesten von neuen Strategien der Prozessführung (Advanced-Control-Lösungen),
- Unterstützung bei der Erkennung und Diagnose von Störungen,
- Trajektorienplanung und -optimierung im Offline-Betrieb,
- Online-Optimierung im Echtzeitbetrieb.

Trotz der im Einzelnen unterschiedlichen Anforderungen weisen Dynamik-Simulatoren gemeinsame Komponenten und Merkmale auf:

- Bibliotheken von Modellen für typische verfahrenstechnische Prozesseinheiten (Wärme-übertrager, Verdampfer, Rektifikationskolonnen, Extraktionsapparate, Reaktoren usw.) und Ausrüstungen (Pumpen, Kompressoren, Rohrleitungen, Ventile usw.),
- Stoffdatenbanken für thermodynamische, kinetische u.a. Parameter,
- Grafische Werkzeuge für die Bildung des Anlagenmodells durch Auswahl und Verknüpfung der Apparate und Ausrüstungen entsprechend dem Fließschema,
- Lösungsverfahren für DAE-Systeme (von sequentiell-modular bis gleichungsorientiert-simultan),
- Werkzeuge zur Unterstützung des Übergangs von statischen zu dynamischen Prozessmodellen,
- Grafische Bedienoberflächen sowohl offline für die Modellbildung als auch für den Runtime-Betrieb
- Schnittstellen zu CFD-(Computational Fluid Dynamics)-Werkzeugen, zu MATLAB/ SIMULINK, CAD-Werkzeugen, anderen Stoffdatenbanken usw.

Eine (sicher unvollständige) Übersicht über verfahrenstechnisch orientierte Dynamik-Simulatoren enthält Tab 5.1.

Tab. 5.1: Dynamik-Simulatoren

Produkt	Anbieter
AspenDynamics, HYSYS, Aspen OTISS	Aspen Technology
gPROMs	PCE Ltd.
Shadow Pant	Honeywell
NOVA®DAE	PAS (früher DOT Products)
INDISS	RSI/IFP France
SimconX, STS-2000	ABB
DYNSIM	SimSci-Esscor (Invensys)
Dymola	Dynasim AB, Schweden
SIMSUITE Pro	GSE Systems
Autodynamics	Trident

Darüber hinaus gibt es eine Reihe von Simulatoren, die auf spezielle Prozessklassen (z.B. Polymerisationsprozesse) zugeschnitten sind. Diese werden nicht nur von auf diese Art von Anwendersoftware spezialisierte Firmen, sondern auch von Lizenzgebern für bestimmte Verfahren und Anlagen im Zusammenhang mit dem Anlagengeschäft entwickelt und angeboten. Auch bei größeren Betreibern von Prozessanlagen gibt es eigenständige Entwicklungen. Eine Übersicht über Stand und Entwicklungstendenzen wird – allerdings konzentriert auf den Anwendungsschwerpunkt Operator-Trainingssysteme – in [5.30, 5.31] gegeben.

Trotz der in den letzten Jahren erzielten großen Fortschritte (Rechnerleistung, Modellbibliotheken, Standardisierung der Schnittstellen, DAE-Lösungsverfahren) steht die Anwendung theoretischer Prozessmodelle bzw. dynamischer Simulatoren im Echtzeitbetrieb innerhalb von NMPC noch am Anfang. Allerdings kann erwartet werden, dass sich hier in einem überschaubaren Zeitraum ein Durchbruch ergibt.

5.3.2 Empirische Prozessmodelle und Identifikation nichtlinearer Systeme

In vielen Fällen erweist sich der Weg der theoretischen Modellbildung als zu zeit- und kostenaufwändig oder ganz unmöglich, wenn z.B. noch gar keine naturwissenschaftlichen Grundlagen für die Prozessbeschreibung existieren. Dann ist man darauf angewiesen, empirische nichtlineare Modelle durch Identifikation aus Messdaten zu gewinnen. Für ein nichtlineares SISO-System lässt sich ein Ein-/Ausgangsmodell wie folgt schreiben:

$$y(k) = f(y(k-1), y(k-2),..., u(k-1), u(k-2),...,\overline{\theta}) + v(k) \tag{5-8}$$

Darin bezeichnet $v(k)$ den kombinierten Effekt von Modellunsicherheit, nicht messbaren Störgrößen und Messrauschen, $\overline{\theta}$ ist ein Vektor noch zu bestimmender Modellparameter. Fasst man die zurückliegenden Messwerte wieder zu einem Vektor (dem Regressionsvektor) $\overline{\varphi}(k) = [y(k-1), y(k-2),..., u(k-1), u(k-2),...]$ zusammen, so kann man auch schreiben

$$y(k) = f(\varphi(k), \overline{\theta}) + v(k) \tag{5-9}$$

Die Identifikation des nichtlinearen Systems lässt sich somit in drei Teilaufgaben zerlegen:

*   Festlegung der Struktur des Regressionsvektors $\overline{\varphi}(k)$,
*   Wahl der nichtlinearen Funktion $f(\bullet)$,
*   Schätzung des Parametervektors $\overline{\theta}$.

Zur Lösung der ersten Teilaufgabe greift man auf die aus der Identifikation linearer Systeme bekannten Ansätze zurück. Die dort benutzten Familie von Modellen (vgl. Kapitel 3) lässt sich zu

$$a(q)y(k) = \frac{b(q)}{f(q)}u(k) + \frac{c(q)}{d(q)}\varepsilon(k) \tag{5-10}$$

zusammenfassen. Daraus folgen durch Vereinfachungen das Box-Jenkins-Modell ($a(q) = 1$), das ARMAX-Modell ($f(q) = d(q) = 1$), das Output-Error-Modell ($a(q) = c(q) = d(q) = 1$), das ARX-Modell ($f(q) = c(q) = d(q) = 1$) und das FIR-Modell ($a(q) = f(q) = c(q) = d(q) = 1$). Der Parametervektor $\overline{\theta}$ enthält die Koeffizienten der Polynome $a(q)$ bis $f(q)$. Der mit Gl. (5-8) verbundene Ein-Schritt-Prädiktor (siehe auch Gl. (3-87) und (3-92))

$$\hat{y}(k \mid \overline{\theta}) = \overline{\varphi}(k)^T \overline{\theta} \tag{5-11}$$

enthält im Regressionsvektor $\overline{\varphi}(k)$ dann nicht nur

- zurückliegende Werte der Eingangsgrößen $u(k - i)$ – verbunden mit $b(q)$
- zurückliegende Werte der Ausgangsgrößen $y(k - i)$ – verbunden mit $a(q)$,

sondern auch

- zurückliegende, ausschließlich mit vergangenen $u(k - i)$ simulierte Werte der Ausgangsgrößen $\hat{y}_u(k - i)$ – verbunden mit $f(q)$
- zurückliegende Werte des Prädiktionsfehlers $\varepsilon(k - i) = y(k - i) - \hat{y}(k - i)$ – verbunden mit $c(q)$
- zurückliegende Werte des Prädiktionsfehlers $\varepsilon_u(k - i) = y(k - i) - \hat{y}_u(k - i)$ – verbunden mit $d(q)$

Es ist naheliegend, diese Ansätze auch im nichtlinearen Fall zu verwenden und durch Einsetzen in $f(\bullet)$ nichtlineare Versionen der genannten Modelle zu erzeugen, deren Akronyme durch den Vorsatz „N" gekennzeichnet werden (also NARMAX, NARX, NOE, NBJ und NFIR).

Eine noch weitaus größere Vielfalt von Möglichkeiten existiert für die Wahl der nichtlinearen Funktion $f(\bullet)$. Meist wird eine gewichtete Summe von so genannten Basisfunktionen verwendet

$$f(\overline{\varphi}(k), \overline{\theta}) = \sum_i \alpha_i f_i(\overline{\varphi}(k)) \tag{5-12}$$

Eine detaillierte Übersicht über die Konstruktionsmöglichkeiten solcher Modelle findet man in [5.32]. Bild 5-6 zeigt eine (unvollständige) Klassifikation der gebräuchlichsten Modellformen [5.33 bis 5.35], die im Folgenden kurz vorgestellt werden sollen.

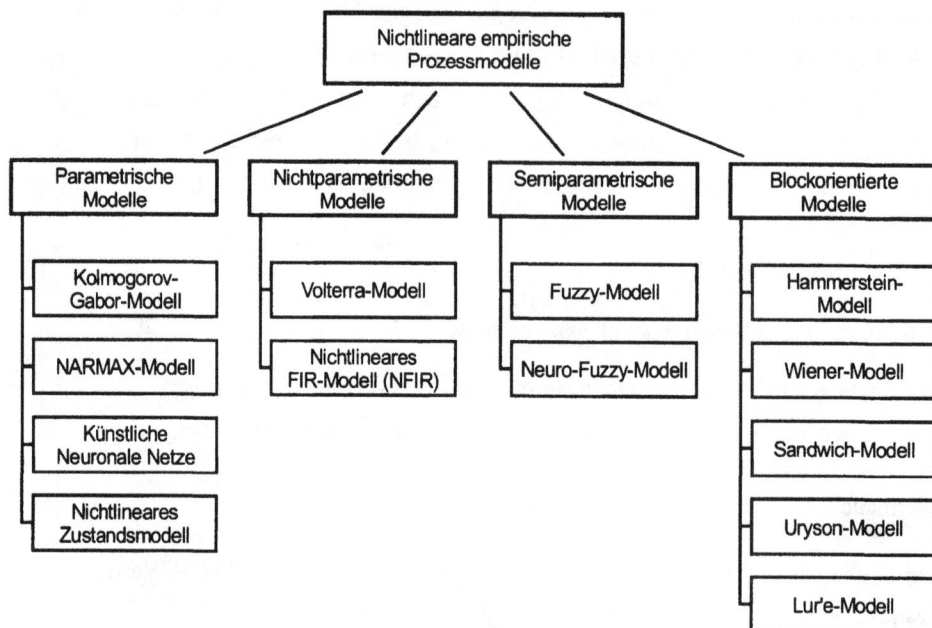

Bild 5-6: Klassifikation gebräuchlicher nichtlinearer empirischer Modelle

NARMAX-Modell

Das nichtlineare ARMAX- oder NARMAX-Modell ist eine Verallgemeinerung des in Kapitel 3 beschriebenen ARMAX-Modells auf nichtlineare Systeme. Es lautet in Gleichungsform für SISO-Systeme

$$
\begin{aligned}
y(k) = f(y(k-1), y(k-2), ..., y(k-n_a), u(k-d-1), ..., u(k-d-n_b), \\
\varepsilon(k-1), ..., \varepsilon(k-n_c), \overline{\theta}) + \varepsilon(k)
\end{aligned}
\tag{5-13}
$$

Der aktuelle Systemausgang wird also als eine nichtlineare Funktion der zurückliegenden Werte der Ein- und Ausgangsgrößen sowie der Prädiktionsfehler aufgefasst. Außer den Parametern $\overline{\theta}$ ist auch die nichtlineare Funktion $f(\bullet)$ zu bestimmen. Viele andere Formen nichtlinearer empirischer Modelle lassen sich aus der NARMAX-Struktur ableiten.

Kolmogorov-Gabor-Polynom

Eine Möglichkeit der Festlegung der Funktion $f(\bullet)$ besteht darin, ein Polynom-Modell einer bestimmten Ordnung anzunehmen. Man macht sich dabei das Theorem zunutze, dass jede kontinuierliche Funktion in einem bestimmten Intervall durch ein Polynom approximiert werden kann, wobei die Genauigkeit mit der Polynomordnung steigt. Das Kolmogorov-Gabor-Polynom für ein zeitdiskretes dynamisches Modell ergibt sich zu

$$
\begin{aligned}
y(k) = y_0 &+ \sum_{i=1}^{n} a_i y(k-i) + \sum_{i=1}^{m} b_i u(k-d-i) + \sum_{i=1}^{n}\sum_{i=1}^{n} a_{ij} y(k-i) y(k-j) \\
&+ \sum_{i=1}^{m}\sum_{i=1}^{m} b_{ij} u(k-d-i) u(k-d-j) + \sum_{i=1}^{n}\sum_{i=1}^{m} c_{ij} y(k-i) u(k-d-j) + \dots
\end{aligned}
\tag{5-14}
$$

Es wurde hier bis zur Polynomordnung zwei dargestellt. Mit steigender Polynomordnung, Hinzunahme weiter zurückliegender Ein- und Ausgangsgrößenwerte (Systemordnung) und dem Übergang zu MIMO-Systemen nimmt die Zahl der Koeffizienten drastisch zu. Allerdings ist das Modell linear in den Parametern, so dass diese durch lineare Regression geschätzt werden und bekannte Methoden der Ermittlung der geeignetsten Modellstruktur wie z.B. die schrittweise Regression angewandt werden können. Das Kolmogorov-Gabor-Polynom lässt sich als NARX-Modell mit einer Polynomstruktur für $f(\bullet)$ auffassen. Berücksichtigt man nur die linearen Terme und die Kreuzprodukte $y(k-i)u(k-d-j)$, entsteht ein so genanntes bilineares Modell.

Künstliche neuronale Netze

Künstliche neuronale Netze (KNN) sind im Zusammenhang mit der Entwicklung von Softsensoren bereits in Kapitel 1 vorgestellt worden. Sie eignen sich auch zur Modellierung des dynamischen Verhaltens nichtlinearer Systeme und erfreuen sich auf diesem Gebiet steigender Beliebtheit [5.36]. Eingänge des KNN sind in diesem Fall zurückliegende Werte der Ein- und Ausgangsgrößen, Ausgangsgröße ist der aktuelle Wert der Ausgangsgröße $y(k)$. Die Funktion $f(\bullet)$ wird durch das KNN repräsentiert. Das Prinzip wird auch als time-delay neural network oder KNN mit „externer Dynamik" bezeichnet und ist in Bild 5-7 grafisch dargestellt. Es lässt sich ebenfalls als spezielles NARX-Modell auffassen.

Der Vorteil der Anwendung von KNN besteht darin, dass keine Annahmen über die Struktur von $f(\bullet)$ getroffen werden müssen. Es besitzt die Fähigkeit, sich „beliebig" komplizierten nichtlinearen Zusammenhangen anzupassen. Die für die Identifikation nichtlinearer Systeme am häufigsten eingesetzten KNN-Typen sind das Multilayer Perceptron (MLP-Netz) und das radiale Basisfunktionen-Netz (RBF-Netz). Prinzipiell geeignet sind auch KNN mit „interner Dynamik" (auch „rekurrente Netze" genannt), die aber wesentlich schwieriger zu trainieren sind

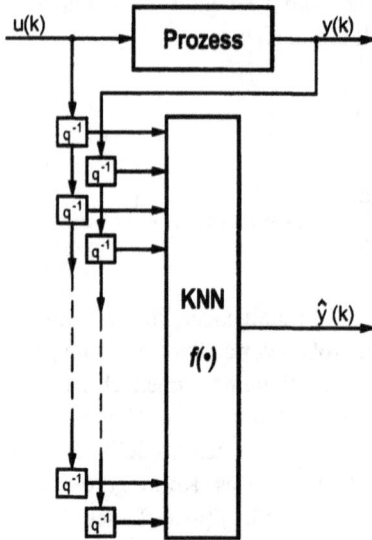

Bild 5-7: Time-delay neural network.

NFIR-Modell

Auch nichtparametrische Modelle wie das FIR-Modell lassen sich auf nichtlineare Systeme erweitern:

$$y(k) = f(u(k-d-1), u(k-d-2), ..., u(k-d-n_M), \overline{\theta}) \tag{5-15}$$

Im Gegensatz zum NARMAX-Modell enthält das NFIR-Modell nur zurückliegende Werte der Eingangsgrößen, der Modellhorizont n_M muss daher viel größer als n_b gewählt werden.

Ebenso wie im NARMAX- müssen im NFIR-Modell nicht nur Parameter geschätzt, sondern auch die Funktion $f(\bullet)$ bestimmt werden.

Volterra-Reihen-Modelle

Wählt man im FIR-Modell für $f(\bullet)$ eine Reihe von Polynomen, dann ergibt sich das Volterra-Modell. Es kann als eine Verallgemeinerung der Gewichtsfunktion für nichtlineare Systeme aufgefasst werden und lautet

$$y(k) = g_0 + \sum_{i=1}^{n_M} g_1(i) u(k-d-i) + \sum_{i=1}^{n_M} \sum_{j=1}^{n_M} g_2(i,j) u(k-d-i) u(k-d-j) + ... \tag{5-16}$$

Dabei wurden nur Polynome bis zur zweiten Ordnung berücksichtigt. Parameter dieses Modells sind die so genannten Volterra-Kerne g_i, deren Zahl wiederum stark mit der Polynomordnung und der Horizontlänge anwächst. Für ein Polynom dritter Ordnung müssen bereits knapp 5000 Parameter geschätzt werden, wenn die Horizontlänge $n_M = 30$ beträgt. Methoden der Identifikation nichtlinearer Systeme mit Hilfe von Volterra-Modellen und Anwendungen in der Verfahrenstechnik werden ausführlich in [5.37] behandelt.

Blockorientierte Modelle

Blockorientierte Modelle sind Kombination von linearen dynamischen Modellen und einer statischen Nichtlinearität, die in Reihen-, Parallel- oder Rückführschaltungen angeordnet werden. Die statische Nichtlinearität wird häufig wiederum als Polynom oder als KNN ausgeführt. Bild 5-8 zeigt die gebräuchlichsten Modelltypen.

Auf Grund ihrer Einfachheit, der Möglichkeit, A-priori-Wissen über den Prozess einzubringen, und der Existenz effizienter Methoden für ihre Identifikation (siehe z.B. [5.38, Abschnitt 9]) sind blockorientierte Modelle zur Beschreibung nichtlinearer Systeme besonders beliebt.

In jüngster Zeit ist die Anwendung von Methoden der künstlichen Intelligenz bei der nichtlinearen Systemidentifikation stärker ins Blickfeld gerückt. So werden z.B. Fuzzy- und Neuro-Fuzzy-Modelle ausführlich in [5.35] behandelt.

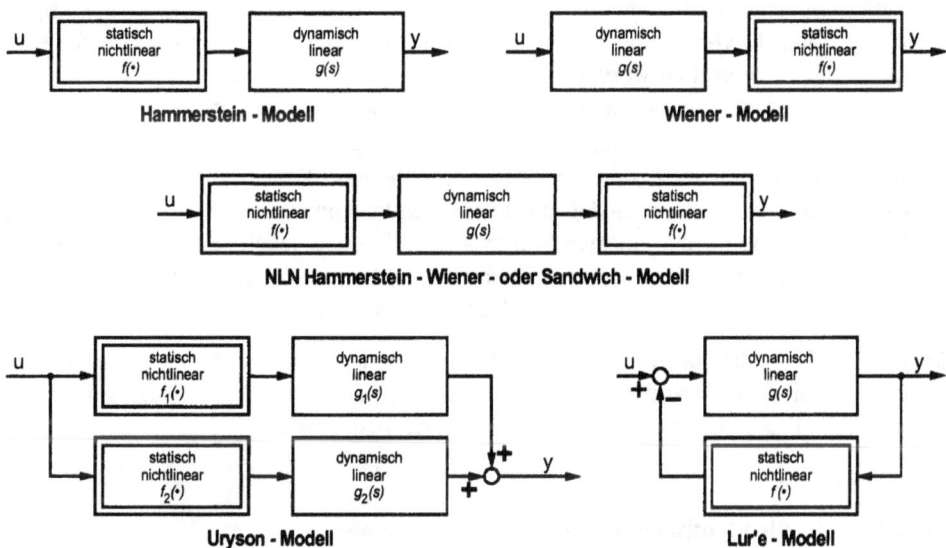

Bild 5-8: Blockorientierte nichtlineare Modelle

Leider gibt es derzeit kein systematisches Verfahren, die einem Identifikationsproblem am besten angepasste Modellstruktur aufzufinden. Wertvolle Hinweise dafür sind [5.1, 5.2 und 5.39] zu entnehmen. Insbesondere ist zu beachten, dass nicht alle Modelltypen gleichermaßen (und manche überhaupt nicht) geeignet sind, bestimmte nichtlineare Effekte zu beschreiben. So sind NFIR- und streng blockorientierte Modelle z.B. nicht in der Lage, die Generation subharmonischer Signale, eingangssignalabhängige Stabilität, „output multiplicity" oder gar chaotisches Verhalten widerzuspiegeln.

Bei der Wahl eines bestimmten Modelltyps sind neben der erreichbaren Approximationsgenauigkeit weitere Aspekte zu beachten, u.a.

- der Aufwand für aktive Versuche in den Prozessanlagen,
- der rechentechnische Aufwand bei der Nutzung des Modells,
- Konvergenz und Geschwindigkeit der Parameterschätzverfahren, speziell für Modelle, die nichtlinear in den Parametern sind,
- die Empfindlichkeit gegenüber Ausreißern und anderen Störungen in den Messdaten,
- das Extrapolations- und Interpolationsverhalten des Modells.

Die Parameterschätzung gestaltet sich dann einfacher, wenn die verwendeten Prozessmodelle linear in den Parametern sind und wenn deren Anzahl nicht allzu groß ist. Für parameternichtlineare Probleme müssen numerische Suchverfahren eingesetzt werden. Daher wurden viele spezielle Schätzverfahren entwickelt, die die konkrete Modellstruktur effektiv ausnutzen.

Bisher wurden nur nichtlineare Ein-/Ausgangsmodelle für SISO-Systeme betrachtet. MIMO-Systeme lassen sich oft in mehrere MISO-Systeme zerlegen. Die beschriebenen E/A-Modelle sind dann entsprechend zu erweitern, aber im Prinzip anwendbar. Eine besonders kompakte Darstellung von MIMO-Systemen ergibt sich mit nichtlinearen Zustandsmodellen, die schon in Abschnitt 5.3.1 vorgestellt worden sind. Auch diese lassen sich mit Hilfe von Prediction-Error-Methoden identifizieren. Da die in ihnen auftretenden Zustandsgrößen i.A. nicht messbar sind, müssen sie zusammen mit den Parametern $\overline{\theta}$ geschätzt werden. Die gemeinsame Zustands- und Parameterschätzung kann z.B. mit Hilfe von EKF (Extended-Kalman-Filtern) geschehen, wenn das Zustandsmodell um Parametergleichungen erweitert wird (siehe auch Abschnitt 5.5.1). Die für den linearen Fall in letzter Zeit entwickelten, rechenzeitsparenden Subspace-Methoden sind jedoch nur schwer auf nichtlineare Systeme übertragbar, bisher liegen hier nur Ergebnisse für spezielle Modellformen vor (z.B. für Hammerstein-Modelle).

Für andere Schritte der Identifikation, insbesondere die Datenvorverarbeitung, die Wahl der Ordnung und die Modellvalidierung gelten die im Kapitel 3 getroffenen Aussagen. Anders als im linearen Fall gestaltet sich jedoch die Wahl der Testsignale.

Testsignale für die Identifikation nichtlinearer Systeme

 Bei linearen Systemen ist es ausreichend, bei der Wahl des Testsignals das in ihm vorhandene Frequenzspektrum zu betrachten. Daher werden oft binäre Signale (d.h. solche mit zwei

Amplitudenwerten) angewendet wie z.B. PRBS- oder GBN-Signale. Für die Identifikation nichtlinearer Systeme sind hingegen im Allgemeinen Signale mit mehr als zwei Amplitudenwerten erforderlich. So lässt sich leicht zeigen, dass für die Identifikation der Parameter eines Polynoms n-ter Ordnung ein Testsignal mit mindestens $(n+1)$ verschiedenen Amplitudenwerten verwendet werden muss. Empfohlene Testsignale für die Identifikation nichtlinearer Systeme sind (vgl. [5.35, S. 569 ff.] und [5.38, S. 220 ff.]):

- Treppensignale oder Serien von Sprüngen (staircase test): Anzahl der Signalpegel größer als die höchste auftretende Polynomordnung, Gesamtlänge der Tests: ca. das 20fache der mittleren Beruhigungszeit der Regelstrecke, Dauer der einzelnen Sprünge: zu je einem Drittel der Versuchsdauer τ, 2τ und 3τ (mit $\tau = t_{98\%}/4$).

- Generalized Multi-level Noise (GMN-Signal): das ist eine Verallgemeinerung des in Kapitel 3 vorgestellten GBN-Signals, mittlere Umschaltzeit wie bei linearen Systemen
$t_m = \dfrac{t_{98\%}}{3}$, Amplitudenverteilung zufällig mit Gleichverteilung im Eingangssignalbereich. Statt einer Gleichverteilung können auch andere Verteilungen verwendet werden, wenn z.B. in einem bestimmten Arbeitsbereich eine erhöhte Genauigkeit erforderlich ist.

- Pseudo Random Multi-level Signal (PRMS) oder Amplitude modulated PRBS (APRBS): Parametrisierung wie bei PRBS im linearen Fall, zusätzlich zufällige Wahl der Signalamplituden mit Gleichverteilung im gewählten Signalbereich (ein Beispiel zeigt Bild 5-9).

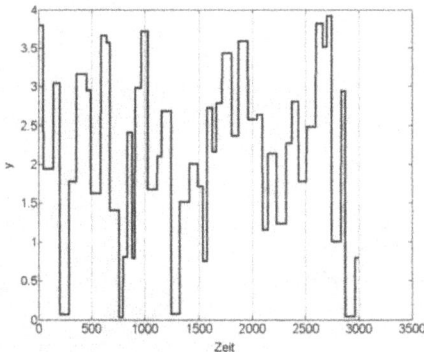

Bild 5-9: APRBS-Testsignal für die Identifikation nichtlinearer Systeme

Algorithmen und eine Vielzahl von Hinweisen zur Konstruktion geeigneter Testsignale für die Identifikation nichtlinearer Systeme finden sich in [5.34, Bd. 1]. An Zahl und Qualität der Messdatensätze werden i.A. wesentlich höhere Anforderungen gestellt als im linearen Fall.

5.4   Lösung des NMPC-Problems

In diesem Abschnitt wird angenommen, dass das Prozessmodell in Form eines nichtlinearen zeitkontinuierlichen Zustandsmodells der Form

$$\dot{\bar{x}}(t) = \bar{f}\,(\bar{x},\bar{u}) \tag{5-17}$$

$$\bar{y}(t) = \bar{g}\,(\bar{x},\bar{u}) \tag{5-18}$$

vorliegt, wie es im Zuge einer theoretischen Modellbildung entsteht. Das Problem der statischen Prozessoptimierung wird nicht betrachtet. In Analogie zu LMPC-Regelungen lässt sich das in jedem Abtastintervall zu lösende dynamische Optimierungsproblem zur Ermittlung der optimalen Steuergrößenfolge

$$\Delta\bar{u}(k) = \left[\Delta u(k) \quad \Delta u(k+1) \quad ... \quad \Delta u(k+n_C-1)\right]^T$$

wie folgt formulieren (um die Notation zu vereinfachen, wird auf das Überstreichen der Größen verzichtet, das eigentlich für den MIMO-Fall vorgesehen ist):

$$\min_{\Delta\bar{u}(k)}\left\{ J = \hat{\bar{e}}(k+1\,|\,k)^T \;\; Q \;\; \hat{\bar{e}}(k+1\,|\,k) + \Delta\bar{u}(k)^T \;\; R \;\; \Delta\bar{u}(k) \right\} \tag{5-19}$$

unter Berücksichtigung der Nebenbedingungen

$$u_{min}(k) \le u(k+j) \le u_{max}(k) \quad j = 0, 1, ... n_C - 1 \tag{5-20}$$

$$\Delta u_{min}(k) \le \Delta u(k+j) \le \Delta u_{max}(k) \quad j = 0, 1, ... n_C - 1 \tag{5-21}$$

$$y_{min}(k) \le y(k+j) \le y_{max}(k) \quad j = 1, 2, ... n_P \tag{5-22}$$

Im Prinzip sind auch Nebenbedingungen für die Zustandsgrößen oder kompliziertere als die in Form von oberen und unteren Grenzwerten angegebenen Nebenbedingungen denkbar, wovon aber praktisch kaum Gebrauch gemacht wird. Die in der Zielfunktion J auftretenden Größen sind genau so definiert wie im linearen Fall (vgl. Abschnitt 4.2). So ist $\hat{\bar{e}}(k+1\,|\,k) = \bar{w}(k+1\,|\,k) - \tilde{\bar{y}}(k+1\,|\,k)$ die zeitliche Folge der vorhergesagten Regeldifferenzen, die durch Subtraktion der vorhergesagten, korrigierten Regelgrößen von den zukünftigen Sollwerten entsteht. Die Vorhersage der Regelgrößen stützt sich auf das dynamische Prozessmodell: Wenn zu einem Zeitpunkt t_k die Zustandsgrößen $\bar{x}(t_k)$ bekannt sind, dann lässt sich der zukünftige Verlauf der Regelgrößen $\bar{y}(t)$ durch Integration des nichtlinearen Differentialgleichungssystems über den Prädiktionshorizont $n_P\,t_0$ ermitteln.

$$\bar{x}(t_k + n_p t_0) = \bar{x}(t_k) + \int_{t_k}^{t_k + n_p t_0} \bar{f}(\bar{x}(t), \Delta\bar{\bar{u}}(k)) \, dt \tag{5-23}$$

Man beachte, dass in der Funktion $\bar{f}$ der zukünftige Verlauf der Steuergrößen $\bar{u}(t)$ durch eine Folge von zwischen den Abtastzeitpunkten konstanten Werten ersetzt worden ist. Wie üblich werden die Werte der Eingangsgrößen hinter dem Steuerhorizont $n_C t_0$ als unveränderlich angenommen.

Liegt eine andere Modellform (z.B. ein zeitdiskretes nichtlineares Zustandsmodell oder eines der in Abschnitt 5.3.2 angegebenen E/A-Modelle) vor, vereinfacht sich die Vorhersage erheblich, weil die numerische Integration des nichtlinearen Zustandsdifferentialgleichungssystems entfällt.

In der NMPC-Literatur findet man häufig folgende Modifikationen des dynamischen Optimierungsproblems:

- in der Zielfunktion J wird ein Strafterm für den zu erreichenden Endzustand hinzugefügt: $J = \ldots + \lambda(\bar{x}(t_k + n_p t_0))$ – unter der Annahme, dass der Zielzustand gleich null ist,

- es wird eine weitere Nebenbedingung $r(\bar{x}(t_k + n_p t_0)) \geq 0$ hinzugefügt, die ausdrückt, dass der Endzustand in einem bestimmten Gebiet bzw. in einer bestimmten Umgebung des (optimalen) stationären Zustands liegen soll.

Diese Modifikationen dienen der Sicherung der nominalen Stabilität des geschlossenen Regelkreises. Eine vertiefende Darstellung findet man in [5.8, 5.9, 5.40] und der dort angegebenen Literatur.

In der obigen Darstellung ist davon ausgegangen worden, dass in jedem Abtastzeitpunkt vor der Lösung des Optimierungsproblems die Werte der Zustandsgrößen $\bar{x}(t_k)$, die als Startwerte in die Prädiktion eingehen, bekannt sind. Da diese Größen i.A. nicht messbar sind, müssen sie modellgestützt mit Hilfe der vorliegenden Messwerte für die Ein- und Ausgangsgrößen geschätzt werden (vgl. Abschnitt 5.5).

Es stellt sich die Frage, wie das beschriebene dynamische Optimierungsproblem, das mathematisch ein nichtlineares, nichtkonvexes Optimierungsproblem mit Nebenbedingungen und einer großen Zahl ($n_C * n_u$) unabhängigen Variablen darstellt, in Echtzeit gelöst werden kann. Dies stellt sowohl theoretisch als auch praktisch eine große Herausforderung dar. Anders als bei LMPC-Regelungen ist hier im allgemeinen Fall der Einsatz sicher und schnell konvergierender QP-(Quadratic Programming)-Verfahren nicht möglich. Ein großer Teil der NMPC-Literatur ist daher der effektiven Lösung des Optimierungsproblems gewidmet, Übersichten finden sich u.a. in [5.41, 5.42]. Die vorgeschlagenen Methoden kann man zwei Kategorien zuordnen:

- Sequentielle Methoden: Dabei wird in jedem Iterationsschritt des Optimierungsverfahrens das nichtlineare Differentialgleichungssystem (oder DAE-System) über den Prädiktionshorizont integriert, Optimierungsverfahren und DAE-Lösung wechseln einander ab.

- Simultane Methoden: Dabei wird die Lösung des Optimierungsproblems und des DAE-Systems gleichzeitig erreicht, zu diesem Zweck werden die Differentialgleichungen diskretisiert und als zusätzliche Nebenbedingungen aufgefasst, die zeitweilig verletzt werden können. Zu dieser Gruppe gehören die Kollokationsverfahren und das „direct multiple shooting".

Im Folgenden werden jeweils ein sequentielles und ein simultanes Verfahren näher beschrieben, die sich für praktische Anwendungen bewährt haben.

5.4.1   Sukzessive Linearisierung

Das Verfahren wurde von Lee und Ricker [5.43] vorgeschlagen und in modifizierter Form auf den Tennessee-Eastman-Prozess angewendet [5.44]. Vorausgesetzt wird, dass zum aktuellen Zeitpunkt $k = t_k$ Mess- oder Schätzwerte der Zustandsgrößen $\hat{\bar{x}}(k \mid k)$ bekannt sind. Eine Ein-Schritt-Vorhersage für das nächste Abtastintervall könnte dann durch Integration der Zustandsdifferentialgleichungen mit $\hat{\bar{x}}(k \mid k)$ als Anfangswerten erfolgen:

$$\hat{\bar{x}}(k+1 \mid k) = \hat{\bar{x}}(k \mid k) + \int_{t_k}^{t_k + t_0} \bar{f}(\bar{x}(t), \bar{u}(k)) dt \tag{5-24}$$

eine n_P -Schritt-Vorhersage analog nach

$$\hat{\bar{x}}(k + n_P \mid k) = \hat{\bar{x}}(k \mid k) + \int_{t_k}^{t_k + n_P\, t_0} \bar{f}(\bar{x}(t), \bar{\bar{u}}(k)) dt \tag{5-25}$$

Im MPC-Algorithmus sind aber zum Zeitpunkt $k = t_k$ die Steuergrößen $\bar{u}(k)$ bzw. der zukünftige Verlauf der Steuergrößen $\bar{\bar{u}}(k)$ noch nicht bekannt, sie sollen durch dynamische Optimierung erst bestimmt werden. Da die Zustands- (und damit auch die Ausgangs-)größen nichtlinear von den Steuergrößen abhängen, entsteht ein nichtlineares Optimierungsproblem. Nun kann man aber die Ein-Schritt-Vorhersage wie folgt linear approximieren:

$$\hat{\bar{x}}(k+1 \mid k) = \hat{\bar{x}}(k \mid k) + \int_{t_k}^{t_k + t_0} \bar{f}(\bar{x}(t), \bar{u}(k-1)) dt + B(k)(\bar{u}(k) - \bar{u}(k-1)) \tag{5-26}$$

Darin ist

$$B(k) = \int_0^{t_0} \exp(\tilde{A}(k)\tau) d\tau\, \tilde{B}(k) \tag{5-27}$$

mit

$$\tilde{A}(k) = \partial \bar{f}(\bar{x},\bar{u}) / \partial \bar{x}\Big|_{\bar{x}=\hat{\bar{x}}(k|k),\bar{u}=\bar{u}(k-1)} \text{ und } \tilde{B}(k) = \partial \bar{f}(\bar{x},\bar{u}) / \partial \bar{u}\Big|_{\bar{x}=\hat{\bar{x}}(k|k),\bar{u}=\bar{u}(k-1)}$$

In die Integration und die Berechnung der Matrizen der ersten Ableitungen (Jacobi-Matrizen) $\tilde{A}$ und $\tilde{B}$ gehen dann nur die schon bekannten Steuergrößen $\bar{u}(k-1)$ ein. Die Vorhersage wird damit *linear* in Bezug auf die noch zu berechnenden Steuergrößen $\bar{u}(k)$. Dieses Vorgehen lässt sich nun bis zum Prädiktionshorizont $n_P t_0$ fortsetzen, die (etwas unübersichtlichen) Gleichungen findet man in [5.43]. Entscheidend ist, dass die Vorhersagegleichungen *linear* in Bezug auf die zu berechnenden Werte der zukünftigen Steuergrößen bzw. Steuergrößenänderungen $\Delta \bar{u}(k) = [\Delta u(k) \quad \Delta u(k+1) \quad ... \quad \Delta u(k+n_C-1)]^T$ werden. Für die Ausgabegleichungen $\bar{y}(k) = \bar{g}(\bar{x}(k),\bar{u}(k))$ lassen sich völlig analoge Linearapproximationen angeben [5.43]. Der Rechenaufwand für die Vorhersage der Regelgrößen besteht in der Integration des nichtlinearen Zustandsdifferentialgleichungssystems über den Prädiktionshorizont und der Berechnung der Ausgangsgrößen und der Jacobi-Matrizen in den zukünftigen Abtastzeitpunkten. Der große Vorteil dieser Vorgehensweise besteht darin, dass sich das dynamische Optimierungsproblem nun wieder als QP-Problem formulieren lässt, also kein allgemeines nichtlineares Optimierungsproblem gelöst werden muss. Dieser Vorteil wird aber durch eine Reihe von Vereinfachungen erkauft, deren Berechtigung im Einzelfall geprüft werden muss! Die erfolgreiche Anwendung der Methode der sukzessiven Linearisierung auf eine Reihe von Einsatzfällen ist keine Garantie dafür, dass dieses Vorgehen in jedem Fall zum Erfolg führt.

5.4.2   Echtzeititeration und „direct multiple shooting"

Dieses simultane Verfahren zur Lösung des NMPC-Problems wurde in Kooperation mehrerer deutscher Forschungsgruppen entwickelt und u.a. auf die Regelung einer Destillationskolonne im Pilotanlagenmaßstab angewendet [5.45].

Der Prädiktionshorizont $t_k < t < t_k + n_P t_0$ wird zunächst in n_N Intervalle $t_k = \tau_0 < \tau_1 < ... < \tau_{n_N} = t_k + n_P t_0$ aufgeteilt. In jedem Teilintervall werden wie bei MPC üblich konstante Werte der Eingangsgrößen $\bar{u}(\tau) = \bar{u}_i = const.$ angenommen. Die Zahl der Intervalle wird i.A. $n_N > n_P$ gewählt. Das DAE-System kann dann in n_N Abschnitte zerlegt werden, wobei neue Variable $\bar{s}_i$ für die Anfangszustände jedes Teilintervalls eingeführt werden. Dieses Vorgehen wird in der Literatur „direct multiple shooting" genannt:

$$\begin{aligned}
\dot{\bar{x}}_i(\tau) &= \bar{f}(\bar{x}_i(\tau),\bar{u}_i) \\
0 &= h(\bar{x}_i(\tau),u_i) - \alpha_i(\tau)h(\bar{s}_i,\bar{u}_i) \\
\bar{x}_i(\tau_i) &= \bar{s}_i
\end{aligned} \qquad (5\text{-}28)$$

Der Subtrahend in den algebraischen Gleichungen wird eingeführt, um zu kennzeichnen, dass während des Lösungsprozesses eine vorübergehende Verletzung der Konsistenzbedingungen erlaubt ist, $\alpha_i(t_i) = 1$ wird gefordert. Der Verlauf der Zustandsgrößen ist in jedem Teilintervall nur von den Anfangswerten $\bar{s}_i$ und den Steuergrößen $\bar{u}_i$ abhängig. Die Zustandsdifferentialgleichungen müssen nun nicht mehr über den gesamten Prädiktionshorizont integriert werden. Stattdessen kann man die n_N Teilsysteme *parallel* über die *wesentlich kürzeren* Zeitabschnitte $(\tau_{i+1} - \tau_i)$ integrieren. Der Preis, der dafür zu zahlen ist, besteht im notwendigen Abgleich der Anfangsbedingungen, d.h. in der Sicherung des kontinuierlichen Übergangs der Zustandsgrößen an den Enden der Teilintervalle. Das wird dadurch gelöst, das die Anfangszustände $\bar{s}_i$ als zusätzliche unabhängige Variable des dynamischen Optimierungsproblems aufgefasst werden. Dieses lässt sich dann folgendermaßen formulieren:

$$\min_{\bar{u}_i, \bar{s}_i} \left\{ J = \sum_{i=0}^{n_N - 1} J_i \right\} \tag{5-29}$$

Die Zielfunktion J ergibt sich also durch Summation der abschnittsweise berechenbaren Teilzielfunktionen J_i, die ihrerseits wie in Gl. (5-19) aufgebaut sind. Unabhängige Variable sind nicht mehr nur die zukünftigen Werte der Steuergrößen (oder Steuergrößenänderungen), sondern zusätzlich die Anfangswerte der Zustandsgrößen der Teilintervalle. Nebenbedingungen sind

- der Anfangswert $\bar{s}_0 = \bar{x}(k)$, der gemessen oder geschätzt werden muss (vgl. den nächsten Abschnitt),
- die Kontinuitätsbedingungen $\bar{s}_{i+1} = \bar{x}_i(\tau_{i+1}; \bar{s}_i, \bar{u}_i)$ für $i = 0,1 ... n_N - 1$,
- die Konsistenzbedingungen (Erfüllung der algebraischen Gleichungen) $\bar{h}(\bar{s}_i, \bar{u}_i) = 0$ für $i = 0,1 ... n_N - 1$,
- die „üblichen" Nebenbedingungen für die Steuer- und Regelgrößen wie in Gl. (5-18) bis (5-20).

Das nichtlineare Optimierungsproblem mit Gleichungs- und Ungleichungsnebenbedingungen lässt sich durch speziell zugeschnittene SQP-Verfahren (Sequential Quadratic Programming) effektiv lösen.

Trotz dieser Dekomposition nach dem Direct-multiple-shooting-Verfahren können sich vergleichsweise große Rechenzeiten ergeben. Weitere Maßnahmen können jedoch den Rechenaufwand erheblich absenken:

- Da MPC-Regelungen nach dem Prinzip des gleitenden Horizonts arbeiten, liegen normalerweise gute Anfangswerte für die optimalen Steuergrößen im nächsten Abtastintervall vor, zumindest dann, wenn im Prozess keine größeren Störungen auftreten, sich die Struktur des MIMO-Systems ändert oder größere Änderungen von Soll- und Grenzwerten oder anderen Vorgaben erfolgen. Dieser Vorteil kann in noch größerem Maß ausgenutzt werden, wenn auch die Lösungen für $\bar{s}_i$ aus dem letzten Abtastintervall verwendet werden, statt nach Eintreffen neuer Mess- oder Schätzwerte $\hat{\bar{x}}(k)$ erst nach neuen Startwerten für die $\bar{s}_i$ zu suchen. Dieses Vorgehen ist unter dem Namen „initial value embedding" bekannt.

- Statt in jedem Abtastintervall das SQP-Problem iterativ bis zur vollständigen Konvergenz zu lösen, kann man nur wenige oder sogar nur eine Iteration des SQP-Problems pro Abtastintervall durchführen.

- Wesentliche Teile der Optimierungsaufgabe für den nächsten Abtastschritt lassen sich im vorhergehenden Schritt schon vorbereiten, sodass nach Eintreffen neuer $\hat{\bar{x}}(k)$ nur noch wenig Rechenzeit notwendig ist.

Das Gesamtkonzept, dass viele Ideen der numerischen Integration und Optimierung aufgreift und miteinander verbindet, wird als „Echtzeit-Iterationsalgorithmus" bezeichnet. Die Anwendung auf das Kolonnenregelungsproblem mit 82 nichtlinearen Differential- und 122 algebraischen Gleichungen bei Schätzung der Zustandsgrößen mit einem erweiterten Kalman-Filter (EKF) mit einer Abtastzeit von 20 sec zeigt, dass man NMPC-Probleme realistischer Größenordnung mit der heute verfügbaren Rechnerleistung lösen kann. Das zeigt auch die Anwendung dieses Verfahrens auf die Anfahrregelung von Dampferzeugern [5.46].

Eine andere Variante der simultanen Lösung von Optimierungsproblem und DAE-System besteht in der Anwendung von Kollokationsverfahren: sie wird u.a. in [5.6] näher beschrieben.

Das gemeinsame Merkmal aller im Abschnitt 5.4 beschriebenen Verfahren besteht darin, dass sie gegenwärtig immer noch auf den speziellen Anwendungsfall zugeschnitten werden müssen und keinen allgemein gültigen Charakter entsprechend den LMPC-Algorithmen haben.

5.5   Zustandsrekonstruktion in nichtlinearen dynamischen Systemen

Jede MPC-Regelung, die reglerintern ein Zustandsmodell des Prozesses verwendet, benötigt in jedem Abtastzeitpunkt die aktuellen Werte der Zustandsgrößen als Startwerte für die Prädiktion. Da die Zustandsgrößen meist nicht (oder zumindest nicht alle) messbar sind, müssen sie aus verfügbaren Messwerten für die Ein- und Ausgangsgrößen des Prozesses rekonstruiert werden. Dafür haben sich die Begriffe Zustandsbeobachtung (im deterministischen Fall) und Zustandsschätzung oder Filterung (im stochastischen Fall) eingebürgert. Im Abschnitt 4.1.5 wurden das Prinzip der Zustandsbeobachtung für den Fall linearer Systeme beschrieben und die Gleichungen des zeitdiskreten Luenberger-Beoachters angegeben. Bei nichtlinearen Systemen wird häufig das so genannte erweiterte Kalman-Filter (EKF) zur Zustandsschätzung eingesetzt, dessen Funktionsweise im Folgenden beschrieben wird (vgl. [5.47 bis 5.49]).

5.5.1   Erweitertes Kalman-Filter (EKF)

Der Begriff „erweitert" bezeichnet hier die Verallgemeinerung des linearen Kalman-Filters auf nichtlineare Systeme. Das Prozessmodell wird dazu in der Form

$$\dot{\bar{x}}(t) = \bar{f}\left(\bar{x}(t),\bar{u}(t)\right) + \bar{\xi}(t) \tag{5-30}$$

$$\bar{y}(k) = \bar{g}\left(\bar{x}(k),\bar{u}(k)\right) + \bar{v}(k) \tag{5-31}$$

geschrieben, d.h. mit zeitkontinuierlichen Zustands- und zeitdiskreten Ausgangsgleichungen. Die Verwendung kontinuierlicher Zustandsgleichungen vermeidet die Schwierigkeit der zeitlichen Diskretisierung und den damit verbundenen Verlust an Genauigkeit. Zeitdiskrete Ausgangsgleichungen tragen dagegen dem Umstand Rechnung, dass die gemessenen Ausgangsgrößen nur zu den Abtastzeitpunkten erfasst werden. Die Vektoren $\bar{\xi}(t)$ und $\bar{v}(k)$ bezeichnen stochastische Störsignale (System- und Messrauschen). Gewöhnlich werden folgende Annahmen getroffen:

- Der Anfangszustand $\bar{x}(t=0)$ sei normalverteilt mit bekanntem Erwartungswert $E\{\bar{x}(t=0)\} = \hat{\bar{x}}(t=0)$ und bekannter Kovarianzmatrix des Schätzfehlers (Präzisionsmatrix) $E\{[\bar{x}(t=0) - \hat{\bar{x}}(t=0)][\bar{x}(t=0) - \hat{\bar{x}}(t=0)]^T\} = P(t=0)$

- $\bar{\xi}(t)$ und $\bar{v}(k)$ seien mittelwertfreie, nicht miteinander oder mit den Zustandsgrößen korrelierte, weiße Gaußsche Rauschprozesse mit bekannten Kovarianzmatrizen (Maßen für die Intensität der Störungen) $Q(t)$ und $R(k)$, oft werden dafür konstante Diagonalmatrizen Q und R angesetzt.

- Die Beobachtbarkeit des Systems wird vorausgesetzt bzw. muss geprüft werden.

Die Schätzung der Zustandsgrößen kann dann rekursiv, d.h. prozess-schritthaltend im Echtzeitbetrieb durch abwechselnde Durchrechnung der folgenden Filter- und Prädiktionsgleichungen erfolgen:

Filtergleichungen (zum Zeitpunkt k des Eintreffens neuer Messwerte $\bar{y}(k)$ bei bekannten Vorhersagewerten für die Zustandsgrößen $\hat{\bar{x}}(k\,|\,k-1)$ und die Fehler-Kovarianzmatrix $P(k\,|\,k-1)$)

$$\hat{\bar{x}}(k\,|\,k) = \hat{\bar{x}}(k\,|\,k-1) + K(k)\left[\bar{y}(k) - \bar{g}(\hat{\bar{x}}(k\,|\,k-1),\bar{u}(k-1))\right] \tag{5-32}$$

$$K(k) = P(k\,|\,k-1)H^T(k)\left[H(k)P(k\,|\,k-1)H^T(k) + R\right]^{-1} \tag{5-33}$$

$$P(k\,|\,k) = \left[I - K(k)H(k)\right]P(k\,|\,k-1) \tag{5-34}$$

mit $H(k) = \partial \overline{g}(\overline{x}(k), \overline{u}(k)) / \partial \overline{x}(k)\big|_{\overline{x} = \hat{\overline{x}}(k|k-1)}$

Prädiktionsgleichungen (Veränderung der Schätzwerte infolge der Systemdynamik im nächsten Abtastintervall)

$$\hat{\overline{x}}(k+1|k) = \hat{\overline{x}}(k|k) + \int_{t_k}^{t_{k+1}} \overline{f}(\overline{x}(t), u(t)) dt \qquad (5\text{-}35)$$

$$P(k+1|k) = P(k|k) + \int_{t_k}^{t_{k+1}} \left[F(t)P(t|k) + P(t|k)F^T(t) + Q \right] dt \qquad (5\text{-}36)$$

mit $F(t) = \partial \overline{f}(\overline{x}(t), \overline{u}(k)) / \partial \overline{x}(t)\big|_{\overline{x} = \hat{\overline{x}}(t|k)}$.

Das heißt, immer wenn neue Messwerte für die Ein- und Ausgangsgrößen eintreffen, erfolgt eine Korrektur der Schätzwerte der Zustandsgrößen, und zwar proportional zur Differenz der gemessenen und über das Prozessmodell berechneten Ausgangsgrößen. Der Proportionalitätsfaktor $K(k)$ wird als Filterverstärkung bezeichnet, er ist seinerseits proportional zu P und damit zu Q und umgekehrt proportional zu R. Anschaulich bedeutet das: Bei großem Messrauschen und demzufolge großem R verringert sich $K(k)$. Dann gehen die Messwerte aber mit einem geringeren Gewicht in die Korrektur der Zustandsgrößen nach Gl. (5-32) ein, und das EKF stützt sich stärker auf das interne Prozessmodell. Verändert sich die Stärke des Messrauschens in Abhängigkeit von der Zeit, kann die aktuelle Varianz der gemessenen Ausgangsgrößen in einem gleitenden Zeitfenster online geschätzt werden. Dann ist in die Gleichungen eine zeitvariante Kovarianzmatrix $R(k)$ einzusetzen

Zwischen den Messungen erfolgt eine Vorhersage der Zustandsgrößen und der Präzisionsmatrix durch numerische Integration der Zustandsdifferentialgleichungen und der so genannten Matrix-Riccati-Differentialgleichung (5-36). Die außer den Funktionen $\overline{f}$ und $\overline{g}$ benötigten Jacobi-Matrizen der ersten Ableitungen F und H können z.B. durch numerische Differenziation bestimmt werden.

Wenn über die Startwerte $\hat{\overline{x}}(t = 0)$ nichts bekannt ist, kann man z.B. $\hat{\overline{x}}(t = 0) = 0$ wählen und eine Präzisionsmatrix mit großen Diagonalelementen $P(t = 0) = (10^3...10^9)I$ ansetzen. In der Phase des EKF-Entwurfs müssen zudem die Kovarianzmatrizen Q und R geeignet gewählt werden, Q ggf. durch trial-and-error und R aus Messdaten.

Die rechenzeitintensive Integration der Matrix-Riccati-Gleichung lässt sich umgehen, indem man die Vorhersage der Präzisionsmatrix vereinfacht nach

$$P(k+1|k) = F(k)P(k|k)F^T(k) + Q \qquad (5\text{-}37)$$

mit $F(k) = \partial \bar{f}(\hat{\bar{x}}(k \mid k), \bar{u}(k)) / \partial \bar{x}(k) \Big|_{\bar{x} = \hat{\bar{x}}(k \mid k)}$ durchführt. Die numerische Integration der Zustandsdifferentialgleichungen lässt sich allerdings nur dann vermeiden, wenn diese mit ausreichender Genauigkeit diskretisiert werden können.

Die Verwendung von EKF führt bei der Zustandsschätzung in nichtlinearen Systemen in vielen Fällen zum Erfolg. Zusätzlich zu den Systemzuständen lassen sich auch zeitvariante Modellparameter mitschätzen. Dazu muss das System der Zustandsgleichungen geeignet erweitert werden [5.43].

Kompliziertere und noch genauere Filter sind zwar bekannt, werden aber auf Grund des hohen Rechenaufwands selten angewendet. Nichtlineare Zustandsbeobachter (also die nichtlineare Verallgemeinerung des Luenberger-Beobachters) sind i.A. wesentlich schwieriger zu entwerfen als EKF.

5.5.2   Zustandsschätzung mit gleitendem Horizont

Ein anderer Zugang zur Zustandsrekonstruktion, der in jüngster Zeit stärker ins Blickfeld rückt, ist die Zustandsschätzung mit gleitendem Horizont (engl. moving horizon estimation, MHE). Im Unterschied zum erweiterten Kalman-Filter wird dabei ein Online-Optimierungsproblem gelöst [5.8], und zwar wie bei der MPC-Regelung mit gleitendem Horizont in jedem Abtastintervall. Der höhere Aufwand wird belohnt durch größere Robustheit und Flexibilität, u.a. lassen sich Nebenbedingungen für die Zustandsgrößen bei deren Schätzung berücksichtigen. Das Prinzip lässt sich am einfachsten an einem linearen System verdeutlichen, dass durch ein zeitdiskretes Zustandsraummodell

$$\bar{x}(k+1) = A\bar{x}(k) + B\bar{u}(k) + \bar{\xi}(k)$$
$$\bar{y}(k) = C\bar{x}(k) + \bar{v}(k)$$

$$(5\text{-}38)$$

beschrieben wird (vgl. Abschnitt 3.3.2, Gl. (3-42)). Wie vorher bezeichnen $\bar{\xi}(k)$ und $\bar{v}(k)$ Rauschprozesse (System- und Messrauschen) mit bekannten Kovarianzmatrizen Q und R. P bezeichnet die Präzisionsmatrix. Die Aufgabe besteht nun darin, die Schätzwerte der zeitlich zurückliegenden Zustandsgrößen $\left[\hat{\bar{x}}(k-m+1), \ldots, \hat{\bar{x}}(k-1)\right]$ über einen Zeithorizont m aus den verfügbaren Messungen $\left[\bar{y}(k), \bar{y}(k-1), \ldots\right]$ zu ermitteln. Zu diesem Zweck wird in jedem Abtastintervall das Gütekriterium

$$J = \hat{\bar{x}}_0^T(k-m+1 \mid k) P^{-1}(k-m+1 \mid k-m) \hat{\bar{x}}_0(k-m+1 \mid k) +$$

$$+ \sum_{i=1}^{m} \left(\bar{y}(k-m+i) - C\hat{\bar{x}}(k-m+i \mid k)\right)^T R^{-1} \left(\bar{y}(k-m+i) - C\hat{\bar{x}}(k-m+i \mid k)\right) \quad (5\text{-}39)$$

$$+ \sum_{i=1}^{m-1} \bar{\xi}^T(k-m+i \mid k) Q^{-1} \bar{\xi}(k-m+i \mid k)$$

durch geeignete Wahl der variablen Größen

$$\hat{\bar{x}}_0(k-m+1\mid k), \overline{\xi}(k-m+1\mid k), ..., \overline{\xi}(k-1\mid k)$$

gelöst. Die interessierenden Zustandsgrößen können dann aus

$$\hat{\bar{x}}(k-m+1\mid k) = \hat{\bar{x}}(k-m+1\mid k-m) + \hat{\bar{x}}_0(k-m+1\mid k)$$
$$\hat{\bar{x}}(k-m+i+1\mid k) = A\hat{\bar{x}}(k-m+i\mid k) + B\overline{u}(k-m+i) + \overline{\xi}(k-m+i\mid k) \qquad (5\text{-}40)$$
$$i = 1, ..., m$$

bestimmt werden. Die Fortschreibung der Präzisionsmatrix kann rekursiv wie im erweiterten Kalman-Filter erfolgen, die Initialisierung kann ebenfalls wie dort vor sich gehen. Es können Ungleichungs-Nebenbedingungen der Form

$$\overline{\xi}_{min} \le \overline{\xi}(i\mid k) \le \overline{\xi}_{max}$$
$$\overline{\upsilon}_{min} \le \left(\overline{y}(i) - C\hat{\bar{x}}(i\mid k)\right) \le \overline{\upsilon}_{max} \qquad (5\text{-}41)$$
$$\overline{x}_{min} \le \hat{\bar{x}}(i\mid k) \le \overline{x}_{max}$$

berücksichtigt werden. Dual zu einem linearen MPC-Regler ergibt sich dann ein in jedem Abtastintervall zu lösendes QP-Problem. Die Erweiterung der Zustandsschätzung mit gleitendem Horizont auf nichtlineare Systeme wird in [5.50] und der dort angegebenen Literatur näher beschrieben. Sie ist ähnlich kompliziert wie der Übergang von LMPC zu NMPC.

Literatur

[5.1]   Pearson, R.K. Selecting nonlinear model structures for computer control. Journal of Process Control 13(2003) H. 1, S. 1-26.

[5.2]   Pearson, R.K.: Discrete-time dynamic models. Oxford University Press 1999.

[5.3]   Pearson, R.K., Ogunnaike, B.: Nonlinear process identification. In: Henson, M.A., Seborg, D.E. (Hrsg.): Nonlinear Process Control. Prentice Hall 1997, S. 11-110.

[5.4]   Henson, M.A.: Nonlinear model predictive control : current status and future directions. Computers and Chemical Engineering 23(1998) S. 187-202.

[5.5]   Dittmar, R., Martin, G.D.: Nichtlineare modellgestützte prädiktive Regelung eines industriellen Polypropylenreaktors unter Verwendung künstlicher neuronaler Netze. Automatisierungstechnische Praxis atp 43(2001) H. 3, S. 42-51.

[5.6]   Meadows, E.S., Rawlings, J,B.: Model Predictive Control. In: Henson, M.A., Seborg, D.E. (Eds.): Nonlinear Process Control. Prentice Hall 1997, S. 233-310.

[5.7]   Qin, S.J., Badgwell, T.A.: A survey of industrial model predictive control technology. Control Engineering Practice 11(2003) H. 7, S. 733-764.

[5.8]   Allgöwer, F. u.a.: Nonlinear Predictive Control and Moving Horizon Estimation. In: Frank, P.M. (Ed.): Advances in Contgrol. Highlights of ECC'99. Springer-Verlag London 1999.

[5.9]   Allgöwer, F., Findeisen, R., Ebenbauer, C.: Nonlinear Model Predictive Control. In: Encyclopedia of Life Support Systems (EOLSS). EOLSS Publishers Oxford [http://www.eolss.net] .

[5.10]   Rawlings, J.B.: Tutorial Overview of Model Predictive Control. IEEE Control Systems Magazine June 2003, S. 38-52.

[5.11]   Allgöwer, F., Zheng, A. (Eds.): Nonlinear Model Predictive Control. Birkhäuser-Verlag Basel 2000.

[5.12]   Kouvaritakis, B., Cannon, M.: Nonlinear predictive control – theory and practice. The Institution of Electrical Engineers (IEE) London 2001.

[5.13]   Berber, R, Kravaris, C.: Nonlinear model based process control. NATO ASI Series E No. 353. Kluwer Academic Publishers 1998.

[5.14]   Engell, S. (Hrsg.): Entwurf nichtlinearer Regelungen. Oldenbourg Industrieverlag 1995.

[5.15]   Ogunnaike, B. A., Ray, W.H.: Process Dynamics, Modeling and Control. Oxford University Press 1994.

[5.16]   Hokanson, D.A., Gerstle, J.G.: DMC multivariable controllers. In: Luyben, W.L. (Ed.): Practical Distillation Control. Van Nostrand Reinhold 1992, S. 248-271.

[5.17]   Aufderheide, B., Bequette, B.W.: Extension of dynamic matrix control to multiple models. Computers and Chemical Engineering 27(2003) H. 8-9, S. 1079-1096.

[5.18]   Johanson, T.A., Murray-Smith, R.: The operating regime approach to nonlinear modeling and control. In: Murray-Smith, R. und Johanson, T.A. (Eds.): Multiple Model Approaches to Modeling and Control. Taylor and Francis London 1997, S. 3-72.

[5.19]   Johansen, T.A., Foss, B.A.: Operating regime based process modeling and identification. Computers and Chemical Engineering 21(1997) H.2, S. 159-176.

[5.20]   Nelles. O.: LOLIMOT – Lokale, lineare Modelle zur Identifikation nichtlinearer dynamischer Systeme. Automatisierungstechnik at 45(1997) H. 4, S. 163-174.

[5.21]   Townsend, S., Irwin, G.W.: Nonlinear model predictive control using multiple local models. In: [5.12], S. 223-243.

[5.22]   Aström, K.J., Wittemmark, B.: Adaptive Control. 2nd edition. Addison-Wesley 1995.

[5.23]   Clarke, D.W., Mohtadi, C., Tuffs, P.S.: Generalized Predictive Control. Part 1: The basic algorithm. Aotomatica 23(1987) H. 2, S. 137-148 und Part 2: Extensions and interpretations. Automatica 23(1987) H. 2, S. 149-160.

[5.24]   Martin Sanchez, J.M., Rodellar, J.: Adaptive predictive control. From the concepts to plant optimization. Prentice Hall 1996.

[5.25]   Ackermann, J.: Robuste Regelungen. Springer-Verlag Berlin 1993.

[5.26]   Wang, Y.J., Rawlings, J.B.: A new robust model predictive control method. I: theory and computation. Journal of Process Control 14(2004) H. 3, S. 231-247 und II: examples. Journal of Process Control 14(2004) H. 3, S. 249-262.

[5.27]   Thomas, P.: Simulation of industrial processes for control engineers. Butterworth-Heinemann Verlag 1999.

[5.28]   Brack, G.: Dynamische Modelle verfahrenstechnischer Prozesse. Verlag Technik Berlin 1971.

[5.29]   Luyben, W.L.: Plantwide dynamic simulators in chemical processing and control. Marcel Dekker New York 2002.

[5.30]   Schaich, D., Friedrich, M.: Operator-Training Simulation (OTS) in der chemischen Industrie – Erfahrungen und Perspektiven. Automatisierungstechnische Praxis atp 45(2003) H. 2, S. 38-48.

[5.31]   Kroll, A.: Trainingssimulation für die Prozessindustrien – Status, Trends und Ausblick. Automatisierungstechnische Praxis atp 45(2003). H. 2, S. 50-57 und H. 3, S. 55-60.

[5.32]   Sjöberg, J. u.a.:   Nonlinear black box modeling in system identification : a unified overview. Automatica 31(1995) H.12, S. 1691-1724.

[5.33]   Unbehauen, H.: Identification of nonlinear systems. In: Encyclopedia of Life Support Systems (EOLSS). EOLSS Publishers Oxford [http://www.eolss.net]

[5.34]   Haber, R. Keviczky, L.: Nonlinear system identification – input/output modeling approach. Bde. 1 und 2. Kluwer Academic Publishers 1999.

[5.35]   Nelles, O.: Nonlinear System Identification. Springer-Verlag Berlin 2001.

[5.36]   Nelles, O., Ernst, S., Isermann, R.: Neuronale Netze zur Identifikation nichtlinearer dynamischer Systeme – ein Überblick. Automatisierungstechnik at 45(1997) H. 6, S. 251-262.

[5.37]   Doyle, F.J., Pearson, R.K., Ogunnaike, B.A.: Identification and control using Volterra models. Springer-Verlag London 2001.

[5.38]   Zhu, Y.: Multivariable system identification for process control. Pergamon Press 2001.

[5.39]   Pearson, R.K. Nonlinear input/output modelling. Journal of Process Control 5(1995) H. 4, S. 197-211.

[5.40]   Mayne, D.Q. u.a.: Constrained model predictive control: stability and optimality. Automatica 36(2000) S. 789-14.

[5.41]   Biegler, L.T.: Efficient solution of dynamic optimization and NMPC problems. In: [5.11], S. 219-243.

[5.42]   Wright, S.: Applying new optimization algorithms to model predictve control. In: Kantor, C. J. u.a. (Eds.): Fifth International Conference on Chemical Process Control – CPC-V. Tahoe City 1996. AIChE Symposium Series 316, S. 147-155.

[5.43]   Lee, J.H., Ricker, N.L.: Extended Kalman filter based model predictive control. Industrial and Engineering Chemistry Research 33(1994) S. 1530-1541.

[5.44]   Ricker, N.L., Lee, J.H.: Nonlinear model predictive control of the Tennessee Eastman challenge process. Computers and Chemical Engineering 19(1995) S. 577-585.

[5.45]   Diehl, M. u.a. An efficient algorithm for nonlinear model predictive control of large-scale systems – Part I: Description of the method. Automatisierungstechnik at 50(2002) H.12, S. 557-567 und Part II: Experimental evaluation for a distillation column. Automatisierungstechnik at 51(2003) H.1, S. 22-29.

[5.46]   Rode, M., Franke, R., Krüger, K.: Modellprädiktive Regelung zur optimierten Anfahrt von Dampferzeugern. ABB Technik Heft 3/2003, S. 30-36.

[5.47]   Krebs, V.: Nichtlineare Filterung. Oldenbourg-Verlag München 1980.

[5.48]   Brammer, K, Siffling, G.: Kalman-Bucy-Filter. Deterministische Beobachtung und stochastische Filterung. Oldenbourg-Verlag München 1975.

[5.49]   Dittmar, R.: Modellgestützte Überwachung verfahrenstechnischer Systeme durch Zustandsschätzverfahren. Chemische Technik 43(1991) H. 8, S. 283-290.

[5.50]   Lee, J.H., Cooley, B.: Recent Advances in model predictive control and other related areas. In: Kantor, C. J. u.a. (Eds.): Fifth International Conference on Chemical Process Control – CPC-V. Tahoe City 1996. AIChE Symposium Series 316, S. 201-216.

[5.51]   Föllinger, O.: Nichtlineare Regelungen II. 7. Auflage, Oldenbourg München Verlag 1993.

[5.52]   Goodwin, G.C., Graebe, St.F., Salgado, M.E.: Control System Design. Prentice Hall 2001.

6   Projektabwicklung und Entwicklungsumgebung

Bei der Abwicklung von Advanced-Control-Projekten unter Nutzung der MPC-Technologie hat sich ein Vorgehen in folgenden Schritten bewährt:

- Herausarbeitung der ökonomischen Ziele des AC-Projektes und Sammlung von Daten zur Beschreibung des Istzustandes der Anlagenfahrweise
- Erarbeitung einer Kosten-Nutzen-Analyse und Konzipierung der AC-Funktionen
- Überprüfung der Basisautomatisierung, insbesondere der in das MPC-Konzept einzube-ziehenden PID-Basisregelungen und Lösung anlagentechnischer Probleme
- Entwicklung, Implementierung und Inbetriebnahme von Regel- und Rechenschaltungen unter Nutzung von PLS-Software-Funktionsbausteinen
- Vorbereitung und Durchführung von aktiven Versuchen an der Prozessanlage mit dem Ziel der Modellbildung
- Entwicklung von Prozessmodellen für das dynamische Verhalten der Mehrgrößen-Regelstrecke in allen Steuer- und Störkanälen unter Verwendung von Programmpaketen zur Prozessidentifikation
- Konfiguration des MPC-Reglers, Offline-Simulation des geschlossenen Regelungssys-tems, Grobeinstellung der Reglerparameter
- Portierung des MPC-Reglers auf die Zielhardware, Inbetriebnahme und Feineinstellung der Reglerparameter
- Gestaltung einer nutzerfreundlichen Bedienoberfläche für die Anlagenfahrer
- Inbetriebnahme und Feineinstellung im geschlossenen Regelkreis
- Training und Dokumentation
- Evaluierung der Ergebnisse des AC-Projekts
- Wartung, Pflege und Anpassung des MPC-Regelungssystems im laufenden Anlagenbe-trieb

Im Folgenden soll auf diesen Projektablauf näher eingegangen werden. Die Ausführungen stützen sich im Wesentlichen auf eigene Erfahrungen, ergänzt durch Erkenntnisse, über die in zahlreichen Veröffentlichungen über erfolgreich abgeschlossene AC-Projekte berichtet wurde. Stellvertretend sei hier auf [6.1 bis 6.6] verwiesen. Dass man in diesem Zusammen-hang auch aus Fehlern und Misserfolgen lernen kann, ist anschaulich in [6.7] und [6.8] nach-zulesen.

6.1   Kosten-Nutzen-Analyse und AC-Konzept

Ein Advanced-Control-Projekt beginnt üblicherweise mit einer hinreichend detaillierten Kosten-Nutzen-Analyse und der Erarbeitung einer Advanced-Control-Konzeption. Das Ergebnis dieser Phase wird häufig auch als „Functional Design and Benefits Study" bezeichnet. Dabei geht man in folgenden Schritten vor:

- Identifikation der ökonomischen Ziele und Rahmenbedingungen für eine verbesserte Anlagenfahrweise, Definition eines Basisfalls für die Anlagenfahrweise ohne AC-Maßnahmen
- Erfassung derjenigen Prozessgrößen und Produkteigenschaften (Qualitätsgrößen), die für die Erreichung der ökonomischen Ziele von besonderer Bedeutung sind
- Ermittlung des Potentials für eine Verbesserung der Regelgüte unter Nutzung statistischer Methoden
- Abschätzung des ökonomischen Nutzens und Quantifizierung des Aufwands für die Realisierung der AC-Maßnahmen
- Beschreibung der Ziele und Strukturen der einzelnen AC-Funktionen

Es hat sich bewährt, für diese Aufgaben ein Projekt-Team zu bilden, dem Ingenieure angehören, die über Kenntnisse und Erfahrungen auf folgenden Gebieten verfügen:

- Wirtschaftliche Rahmenbedingungen des Anlagenbetriebs
- Prozessführung der Anlage
- Instrumentierung und Prozessleittechnik
- Qualitätskontrolle und Laboranalysen
- Prozessregelung und Advanced Control
- Prozess- und Laborinformationssysteme, Daten-Schnittstellen

Als maßgebend für den Erfolg und die Akzeptanz eines AC-Projekts hat sich darüber hinaus die möglichst frühzeitige Einbeziehung erfahrener Anlagenfahrer in dieses Team erwiesen.

Zu Projektbeginn sollten u.a. folgende Unterlagen und Informationen bereitgestellt bzw. gesammelt werden:

- Beschreibung des Prozesses (verfahrenstechnische Grundoperationen, Stoff- und Energieflüsse, Anlagenverschaltung, Normalbetrieb und Sonderfahrweisen, chemische Reaktionen) und Betriebshandbücher
- Prozess-Fließbilder und R&I-Diagramme mit eingezeichneten PLT-Stellen auf aktuellem Stand
- Strukturdiagramme der bereits existierenden erweiterten PID-Regelungsstrukturen und komplexen Ablaufsteuerungen
- Informationen über Kosten und Preise der Rohstoffe, Energieträger, Zwischen- und Endprodukte
- Informationen über problembehaftete Ausrüstungen, Teilprozesse und Regelkreise
- Informationen über geplante Prozessänderungen

In den folgenden Abschnitten wird die Vorgehensweise bei der Kosten-Nutzen-Analyse im Zusammenhang mit AC-Projekten näher beschrieben.

6.1.1   Identifikation der ökonomischen Ziele der Prozessführung

Tab. 6.1 gibt eine Übersicht über typische Ziele des Einsatzes von Advanced-Control-Strategien in (überwiegend kontinuierlich betriebenen) verfahrenstechnischen Anlagen.

Tab. 6.1:   Ziele des Einsatzes von Advanced-Control-Strategien nach Schuler [6.9]

Gesichtspunkt	Teilziele
Produktivität und Wirtschaftlichkeit	Erhöhung des Durchsatzes
	Minimierung des Energieeinsatzes
	Verringerung von Umstellzeiten, z.B. bei Wechsel der Fahrweise, der Einsatz- oder Zielprodukte (grade changes)
	Erhöhung der Ausbeute
	Verkürzung der Durchlaufzeiten
Qualität	Erhöhung der Reproduzierbarkeit und Vergleichmäßigung der Anlagenfahrweise
	Minimierung der Schwankungsbreite von Qualitätsparametern
	Verringerung des Analyseaufwands
	Reduktion der Produktion von Ausschuss oder minderwertigen Qualitäten
Operabilität und Verfügbarkeit	Erhöhung der Toleranz gegenüber Rohstoffschwankungen
	Reduktion der Störungsempfindlichkeit
	Erhöhung der Anlagenlaufzeit
	Vermeidung von Ausfällen und Reduktion von Ausfallzeiten
	Erhöhung der Anlagenverfügbarkeit, Flexibilität und Robustheit
Bedienbarkeit	Beherrschung des Bedienerwechsels
	Erhöhung des Bedienkomforts
	Entlastung des Bedienpersonals
Sicherheit	Erhöhung der Arbeitssicherheit
	Erhöhung der Prozess- und Betriebssicherheit
Umweltschutz	Minimierung der Umweltbelastung und des Reststoffanfalls
	Minderung von Emissionen
	Einsparung von Abwasser

Für eine *quantitative* Betrachtung zugänglich sind insbesondere folgende Zielstellungen:

Erhöhung des Durchsatzes: Als Anlagendurchsatz wird die pro Zeiteinheit eingesetzte Rohstoffmenge, mitunter auch die pro Zeiteinheit hergestellte Menge an Zwischen- oder Endprodukten bezeichnet. Durch eine verbesserte Regelung der Prozessgrößen einer Anlage können in vielen Fällen die den Durchsatz limitierenden Engpässe beseitigt oder zumindest reduziert werden. Eine entsprechende Marktsituation vorausgesetzt, schlägt sich eine Erhöhung des Durchsatzes direkt im ökonomischen Ergebnis nieder.

Erhöhung der Ausbeute: Als Ausbeute wird der zu verkaufsfähigen Produkten umgesetzte prozentuale Anteil des Rohstoffs bezeichnet. Ausbeutesteigerungen können durch die Verringerung physikalischer Verluste in Abproduktströmen bzw. durch Verringerung der in chemischen Nebenreaktionen entstehenden unerwünschten Produkte erzielt werden. Die Ausbeute hängt eng mit der Qualität der erzeugten Produkte zusammen. Es kommt darauf an, eine möglichst große Ausbeute an Produkt(en) zu erzielen, die die geforderten Spezifikationen sozusagen „im ersten Anlauf" erreichen. Durch verbesserte Prozessregelung lässt sich oft vermeiden, dass minderwertige Produkte noch einmal aufgearbeitet oder mit höherwertigen Produkten vermischt („geblendet") werden müssen bzw. dass Preiskonzessionen gemacht werden müssen.

Verringerung des spezifischen Energieverbrauchs: Der spezifische Energieverbrauch bezeichnet die pro Einheit an Zwischen- oder Fertigprodukt eingesetzte Menge an Dampf, Brennstoffen, Elektroenergie bzw. anderen Energieträgern. Wenn der Absatz an hergestellten Produkten limitiert ist, ist die Energieeinsparung oft das wichtigste Ziel verbesserter Prozessregelung. Prozesseinheiten, die der thermischen Stofftrennung dienen, wie z.B. Rektifikationskolonnen, stehen daher oft im Mittelpunkt von Advanced-Control-Projekten.

Erhöhung und Vergleichmäßigung der Qualität: In nahezu allen Fällen geben die Abnehmer von Produkten bestimmte Spezifikationen vor, die vom Hersteller eingehalten werden müssen. Dabei sind einseitige (obere bzw. untere) Grenzwerte und Bereiche zu unterscheiden. Tab. 6.2 zeigt einige typische verfahrenstechnische Beispiele.

Tab. 6.2: Produktspezifikationen ausgewählter verfahrenstechnischer Prozesse

Verfahrenstechnischer Prozess	Typische Produktspezifikation
Kraftstoffproduktion	Unterer Grenzwert für die Oktanzahl, oberer Grenzwert für Schwefelgehalt
Polymerherstellung	Bereich für den Mittelwert der Kettenlängenverteilung
Farbstoffherstellung	Oberer Grenzwert für die Restfeuchte
Papierherstellung	Sollwerte bzw. Gutbereiche für Dickenprofil und Lichtdurchlässigkeit

Die Qualität hängt eng mit der Reproduzierbarkeit der Fahrweise, d.h. der Produktion von Produkten mit möglichst gleichbleibenden Eigenschaften, zusammen. Die Verringerung des Anteils von Produkten mit minderwertiger Qualität bzw. die Vermeidung von Ausschussproduktion schlägt sich direkt im ökonomischen Ergebnis nieder. Eine Verringerung der Streuung von Qualitätsparametern erlaubt es, Spezifikationsgrenzen schärfer anzufahren und das so genannte „giveaway" zu vermeiden.

Verkürzung der Durchlaufzeit: Als Durchlaufzeit wird die Zeit vom Einsatz des Rohprodukts bis zur Verladung der Endprodukte bezeichnet. Bei Batch-Prozessen wirkt sich die Verkürzung der Durchlaufzeit in einer Erhöhung des Durchsatzes aus. Bei kontinuierlichen Prozessen ermöglicht eine verbesserte Prozessführung die Verringerung der Speicherkapazität innerhalb der Anlage und führt damit ebenfalls zur Verkürzung der Durchlaufzeit.

Erhöhung der Betriebszeit (Anlagenlaufzeit): Darunter wird der Zeitanteil verstanden, in dem eine Anlage mit dem geplanten Durchsatz betrieben wird und dabei Produkte mit den geforderten Spezifikationen herstellt. Die Anlagenlaufzeit wird durch nicht geplante Still-standszeiten vermindert, die ihrerseits das Resultat ungenügender Qualität der Prozessführung sein können. Durch verbesserte Prozessführung lässt sich häufig erreichen, dass Umstellzeiten zwischen verschiedenen Fahrweisen verringert werden. Typisch für Raffinerieprozesse ist z.B. die Beherrschung des Wechsels zwischen Rohölsorten unterschiedlicher Herkunft. Bei Polymerisationsprozessen werden oft in ein und derselben Anlage Produkte mit unterschiedlichen Eigenschaften (Dichte, Schmelzindex) hergestellt, und es kommt dann darauf an, die Übergangszeit zwischen diesen „product grades" und die Herstellung nicht spezifikationsgerechter Polymere zu minimieren.

Die folgenden einfachen Beispiele sollen verdeutlichen, welche Effekte durch verbesserte Prozessregelung, insbesondere durch den Einsatz von AC-Strategien, erzielt werden können.

Beispiel 1: Durchsatzmaximierung unter Beachtung von Anlagen-Nebenbedingungen

Prozessanlagen werden zwar für einen bestimmten Nominaldurchsatz ausgelegt, aber häufig bei einem höheren Durchsatz betrieben, was durch die beim Entwurfsprozess einberechneten Sicherheitszuschläge für Apparategrößen, Werkstoffe usw. bis zu einem gewissen Grad auch möglich ist. Selbst erfahrene Anlagenfahrer sind aber meist nicht in der Lage, den theoretisch erreichbaren Durchsatz einer Anlage unter Einhaltung aller Nebenbedingungen (wie z.B. verfügbare Heiz- oder Kühlleistungen, Vakuumsystem, Grenzen der Belastbarkeit der Apparate wie z.B. Flutpunkt von Kolonnen, Grenzen der Werkstoffbelastung usw.) zu jedem Zeitpunkt zu erreichen.

Um dies zu verdeutlichen, wird in Bild 6-1 der theoretisch mögliche Durchsatz dem durch den Anlagenfahrer tatsächlich vorgegebenen Durchsatz gegenüber gestellt. Verluste entstehen im angegebenen Beispiel dadurch, dass die Anlagenfahrer den Durchsatz bewusst so wählen, dass Sicherheitsabstände zu den Anlagengrenzen eingehalten werden, oder aber dadurch, dass zu spät auf sich ändernde Umgebungsbedingungen (hier: Abkühlung durch einsetzenden Regen) reagiert wird. Aber auch zu hohe Zielvorgaben für den Durchsatz können zu Verlusten führen, weil in diesem Fall Anlagengrenzen nicht respektiert werden. Durch den Einsatz einer AC-Strategie „automatische Maximierung des Durchsatzes unter Einhaltung von Nebenbedingungen in der Anlage" kann das vorhandene wirtschaftliche Potential erschlossen werden. Diese Funktion kann zum Beispiel durch einen MPC-Regler realisiert werden.

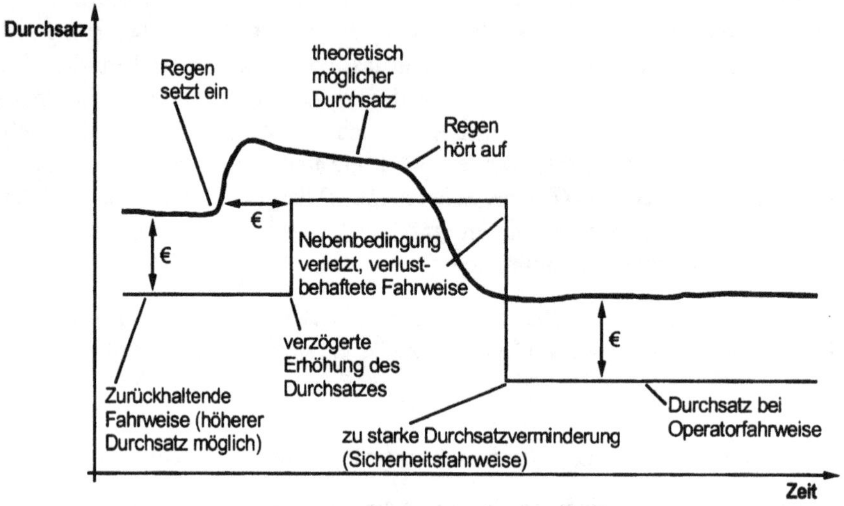

Bild 6-1: Potential für Durchsatzmaximierung durch den Einsatz von AC-Strategien

Beispiel 2: Gewährleistung von Produktspezifikationen

Bild 6-2 zeigt eine Situation, in der untere und obere Spezifikationsgrenzwerte für eine Produktqualität gegeben sind. Durch Verringerung der Varianz infolge verbesserter Prozessregelung gelingt es hier, die Häufigkeit der Verletzung dieser Grenzwerte zu reduzieren. Durch die größere „Manövrierfähigkeit" wird es möglich, größere Störungen im Prozess zu beherrschen, ohne die Spezifikationsgrenzen zu verletzen. Der ökonomische Nutzen entsteht durch Verringerung von Ausschuss bzw. geringeren Aufwand für Nacharbeit, z.B. durch Vermischen („Blenden") mit höherwertigen Produkten.

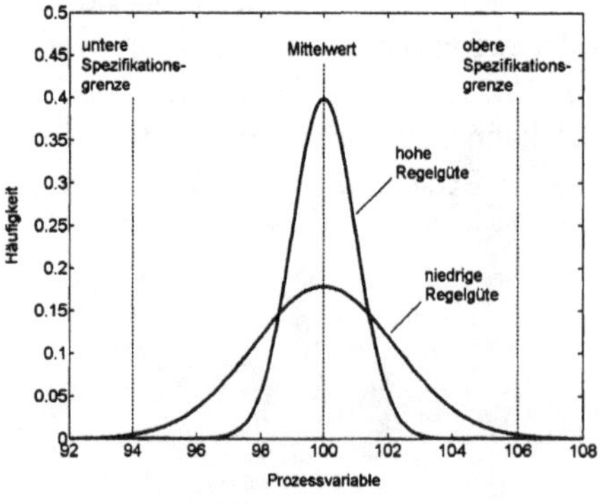

Bild 6-2 : Verringerung der Streuung bei vorgegebenen Spezifikationsgrenzen

Beispiel 3: Ausbeute-Maximierung unter Beachtung eines Temperatur-Grenzwerts

Das nächste Beispiel bezieht sich auf einen Reaktionsprozess, der in einem beheizten Rohr-reaktor durchgeführt wird, und bei dem die Ausbeute mit der Reaktionstemperatur steigt (Bild 6-3). Aus Sicherheitsgründen darf die Wandtemperatur aber nicht oberhalb eines be-stimmten, durch den eingesetzten Werkstoff bedingten Grenzwerts liegen. Der Sollwert für die Temperaturregelung wird in einem bestimmten Sicherheitsabstand von diesem Grenzwert gewählt. Eine Verbesserung der Regelgüte (also eine Verringerung der Schwankungsbreite der Regelgröße) ermöglicht es, diesen Abstand zu verringern. Der TC-Sollwert kann dichter am Grenzwert gewählt werden, demzufolge steigt der Mittelwert der Ausbeute an. Die Re-duktion der Schwankungsbreite der Prozessgröße erlaubt es, den Sollwert (Mittelwert) in die Richtung einer profitableren Fahrweise zu verschieben, ohne die Häufigkeit von Grenzwert-verletzungen zu erhöhen. Der Zeitverlauf der Prozessgröße bei niedriger und hoher Regelgü-te ist zusammen mit deren Histogrammen ebenfalls in Bild 6-3 dargestellt.

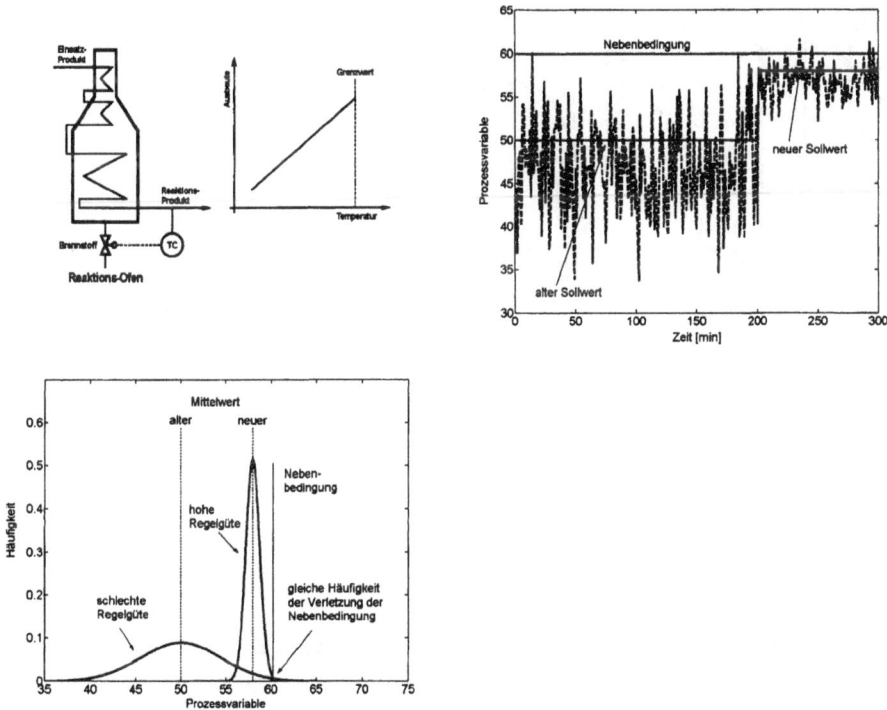

Bild 6-3 : Prozessoptimierung durch Verringerung der Streuung und Verschiebung des Mittelwerts

Beispiel 4: Optimale Verbrennung

Ein Beispiel, bei dem Prozessbeschränkungen nur eine untergeordnete Rolle spielen und allein durch Verringerung der Schwankungsbreite eine Effektivitätssteigerung erreicht werden kann, ist ein Verbrennungsprozess, wie er zum Beispiel in einem Heizkraftwerk vorkommt. Bild 6-4 zeigt ein vereinfachtes R&I-Schema und den Zusammenhang zwischen dem Wirkungsgrad und der O_2-Konzentration im Rauchgas. Für Letztere wird üblicherweise eine Kaskadenregelung mit einer unterlagerten Brennstoff-Luft-Verhältnisregelung vorgesehen. Zu wenig Luft im Verhältnis zum Brennstoffstrom führt zu einer unvollständigen Verbrennung und damit zur Vergeudung von Brennstoff, zu viel Luft dagegen zu einer geringeren Verbrennungstemperatur und damit zur Verringerung des thermischen Wirkungsgrads. Das ökonomische Optimum liegt bei einer bestimmten O_2-Konzentration. Gelingt es, durch eine gute Regelung deren Schwankungsbreite klein zu halten, dann erhöht sich auch die Wirtschaftlichkeit des Prozesses.

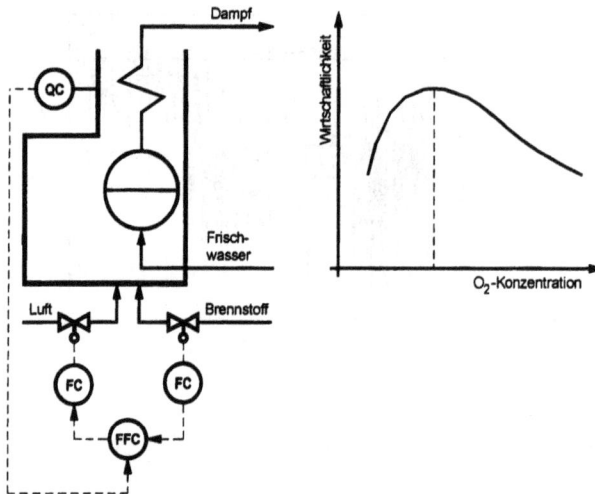

Bild 6-4: Verbrennungsprozess

Die bisher angegebenen Beispiele bezogen sich auf Eingrößenregelungen. MPC-Regelungen sind dagegen auf solche Systeme ausgerichtet, in denen der optimale Arbeitspunkt am Schnittpunkt mehrerer Anlagen-Nebenbedingungen liegt. Bild 6-5 zeigt für diesen Fall, wie durch Verringerung der Schwankungsbreite der Prozessgrößen eine bessere Annäherung an den optimalen Arbeitspunkt erreicht werden kann. Im Bild ist das durch zwei Kreise mit größerem und kleinerem Durchmesser dargestellt. Man kann diese Situation auch als Verallgemeinerung des in Bild 6-3 dargestellten Falles auf eine Regelung mit zwei Steuergrößen auffassen. Wenn die ökonomische Zielfunktion des Prozesses linear von den Steuer- und Regelgrößen abhängt, liegt – wie im Bild dargestellt – der optimale Betriebspunkt in einer Ecke des durch Nebenbedingungen begrenzten zulässigen Betriebsbereichs.

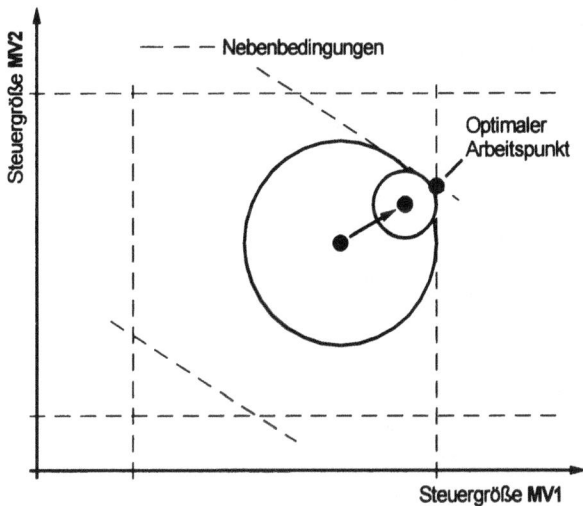

Bild 6-5: Annäherung an den optimalen Arbeitspunkt bei MPC-Regelung

6.1.2 Zuordnung von ökonomischen Zielen zu Prozessgrößen und Produkteigenschaften

In einem zweiten Schritt kommt es darauf an, diejenigen Prozessgrößen bzw. Produkteigenschaften (Qualitätskenngrößen) zu bestimmen, die den größten Einfluss auf die ökonomischen Ziele der Prozessführung haben. Deren Zahl ist meist relativ klein gegenüber der Gesamtzahl der in einer Anlage gemessenen bzw. geregelten Prozessvariablen. In vielen Fällen verfügen die Anlagenbetreiber (Prozessingenieure und Anlagenfahrer) über ausreichende Erfahrungen, um diese Variablen schnell und sicher zu identifizieren. Bei einer Zweistoff-Destillationskolonne ohne Seitenströme sind das zum Beispiel der Rücklauf, die Heizleistung, die Füllstände im Kondensatsammler und im Kolonnensumpf, ausgewählte Bodentemperaturen bzw. Konzentrationen im Kopf- und/oder Sumpfprodukt.

Bei komplexeren Prozessen können als Hilfsmittel Bewertungstabellen verwendet werden, wie sie in [6.10] vorgeschlagen worden sind. In einer ersten Tabelle (Tab. 6.3) werden die ökonomischen Ziele in Zeilen eingetragen und mit Gewichtsfaktoren (z.B. auf einer Skala von 1...5) versehen. In den Spalten werden die Prozessvariablen, von denen ein Einfluss auf die Wirtschaftlichkeit der Fahrweise vermutet wird, aufgelistet und ebenfalls gewichtet. Daran anschließend werden zellenweise die Produkte der Gewichtsfaktoren ermittelt und Spaltensummen gebildet. Die Prozessvariablen mit den größten Spaltensummen sind dann die Kandidaten, die in Advanced-Control-Strategien einbezogen werden sollten. Die genannten Gewichtsfaktoren können ggf. auch experimentell bestimmt werden.

Tab. 6.3: Bewertungstabelle für den Zusammenhang zwischen ökonomischen Zielen und Prozessvariablen

		Prozessvariable				
		02FC501	10TC204	04PC105	...	06TC406
Ökonomische Ziele		x(1...5)	x(1...5)	x(1...5)		x(1...5)
Durchsatz	x(1...5)					
Energieeinsparung	x(1...5)					
Ausbeute	x(1...5)					
Durchlaufzeit	x(1...5)					
...	x(1...5)					
Spaltensummen						

Eine ähnliche Bewertungstabelle kann man für den Zusammenhang zwischen Produkteigenschaften (Q-Messstellen) und den Anforderungen der Kunden (Abnehmer) an die hergestellten Produkte aufstellen (Tab. 6.4). Die Produkteigenschaften mit den größten Spaltensummen sind dann geeignete Kandidaten für AC-Strategien.

Tab. 6.4: Bewertungstabelle für den Zusammenhang zwischen Kundenwünschen und Produkteigenschaften

		Produkteigenschaften				
		02QC501	10QC204	04QC105	...	06QC406
Anforderungen der Abnehmer		x(1...5)	x(1...5)	x(1...5)		x(1...5)
Anforderung 1	x(1...5)					
Anforderung 2	x(1...5)					
...	x(1...5)					
Spaltensummen						

Nach der gleichen Methode lassen sich diejenigen Prozessvariablen ermitteln, die einen relevanten Einfluss auf die Produkteigenschaften haben (Tab. 6.5). In diesem Fall sind allerdings nur die Gewichtsfaktoren für die Prozessvariablen einzusetzen, die deren Einfluss auf die jeweilige Produkteigenschaft bewertet (z.B. auf einer Skala von 1...9). Prozessvariable mit den größten Spaltensummen sind zusätzlich in AC-Strategien einzubeziehen, wenn sie nicht schon nach Tab. 6.3 ermittelt wurden.

Tab. 6.5: Bewertungstabelle für den Zusammenhang zwischen Prozessvariablen und Produkteigenschaften

	Prozessvariable				
	02FC001	10TC210	04PC034		06LC405
Produkteigenschaften					
01QI766	x(1...9)	x(1...9)	x(1...9)	...	x(1...9)
10QI342	x(1...9)	x(1...9)	x(1...9)	...	x(1...9)
...					
Spaltensummen				...	

6.1.3 Statistische Methoden zur Ermittlung des Verbesserungspotentials einer Prozessregelung

Wie in den vergangenen Abschnitten dargelegt, lässt sich die Verbesserung der Güte der Prozessregelung häufig durch die Reduzierung der Schwankungsbreite der Prozessvariablen und Qualitätskenngrößen messen. Die Schwierigkeit der Quantifizierung des Nutzens von AC-Maßnahmen besteht darin, dass sie nur auf der Grundlage von Daten und Informationen erfolgen kann, die *vor Beginn* der Projektdurchführung vorliegen bzw. gesammelt werden müssen. Für die Ermittlung des Verbesserungspotentials stehen u.a. folgende Methoden zur Verfügung:

- Auswertung der Zeitabschnitte, in denen in der Vergangenheit die besten Ergebnisse in der Anlage erzielt worden sind („Best-operator"- oder „Best-practice"-Methode)
- Auswertung von Erfahrungen mit gleichartigen Anlagen im Unternehmen, z.B. vergleichende Analyse von Raffinerieanlagen an anderen Standorten, in denen bereits AC-Strategien eingesetzt werden
- Durchführung gezielter Anlagentests zur Ermittlung von Möglichkeiten zur Verbesserung der Fahrweise
- Entwicklung und Einsatz von dynamischen Simulationsmodellen zur Untersuchung von verschiedenen Regelstrategien
- Statistische Analyse historischer Datensätze

Im Folgenden wird ein pragmatischer Ansatz beschrieben, der sich in der Praxis in einer Vielzahl von Projekten bewährt hat, und daher nicht nur von den meisten Anbietern von AC-Lösungen angewendet, sondern auch von vielen Anwendern akzeptiert wird. Die auf [6.11] und [6.12] zurückgehende Methodik stützt sich auf die statistische Auswertung historischer Datensätze aus dem Normalbetrieb einer Anlage. In vielen Anlagen stehen heute bereits Prozess- und Laborinformationssysteme zur Verfügung, in denen historische Datensätze über einen längeren Zeitraum archiviert werden. Wo das nicht der Fall ist, müssen zuerst Prozessdaten über einen längeren Zeitraum gesammelt bzw. Schichtbücher und Laboranalysen ausgewertet werden. Günstig für eine statistische Analyse ist die Verwendung von ungefilterten 10-Minuten-Schnappschussdaten über einen Zeitraum von mindestens einer Woche bei repräsentativer Anlagenfahrweise. Zeiträume mit größeren Störungen bzw. Verstellungen, An- und Abfahrprozessen und Sonderfahrweisen sollten aus diesen Datensätzen entfernt werden. Da Schnappschussdaten nicht immer zur Verfügung stehen, können alternativ auch Mittelwerte verwendet werden, z.B. 10-Minuten-Mittelwerte über einen Zeitraum von einer Woche, Stunden-Mittelwerte über einen Zeitraum von zwei Wochen oder Schicht-Mittelwerte über einen Zeitraum von einem Monat, wobei kürzere Zeiträume für die Mittelwertbildung zu einer größeren Signifikanz der Analysenergebnisse führen.

Unterstellt man, dass die historischen Prozessdaten normalverteilt sind, dann ergibt sich die in Bild 6-6 dargestellte Verteilungsdichtefunktion.

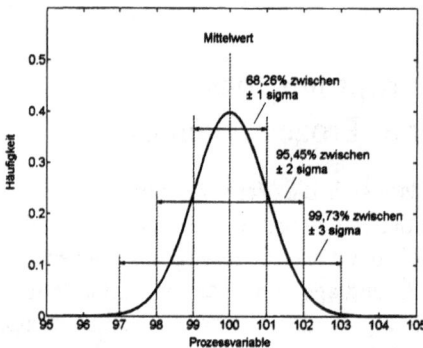

Bild 6-6: Normalverteilungsdichtefunktion mit Mittelwert $\bar{x} = 100$ und Standardabweichung $\sigma = 1$

Statistisches Maß für die Schwankungsbreite der Prozessgrößen sind deren Streuung (Varianz) σ^2 und die Standardabweichung σ. Sie können aus n_{max} Messungen x_i $(i = 1...n_{max})$ nach den Beziehungen

$$\sigma^2 = \frac{\sum_{i=1}^{n_{max}}(x_i - \bar{x})^2}{n_{max} - 1} \tag{6-1}$$

(Streuung) bzw.

$$\sigma = \sqrt{\frac{\sum_{i=1}^{n_{max}}(x_i - \bar{x})^2}{n_{max} - 1}} \tag{6-2}$$

(Standardabweichung) ermittelt werden. Darin bedeutet $\bar{x}$ den Mittelwert

$$\bar{x} = \frac{1}{n_{max}} \sum_{i=1}^{n_{max}} x_i \qquad (6-3)$$

Ungefähr 68% der Daten liegen in einem Bereich von $\bar{x} \pm 1\sigma$, ca. 95% im Bereich $\bar{x} \pm 2\sigma$, und nahezu alle (99,7%) im so genannten 6σ-Bereich $\bar{x} \pm 3\sigma$. Im Folgenden soll die durch die Messeinrichtung bedingte zusätzliche Varianz als klein gegenüber der gemessenen totalen Varianz angesehen und nicht gesondert betrachtet werden. (Es gilt $\sigma_{tot}^2 = \sigma_{proz}^2 + \sigma_{mess}^2$, d.h. wenn $\sigma_{mess} < 0,25\,\sigma_{tot}$ ist, kann der Einfluss der Messeinrichtung auf die Standardabweichung vernachlässigt werden).

Unter Annahme der Normalverteilung lässt sich dann auch berechnen, wie groß die Wahrscheinlichkeit ist, dass ein bestimmter prozentualer Anteil der Messungen eine vorgegebene untere oder obere Grenze x_{min} oder x_{max} verletzt. Es gilt

$$p\,(Anteil > x_{max}) = 1 - \phi\!\left(\frac{x_{max} - \bar{x}}{\sigma}\right) \qquad (6-4)$$

bzw.

$$p\,(Anteil < x_{min}) = \phi\!\left(\frac{x_{min} - \bar{x}}{\sigma}\right) \qquad (6-5)$$

Dabei ist ϕ aus Tabellen für die Normalverteilung zu entnehmen. Tab. 6.6 zeigt einen Ausschnitt.

Tab. 6.6: Standardisierte Normalverteilung (Ausschnitt)

z	$\phi(z)$	z	$\phi(z)$
-3	0,0013	0	0,5
-2	0,0228	0,5	0,6915
-1	0,1587	1	0,8413
-0,5	0,3085	2	0,9772
0	0,5	3	0,9987

Umgekehrt kann man den oberen Grenzwert x_{lim}, den $m\%$ der Daten überschreiten, aus der Beziehung

$$x_{lim} = \bar{x} + p(m\%)\,\sigma \qquad (6-6)$$

berechnen.

Tab. 6.7 zeigt ausgewählte Werte von $p(m\%)$.

Tab. 6.7: Zusammenhang zwischen m und p(m)

$m\%$	25	15,86	5	2,27	0,14
$p(m\%)$	0,675	1	1,65	2	3

Das bedeutet zum Beispiel, dass 0,14% der Daten oberhalb des Grenzwertes $\bar{x} + 3\sigma$ liegen.

Die Annahme der Normalverteilung der historischen Prozessdaten ist oft nicht gerechtfertigt. Abweichungen von der Normalverteilung können z.B. durch folgende Ursachen hervorgerufen werden:

- Ausreißer in den Messdaten
- messtechnische Probleme, z.B. Schwellwerte für die Empfindlichkeit einer Messeinrichtung
- Grenzen für Prozessvariable (z.B. kann die Dicke eines Filterkuchens nicht kleiner als null sein)
- nichtlineare Prozesscharakteristik (z.B. unterschiedliche Wirkung einer positiven oder negativen Verstellung der Heizleistung einer Reinstdestillationskolonne auf die Produktzusammensetzung)

Bei starken Abweichungen von der Normalverteilung kann sich die Anwendung von Transformationsbeziehungen auf die Prozessdaten vor ihrer Weiterverarbeitung als notwendig erweisen [6.10]. Allerdings wird in vielen Fällen auf die Berücksichtigung der Schiefe der Verteilungsdichtefunktion verzichtet, da die damit erreichbare Erhöhung der Genauigkeit der Nutzensschätzung gering ist im Verhältnis zum zusätzlichen Aufwand.

Die Zeitverläufe von Prozessgrößen lassen sich in idealisierter Form durch die Überlagerung einer hochfrequenten stochastischen Signalkomponente und einer (hinsichtlich Amplitude und Zeitdauer der einzelnen Niveaus ebenfalls stochastischen) niederfrequenten Stufenfunktion beschreiben (Bild 6-7, [6.13]).

$$x(t) = x_{stufe}(t) + x_{stoch}(t) \tag{6-7}$$

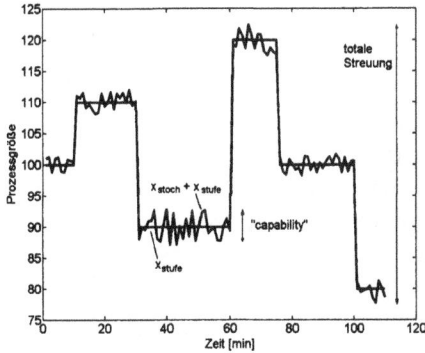

Bild 6-7: Zeitverlauf einer Prozessgröße

Während die höherfrequente Komponente durch kleine, zufällige Störungen entsteht, die in jedem Prozess – auch bei sehr guter Regelung – vorhanden sind, entsteht die stufenförmige Komponente durch größere, seltenere Störungen oder Arbeitspunktänderungen. Es ist daher sinnvoll, bei der Betrachtung der Schwankungsbreite der Prozessgrößen zu unterscheiden zwischen

- der totalen Schwankungsbreite, die sowohl das kurzzeitige als auch das langzeitige Verhalten der Prozessgröße umfasst, wenn dieser Prozess nicht oder nur schlecht geregelt ist. Diese Schwankungsbreite kann durch die totale Standardabweichung σ_{tot} beschrieben werden, die sich nach Gl. (6-2) berechnen lässt.
- der Schwankungsbreite des hochfrequenten stochastischen Signals, die auch bei guter Prozessregelung (und Anwendung von Methoden der statistischen Qualitätskontrolle) erhalten bleibt und als „capability standard deviation" σ_{cap} bezeichnet wird. Der Term „capability" stammt von dem in der Qualitätssicherungs-Literatur verwendeten Begriff „process capability" (Prozessfähigkeit) ab.

Diese kleinstmögliche Standardabweichung σ_{cap} kann aus laufend anfallenden Prozessdaten nach der Beziehung

$$\sigma_{cap} = \frac{\sum_{i=2}^{n_{max}} \frac{|x_i - x_{i-1}|}{(n_{max}-1)}}{1.128} \tag{6-8}$$

(Moving-range-Methode) oder

$$\sigma_{cap} = \sqrt{\sum_{i=2}^{n_{max}} \frac{(x_i - x_{i-1})^2}{2(n_{max}-1)}} \tag{6-9}$$

(Mean square successive difference) abgeschätzt werden [6.10]. Während in die Formel zur Berechnung der totalen Standardabweichung σ_{tot} die Differenzen zwischen Istwert und Mittelwert der Prozessgröße eingehen, werden bei σ_{cap} Differenzen zwischen *zeitlich benachbarten* Prozessdaten verwendet. Auf diese Weise werden hier Langzeitschwankungen der Prozessgröße eliminiert, die in die Berechnung der totalen Standardabweichung eingehen. Wenn die Prozesstotzeit größer ist als der Zeitabstand zwischen zwei benachbarten Prozessdatensätzen, muss diese in den Formeln berücksichtigt werden. Für Gl. (6-9) ergibt sich dann z.B. die Modifikation

$$\sigma_{cap} = \sqrt{\sum_{i=2+d}^{n_{max}} \frac{(x_i - x_{i-1-d})^2}{2(n_{max} - 1 - d)}} \tag{6-10}$$

wobei d die zeitdiskrete Totzeit (gerundeter Wert des Quotienten von Totzeit und Abtastzeit) ist.

Von besonderem Interesse im Rahmen dieses Abschnitts, der sich mit dem Nutzen der Einführung von AC-Strategien, darunter insbesondere MPC-Regelungen, beschäftigt, ist nun die Abschätzung der Verringerung der Schwankungsbreite von Prozessgrößen und Produktqualitäten, die sich durch verbesserte Prozessregelung erreichen lässt. Als konservativer Schätzwert, der sich durch Auswertung der Erfahrungen einer großen Zahl erfolgreich abgeschlossener AC-Projekte ergibt, wird von vielen Autoren $\sigma_{AC} = \sigma_{tot} / 2$ angesehen (vgl. [6.11], [6.14] bis [6.18]). Von Fellner [6.14] wurde alternativ zu diesem Erfahrungswert folgende Beziehung hergeleitet:

$$\sigma_{AC} = \sigma_{cap} \sqrt{2 - \left[\frac{\sigma_{cap}}{\sigma_{tot}}\right]^2} \tag{6-11}$$

Diese Formel gilt nur für $\sigma_{cap} \leq \sqrt{2}\sigma_{tot}$, was aber in den meisten Fällen vorausgesetzt werden kann. Die durch verbesserte Prozessregelung mögliche Verringerung der Standardabweichung in Prozent ergibt sich dann zu

$$\Delta\sigma[\%] = 100\left(1 - \frac{\sigma_{AC}}{\sigma_{tot}}\right) \tag{6-12}$$

Aus Gl. (6-11) ist zu erkennen, dass bei kleinem $\sigma_{cap} / \sigma_{tot}$, d.h. wenn die aktuelle totale Standardabweichung wesentlich größer als die kleinstmögliche ist, das Verhältnis $\sigma_{AC} / \sigma_{cap}$ gegen $\sqrt{2}$ geht. Das bedeutet, dass es in diesem Fall gelingt, die Standardabweichung durch AC-Strategien auf das $\sqrt{2}$-fache der kleinstmöglichen zu reduzieren. Das Potential der Verringerung der Standardabweichung gegenüber σ_{tot} strebt dann gegen den maximalen Wert 100%. Wenn σ_{cap} wächst und gegen σ_{tot} strebt, geht σ_{AC}/σ_{cap} gegen eins und das Potential für eine Verringerung der Standardabweichung durch AC-Strategien strebt gegen null.

Der Betrag, um den der Mittelwert einer Prozessgröße (bzw. deren Sollwert) in Richtung eines Grenzwertes verschoben werden kann, wenn es gelingt, die Standardabweichung von σ_{tot} auf σ_{AC} zu reduzieren, ergibt sich aus

$$\Delta x = \left(1 - \frac{\sigma_{AC}}{\sigma_{tot}}\right)(x_{lim} - \bar{x}) \tag{6-13}$$

Dies gilt unter der Annahme, dass nur ein geringer Prozentsatz der Prozessdaten bei schlechter Regelgüte einen vorgegebenen Grenzwert oder eine Spezifikationsgrenze x_{lim} verletzt, und dass dieser Prozentsatz nach der Verbesserung der Regelgüte gleich groß ist. Daher wird diese Regel in der Literatur auch als „**same percentage rule**" bezeichnet [6.11]. Das entspricht der in Bild 6-3 dargestellten Situation.

In [6.11] und [6.12] werden weitere Regeln zur Berechnung von Δx angegeben, die jeweils auf verschiedene Prozesssituationen zugeschnitten sind:

- „**same limit rule**": wenn ein großer Prozentsatz der Prozessdaten jenseits von x_{lim} liegt, ist es sinnvoller, diese Grenze zu ignorieren und stattdessen einen anderen Grenzwert x_{lim} zu konstruieren, der nur noch von einem geringen Prozentsatz (z.B. 5%) der Prozessdaten verletzt wird. Es wird weiterhin angenommen, dass nach Verbesserung der Prozessregelung derselbe Prozentsatz der Prozessdaten diesen Grenzwert verletzt. Die durch verbesserte Prozessregelung mögliche Verschiebung des Mittelwerts der Prozessgröße ergibt sich in diesem Fall zu

$$\Delta x = \bar{x}_{AC} - \bar{x} = \phi(m\%)(\sigma_{tot} - \sigma_{AC}) \tag{6-14}$$

zum Beispiel mit $\phi(5\%) = 1.65$. Rechnet man mit $\sigma_{AC} = \sigma_{tot}/2$, dann ergibt sich

$$\Delta x = 1{,}65\frac{\sigma_{tot}}{2} \tag{6-15}$$

Diese Regel wird auch angewendet, wenn keine Spezifikationsgrenze definiert ist.

- „**final percentage rule**": Diese Regel wird angewendet, wenn das Ziel darin besteht, dass nach Verbesserung der Prozessregelung ein vorgegebener Prozentsatz von maximal $m\%$ der Prozessdaten bzw. der gemessenen Qualitätskenngrößen den Grenzwert x_{lim} verletzt. Die Verschiebung des Mittelwerts der Prozessgröße ergibt sich hier zu

$$\Delta x = x_{lim} - \left[\bar{x} + \phi(m\%)\,\sigma_{AC}\right] \tag{6-16}$$

oder mit $\sigma_{AC} = \sigma_{tot}/2$

$$\Delta x = x_{lim} - \left[\bar{x} + \phi(m\%)\,\frac{\sigma_{tot}}{2}\right] \tag{6-17}$$

- „**achievable operation rule**": Bei dieser Regel wird die statistische Streuung der Daten vernachlässigt und angenommen, dass der Mittelwert der Prozessgröße bis zum Grenzwert verschoben werden kann:

$$\Delta x = x_{lim} - \bar{x} \tag{6-18}$$

Die Gln. (6-2), (6-8) und (6-11) ermöglichen die Berechnung der aktuellen Schwankungsbreite einer Prozessvariablen (oder eines Qualitätsparameters) und des Potentials für deren Verkleinerung durch verbesserte Prozessregelung. Um die Schwankungsbreite – ausgedrückt durch die Standardabweichung – mit den Zielen der Qualitätssicherung und vorgegebenen Spezifikationen in einen Zusammenhang zu bringen, sind zwei weitere Indizes entwickelt worden: der Prozessgüte-Index (process performance index) und der Prozessfähigkeits-Index (process capability index).

Der **Prozessgüte-Index** p_p stellt einen Zusammenhang zwischen der *aktuell gemessenen* (totalen) Schwankungsbreite σ_{tot} einer Prozessgröße und deren unteren und/oder oberen Spezifikationsgrenzen her. Diese Kombination erfolgt nach der Beziehung

$$p_p = \frac{x_{max} - x_{min}}{6\sigma_{tot}} \tag{6-19}$$

Darin sind die oberen und unteren Spezifikationsgrenzen mit x_{max} und x_{min} bezeichnet. Ein Prozessgüte-Index von $p_p = 1$ bedeutet demzufolge, dass nahezu alle (99,73%) Prozessdaten innerhalb der Spezifikationsgrenzen liegen, allerdings besteht dabei nur ein geringer „Spielraum" für den Prozess. Im Allgemeinen wird man einen Prozessgüte-Index von $p_p \geq 1{,}5$ verlangen, um zu gewährleisten, dass bei einer prozessbedingten Verschiebung des Mittelwerts die Spezifikationsgrenzen immer noch eingehalten werden. Vorausgesetzt werden muss auch, dass der Mittelwert der Prozessdaten in der Mitte des Spezifikationsbereichs liegt. Trifft dies nicht zu oder handelt es sich um eine einseitige (obere oder untere) Spezifikation, muss der Index wie folgt modifiziert werden:

$$p_{pk} = \frac{|\bar{x} - x_{lim}|}{3\sigma_{tot}} \tag{6-20}$$

Für x_{lim} ist in diesem Fall der näher zum Mittelwert liegende Grenzwert einzusetzen.

Der **Prozessfähigkeits-Index** c_p setzt die *minimal mögliche* Schwankungsbreite σ_{cap} in Beziehung zu den Spezifikationsgrenzen. Dies erfolgt nach der Beziehung

$$c_p = \frac{x_{max} - x_{min}}{6\sigma_{cap}} \qquad (6\text{-}21)$$

bzw.

$$c_{pk} = \frac{|\bar{x} - x_{lim}|}{3\sigma_{cap}} \qquad (6\text{-}22)$$

Ein typischer Zielwert für den Prozessfähigkeits-Index ist $c_{pk} = 2$. Man kann ihn als Bezugsmaßstab (benchmark) für die Prozessgüte auffassen: das Ziel besteht darin, p_p an c_p soweit als möglich anzunähern. Die Vorgabe von Zielzahlen für c_p kann nur im Zusammenhang mit den konkreten Zielen der Prozessführung erfolgen; als grobe Richtwerte können gelten: $c_{pk} = 1$ ist die Mindestforderung, $c_{pk} \geq 1{,}5$ wird als ein guter, $c_{pk} \leq 0{,}5$ als schlechter Wert aufgefasst, bei $p_{pk} < 0{,}75\, c_{pk}$ besteht ein starkes Verbesserungspotential. Je größer c_{pk} im Verhältnis zu p_{pk} ist, desto größer ist der zu erwartende Nutzen durch verbesserte Prozessregelung.

Die Bedeutung des Prozessfähigkeits-Index zeigt Bild 6-8 noch einmal aus einer anderen Perspektive. Im oberen Bildteil ist $c_{pk} = 1$. Wenn in diesem Fall der Mittelwert der betrachteten Qualitätskenngröße um den Betrag der Standardabweichung nach rechts (in Richtung der oberen Spezifikationsgrenze) verschoben wird, erhöht sich der prozentuale Anteil nicht spezifikationsgerechter Produktion von $(100 - 99{,}73)/2\ \% = 0{,}135\%$ auf $(100 - 95{,}45)/2\ \% = 2{,}28\%$, bei Verschiebung um den doppelten Betrag bereits auf $(100 - 68{,}26)/2\ \% = 15{,}9\%$. Im unteren Bildteil ist $c_{pk} = 1{,}5$, in diesem Fall erhöht sich der „Off-spec"-Anteil bei Verschiebung um den doppelten Betrag der Standardabweichung nur um $2{,}28\%$.

Verschiebung

oberer
Grenzwert

$c_{pk} = 1,0$

Verschiebung

oberer
Grenzwert

$c_{pk} = 1,5$

Prozessvariable

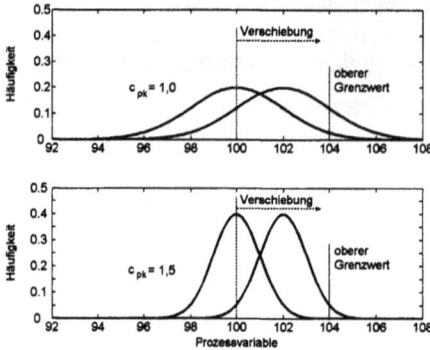

Bild 6-8:   Nicht spezifikationsgerechte Produktion durch Verschiebung des Mittelwerts bei unterschiedlichen C_{pk} -
Werten

Die Betrachtung beider Indizes (des Prozessgüte- und des Prozessfähigkeits-Index) hilft zwei
Fragen zu beantworten, nämlich

(1) ob die aktuelle Prozessgüte nahe der Prozessfähigkeit ist und

(2) ob die Prozessfähigkeit der vom Kunden gewünschten Qualität entspricht.

Die vier möglichen Antwortkombinationen auf diese Fragen sind in Bild 6-9 dargestellt.

Übereinstimmung von aktueller
Prozessgüte und Prozessfähigkeit

	NEIN $P_{pk} \ll c_{pk}$	JA $P_{pk} \approx P_{pk}$
NEIN $c_{pk} < 1$	Prozess ändern und Regelung verbessern !	Prozess ändern !
JA $c_{pk} \gg 1$	Regelung verbessern !	Geringes Potential für Verbesserungen !

Übereinstimmung von Prozessfähigkeit und Kundenwünschen

Bild 6-9: Prozessgüte-Prozessfähigkeits-Matrix (nach ([6.10])

Eine Verbesserung der Prozessregelung sollte demnach angestrebt werden, wenn *gleichzeitig* $p_{pk} << c_{pk}$ und $c_{pk} >> 1$ gilt, d.h. der Prozess über ausreichende „Reserven" verfügt und die Prozessfähigkeit die Kundenwünsche trifft. Das ist auch der Fall, wenn zwar $p_{pk} << c_{pk}$ gilt, aber $c_{pk} < 1$ ist. In diesem Fall muss eine verbesserte Prozessregelung aber von Änderungen im Prozess selbst begleitet werden. Die angegebene Matrix kann als methodisches Hilfsmittel für die Bestimmung der aussichtsreichsten Prozessgrößen-"Kandidaten" für eine verbesserte Prozessregelung verwendet werden.

6.1.4 Ermittlung des ökonomischen Nutzens

Im vorhergehenden Abschnitt wurde gezeigt, wie man die durch Advanced Control mögliche Reduktion der Schwankungsbreite relevanter Prozess- und Qualitätsgrößen ermitteln kann. Dieses Potential muss jedoch letztendlich „in Euro und Cent" ausgedrückt werden, um zu einer Entscheidungsgrundlage für die Durchführung eines AC-Projektes zu kommen. Dabei sind alle Nutzenskomponenten zu erfassen und zu quantifizieren. Der Gesamtnutzen lässt sich nach der allgemeinen Formel

$$Nutzen = \left(Verbesserung\ durch\ AC - Maßnahmen\right) \times Wertzuwachs \times Durchsatz \times Betriebszeit \tag{6-23}$$

berechnen. Für einzelne Nutzenskomponenten ergibt sich dann zum Beispiel als jährlicher Nutzen (Nutzen bezogen auf die Betriebszeit 1 Jahr):

1. Nutzen durch Erhöhung des Durchsatzes an verkaufsfähigen Produkten

$$n_D\left[\frac{\text{€}}{a}\right] = aktueller\ Jahresdurchsatz\left[\frac{Mengeneinheiten}{a}\right] \times$$

$$\frac{geschätzte\ Durchsatzerhöhung\ [\%]}{100\%} \times Preis\left[\frac{\text{€}}{Mengeneinheit\ erhöhter\ Durchsatz}\right] \tag{6-24}$$

2. Nutzen durch Energieeinsparung

$$n_E\left[\frac{\text{€}}{h}\right] = aktueller\ Energieverbrauch\left[\frac{Energieeinheiten}{h}\right] \times \frac{geschätzte\ Reduktion\ [\%]}{100\%}$$

$$\times Energiekosten\left[\frac{\text{€}}{Energieeinheit}\right] \times Produktionszeit\left[\frac{h}{a}\right] \tag{6-25}$$

3. Nutzen durch Erhöhung der Qualität der Produktion

$$n_Q\left[\frac{\epsilon}{a}\right] = aktueller\ Jahresdurchsatz\left[\frac{Mengeneinheiten}{a}\right]$$

$$\times\ \frac{Erlössteigerung\ durch\ Qualitätserhöhung\ [\%]}{100\%}\times Preis\left[\frac{\epsilon}{Mengeneinheit}\right]$$

$$(6\text{-}26)$$

4. Nutzen durch Ausbeutesteigerung

$$n_A = aktueller\ Durchsatz\left[\frac{Mengeneinheiten}{h}\right]$$

$$\times\ \frac{Verluste\ [\%]}{100\%}\times\frac{Verlustreduktion\ [\%]}{100\%}$$

$$\times\ Preis\left[\frac{\epsilon}{Mengeneinheit}\right]\times Produktionszeit\left[\frac{h}{a}\right]$$

$$(6\text{-}27)$$

Andere Nutzensarten können durch Anwendung ähnlicher Berechnungsvorschriften ermittelt werden. Die in diesen Formeln angegebenen Größen „geschätzte Durchsatzerhöhung", „geschätzte Reduktion des Energieverbrauchs" usw. ergeben sich direkt oder indirekt aus den möglichen Änderungen Δx, für die in Abschnitt 6.1.3 Berechnungsvorschriften angegeben worden sind.

Bild 6-10 vermittelt noch einmal eine Gesamtübersicht über die Vorgehensweise bei der Ermittlung des ökonomischen Nutzens verbesserter Prozessregelung durch den Einsatz von AC-Strategien. In ihr sind die in den Abschnitten 6.1.1 bis 6.1.4 beschriebenen Schritte und Methoden zusammengefasst.

In einem ersten Schritt sind die ökonomischen Ziele der Prozessführung zu identifizieren und verbal zu beschreiben (Abschnitt 6.1.1). Für die ökonomischen Ziele Durchsatzmaximierung, Energieeinsparung, Ausbeutesteigerung und Verkürzung der Durchlaufzeit sind anschließend die Prozessvariablen zu bestimmen, die den größten Einfluss auf die Ziele der Prozessführung haben (Abschnitt 6.1.2, Tab. 6.3). Für das Ziel „Qualitätserhöhung" sind die Kundenanforderungen an die Produkte zu ermitteln, anschließend die Produkteigenschaften (Qualitätskenngrößen) und Prozessvariablen zu bestimmen, die im Zusammenhang mit diesen Forderungen stehen (Abschnitt 6.1.2, Tab. 6.4 und Tab. 6.5). Weiterhin sind die Spezifikationsgrenzen für die Produkteigenschaften bzw. Normalbereiche für die Prozessvariablen zu definieren. Durch Analyse archivierter oder aktuell anfallender Zeitreihen von Prozessdaten sind anschließend die Standardabweichungen σ_{tot}, σ_{cap} und σ_{AC} sowie die Indizes p_p (bzw. p_{pk}) und c_p (bzw. c_{pk}) zu berechnen (Abschnitt 6.1.3, Gleichungen (6-2), (6-10), (6-11), (6-19) bis (6-22)).

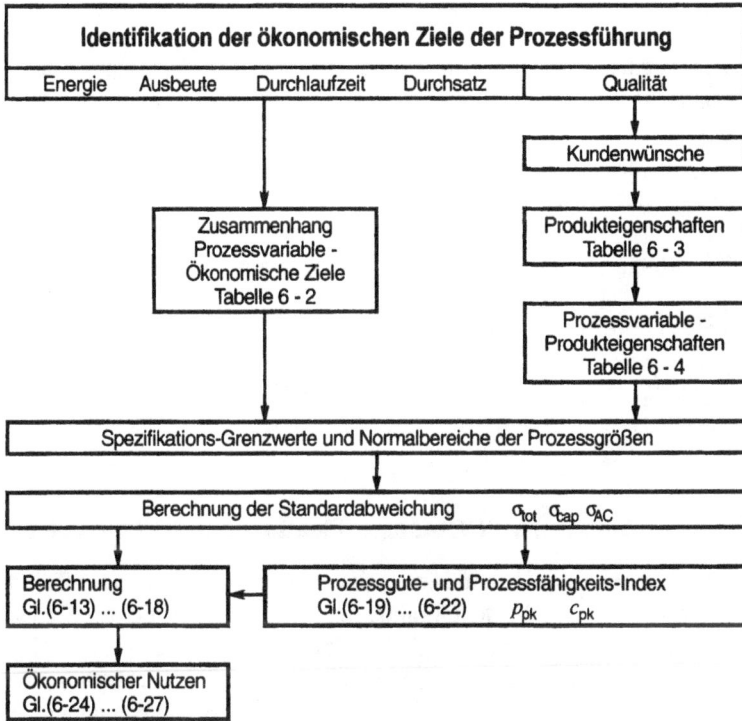

Bild 6-10 : Vorgehen bei der Abschätzung des Nutzens verbesserter Prozessregelung

Durch Auswertung der Prozessgüte-Prozessfähigkeits-Matrix lassen sich die Größen herausfiltern, für die eine Verbesserung der Prozessregelung durch den Einsatz von AC-Strategien am sinnvollsten ist. Die Anwendung der in Abschnitt 6.1.3 erläuterten Regeln (Gleichungen (6-13) bis (6-18)) erlaubt die Abschätzung der durch verbesserte Prozessregelung möglichen Verschiebung der Soll- bzw. Zielwerte der Prozessvariablen in Richtung eines höheren Gewinns. Dieser ökonomische Nutzen ist abschließend zu quantifizieren (Abschnitt 6.1.4, Gleichungen (6-24) bis (6-27)).

Die folgenden Beispiele, die aus realen industriellen AC-Projekten stammen, sollen die Vorgehensweise illustrieren.

Beispiel 1: De-Isobutanisierung in einer Gaszerlegungsanlage

Die Aufgabe der De-Isobutanisierungs-Kolonne in einer Gaszerlegungsanlage besteht darin, eine thermische Stofftrennung durchzuführen, bei der im Kopf der Kolonne Isobutan mit einer Konzentration von ca. 85% anfällt. Das schwerersiedende Normal-Butan sammelt sich im Kolonnensumpf. Der Preisunterschied zwischen Iso- und Normalbutan betrage zwischen 40€/t im Winter und 80€/t im Sommer, im Durchschnitt also 60€/t. Eines der ökonomischen

Ziele der Prozessführung besteht daher darin, den Anteil an Isobutan im Kolonnensumpf zu verringern. Die Untersuchung der durch Online-Gaschromatografie mit einer Abtastzeit von ca. 20min ermittelten Isobutan-Konzentration im Kolonnensumpf über einen repräsentativen Zeitraum ergab einen Mittelwert von $\bar{x} = 5\%$ und eine Standardabweichung von $\sigma_{tot} = 2{,}87\%$.

Da keine klare Spezifikationsgrenze definiert ist, kann Gl. (6-14) angewendet werden, um die durch verbesserte Prozessregelung mögliche Verringerung der Isobutan-Verluste zu berechnen („same limit rule"). Mit der Annahme $\sigma_{AC} = \sigma_{tot} / 2$ ergibt sich nach Gl. (6-15)

$\Delta x = 1{,}65 \dfrac{2{,}87}{2} \% = 2{,}4\%$. Mit einem Durchsatz von Normalbutan von 20m³/h und einer mittleren Dichte von 0,56t/m3 ergibt sich ein Nutzenpotential von

$$n_Q = \frac{2{,}4\%}{100\%} \times 20 \frac{m^3}{h} \times 0{,}56 \frac{t}{m^3} \times 8640 \frac{h}{a} \times 60 \frac{Euro}{t} = 139346 \frac{Euro}{a} \,.$$

Beispiel 2: Fraktionierungskolonne einer FCC-Anlage (Fluidized Catalytic Cracking)

Aufgabe dieser Vielstoff-Fraktionierungskolonne ist es, das im Reaktor/Regenerator-Teil der Anlage anfallende Crackprodukt in verschiedene Fraktionen mit unterschiedlichem Siedebereich aufzutrennen (Bild 6-11). Im vorliegenden Fall handelt es sich um Leichtbenzin (Kopfprodukt), Schwerbenzin (1. Seitenabzug), Gasöl (2. Seitenabzug) und Schweröl (Sumpfprodukt). Das Einsatzprodukt tritt dampfförmig in die Kolonne ein, die Stofftrennung wird durch Wärmeentzug im Sumpfkreislauf und in den zirkulierenden Rückläufen (Pumparounds) bewirkt. Das Kopfprodukt wird kondensiert und z.T. als Kopfrücklauf in die Kolonne zurückgeführt. Wichtige Produktspezifikationen aus der Sicht der Weiterverarbeitung (Mischung zu verschiedenen Raffinerie-Fertigprodukten wie z.B. verschiedenen Benzinsorten) sind die Siedeeigenschaften der Seitenströme. Diese werden in der Erdölindustrie i.A. durch so genannte Siedeenden oder auch „Cutpoints" gekennzeichnet. Zum Beispiel bezeichnet der 90%-Punkt eines Ölgemischs die Temperatur, bei der 90% dieses Gemischs bei einem bestimmten Druck in den dampfförmigen Zustand übergegangen sind (die restlichen 10% sind schwerersiedende Komponenten).

Als Beispiel soll die Berechnung des Nutzens gezeigt werden, der sich durch Erhöhung der Ausbeute an Gasöl infolge verbesserter Prozessregelung ergibt. Die Standardabweichung des Gasöl-90%-Punkts betrug ohne AC-Maßnahmen $\sigma_{tot} = 2°C$. Mit der Abschätzung $\sigma_{AC} = \sigma_{tot} / 2$ ergibt sich nach Gl. (6-15) eine mögliche Anhebung des Mittelwerts des Gasöl-90%-Punkts von $\Delta T_{90\%} = 1{,}65 \dfrac{2}{2} °C = 1{,}65°C$. Dies kann in eine Erhöhung der Ausbeute an Gasöl umgerechnet werden, wenn die Steigung der TBP-Kurve (TBP = True Boiling Point) im Arbeitspunkt bekannt ist. Diese betrug im vorliegenden Fall $14{,}7 \dfrac{°C}{Gew\%}$.

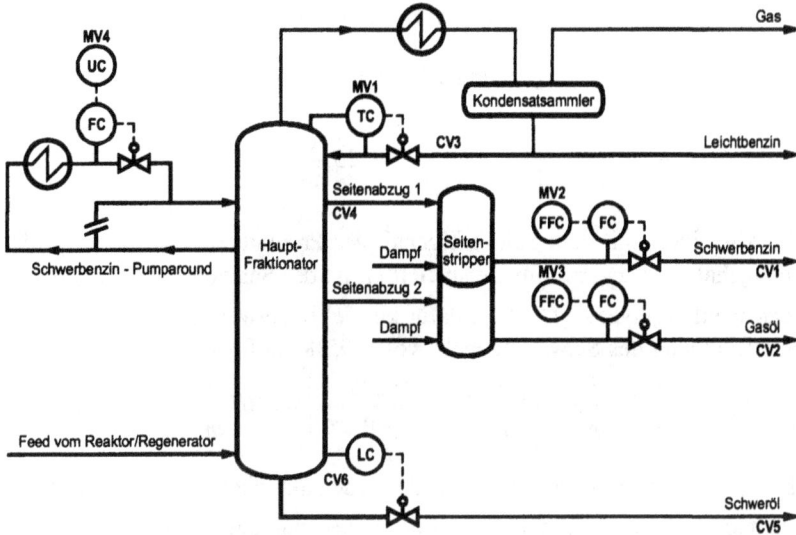

Bild 6-11: Fraktionierungskolonne einer FCC-Anlage

Daraus ergibt sich eine mögliche Ausbeute-Erhöhung um $1,65°C/14,7\dfrac{°C}{Gew\%}=0,11\ Gew\%$,

was bei einem Anlagen-Durchsatz von $260\ t/h$ zu einer Steigerung der Gasöl-Produktion von $0,11\ Gew\%\times260\ t/h=0,3\ t/h$ führt. Da die Erhöhung der Gasöl-Produktion zu Lasten der Schweröl-Produktion erfolgt, muss der ökonomische Nutzen aus der Preisdifferenz zwischen beiden Produkten berechnet werden. Mit einem Gasöl-Preis von $120\ €/t$ und einem Rückstands-Schweröl-Preis von $10\ €/t$ ergibt sich schließlich ein Nutzenspotential von

$$n_A=0,3\frac{t}{h}\times\frac{8640\ h}{a}\times(120-10)\frac{€}{t}=285120\ \frac{€}{a}.$$

Beispiel 3: Mischprozess

Eine mitunter vernachlässigte Nutzenskomponente entsteht durch die Verringerung des Anteils nicht spezifikationsgerechter Produktion. Dies soll am Beispiel eines Mischprozesses erläutert werden, bei dem 2.000 m³/d Zielprodukt (schweres Heizöl mit einem Schwefelgehalt <1%) durch Verblenden von 222,2 m³/d Gasöl (Schwefelgehalt 0.2%) und 1777,8 m³/d Schweröl (Schwefelgehalt 1,1%) hergestellt werden [6.19]. Der Schwefelgehalt im Zielprodukt soll geregelt werden. Als Preise werden 125 €/m³ für Gasöl und 90 €/m³ für Schweröl angenommen. Die Kosten dafür betragen

$125 \dfrac{\text{\euro}}{m^3}\left(\dfrac{222{,}2}{2000}\right)+90\dfrac{\text{\euro}}{m^3}\left(\dfrac{1777{,}8}{2000}\right)\approx 94\dfrac{\text{\euro}}{m^3}$. Der Gewinn durch den Verkauf des Heizöls

mit $x_{lim}\%$ Schwefelgehalt lässt sich allgemein nach folgender Gleichung berechnen:

$$Gewinn = Erlös +\left(125\dfrac{\text{\euro}}{m^3}-90\dfrac{\text{\euro}}{m^3}\right)\left[\dfrac{x_{lim}\%-0{,}2\%}{1{,}1\%-0{,}2\%}\right]-125\dfrac{\text{\euro}}{m^3}$$

Der Gewinn steigt also linear mit dem Schwefelgehalt des Produkts an und ist am größten bei einem Schwefelgehalt von $x_{lim}\%$ (im Beispiel 1%). Ist der Schwefelgehalt kleiner, hat man Gewinn „verschenkt" („giveaway"), weil dafür zu viel höherwertiges Gasöl eingesetzt werden muss. Eine Erhöhung des Schwefelgehalts von 0,95% auf 0,98% würde sich z.B. in

einer Gewinnerhöhung von $\left(125\dfrac{\text{\euro}}{m^3}-90\dfrac{\text{\euro}}{m^3}\right)\left[\dfrac{0{,}03\%}{1{,}1\%-0{,}2\%}\right]=1{,}167\dfrac{\text{\euro}}{m^3}$ ausdrücken.

Für den Fall, dass die Spezifikationsgrenze $x_{lim}\%$ durch den aktuellen Schwefelgehalt überschritten wird (nicht spezifikationsgerechte Produktion) muss nun ein Modell gefunden werden, mit dessen Hilfe man den daraus resultierenden Verlust berechnen kann. Hier soll angenommen werden, dass der Verkaufspreis linear um $\alpha\left(\text{\euro}/m^3\right)/\%\ Schwefel$ mit dem Schwefelgehalt fällt. (In anderen Situationen könnten Kostenmodelle für eine Wiederaufarbeitung des Produkts oder gar für Verluste durch „abspringende" Kunden erforderlich sein.) Der reduzierte Gewinn ergibt sich dann zu

$$Gewinn = Erlös - \alpha\left(x\%-x_{lim}\%\right)+\left(125\dfrac{\text{\euro}}{m^3}-90\dfrac{\text{\euro}}{m^3}\right)\left[\dfrac{x\%-0{,}2\%}{1{,}1\%-0{,}2\%}\right]-125\dfrac{\text{\euro}}{m^3}.$$

Die Unsicherheit der Messung und Regelung des Schwefelgehalts führt dazu, dass die Zielgröße für die Spezifikation (bzw. der Sollwert für die Regelung der Schwefelkonzentration) in der Praxis unterhalb von 1% gesetzt wird. Der Abstand zur Spezifikationsgrenze kann verringert werden, wenn die Schwankungsbreite des Schwefelgehalts infolge verbesserter Prozessregelung verkleinert wird. Der ökonomische Nutzen ergibt sich einerseits aus der Anhebung des Sollwerts für die Regelung des Schwefelgehalts in Richtung auf eine profitablere Fahrweise, andererseits aus einer Verringerung der Wahrscheinlichkeit für eine Verletzung der Spezifikation.

6.1.5   Aufwandsermittlung für Advanced-Control-Projekte

Dem durch verbesserte Prozessregelung voraussichtlich erwirtschafteten Nutzen müssen die Aufwendungen gegenübergestellt werden, die bei der Planung und Realisierung von Advanced-Control-Projekten entstehen. Diese lassen sich wie folgt klassifizieren:

- Beschaffung, Installation und Erprobung neuer bzw. Ertüchtigung vorhandener Mess- und Stelleinrichtungen

- Beschaffung und Einbindung zusätzlicher Komponenten (Hardware und Software) für das Prozessleitsystem und evtl. das Prozessdaten-Informationssystem/Laborinformationssystem
- Lizenzgebühren für AC-Programmsysteme, insbesondere MPC-Programmpakete
- Personalkosten für alle Ingenieurtätigkeiten, die im direkten Zusammenhang mit dem Entwurf, der Implementierung und Inbetriebnahme der AC-Funktionen stehen (Kosten für Erstellung der Functional-Design-Studie, Durchführung von Anlagentests, Modellbildung und Reglerentwurf, Implementierung der Software und Gestaltung/Anpassung der Benutzer-Schnittstelle, Inbetriebnahme, Training und Dokumentation), und zwar sowohl Kosten für Personal beim Anwender als auch Personalkosten durch Fremdleistungen
- Kosten im laufenden Betrieb (Pflege und Wartung, Anpassung an Anlagenänderungen, fortlaufendes Training usw.)

Die ersten drei Kosten-Komponenten lassen sich i.A. recht genau kalkulieren. Schwieriger ist die Abschätzung des erforderlichen Personalaufwands. Er ist nicht nur abhängig von der Zahl der zu realisierenden AC-Funktionen, sondern auch von deren Schwierigkeitsgrad. So ist der Entwurf und die Einstellung eines einschleifigen Regelkreises wesentlich weniger aufwändig als der Entwurf und die Inbetriebnahme einer komplexen Regel- und Rechenschaltung, die wiederum vom Aufwand für eine modellgestützte Regelung übertroffen werden. Bei MPC ist der Aufwand proportional zur Gesamtzahl der einzubeziehenden Steuer-, Regel- und messbaren Störgrößen (MV's, CV's und DV's). Der Aufwand hängt überdies davon ab,

- in welchem Umfang Erfahrungen aus vergleichbaren Prozessen/Anwendungen genutzt werden können
- wie groß die Erfahrungen und Vorkenntnisse der Entwickler und Anwender der AC-Funktionen sind
- wie gut das statische und dynamische Verhalten des Prozesses verstanden wird
- in welchem Maß es möglich ist, die Anlagentests zu automatisieren, d.h. ohne ständige Präsenz eines Entwicklungsingenieurs durchzuführen
- welche Erfahrungen/Probleme mit der vorhandenen Instrumentierung und Software (Prozessleitsystem, Schnittstelle PLS/MPC-Programme, evtl. Ankopplung von Labor- und Prozessinformationssystemen usw.) bestehen
- welchen Entwicklungsstand die für die Projektierung der AC-Funktionen benutzten Werkzeuge aufweisen
- welche dominierenden Zeitkonstanten die Prozesse aufweisen und wie lange daher die Anlagentests dauern.

Die Abschätzung des erforderlichen Personalaufwands verlangt daher viel Erfahrung und sollte eine angemessene Sicherheitsreserve aufweisen. Insbesondere die Fortschritte in der Prozessleittechnik/Informationstechnik haben in den letzten Jahren zu einer spürbaren Verringerung des Aufwands, insbesondere in der Phase der Implementierung, geführt. Beim Betrieb gehobener Strategien der Prozessführung darf der erforderliche Pflegeaufwand nicht unterschätzt werden, der u.a. durch erforderliche Neuidentifikation von Prozessmodellen, Änderung der Ziele und Strategien der Prozessführung, Bereitstellung von Daten für Optimierungsfunktionen, Fehlerdiagnose und -behebung oder Hardware- und Software-Upgrades entstehen kann.

In der Mineralölindustrie/Petrochemie ist es meist üblich, spezialisierte Ingenieurbüros bzw. die Anbieter von MPC-Software mit der Planung und Durchführung von AC-Projekten zu beauftragen. Tab. 6.8 zeigt die dort übliche Aufteilung der Verantwortlichkeiten zwischen Auftragnehmer und Auftraggeber.

Tab. 6.8: Mögliche Aufgabenverteilung zwischen Auftraggeber und Auftragnehmer bei AC-Projekten

Auftragnehmer	Auftraggeber
• Erarbeitung einer Functional-Design-und-Benefits-Studie • Durchführung von Anlagentests • Identifikation und Modellbildung • Regelungsentwurf • Implementierung der AC-Programme auf der Zielhardware • Inbetriebnahme • Erarbeitung von Dokumentationen • Durchführung von Schulungen für ingenieurtechnisches Personal • Mitwirkung bei Factory-Acceptance-Test und Evaluierung	• Schaffung prozesstechnischer und gerätetechnischer Voraussetzungen • Mitwirkung bei Anlagentests • Mitwirkung bei Implementierung • Mitwirkung bei Inbetriebnahme • Teilnahme an Schulungen • Mitwirkung bei der Realisierung von PLS-Funktionen • Projektierung der Bediener-Schnittstelle (Visualisierung) • Durchführung von Schulungen für die Anlagenfahrer • Leitung des Factory-Acceptance-Tests • Evaluierung des ökonomischen Nutzens • Betreuung und Pflege der AC-Funktionen im laufenden Betrieb

Aus dieser Tabelle wird zweierlei erkennbar: Erstens entstehen auch im Fall einer Auftragsvergabe Aufwendungen beim Auftraggeber, und zwar sowohl im Zusammenhang mit der unmittelbaren Projektdurchführung als auch nach Projektabschluss bei der Betreuung und Pflege der AC-Funktionen im laufenden Betrieb der Anlage. Zweitens lässt sich durch eine Umverteilung der Aufgaben und Verantwortlichkeiten Einfluss auf die Projektkosten nehmen. So können zum Beispiel zeitaufwändige Anlagentests in der Regie des Anwenders durchgeführt werden. Im Extremfall ist es möglich – und in einigen größeren Unternehmen der Chemie- und Pharmaindustrie auch üblich –, nur Lizenzen für AC-Programme zu erwerben und das gesamte Projekt „im eigenen Haus" abzuwickeln. Der entgegengesetzte Fall wäre die Realisierung eines „Turn-key"-Projektes. Nach unserer Erfahrung sind jedoch die Entwicklung einer hinreichenden Kompetenz und der Aufbau entsprechender personeller Voraussetzungen beim Anwender der langfristig richtige Weg.

Das Verhältnis von Aufwand und Nutzen wird häufig in Form einer Kennziffer ausgedrückt, z.B. als Amortisationsdauer („payback") in Jahren

$$Amortisatonsdauer \left[a \right] = \frac{Projektkosten \left[\text{€} \right]}{Nutzen \left[\text{€} / a \right] - Aufwand \left[\text{€} / a \right]}$$

Im Raffineriebereich liegt die Amortisationsdauer von AC-Projekten auf Grund der hohen Durchsätze zwischen einem halben und zwei Jahren [6.3]. Alternativ wird auch der Kehrwert, die jährliche Rendite („return on investment", ROI) angegeben.

6.1.6 Ermittlung und Beschreibung von AC-Strategien

In zweiten Hauptteil einer „Functional-Design-and-Benefits"-Studie werden die Ziele und die Strukturen jeder AC-Funktion im Detail erläutert. In vielen Fällen setzt sich eine AC-Funktion aus

- Regel- und Rechenschaltungen, die auf dem Prozessleitsystem unter Nutzung von Standard-Funktionsbausteinen realisiert werden (PLS-Funktionen),
- der Berechnung von Qualitätskenngrößen (Softsensoren, modellgestützte Messungen),
- einem oder mehreren übergeordneten MPC-Reglern

zusammen.

Regel- und Rechenschaltungen (PLS-Funktionen)

Die PLS-Funktionen realisieren die im Kapitel 1 als „konventionelle Regelungsstrategien" und „klassische AC-Verfahren" bezeichneten Strukturen, wie Verhältnis- und Kaskadenregelungen, Störgrößenaufschaltungen, Override- und Split-Range-Regelungen oder eine Kombination aus diesen. Einen großen Reichtum an Informationen und Beispielen zum Entwurf solcher mit PLS-Mitteln realisierbaren Regel- und Rechenschaltungen für verfahrenstechnische Grundoperationen beinhalten [6.20] bis [6.22].

Als Beispiel für eine mit PLS-Mitteln realisierbare AC-Funktion soll eine vergleichsweise komplexe Regel- und Rechenschaltung angegeben werden, die am Sumpf der Fraktionierungskolonne einer Raffinerieanlage eingesetzt wurde (Bild 6-12).

Aus regelungstechnischer Sicht handelt es sich um die Kombination von Kaskadenregelung, Verhältnisregelung, Override-Regelung und Bias-Funktionen (bedienbare Addition/Subtraktion). Im Mittelpunkt steht dabei eine Verhältnisregelung (FFC3260), die die aus dem zirkulierenden Rücklauf (Pumparound) am Sumpf der Kolonne abzuführende Wärmemenge in ein vorgegebenes Verhältnis zum Anlagendurchsatz (FI3000) bringen soll. Der Verhältnisregler gibt die Sollwerte für fünf unterlagerte Durchflussregler (Teilströme des zirkulierenden Rücklaufs) FC3101...FC3105 vor. Um diese Sollwerte individuell beeinflussen zu können, sind bedienbare Bias-Bausteine UC3101...UC3105 zwischengeschaltet. Der Sollwert des Verhältnisreglers wird seinerseits durch eine übergeordnete Temperaturregelung TC3290 vorgegeben, der die Temperatur des Gasölabzugs konstant halten soll.

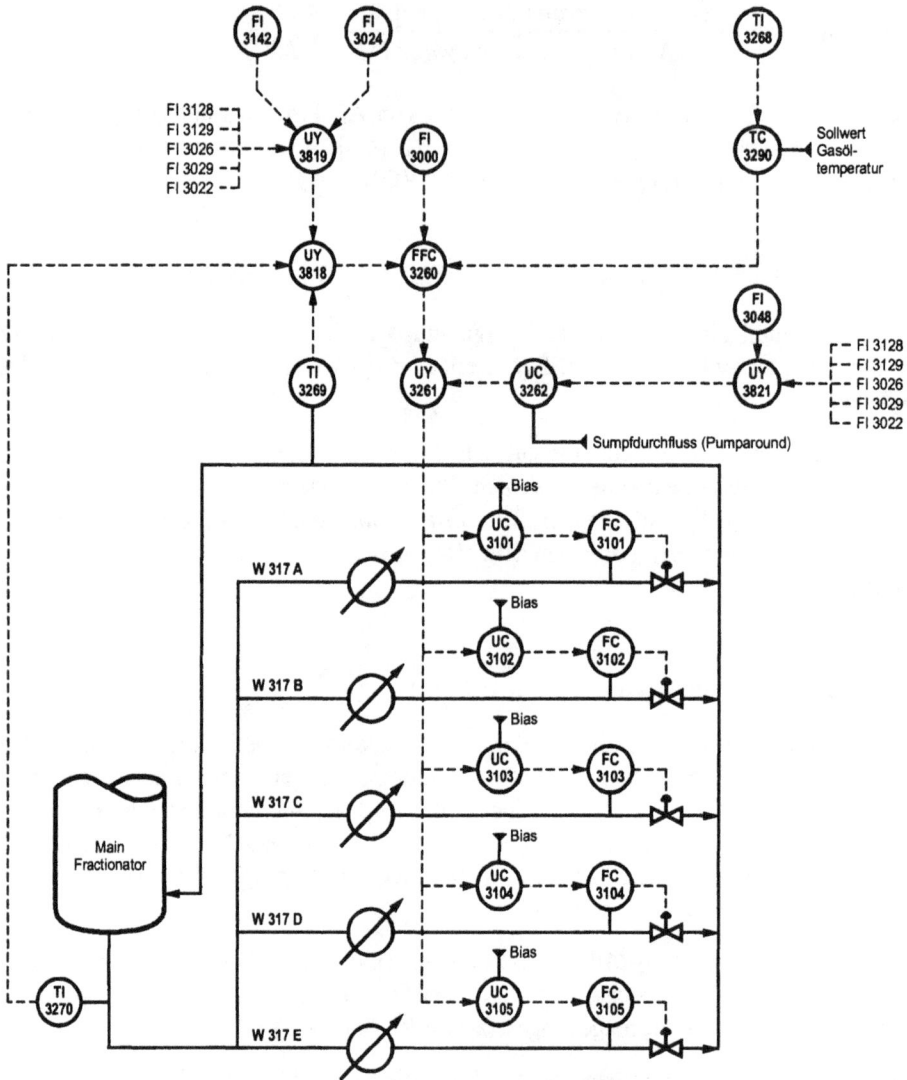

Bild 6-12: Komplexe Regel- und Rechenschaltung an einer Fraktionierungskolonne als Beispiel für eine PLS-AC-Funktion

Die Wärmeleistung wird in einem Rechenbaustein UY3818 aus der Differenz zwischen der Sumpf- und Rücklauftemperatur am Kolonnensumpf und den Durchflüssen der Pumparound-Teilströme berechnet. Schließlich ist zwischen dem Ausgang des Verhältnisreglers und den Bias-Bausteinen ein Override-Selektor UY3261 angeordnet, der zwischen der Verhältnisregelung und der Regelung des maximal erlaubten Pumparound-Durchflusses UC3262 umschaltet. Letztere hat die Aufgabe, die Sumpfumlaufpumpe vor Überlastung zu schützen.

MPC-Regelungen

In der „Functional-Design"-Studie werden die für die einzelnen AC-Funktionen vorgesehenen MPC-Regler hinsichtlich ihrer Regelungsziele und ihrer Struktur charakterisiert. Dabei wird unter MPC-„Struktur" oder -„Konfiguration" die Festlegung der in den MPC-Regler einzubeziehenden Steuergrößen (MV's), Regelgrößen (CV's) und messbaren Störgrößen (DV's) verstanden. Zusätzlich werden die Ziele für die integrierte Funktion der statischen Prozessoptimierung formuliert. Tab. 6.9 zeigt beispielhaft die Konfiguration eines MPC-Reglers für die FCC-Fraktionierungskolonne.

Tab. 6.9: Beispiel für die Konfiguration eines MPC-Reglers

Regelgrößen (CV's)	Vorgaben
CV1 Siedeende Schwerbenzin	Sollwert
CV2 Siedeende Gasöl	Sollwert
CV3 Kopfrücklauf	Oberer Grenzwert
CV4 Schwerbenzin-Abzugstemperatur	Unterer Grenzwert
CV5 Schweröl-Viskosität	Oberer Grenzwert
CV6 Sumpfstand	Sollbereich
Steuergrößen (MV's)	
MV1 Sollwert Kopftemperatur	Bereichsgrenzen/Verstellgeschwindigkeit
MV2 Sollverhältnis Schwerbenzin/Feed	Bereichsgrenzen/Verstellgeschwindigkeit
MV3 Sollverhältnis Gasöl/Feed	Bereichsgrenzen/Verstellgeschwindigkeit
MV4 Sollverhältnis Wärme/Feed im Schwerbenzin-Pumparound	Bereichsgrenzen/Verstellgeschwindigkeit
Messbare Störgrößen (DV's)	keine
Statische Prozessoptimierung	Zielfunktion, z.B. Maximierung der Gasöl-Produktion

Bei der Konzeption von MPC-Regelungen für eine Prozessanlage steht der Anwender oftmals auch vor der Aufgabe zu entscheiden, ob die Regelung mit einem „großen" MPC-Regler erfolgen soll, der eine hohe Zahl von MV's und CV's aufweist und einen größeren Anlagenabschnitt umfasst, oder ob mehrere „kleine" MPC-Regler konzipiert werden sollen, die jeweils nur eine Prozesseinheit umfassen (z.B. einen Reaktor, eine Destillationskolonne usw.). Im zweiten Fall ist eine Koordinierung der individuellen MPC-Regler untereinander sinnvoll (Bild 6-13).

Die Konzipierung eines „großen" MPC-Reglers weist folgende Vorteile auf:

- es ist möglich, eine Zielfunktion für die integrierte statische Prozessoptimierung zu formulieren, die sich auf die Gesamtanlage bezieht
- es lässt sich vermeiden, dass anlagenweite Nebenbedingungen (constraints) in den MPC-Reglern für individuelle Prozesseinheiten/Teilanlagen mehrfach berücksichtigt werden müssen
- Anlagen mit Kreislaufströmen lassen sich besser beherrschen

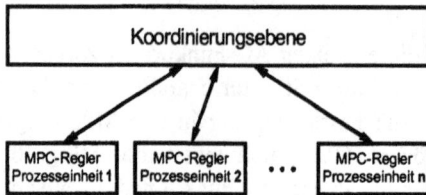

Bild 6-13: Koordinierung von mehreren MPC-Regelungen

Demgegenüber sprechen folgende Argumente für die Verwendung mehrerer „kleinerer" MPC-Regler:

- die Durchführung der Anlagentests wird einfacher und überschaubarer
- die Bedienfreundlichkeit und Akzeptanz durch die Anlagenfahrer ist größer
- es ist weniger wahrscheinlich, dass innerhalb eines MPC-Reglers Teilregelstrecken mit stark unterschiedlichen dominierenden Zeitkonstanten auftreten

Obwohl in der Literatur über MPC-Regler mit bis zu 600 CV's und 280 MV's berichtet worden ist, zeigt die praktische Erfahrung, dass es häufig möglich und günstiger ist, den zweiten Weg zu gehen. Je nach dem betrachteten Prozess bewegt sich die „Größe" der Regler oft zwischen 2...10 MV's und 5...20 CV's.

Virtuelle Online-Analysatoren (Softsensoren)

Zum Inhalt der Functional-Design-Studie gehört schließlich die Konzeption von virtuellen Online-Analysatoren (VOA), auch als Softsensoren oder „inferential measurements" bezeichnet. Diese haben die Aufgabe, für die Prozessführung interessante Qualitätsparameter zu berechnen, für die keine (oder nur teure und wartungsintensive) Analysen-Messeinrichtungen existieren, indem physikalisch-chemische Zusammenhänge mit einfach messbaren Größen, wie z.B. Temperaturen, Drücken und Durchflüssen, ausgenutzt werden. Typische Beispiele sind:

- die Berechnung des Siedeendes (90%- oder 95%-Punkt) von Erdölfraktionen auf der Grundlage gemessener Temperaturen und Durchflüsse von Kolonnen-Seitenströmen über einfache theoretische Prozessmodelle
- die Berechnung der Viskosität von Erdölgemischen auf der Grundlage von Temperatur-messungen mit Hilfe eines theoretischen Prozessmodells, dessen Parameter durch lineare bzw. nichtlineare Regression bestimmt wurden
- die Berechnung von Parametern der Kettenlängenverteilung von Polymeren auf der Grundlage vom Messungen von Drücken, Differenzdrücken, Durchflüssen und Temperaturen im Polymerisationsprozess über künstliche neuronale Netze

Zur Konzeption von Softsensoren im Rahmen der Functional-Design-Spezifikation gehören

- Angaben zur Bedeutung und Verwendung der berechneten Qualitätskenngrößen im Rahmen des AC-Konzepts
- die in die Berechnung einzubeziehenden Messstellen
- die formelmäßigen Zusammenhänge (falls bekannt) zwischen den Eingangsgrößen und dem zu berechnenden Qualitätsparameter einschließlich zeitlicher Verzögerungen
- Angaben zum Gültigkeitsbereich und zur Genauigkeit des Softsensors
- evtl. erforderliche Labor-Updates

Oft werden in regelmäßigen Zeitabständen (z.B einmal pro Schicht oder Tag) Laboranalysen zur Qualitätskontrolle durchgeführt. Diese können verwendet werden, um ein Update des Softsensors durchzuführen. Wenn die Softsensor-Gleichung $y_{VOA} = f(x_1, x_2, ..., t) + b$ lautet, worin y_{VOA} der zu berechnende Qualitätsparameter, x_i die Eingangsgrößen, t die Zeit und b ein Bias-Wert sind, dann kann unter Verwendung eines Laboranalysen-Werts y_{Labor} ein Update dieser Gleichung nach der Vorschrift $b = f(x_1, x_2, ..., t) - y_{Labor}$ vorgenommen werden. Das heißt, der Bias-Wert b wird nach Vorliegen des Analysenergebnisses angepasst. In die Update-Gleichung müssen dann die Werte der Eingangsgrößen x_i zum Zeitpunkt der Probenahme eingesetzt werden. Anstelle einer schlagartigen Verstellung des Bias-Wertes kommt auch eine stoßfreie Anpassung über ein Verzögerungsglied in Frage.

6.2 Anlagentests (Phase I) und Inbetriebnahme von PLS-AC-Funktionen

Advanced-Control-Funktionen und speziell MPC-Regelungen werden in den meisten Fällen für bereits in Betrieb befindliche Prozessanlagen entworfen, für die Betriebserfahrungen über einen längeren Zeitraum vorliegen. Die in diesem Zusammenhang durchgeführten Anlagentests kann man i.A. in zwei Phasen unterteilen. Ziele der ersten oder Vortest-Phase, die in unmittelbarem zeitlichen und inhaltlichen Zusammenhang mit dem Functional Design steht, sind:

- Überprüfung und ggf. Neueinstellung der PID-Basisregelungen
- Bestätigen/Verwerfen von Annahmen über bestehende Nebenbedingungen für die Anlagenfahrweise
- Identifikation und Lösung bestehender prozesstechnischer und mess- bzw. stelltechnischer Probleme
- Gewinnung von Schätzwerten für die Totzeiten, Zeitkonstanten und Verstärkungen der in Frage kommenden MPC-Regelstrecken
- Bestimmung geeigneter Signalamplituden für die zweite Phase der Anlagentests, die der experimentellen Prozessanalyse dient

In der Vortestphase werden typischerweise (mindestens) zwei Sprungantworten in verschiedener Richtung durch Verstellung der Sollwerte derjenigen PID-Regelkreise aufgenommen, die als Kandidaten für die MPC-Steuergrößen (MV's) gelten. Dabei sollten folgende Prozessvariablen aufgezeichnet werden:

- die Sollwerte, Istwerte und Stellgrößen der Regelkreise, die als Kandidaten für MPC-Steuergrößen (MV's) in Frage kommen
- die Istwerte der voraussichtlichen MPC-Regelgrößen (CV's)
- die Istwerte der voraussichtlich als messbare Störgrößen in die MPC-Regelung zu integrierenden Prozessgrößen
- weitere Prozessgrößen, die Informationen über die Fahrweise bereitstellen (Anlagendurchsatz, Einsatz- oder Fertigprodukt usw.)

Als informativ erweist sich außerdem häufig die Sammlung und Auswertung historischer Prozessdaten aus dem Dauerbetrieb der Anlage, d.h. ohne aktive Eingriffe. Daraus können zum Beispiel Hinweise zur Störgrößencharakteristik und zur Häufigkeit von Bedieneingriffen gewonnen werden.

Nicht selten ist es im Ergebnis der Vortests erforderlich, einige PID-Regler neu einzustellen, weil sie entweder zu träge oder mit zu starkem Überschwingen auf Sollwertänderungen reagieren. Die Reglereinstellung der PID-Basisregelungen geht unmittelbar in das dynamische Verhalten der MPC-Regelstrecken ein, so wie bei einer Kaskadenregelung für die Einstellung des Hauptreglers (Führungsreglers) sowohl die Dynamik der Hauptregel*strecke* als auch die Dynamik des Hilfs-Regel*kreises* (Folge-Regelkreises) maßgebend sind. Der Hauptregler ist hier der MPC-Regler, die Hauptregelstrecke hat als Eingangsgröße (MV) den Sollwert des Hilfs-(PID-)-Reglers und als Ausgangsgrößen die MPC-Regelgrößen (CV), siehe Bild 2.2. Eine Neueinstellung von PID-Regelkreisen zu einem späteren Zeitpunkt könnte die notwendige Wiederholung zeit- und kostenintensiver Anlagentests (Phase II) zur Prozessidentifikation nach sich ziehen.

Für die Bestimmung günstiger Reglerparameter für die PID-Regler gibt es unterschiedliche Möglichkeiten. Moderne Prozessleitsysteme verfügen heute i.A. über integrierte Werkzeuge zur Reglereinstellung. Alternativ können dedizierte Programmpakete zum Entwurf von PID-Regelkreisen eingesetzt werden, von denen einige in der Lage sind, Reglerparameter für eine vom Anwender spezifizierte Hardware bzw. für konkrete PID-Regelalgorithmen bereitzustellen. Schließlich können Einstellregeln für PID-Regler verwendet werden (für eine Übersicht vgl. [6.23] bis [6.25]).

Von großer Bedeutung ist in dieser Phase auch die Sicherstellung der korrekten Funktion aller Mess- und Stelleinrichtungen, die Bestandteil eines MPC-Regelungssystems werden sollen. Dies scheint trivial, die praktische Erfahrung zeigt jedoch, das mitunter mess- und stelltechnische Probleme, wie z.B. überhöhte Haftreibung oder Hysterese von Stellventilen, falsche Stellglieddimensionierung oder Unzuverlässigkeit von Analysenmesseinrichtungen, erst in späteren Projektphasen erkannt und behoben werden, was wiederum die Wiederholung von Anlagentests erforderlich machen kann.

Wie bereits diskutiert, werden in einer Reihe von Fällen MPC-Regelgrößen von Softsensoren bereitgestellt. Die zuverlässige und genaue Funktion solcher Softsensoren muss in der Vortest-Phase überprüft und sichergestellt werden, also bevor Anlagentests zur Ermittlung der Prozessmodelle beginnen. Dabei ist es unerheblich, ob diese Qualitätskenngrößen über rigorose Prozessmodelle, Regressionsmodelle oder etwa künstliche neuronale Netze berechnet werden.

Neben ersten Informationen über die Prozessdynamik (dominierende Zeitkonstanten, Totzeiten, „inverse-response"-Verhalten) und die Streckenverstärkungen vermittelt die Auswertung von Sprungantworten auch einen ersten Eindruck über die Nichtlinearität des Streckenverhaltens. Die Bestimmung der Sprunghöhen und der Reihenfolge der Tests sollte in enger Zusammenarbeit mit dem Betreiber und unter Nutzung der Erfahrungen der Anlagenfahrer erfolgen. Die bei diesen Tests zu Tage tretenden Nutz-/Störsignal-Verhältnisse geben Anhaltspunkte für die Wahl der Signalamplituden in der zweiten Testphase.

Für die Aufzeichnung der in den Vortests gewonnenen Daten reichen im Allgemeinen die Möglichkeiten aus, die das Prozessleitsystem oder – falls vorhanden – ein Prozessdateninformationssystem bieten.

Wie bereits erwähnt, ist der Entwurf und die Inbetriebnahme von MPC-Regelungen oftmals mit der Modifikation bestehender bzw. der Implementierung neuer Regelungsstrukturen auf dem Prozessleitsystem selbst verknüpft. Es hat sich bewährt, diese neuen/modifizierten PLS-Funktionen ebenfalls in Betrieb zu nehmen und zu erproben, bevor die zweite Phase der Anlagentests beginnt. Das ist insbesondere dann notwendig, wenn diese Funktionen später „Empfänger" von MPC-Ausgangsgrößen sind. Ein einfaches Beispiel dafür ist die Implementierung einer neuen Rücklauf/Einsatz-Verhältnisregelung an einer Destillationskolonne, wobei der Verhältnis-Sollwert später vom MPC-Regler vorgegeben werden soll. Diese Vorgehensweise ermöglicht es außerdem den Anlagenfahrern, sich zunächst mit diesen, für sie ebenfalls neuen Funktionen ausreichend vertraut zu machen, bevor sie mit dem Verständnis und der Bedienung von MPC konfrontiert werden.

6.3 Anlagentests (Phase II) und Prozessidentifikation

Die Ergebnisse der Vortestphase gehen einerseits in das Functional Design ein, andererseits sind sie eine unmittelbare Vorbereitung für eine zweite Phase von Anlagentests, die die Gewinnung von Messdaten für die Prozessidentifikation zum Ziel haben. Auf Grund der mehrfach angesprochenen Bedeutung, die möglichst genaue dynamische Prozessmodelle in MPC-Regelungen haben, wird diese zweite Phase auch als „Haupttest" bezeichnet.

Traditionell werden in dieser Etappe alle als Ausgangsgrößen des MPC-Reglers (MV's) vorgesehenen Prozessvariablen nacheinander (also MV für MV) mehrfach sprungförmig verändert und der Zeitverlauf der MPC-Regelgrößen beobachtet. Die dazu erforderlichen Sollwertänderungen an PID-Regelkreisen werden manuell durchgeführt. Daher hat sich für diese Vorgehensweise auch der Begriff „Steptests" eingebürgert. Wie bereits in Kapitel 3 beschrieben, hat diese Vorgehensweise den Vorteil, dass die Interpretation der Ergebnisse einfacher ist, da leichter zwischen der Wirkung der Testsignale und äußeren Störgrößen unterschieden werden kann. Insbesondere bei MPC-Reglern mit einer großen Zahl von Ein- und Ausgangsgrößen und bei trägen Prozessen müssen allerdings lange Versuchszeiträume in Kauf genommen werden. Die Erfahrung zeigt außerdem, dass sich diese Tests nicht in dem Sinne automatisieren lassen, dass die Anwesenheit des mit dem MPC-Regelungsentwurf beauftragten Ingenieurs nicht oder nur zeitweise erforderlich ist. Entsprechend hoch ist häufig der Anteil dieser Phase an den Gesamtkosten und dem Bearbeitungszeitraum eines Projekts.

Die beschriebene Vorgehensweise (sequentielle Anregung der einzelnen Steuergrößen, Arbeitsweise im offenen Kreis, manuelle Verstellungen) ist aber nicht zwingend notwendig. Wie in Kapitel 3 beschrieben, kann die Testphase verkürzt werden, wenn gleichzeitig mehrere Steuergrößen mit Testsignalen beaufschlagt werden. Dafür ist dann aber die automatische Erzeugung und Ausgabe anlagen"freundlicher" Testsignale notwendig, und die eingesetzten MPC-Entwicklungswerkzeuge müssen in der Lage sein, diese Vorgehensweise durch einen geeigneten Testsignalgenerator zu unterstützen. Auch die Arbeitsweise im offenen Kreis ist nicht zwingend notwendig, im Gegenteil, die Identifikation im geschlossenen Regelkreis führt i.A. zu besser geeigneten Prozessmodellen, zur Reduzierung von Bedienereingriffen während der Testphase und zu geringeren Auswirkungen auf die Produktionsdurchführung. Allerdings setzt das voraus, dass einige oder alle Regelkreise bereits durch den MPC-Regler geschlossen sind oder dass vorübergehend MPC-Regelgrößen durch PID-Regler stabilisiert werden. Man wird daher davon ausgehen können, dass die Identifikation im geschlossenen Regelkreis dann angewendet werden kann, wenn bereits ein MPC-Regler installiert ist und eine teilweise oder vollständige Reidentifikation vorgesehen ist. Die Identifikation im geschlossenen Regelkreis setzt überdies voraus, dass in den MPC-Entwicklungswerkzeugen dafür geeignete Methoden integriert sind, wenn man nicht zusätzliche Lizenzen für weitere Identifikationsprogramme erwerben will.

Genau wie bei den Vortests ist es angebracht, jeden Schritt der Haupttests mit dem Betreiber und den Anlagenfahrern abzustimmen. Das bezieht sich insbesondere auf die Amplituden der Testsignale, die Reihenfolge der Experimente und die Abstimmung zwischen den Bedienhandlungen der Messwartenfahrer und dem „Außen"operator. Sinnvoll ist überdies eine Abstimmung mit dem Bereich Produktionsplanung, um zu sichern, dass während der Testphase keine gravierenden Verstellungen an vorgeschalteten Anlagen bzw. im Versorgungsnetz vorgenommen werden, die sich negativ auf die Versuchsdurchführung auswirken könnten.

Vor Beginn der Haupttests muss gesichert sein, dass die Testdatensätze mit den vorgesehenen Abtastzeiten und ohne Verlust an Genauigkeit aufgezeichnet werden können. Je nach Anwendungsfall können hierfür PLS-Mittel, vorhandene Prozessdaten-Informationssysteme oder geeignete Komponenten des MPC-Programmsystems selbst verwendet werden. Oft entscheidet man sich heute für die dritte Variante, da dann die Weiterverarbeitung der Daten zur Modellbildung vereinfacht wird. Das setzt voraus, dass ein Teil der in Abschnitt 6.5 besprochenen Arbeiten (Installation der Online-Version des MPC-Reglers bzw. seiner Komponente zur Datenakquisition, Installation und Test der Datenschnittstelle PLS-MPC, Test der Lesefunktionen) bereits in diesem Projektschritt durchgeführt werden.

Liegen ausreichend viele und informationsreiche Testdatensätze vor, kann mit der Identifikation der Prozessmodelle begonnen werden. Für diese Aufgabe werden in der Regel Identifikations-Tools eingesetzt, die integraler Bestandteil der MPC-Entwicklungsumgebung sind. Das Spektrum der dort implementierten Identifikationsverfahren, Modelltypen usw. ist naturgemäß begrenzt. Prinzipiell ist es natürlich auch möglich, eigenständige Identifikationsprogramme (z.B. im eigenen Haus vorhandene oder von Dritten angebotene) einzusetzen.

Eine ausführliche Diskussion der Schritte und Methoden der Prozessidentifikation findet sich in Kapitel 3.

6.4   MPC-Reglerentwurf und Offline-Simulation

An die Phase der Modellbildung schließt sich ein weiterer Projektschritt an, in dem das Verhalten des geschlossenen Regelungssystems vor seinem Einsatz in der Prozessanlage in mehr oder weniger umfangreichen Offline-Simulationen untersucht wird. Dabei wird als MPC-Regler derselbe Programmcode verwendet, der später auch im Online-Betrieb eingesetzt wird. Das Prozessmodell wird in dieser Phase sowohl reglerintern zur Vorhersage des Verhaltens der Regelgrößen als auch reglerextern als Prozess-Simulator verwendet (vgl. Kapitel 3). Dabei beginnen die Offline-Simulationen damit, dass für beide Zwecke identische Modelle des dynamischen Verhaltens verwendet werden, d.h. es wird unterstellt, dass der MPC-Regler über ein exaktes Modell der Regelstrecke verfügt (kein „plant-model-mismatch").

Im Rahmen der Simulationsuntersuchungen werden folgende Teilaufgaben gelöst:

1. Untersuchung des **Führungs- und Störverhaltens** des geschlossenen Mehrgrößen-Regelungssystems. Dazu werden für die Steuergrößen die auch später im Dauerbetrieb vorgesehenen oberen und unteren Grenzwerte und Verstellgeschwindigkeiten vorgegeben. Auf der Seite der Regelgrößen werden die Sollwerte bzw. im Falle der „Bereichsregelung" (range oder zone control) die oberen und unteren Grenzwerte spezifiziert. Zunächst werden die voreingestellten Werte der Reglerparameter verwendet. Bei der Untersuchung des Führungsverhaltens ist zwischen Regelung auf Sollwert und Bereichsregelung zu unterscheiden. Im ersten Fall wird das Führungsverhalten wie bei konventionellen Regelkreisen durch gezielte – meist sprungförmige – Sollwertänderungen getestet. Im zweiten Fall werden die oberen bzw. unteren Grenzwerte für die Regelgrößen bewusst unterhalb bzw. oberhalb der aktuellen Istwerte gesetzt, um zu testen, wie das Regelungssystem auf eine Verletzung dieser Grenzen reagiert. Das Störverhalten kann in der Simulation durch Beaufschlagung einer oder mehrerer Regelgrößen mit sprungkonstanten oder stochastischen Störgrößen untersucht werden. Es ist oftmals sinnvoll, diese Rechnungen zunächst für einzelne Steuergrößen-Regelgrößen-Paare – also für eine Reihe von SISO-Fällen durchzuführen. Anschließend kann die Simulation auf den Mehrgrößenfall erweitert werden. Bei MPC-Reglern mit einer großen Anzahl von Steuer- und Regelgrößen ist

es meist weder zeitlich möglich noch unbedingt erforderlich, alle denkbaren Konstellationen bzw. Subsysteme extensiv zu simulieren. Man beschränkt sich dann auf die aus praktischer Sicht wichtigsten Situationen mit mehreren aktiven Nebenbedingungen.

2. Überprüfung der **Stabilität** des geschlossenen Regelungssystems im Nominalfall und Auffindung geeigneter Reglerparameter. Die praktische Erfahrung zeigt, dass es meist genügt, die meisten dieser Parameter auf ihren voreingestellten Werten zu belassen, und sich auf die Einstellung einiger weniger, in ihrer Wirkung überdies transparenter Parameter (Gewichtsfaktoren, Zeitkonstanten der Referenztrajektorien, Trichterlängen usw.) zu beschränken. Sie werden entsprechend den Anforderungen an die Regelgüte gewählt. Dabei spielen solche Kriterien wie Ausregelzeit, Stellgrößenverlauf, Entkopplung der Teilregelkreise u.a. eine Rolle. Es ist nicht empfehlenswert, die Verstellgeschwindigkeit der Steuergrößen, die bei der Lösung des dynamischen Optimierungsproblems im MPC-Regler als „hard constraint" immer eingehalten wird, als Tuning-Parameter zur Verlangsamung des Regelkreisverhaltens zu benutzen. Die Verstellgeschwindigkeiten sollten während der Inbetriebnahme am realen Prozess aus Sicherheitsgründen zunächst klein gewählt, mit zunehmender Erfahrung und Vertrauen der Anlagenfahrer aber auf die aus Sicht der Prozessführung größtmöglichen Werte gesetzt werden, um z.B. eine schnelle Ausregelung von Störungen zu ermöglichen.

3. Untersuchung des Verhaltens des MPC-Regelungssystems bei **Komponentenausfall**, d.h. bei „Ausfall" einer oder mehrerer Steuer- und Regelgrößen, wie er auch im Online-Betrieb vorkommen kann. Die meisten kommerziellen MPC-Programmsysteme erlauben es, so genannte kritische und unkritische Steuer- und Regelgrößen zu spezifizieren. Dabei werden unter kritischen Größen solche verstanden, deren Ausfall zu einem Abschalten der MPC-Regelung führen soll, während der Ausfall unkritischer Größen durch den MPC-Regler toleriert und reglerintern „abgefangen" wird. Dieser Test in der Simulation ist also darauf ausgerichtet, die Funktion der Bestimmung der aktuell vorhandenen Struktur des MIMO-Systems zu testen und zu untersuchen, wie der MPC-Regler auf eine solche Situation reagiert, d.h. welche suboptimale Lösung er bestimmt. Diese Untersuchungen können wiederum zu einer Überprüfung bzw. Neueinstellung von Reglerparametern führen, insbesondere der Gewichte bzw. Prioritäten für einzelne Steuer- und Regelgrößen.

4. Untersuchung der **Robustheit** des MPC-Regelungssystems gegenüber Modellunsicherheit. Dazu werden i.A. gezielte Veränderungen des als Prozess-Simulator verwendeten Modells gegenüber dem reglerintern verwendeten Modell vorgenommen, insbesondere bei solchen Teilmodellen, bei denen z.B. die Streckenverstärkungen bzw. die Totzeiten nur ungenau bekannt sind oder von denen erwartet wird, dass sie sich im laufenden Betrieb ändern. Dieses Vorgehen kann eine theoretische Robustheitsanalyse nicht ersetzen, gibt aber zumindest Anhaltspunkte dafür, in welchem Maß ein MPC-Regler Modellunsicherheit toleriert. Meist versucht man dann, ein worst-case-Szenarium zu simulieren und die Reglerparameter so zu verändern, dass eine größere Robustheit auf Kosten der Regelgüte erreicht wird.

5. Untersuchung der **statischen Prozessoptimierung**. Die bisher besprochenen Schritte der Offline-Simulation des MPC-Regelungssystems beziehen sich auf den dynamischen Teil des Reglers. Ebenso ist aber die integrierte statische Prozessoptimierung vor ihrem Einsatz im Online-Betrieb zu studieren. Dazu sind Typ und Parameter der ökonomischen Zielfunktion (z.B. Durchsatzmaximierung, Minimierung des spezifischen Energieverbrauchs) vorzugeben und als Funktionen der Steuer- und Regelgrößen auszudrücken. Bei den Simulationsuntersuchungen kommt es einerseits darauf an, die Geschwindigkeit der statischen Optimierung, d.h. das Tempo, in dem der optimale statische Arbeitspunkt angefahren werden soll, so auf die Geschwindigkeit des Reglers abzustimmen, dass dieser genügend „Spielraum" hat, Störgrößen auszuregeln bzw. auf Sollwertänderungen bzw. Verletzung von Grenzwerten für die Regelgrößen zu reagieren. Andererseits sollte in diesem Schritt untersucht werden, wie sich eine Veränderung der Zahl und des Typs der aktiven Nebenbedingungen auf die Lösung des statischen Optimierungsproblems auswirkt.

Eine weitere Möglichkeit der Offline-Simulation, von der allerdings praktisch auf Grund des hohen Aufwands nur selten Gebrauch gemacht wird, ist die Kopplung des MPC-Reglers mit einem rigorosen Prozessmodell (Bild 6-14).

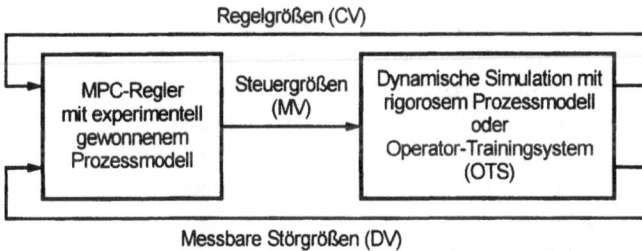

Bild 6-14: Kopplung eines MPC-Reglers mit einem dynamischen Prozess-Simulator

In diesem Fall wird das in der Phase der Prozessidentifikation gewonnene Modell nur reglerintern verwendet, als Prozess-Simulator fungiert ein rigoroses, also durch theoretische Prozessanalyse gewonnenes, nichtlineares dynamische Prozessmodell. Letzteres muss dann natürlich gesondert erstellt werden oder in anderen Zusammenhängen bereits erstellt worden sein. Möglichkeiten sind hier der gleichzeitig mit dem AC-Projekt geplante Einsatz eines Operator-Trainingssystems (OTS) oder das Vorhandensein eines dynamischen Simulationsmodells aus der Phase des Entwurfs der Prozessanlage ([6.26] bis [6.30]). Eine solche Konstellation ermöglicht natürlich weitergehende Robustheitsstudien als sie allein durch gezielte Herbeiführung eines plant-model-mismatch innerhalb der Klasse linearer dynamischer Modelle möglich sind. Im Fall der Kopplung mit einem OTS besteht überdies die Möglichkeit einer sehr realitätsnahen Ausbildung der Anlagenfahrer am MPC-Regelungssystem.

Diese Projektphase schließt üblicherweise mit einer „Detailed Design Documentation" ab, die die Grundlage für einen „Factory Acceptance Test" und die anschließende Realisierung bildet.

6.5   Online-Implementierung und Inbetriebnahme

Welche prinzipiellen Alternativen es für die Online-Implementierung von MPC-Programmsystemen gibt, wird im Abschnitt 8.3 näher beschrieben. In jedem Fall ist nach Abschluss der Offline-Simulationen der Code des MPC-Reglers zusammen mit Dateien, die das reglerinterne Prozessmodell und alle Reglerparameter und -einstellungen enthalten, auf die Zielhardware zu übertragen. Nach der Implementierung der MPC-Software und des Interfaces (z.B. OPC-Server und -Client) beginnt die eigentliche Inbetriebnahmephase. Dabei geht man so vor, dass der MPC-Regler zunächst nur einseitig mit dem PLS gekoppelt wird (online open-loop), d.h. er führt alle Lese- und Rechenfunktionen, aber noch keine Schreibfunktionen aus. Auf diese Weise ist es möglich, zunächst ohne Auswirkungen auf den Prozess zu untersuchen, ob die aus dem PLS gelesenen Größen (Ist- und Sollwerte sowie Betriebsart und Windup-Zustand der unterlagerten PID-Regelkreise, Istwerte und Statusinformationen der Regelgrößen usw.) korrekt sind und ob der MPC-Regler sinnvolle Vorhersagen für die Regelgrößen und Steuergrößenänderungen berechnet. In dieser Etappe ist es üblich, die Vorhersagen des MPC-Reglers mit den tatsächlichen Regelgrößenverläufen zu vergleichen und bei systematischen Abweichungen evtl. letzte Änderungen an den Prozessmodellen vorzunehmen. Danach werden – i.A. schrittweise – die unterlagerten PID-Regelkreise in die Betriebsart geschaltet, die ihnen den Empfang und die Weiterverarbeitung externer Sollwerte ermöglicht. Auf diese Weise wird schrittweise das MPC-Regelungssystem geschlossen. Um die Anlagensicherheit in dieser kritischen Phase zu erhöhen, hat es sich bewährt, zunächst enge obere/untere Grenzen und kleine Verstellgeschwindigkeiten für die MPC-Steuergrößen (bzw. die Sollwerte der unterlagerten PID-Regler) vorzugeben. Diese können dann auf die technologisch sinnvollen Größen erweitert werden, wenn die Sicherheit der Schreibfunktionen und der Arbeitsweise des MPC-Reglers geprüft ist.

Wie bei einer herkömmlichen Kaskadenregelung ist auch bei der Kopplung von MPC-Regler und PID-Regelkreisen die Stoßfreiheit der Umschaltung in beiden Richtungen zu gewährleisten, d.h. zum Beispiel, dass im Moment des Umschaltens eine PID-Regelkreises in die Betriebsart „Automatik mit externem Sollwert" keine Veränderung seines Sollwertes erfolgen darf. Voraussetzung dafür ist, dass die vom MPC-Regler berechneten Ausgangsgrößen auf die aktuellen (internen) Sollwerte der PID-Regler nachgeführt werden, solange diese sich in der Betriebsart „Automatik mit internem Sollwert" befinden (output tracking). Diese Funktion wird innerhalb der MPC-Software realisiert. Umgekehrt ist bei Schaltung der PID-Regler in die Betriebsart „Intern" der letzte externe Sollwert beizubehalten (Bild 6-15). Zur Gewährleistung der Stoßfreiheit der Umschaltung gehört auch, dass die Soll- bzw. Grenzwerte des (übergeordneten) MPC-Reglers nicht sofort im Umschaltzeitpunkt wirksam werden. Dazu können z.B. die Sollwerte der MPC-Regelgrößen auf ihre aktuellen Istwerte nachgeführt werden (setpoint tracking). Wenn sich die aktuellen Sollwerte der unterlagerten PID-

Regelkreise außerhalb der Grenzen befinden, die für die Ausgangsgrößen des MPC-Reglers spezifiziert wurden, ist dafür zu sorgen, dass diese Grenzen nicht im nächsten Rechenzyklus des MPC-Reglers sofort voll wirksam werden. Der Anwender kann davon ausgehen, dass auf der Seite der MPC-Software bei allen eingeführten Programmsystemen die angesprochenen Funktionen zur stoßfreien Umschaltung implementiert sind. Deren Test gehört gleichwohl zur Inbetriebnahmephase.

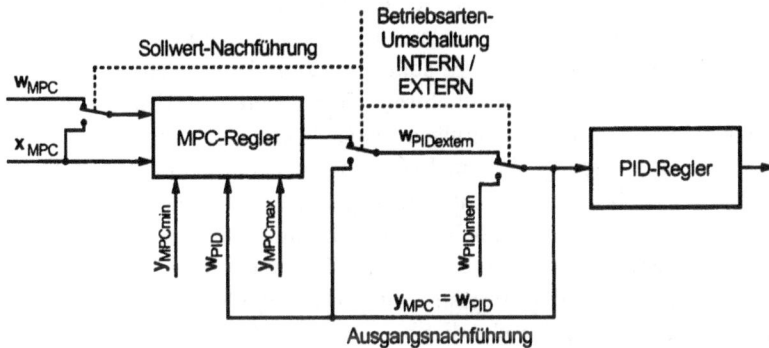

Bild 6-15: Nachführbetrieb und stoßfreie Umschaltung vom MPC-Reglern

In Analogie zur Vorgehensweise in der Offline-Simulation hat es sich bewährt, auch im On-line-Betrieb zunächst die wichtigsten Regelgrößen-Steuergrößen-Kombinationen als SISO-Regelkreise zu testen, z.B. durch die Aufgabe kleiner Sollwertsprünge oder Grenzwertverän-derungen, dann zum MIMO-Fall überzugehen und die wichtigsten Situationen mit mehreren aktiven Nebenbedingungen oder gleichzeitig mehrfachen Sollwertänderungen zu testen. Dieser Abschnitt der Inbetriebnahme dient darüber hinaus der Feineinstellung der Reglerpa-rameter. Vorteilhaft und in einer Reihe von Fällen unabdingbar ist es, wenn in dieser Etappe auch typische Störsituationen/Fahrweisen untersucht werden, z.B. Teillastbetrieb, Wechsel des Einsatzprodukts, Störungen im Heiz- oder Kühlsystem usw. Im Allgemeinen wird auch im Online-Betrieb zunächst der dynamische Teil des MPC-Reglers, und danach die statische Prozessoptimierung in Betrieb gesetzt.

Es ist natürlich sinnvoll, in dieser Phase besonders eng mit den Prozess- und PLT-Ingenieuren des Betreibers und vor allen Dingen den Anlagenfahrern zusammenzuarbeiten, jeden Schritt der Inbetriebnahme zu erläutern, erforderliche Verstellungen vorher gemeinsam abzustimmen und auftretende Probleme zu diskutieren und zu lösen. Dabei sollte die Eigen-verantwortung des Betreibers für die Bedienung der MPC-Regelungen schrittweise erhöht werden, bis eine vollständige Übergabe erfolgt ist.

Zur Erhöhung der Sicherheit hat es sich bewährt, auf dem PLS einen Watchdog-Timer zu installieren, der überwacht, ob die übergeordnete MPC-Regelung aktiv ist. Dieser Timer wird in jedem Abtastzyklus durch den MPC-Regler neu gestartet. Wenn er jedoch einmal ausläuft, ist das ein Hinweis darauf, dass die Kommunikation zwischen PLS und MPC-Regler gestört ist. In diesem Fall werden alle mit dem MPC-Regler gekoppelten PID-

Regelkreise automatisch stoßfrei in eine vorgesehene Sicherheits-Betriebsart geschaltet und eine Meldung an die Anlagenfahrer ausgegeben, die dann den Prozess ohne MPC-Regelung weiter betreiben müssen, bis die Ausfallursache geklärt und behoben ist.

Von großer Bedeutung für die Akzeptanz ist ein klar strukturiertes, übersichtliches und einfach zu bedienendes MPC-Nutzerinterface für die Anlagenfahrer. Bewährt hat sich eine hierarchische Strukturierung, bei der auf der oberen Ebene Übersichten über den Zustand der in die MPC-Regelung einbezogenen Steuer- und Regelgrößen gegeben werden. Von dieser Ebene aus können dann Detailbilder aufgerufen werden, die zusätzliche Informationen, auch zu den eingestellten Parametern, bereitstellen. Es sollte eine klare Unterscheidung zwischen reinen Anzeigen und bedienbaren Größen möglich sein. Farbcodierungen können Zustandsinformationen besonders hervorheben. Bei einigen MPC-Programmsystemen ist es auch üblich, Trenddarstellungen zu Vergangenheit und (vorausberechneter) Zukunft der Steuer- und Regelgrößen anzubieten. In Analogie zu PID-Regelkreisen sollten Bedienberechtigungen vergeben werden, so können Anlagenfahrer i.A. Soll- und Grenzwerte für die Regelgrößen, Grenzwerte und Verstellgeschwindigkeiten für die Steuergrößen bedienen, dem gegenüber ist eine Veränderung der Regelungsstruktur und der Reglerparameter ingenieurtechnischem Personal vorbehalten. Es ist überdies sinnvoll, den Anlagenfahrern Hilfetexte für das bessere Verständnis und die Bedienung von AC-Funktionen und insbesondere MPC-Reglern anzubieten. Beispiele für grafische Bedienoberflächen von MPC-Regelungssystemen finden sich in Kapitel 7.

Die Inbetriebnahmephase wird vielfach durch einen „Performance Test" oder Garantielauf abgeschlossen, in dem nachzuweisen ist, in welchem Umfang der in der Planungsphase abgeschätzte Nutzen auch erreicht worden ist. Dabei besteht die Schwierigkeit darin, möglichst gleichartige Prozessbedingungen wie in Referenzläufen (also im Basisfall vor Inbetriebnahme der AC-Funktionen) sicherzustellen, um die Vergleichbarkeit zu gewährleisten. Bei komplexeren Anlagen ist das nur eingeschränkt möglich, insbesondere lassen sich bestimmte Störsituationen praktisch nicht nachstellen oder gar bewusst herbeiführen. Zu beachten ist auch der ökonomische Aufwand der Durchführung von Referenzläufen. Als schwierig erweist sich auch eine eindeutige Zuordnung von Nutzenskomponenten zu bestimmten AC-Funktionen, da der Gesamtnutzen i.A. durch eine Vielzahl von Maßnahmen sichergestellt wird. Nachträglich ist es dann oft nicht möglich (und auch nicht angebracht) zu ermitteln, welche Nutzensanteile z.B. der Ertüchtigung der Basisinstrumentierung, der Verbesserung der PID-Reglereinstellung, den im Rahmen des AC-Projekts realisierten PLS-Funktionen oder den MPC-Regelungen zuzuschreiben sind. Daher wird man sich in nahezu allen Fällen auf eine pragmatische Vorgehensweise einigen, bei der die Bewertungsmaßstäbe und die Bedingungen für die Referenz- und Garantieläufe zwischen Auftraggeber und Auftragnehmer projektspezifisch von vornherein vereinbart werden.

6.6 Training und Dokumentation, Pflege und Performance Monitoring

Insbesondere beim erstmaligen Einsatz von AC-Funktionen und speziell von MPC-Technologien spielen Ausbildung und Training des späteren Betreibers eine große Rolle. Dabei ist zwischen formalen Schulungen und einem „training on the job" zu unterscheiden. Trotz des größeren Aufwands hat es sich bewährt, gesonderte Schulungen für Führungskräfte, Prozess- und PLT-Ingenieure mit unterschiedlichen Schwerpunkten und Umfängen anzubieten. Tab. 6.10 zeigt eine mögliche Aufteilung der Schulungsinhalte für die einzelnen Personengruppen.

Tab. 6.10: Stoffaufteilung für unterschiedliche Zuhörerkreise bei APC-Schulungen

	Führungskräfte	Ingenieure	Operator
Ökonomischer Nutzen	30%	10%	10%
AC-Funktionen	30%	20%	10%
Anlagentests und Modellbildung	10%	20%	10%
Regelungstechnische Methoden	10%	20%	10%
Arbeit am Simulator	10%	20%	30%
Bedienung Beobachtung	10%	10%	30%

Die Schulung der Anlagenfahrer sollte nicht auf die Handhabung der Bedienoberfläche beschränkt sein, auch wenn das naturgemäß einen Schwerpunkt bildet. Wichtig ist hier, das Verständnis für die Notwendigkeit einer längeren Phase von Anlagentests zu erreichen, ohne die eine Modellbildung nicht möglich ist. Erfahrungsgemäß machen die Anlagenfahrer sehr gern von der Möglichkeit Gebrauch, die MPC-Regelungen in einer Simulationsumgebung zu testen. Daher ist es sinnvoll, diese Möglichkeit nicht nur in der Trainingsphase, sondern für den laufenden Betrieb zur Verfügung zu stellen. Was den regelungstechnischen Hintergrund angeht, sollte hier das Prinzip der modellbasierten Regelung, der Unterschied zwischen Ein- und Mehrgrößenregelungen und die für viele ungewohnte Möglichkeit der Vorgabe von Grenzwerten statt von Sollwerten für die Regelgrößen im Mittelpunkt stehen. Besonders die Arbeitsweise einer Mehrgrößenregelung mit vielen Steuer- und Regelgrößen ist meist nicht „intuitiv" begreifbar.

Eine ausführliche „As-built"-Dokumentation, die auf der „Detailed Design Documentation" aufsetzt, ist ein wichtiger Bestandteil eines AC-Projekts. Sie ist im Zusammenhang zu sehen mit den Dokumentationen, die der Anwender beim Erwerb von Softwarelizenzen für AC-Produkte, speziell MPC-Programmsysteme, ohnehin bezieht. Folgende, auf die jeweilige AC-Funktion bezogene Angaben sollten Bestandteil einer solchen Dokumentation sein:

- Regelungsziele
- Funktionsbeschreibung, d.h. zielführendes Zusammenwirken aller Komponenten der AC-Funktion
- Grafisches Schema der AC-Funktion

- Struktur der MPC-Regelung
- Einbezogene PLT-Stellen
- Zusammenwirken mit anderen AC-Funktionen

Darüber hinaus sind allgemeine, nicht funktionsspezifische Informationen bereitzustellen, darunter

- Vorgehensweise beim Ein- und Ausschalten
- Sicherung der stoßfreien Umschaltung
- Watchdog-Timer und Fallback-Strategie
- Projektspezifische Besonderheiten der Bedienoberfläche

Verfahrenstechnische Prozessanlagen sind wie ein lebendiger Organismus ständigen Veränderungen unterworfen. Diese resultieren sowohl aus unbeabsichtigten Alterungsprozessen wie Katalysatordesaktivierung oder Veränderung des Wärmeübergangs infolge von Ablagerungen, als auch aus aktiven Maßnahmen der Instandhaltung, Modifikation oder Erweiterung der Prozessanlagen im laufenden Betrieb. Demzufolge ist das statische und dynamische Verhalten einer Prozessanlage langsameren oder schnelleren, kleineren oder größeren Änderungen unterworfen, und es muss davon ausgegangen werden, dass die in den Regelungen verwendeten Prozessmodelle im Laufe der Zeit zunehmend von der Realität abweichen werden, was die gewünschte Regelgüte beeinträchtigt. Zur Pflege eines MPC-Regelungssystems gehört zunächst dessen fortlaufende Beobachtung und Bewertung, die Bestimmung eines geeigneten Zeitpunkts für eine Reidentifikation eines Teils der oder aller Prozessmodelle, eine evtl. Umkonfiguration des MPC-Reglers (Aufnahme neuer und Entfernen nicht mehr notwendiger oder verfügbarer Steuer- und Regelgrößen), Wieder- bzw. Neuinbetriebnahme, und die Initiierung von Folgeprojekten. Erfahrungsgemäß ist dazu neben dem Abschluss eines Wartungsvertrages mit einem qualifizierten Dienstleister eine hinreichende Personalkapazität und Kompetenz auf der Seite des Betreibers unbedingt erforderlich.

Werkzeuge für die Beobachtung und Analyse des Verhaltens von MPC-Regelungen und anderen AC-Funktionen gibt es sowohl von den Anbietern dieser Technologie, als auch in Form von Eigenentwicklungen verschiedener Anwender (vgl. [6.31] und [6.32]). Dabei hat es sich bewährt, u.a. folgende Informationen grafisch darzustellen:

- Zeitanteil, in dem die AC-Funktion genutzt wurde (auch als „Service" oder „Uptime-Faktor" bezeichnet). Dabei können unterschiedliche Bezugszeiträume (von Schicht bis zu Monat) gewählt werden. Wenn Daten über den ökonomischen Nutzen zur Verfügung stehen, können die Service-Faktoren auch in finanziellem Gewinn und Verlust ausgedrückt werden
- Zeitanteil, in dem die integrierte statische Prozessoptimierung aktiv war
- Matrix der an der MPC-Regelung aktuell beteiligten Steuer- und Regelgrößen (eine Teilmenge der Gesamtheit aller konfigurierten MV's/CV's)
- Mittlere Abweichung der CV-Istwerte von den Soll- oder Zielwerten („Targets")

- Zeitanteil, in denen MV- oder CV-Nebenbedingungen aktiv sind (dabei bedeutet „aktiv" nicht nur eine aktuelle Verletzung einer Nebenbedingung, sondern auch, dass der MPC-Regler eine solche Verletzung vorhersagt)
- Zeitanteil, in denen MV- oder CV-Nebenbedingungen verletzt sind
- Protokoll der Operator-Bedienhandlungen
- Vorhersagefehler (d.h. die mittlere Differenz zwischen den über das reglerinterne Prozessmodell vorhergesagten und den aktuell gemessenen Regelgrößen)
- Differenz zwischen Laboranalysen und über Softsensoren berechneten Messwerten

Für PID-Eingrößenregelungen wurden in den letzten Jahren eine Reihe weiterer Methoden und Werkzeuge für die fortlaufende Beobachtung, Bewertung und Diagnose (Control Loop Performance Monitoring) entwickelt ([6.33] bis [6.35]). Die Übertragung solcher Methoden auf Mehrgrößenregelungen mit Beschränkungen der Steuer- und Regelgrößen und die Entwicklung entsprechender Tools ist derzeit noch Gegenstand der Forschung [6.36 bis 6.38]. CPM-Methoden können auch verwendet werden, um die mögliche Verringerung der Streuung der Regelgrößen durch den Einsatz von AC-Methoden abzuschätzen [6.39].

Literatur

[6.1]   Marlin, T.E. u.a.: Advanced process control applications: Warren Center case studies of opportunities and benefits. ISA, Research Triangle Park 1988.

[6.2]   Schuler, H., Holl, P.: Erfolgreiche Anwendungen gehobener Prozessführungsstrategien. Automatisierungstechnische Praxis 40(1998) H. 2, S. 37-41.

[6.3]   Anderson, J. u.a.: Getting the most from advanced process control. In: Chopey, N. and the staff of Chemical Engineering (Hrsg.): Instrumentation and Process Control. McGraw Hill 1996, S. 152-163.

[6.4]   R. Dittmar, D. Abe, S. Hommerson: Modellgestützte prädiktive Regelung eines Destillationskolonnensystems in einer Gaszerlegungsanlage. Automatisierungstechnische Praxis atp 41(1999) H. 5, S.26-36.

[6.5]   Sanders, F.F.: Key factors for successfully implementing advanced control. ISA Transactions 36(1998) H. 4, S. 267-272.

[6.6]   Richalet, J.: Industrial applications of Model Based Control. Automatica 29(1993) H. 5, S. 1251-1274.

[6.7]   King, M.J.: How to Lose Money with Advanced Controls.Hydrocarbon Processing 71(1992), H.9, S.23 ff.

[6.8]   Friedman, Y.Z.: Avoid Advanced Control Project Mistakes. Hydrocarbon Processing 71(1992) H. 10, S. 115-120.

[6.9]   Schuler, H.: Aufwand-Nutzen-Analyse von gehobenen Prozessführungsstrategien. Automatisierungstechnische Praxis 36(1994) H. 6, S. 28-40.

[6.10]   Shunta, J.P.: Achieving World Class Manufacturing Through Process Control. ISA, Researsch Triangle Park 1995.

[6.11]   Martin, G.D. u.a.: Estimating control function benefits. Hydrocarbon Processing 70(1991) H. 6, S. 68-73.

[6.12]   Latour, P.L., Sharpe, J.H. Delaney, M.C.: Estimating benefits from advanced control. ISA Transactions 25(1986), H. 4, S. 13-21.

[6.13]   Lorenz, G. : Störgrößenanalyse. Verlag Technik Berlin 1985.

[6.14]   Bailey, S.P., Fellner, W.H.: Some useful aids for understanding and quantifying process control and improvement opportunities. ASQC/ASA Fall Technical Conference, Rochester 1993.

[6.15]   Craig, I.K., Henning, R.D.G.: Evaluation of advanced industrial control projects – a framework for determining economic benefits. Control Engineering Practice 8(2000) S. 769-780.

[6.16]   Marlin, T.E. u.a.: Benefits from process control: results of a joint industry-university study. Journal of Process Control 1(1991), H.2, S. 68-83.

[6.17]   Friedman, P.G.: Economics of control improvement. ISA Research Triangle Park 1995.

[6.18]   Blevins, T.L. u.a.: Advanced Control Unleashed. ISA Research Triangle Park 2003.

[6.19]   Latour, P.R.: Quantify quality control's intangible benefits. Hydrocarbon Processing 71(1992), H.5, S.61 ff.

[6.20]   Breckner, K.: Regel- und Rechenschaltungen in der Prozessautomatisierung – bewährte Beispiele aus der Praxis. Oldenbourg Industrieverlag München 1999.

[6.21]   Liptak, B.G.: Instrument Engineer's Handbook. Volume 2: Process Control Chilton Book Company 1995.

[6.22]   Liptak, B.G.: Optimization of Industrial Unit Processes. CRC Press 1998.

[6.23]   Aström, K.J., Hägglund, T.: PID Controllers – Theory, Design and Tuning. ISA, Research Triangle Park 1995.

[6.24]   McMillan, G.K.: Good Tuning – a pocket guide. ISA, Research Triangle Park 2000.

[6.25]   Becker, N., Grimm, W.M., Piechottka, U.: Vergleich verschiedener PI(D)-Regler – Einstellregeln für aperiodische Strecken mit Ausgleich. Automatisierungstechnische Praxis atp 41(1999) H. 12, S. 39-46.

[6.26]   Schaich, D., Friedrich, M.: Operator-Training Simulation (OTS) in der chemischen Industrie – Erfahrungen und Perspektiven. Automatisierungstechnische Praxis atp 45(2003) H. 2, S. 38-48.

[6.27]   Kroll, A.: Trainingssimulation für die Prozessindustrien: Staus, Trends und Ausblick. Teil 1 und 2. Automatisierungstechnische Praxis atp 45(2003) H. 2, S. 50-57 und H. 3, S. 55-60.

[6.28]   Reinig, G. u.a.: Trainingssimulatoren – Engineering und Einsatz. Chemie-Ingenieur-Technik 69(1997), H. 12, S. 1759-1764.

[6.29]   Ye, N. u.a. : Integration of advanced process control and full-scale dynamic simulation. ISA Transactions 39(2000) S. 273-280.

[6.30]   Luyben, W.L. : Plantwide Dynamic Simulators in Chemical Processing and Control. Marcel Dekker Verlag 2002.

[6.31]   Aspen Watch. Firmenschrift Aspen Technology 1998.

[6.32]   Singh, P., Seto, K.: Analyzing APC performance. Chemical Engineering Progress, August 2002, S. 60-66.

[6.33]   Dittmar, R., Reinig, G., Bebar, M.: Control Loop Performance Monitoring – Motivation, Methoden, Anwenderwünsche. Automatisierungstechnische Praxis 45(2003) H. 4, S. 94-103.

[6.34]   Desborough, L., Miller, R.: Increasing customer value of industrial control performance monitoring – Honeywell's experience. In:Sixth International Conference on Chemical Process Control – CPC VI (Eds.: Rawlings, J.B., Ogunnaike, B.A., Eaton, J.E.) AIChE Symposium Series 326, S. 169-189.

[6.35]   Harris, T.J., Seppala, C.T., and Desborough, L.D.: A Review of Performance Monitoring and Assessment Techniques for Univariate and Multivariate Control Systems. Journal of Process Control 9(1999), H. 1, S. 1-17.

[6.36]   Ko, B.S. and T.F. Edgar: Performance Assessment of Constrained Model Predictive Control Systems. AIChE Journal 47(2000)6, S. 1363 – 1371.

[6.37]   Huang, B., and Shah, S.L.: Performance Assessment of Control Loops: Theory and Applications. Springer-Verlag Berlin 1999.

[6.38]   Loquasto III, F, Seborg, D.E.: Model Predictive Controller Monitoring based on Pattern Classification and PCA. Proceedings of the American Control Conference 2003.

[6.39]   Muske, K.: Estimating the benefit from improved process control. Ind. Eng. Chem. Res. 42(2003), H.20, S. 4535-4544.

7 Übersicht kommerziell verfügbarer MPC-Programmpakete

Die industrielle Anwendung der MPC-Technologie in der Prozessindustrie Frankreichs und der USA geht auf die Mitte der 1970er Jahre zurück. Die ersten (und einzigen) Vertreter der ersten Generation von MPC-Programmpaketen trugen die Bezeichnungen IDCOM (eine Abkürzung von *ID*entification et *COM*mande) und DMC (*D*ynamic *M*atrix *C*ontrol) und wurden durch das französische Adersa-Institut und durch Shell Oil in den USA entwickelt ([7.1] und [7.2]).

In der Zwischenzeit gibt es ein wesentlich breiteres Angebot an kommerziell verfügbaren MPC-Programmsystemen. Tab. 7.1 gibt eine (sicher unvollständige) Übersicht über MPC-Pakete mit linearen Prozessmodellen.

Tab. 7.1: Übersicht kommerziell verfügbarer LMPC-Programmsysteme

Programmsystem	Anbieter
DMCplus	Aspen Technology
Profit Controller	Honeywell
SMOC^{Pro}	Shell Global Solutions
Connoisseur	SimSci-Esscor (Invensys/Foxboro)
Predict & Control	ABB
INCA	IPCOS Technology
IDCOM/HIECON	Adersa
STAR	PAS (DOT Products)
GMAX	Intelligent Optimization Group
INDISS-MVAC	RSI
Brainwave MultiMax	Brainwave
DeltaV Predict	Emerson Process Management (Fisher-Rosemount)

Tab. 7.2 zeigt die zum gegenwärtigen Zeitpunkt kommerziell verfügbaren NMPC-Programmpakete.

Tab. 7.2: Übersicht kommerziell verfügbarer NMPC-Programmsysteme

Programmsystem	Anbieter
Process Perfecter	Pavilion Technologies
MVC	General Electric
NOVA-NLC	PAS (DOT Products)
Aspen Apollo	Aspen Technology

In den Abschnitten 7.1 bis 7.3 werden die drei MPC-Programmpakete Profit Controller, Process Perfecter und INCA näher beschrieben, mit denen die in Kapitel 9 vorgestellten Anwendungen realisiert wurden. Wesentliche Merkmale weiterer Programmsysteme werden in Abschnitt 7.4 in verkürzter Form vorgestellt. Der an weiterführenden Informationen über kommerziell verfügbare MPC-Programmsysteme interessierte Leser sei auf die verdienstvolle Arbeit [7.3] verwiesen, die auch eine vergleichende tabellarische Übersicht über algorithmische Details der einzelnen Tools enthält. Dort findet sich auch eine kurze Übersicht über deren historische Entwicklung.

Die hier zu den einzelnen Produkten gegebenen Informationen stützen sich auf Materialien, die freundlicherweise von den Anbietern bereitgestellt wurden und beziehen sich auf den Zeitpunkt der Erarbeitung des Buchmanuskripts. Sie widerspiegeln überdies das Verständnis, das die Autoren von diesen Produkten haben, etwaige Fehler oder Ungenauigkeiten sind also nur ihnen anzulasten. Die getroffene Auswahl bedeutet keinesfalls eine Wertung oder Empfehlung. Das Ziel diese Kapitels besteht vielmehr darin, das in den vorangegangenen Abschnitten präsentierte Material anhand konkreter Produkte zu illustrieren.

7.1 Profit Controller

Unter dem Namen „Profit Controller" vermarktet Honeywell das Programmsystem RMPCT (*R*obust *M*ultivariable *P*redictive *C*ontrol *T*echnology). Es wurde zu Beginn der 90er Jahre entwickelt und seither weit über 1.500mal industriell eingesetzt. Die Mehrheit der Einsatzfälle liegt in der Petrochemie, in den letzten Jahren erfolgte auch eine verstärkte Anwendung in den Bereichen Papier und Zellstoff und Chemie sowie in der Halbleiterindustrie. Die Entwicklungsumgebung „Profit Design Studio" für diesen Regler umfasst u.a.

- Werkzeuge für die robuste Einstellung unterlagerter PID-Regelkreise (Profit PID)
- ein Programmsystem zur Generierung von Testsignalen und zur Identifikation des dynamischen Verhaltens von MIMO-Systmen (Profit Stepper, APC-Identifier)
- Werkzeuge für den RMPCT-Entwurf und die dynamische Simulation des geschlossenen Regelungssystems (Profit Controller)

- ein Programmsystem zur Entwicklung von Softsensoren mit Hilfe statistischer Methoden (Profit SensorPro)
- Werkzeuge für die übergeordnete Koordinierung von bis zu 100 MPC-Reglern (Profit Optimizer)
- die Kommunikation mit Prozessleitsystemen und das Bediener-Interface für RMPCT-Regelungen (Profit Viewer, Profit Assistant)
- Kaskadierung von RMPCT-Applikationen
- Performance Monitoring von RMPCT-Anwendungen
- Gewinnung von statischen Streckenverstärkungen aus theoretischen Prozessmodellen und gain scheduling (Profit Bridge)

Die folgenden Abschnitte geben eine einführende Übersicht über einige dieser Werkzeuge.

7.1.1   Modellbildung

Mit Hilfe des Testsignal-Generators können folgende Typen von Testsignalen erzeugt werden:

- PRBS-Signale
- Multisinus-Signale (Schroeder phase signals) mit vorgeschaltetem PRBS-Signal
- manuell entworfene Sprungsignalfolgen

Der Nutzer muss die Abtastzeit vorgeben, mit der später die Datensätze für die Identifikation gesammelt werden sollen (diese wird i.A. kleiner oder gleich der geplanten Abtastzeit des MPC-Reglers gewählt). Die (maximalen) Testsignalamplituden sind zu spezifizieren. Als Information über die Streckendynamik ist die größte $t_{99\%}$ -Zeit (Beruhigungszeit) aller Teil-Regelstrecken (CV's) anzugeben, die von dem jeweiligen Eingangssignal abhängen. Diese Informationen sind in der Vortestphase zu ermitteln. Sie werden benutzt, um günstige Amplitudenspektren und Korrelationscharakteristiken für Testsignale minimaler Dauer zu erzeugen. Es wird unterstellt, dass die Anlagentests im offenen Regelkreis durchgeführt werden.

In Bild 7-1 sind beispielhaft die drei Typen von Testsignalen dargestellt, die sich mit dem RMPCT-Testsignal-Generator erzeugen lassen. Als Parameter wurden eine Testsignalamplitude von ±1 und eine Streckenberuhigungszeit von 60 min vorgegeben. Die Sprungsignalfolge besteht aus zwei Sprüngen mit einer Länge von 60 min und zwei mit einer Länge von 30 min. Die Anregung der Signale erfolgt in diesem Beispiel sequentiell, obwohl das Programm auch die simultane Anregung mehrerer Eingangssignale unterstützt.

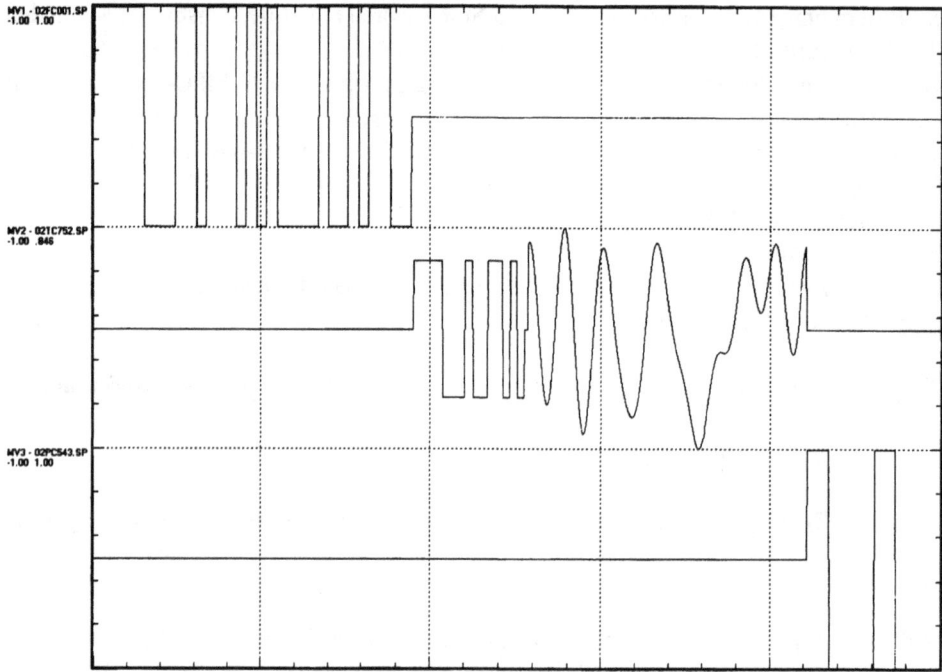

*Bild 7-1:   Mit dem RMPCT-Testsignal-Generator erzeugte Eingangssignale (oben: PRBS, Mitte: Multisinus-Signal
mit vorgeschaltetem PRBS , unten: Sprungsignalfolge, mit freundlicher Genehmigung von Honeywell)*

Nach Durchführung der Anlagentests kann sich der Nutzer der Identifikation von Prozessmodellen mit Hilfe des APC-Identifier zuwenden. In einem ersten Schritt können verschiedene Operationen mit den Rohdaten durchgeführt werden, um diese zur Verwendung in den
Identifikationsalgorithmen vorzubereiten. Dazu gehören u.a.

• Visuelle Inspektion, Entfernen von Zeit-Abschnitten, die nicht in die Modellbildung
  einbezogen werden sollen (ungültige Datensätze),
• Detektion und Entfernen von Ausreißern,
• Filterung,
• Anwenden von Transformationsvorschriften (u.a. Exponential- und Logarithmus-
  funktionen, Polynome),
• Editieren und Verbinden von Datensätzen,
• Bildung von Zwischengrößen durch Kombination von Variablen.

Die eigentliche Modellbildung geschieht dann in einem dreistufigen, i.A. mehrfach zu durch-
laufenden Identifikationsverfahren.

Stufe 1: Identifikation von Impulsantwort-Modellen und/oder parametrischen Modellen

In der ersten Stufe werden typischerweise FIR-Modelle für alle vom Nutzer ausgewählten MV/DV-CV-Kanäle gebildet. Dies geschieht auf der Grundlage der (vorverarbeiteten) Rohdaten. Es werden pro Teilregelstrecke eine vom Nutzer vorzugebende Anzahl von so genannten „Trials" identifiziert, die sich durch ebenfalls vorzugebende Beruhigungszeiten und/oder die Anzahl der Markov-Parameter unterscheiden. Auf diese Weise werden A-priori-Kenntnisse über das dynamische Verhalten der Teilregelstrecken in die Modellbildung eingebracht. Dabei kommt es nicht auf eine genaue Vorkenntnis dieser Werte an, sondern darauf, dass die wahren Werte der Beruhigungszeiten in dem Bereich liegen, der durch die Trials aufgespannt wird. Wenn also aus Vorversuchen bekannt ist, dass die $t_{99\%}$-Zeit einer Regelstrecke bei ca. 60 min liegt, dann können z.B. drei Trials mit 40, 60 und 80 min gewählt werden. Ist bekannt, dass eine Teilregelstrecke mit I-Verhalten vorliegt oder dass kein physikalischer Zusammenhang zwischen einzelnen MV's/DV's und CV's existiert, dann können (und sollten) diese A-priori-Informationen natürlich auch eingegeben werden. Ergebnis der Identifikation sind die Koeffizienten der FIR-Modelle, die für die Zwecke der grafischen Darstellung zu Sprungantwort-Koeffizienten aufsummiert werden. Bild 7-2 zeigt ein Beispiel.

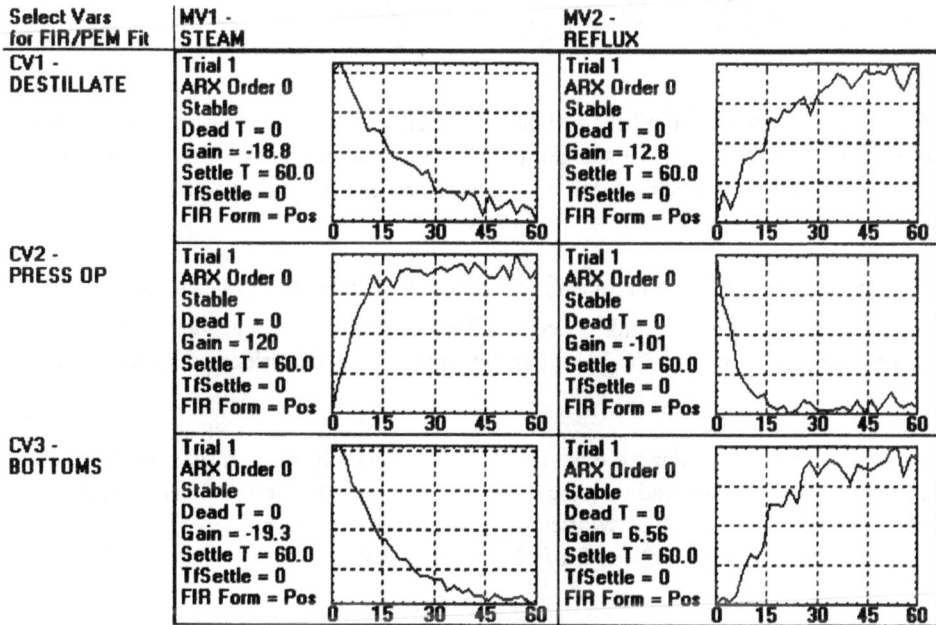

Bild 7-2: Ergebnis der Identifikation von FIR-Modellen im APC-Identifier (mit freundlicher Genehmigung von Honeywell)

Alternativ können in Stufe 1 auch parametrische Modelle mit Hilfe von Prediction-Error-Methoden (so genannte PEM-Modelle) identifiziert werden. Die „Trials" entsprechen hier unterschiedlichen Modellordnungen. Voreingestellt ist die Identifikation von Modellen zweiter bis vierter Ordnung, der Nutzer kann die Modellordnung aber ändern. Es wird die gesamte Familie der PEM-Modelle unterstützt (also ARX, ARMAX, OE, BJ). Die Identifikation geschieht ebenfalls auf der Grundlage der (vorverarbeiteten) Rohdaten. Die Identifikation der PEM-Modelle geschieht mit Hilfe eines proprietären iterativen Suchverfahrens (nichtlinearen Optimierungsverfahrens).

Stufe 2: Approximation der FIR- oder PEM-Modelle durch parametrische Modelle niedrigerer Ordnung

Die zweite Stufe der Identifikation hat das Ziel, die in Stufe 1 gefundenen Modelle durch parametrische Modelle niedriger Ordnung zu approximieren und dabei gleichzeitig die Varianz der Modellparameter zu reduzieren. Die Identifikation geschieht in Stufe 2 nicht mehr auf der Basis der in den Anlagentests ermittelten Messreihen, sondern unter Nutzung der vorher gefundenen FIR- oder PEM-Modelle („model-to-model-fit"). Unterstützt werden

- Zeitkontinuierliche Laplace-Übertragungsfunktionen $g(s)$ des Typs

$$g(s) = k \frac{t_D s + 1}{(t_1 s + 1)(t_2 s + 1)} e^{-s\theta} \text{ oder } g(s) = k \frac{t_D s + 1}{s(t_1 s + 1)(t_2 s + 1)} e^{-s\theta}$$

bzw. daraus abgeleitete einfachere Modelle. Viele verfahrenstechnische Regelstrecken können mit ausreichender Genauigkeit durch Übertragungsfunktionen dieser Art beschrieben werden, darunter solche mit integrierendem Verhalten, „inverse-response"-Charakteristik und Totzeit.

- Zeitdiskrete Übertragungsfunktionen $g(q)$ vom ARX- und OE-Typ bis zehnter Ordnung.

  In den in der Verfahrenstechnik seltenen Fällen einer überschwingenden Sprungantwort der Regelstrecke ist beim APC-Identifier die Anwendung zeitdiskreter Modelle erforderlich.

Der Nutzer kann sich entweder für eine dieser beiden Modellformen entscheiden oder beide Modellformen identifizieren und diejenige mit dem kleinsten Vorhersagefehler wählen. Bild 7-3 zeigt beispielhaft die Sprungantworten der in Stufe 1 (unruhige Signalverläufe mit großer Streuung der FIR-Koeffizienten) und Stufe 2 (glatter Signalverlauf) gebildeten Modelle.

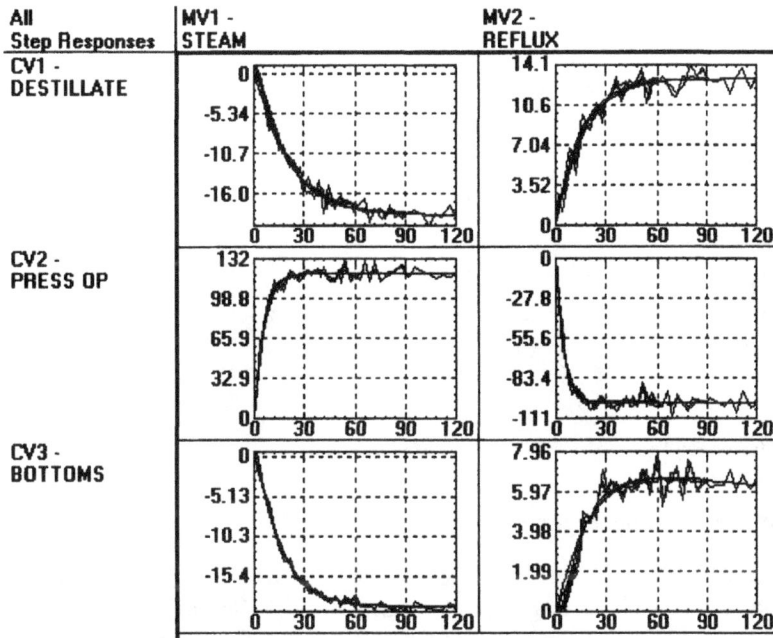

All Step Responses	MV1 - STEAM	MV2 - REFLUX
CV1 - DESTILLATE		
CV2 - PRESS OP		
CV3 - BOTTOMS		

Bild 7-3: Sprungantworten der FIR-Modelle und der parametrischen Modelle reduzierter Ordnung (mit freundlicher Genehmigung von Honeywell)

Interessant ist das heuristische Verfahren zur Schätzung der Totzeit, das im APC-Identifier angewendet wird. Es werden zunächst Modelle für vier Totzeit-"Alternativen" identifiziert, für die weiteren Rechnungen wird dann die Totzeit verwendet, die das beste Prozessmodell liefert. Die Alternativen sind

- Totzeit gleich null (d_0)
- Totzeit wird dort vermutet, wo die Sprungantwort des Prozessmodells ein vorgegebenes Toleranzband das erste bzw. letzte Mal verlässt (d_1 bzw. d_2)
- Totzeit, die sich durch PT_1T_t-Approximation der Sprungantwort des Prozessmodells ergibt (d_3)

Diese vier Alternativen sind in Bild 7-4 dargestellt.

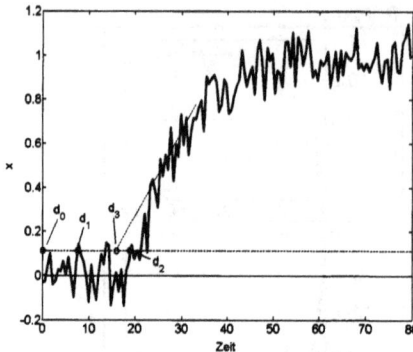

Bild 7-4: Methoden zur Schätzung der Totzeit im APC-Identifier

Stufe 3: Auswahl des endgültigen Prozessmodells

In den vergangenen beiden Stufen sind eine Vielzahl von Modellen identifiziert worden. Im letzten Schritt werden die „endgültigen" Prozessmodelle für alle MC/DV-CV-Kombinationen ausgewählt, die später im MPC-Regler Verwendung finden sollen. Als Auswahlkriterium für die Modellgüte wird dabei der Vorhersagefehler des Modells im offenen Regelkreis verwendet. Alle Teilmodelle werden in eine Laplace-Übertragungsfunktion umgewandelt. Diese werden zusammen mit den dazu gehörigen Sprungantworten und weiteren Informationen in einer Modellmatrix zusammengefasst. Ein Beispiel zeigt Bild 7-5.

Für die Beurteilung der Modellgüte gibt es im APC-Identifier eine Reihe von Möglichkeiten, darunter

- den Vergleich zwischen Messdaten und Vorhersagewerten bei gleichen Eingangssignalverläufen
- die Darstellung von Auto- und Kreuzkorrelationsfunktionen zwischen den MV's (als ein Maß für die „Güte" der Testsignale) und zwischen MV's und CV's (zur Detektion potentieller Feedback-Effekte in den Messdaten)
- eine Klassifizierung der Modellgüte (Rang 1-5) auf der Grundlage verschiedener statistischer Tests
- die Darstellung von Vertrauensintervallen, in denen die geschätzten Sprungantworten liegen

Eine Übersichtsdarstellung dieser Ergebnisse zeigt beispielhaft Bild 7-6. Die relativ kleinen Konfidenzbänder, der hohe Rang (Rank 1 oder 2) der Modelle und das Passieren statistischer Tests sind in diesem Fall ein Hinweis auf eine hohe Modellgüte, die sich auch in der Empfehlung „KEEP" ausdrückt.

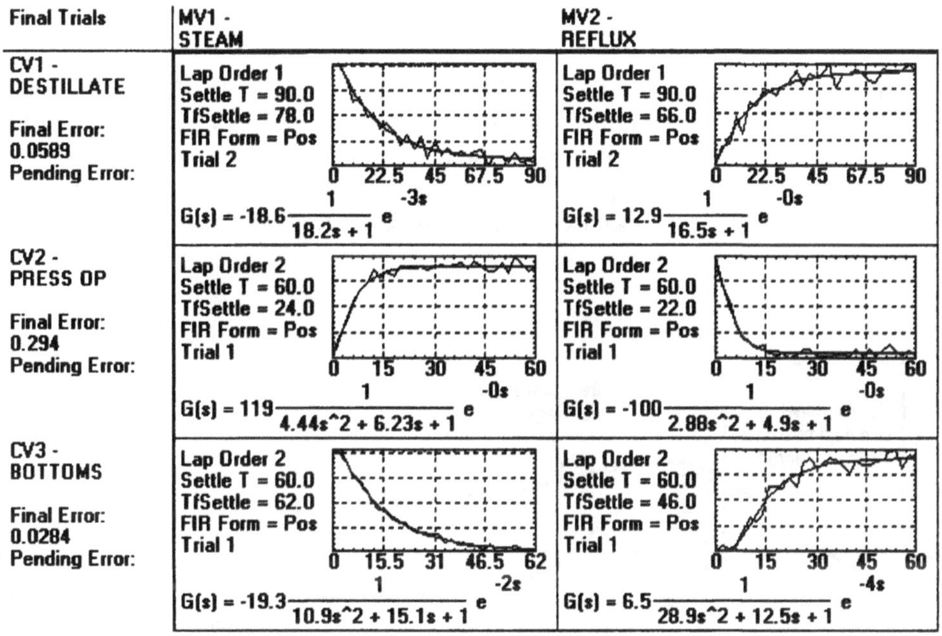

Final Trials	MV1 - STEAM	MV2 - REFLUX
CV1 - DESTILLATE Final Error: 0.0589 Pending Error:	Lap Order 1 Settle T = 90.0 TfSettle = 78.0 FIR Form = Pos Trial 2 $G(s) = -18.6\dfrac{1}{18.2s+1}e^{-3s}$	Lap Order 1 Settle T = 90.0 TfSettle = 66.0 FIR Form = Pos Trial 2 $G(s) = 12.9\dfrac{1}{16.5s+1}e^{-0s}$
CV2 - PRESS OP Final Error: 0.294 Pending Error:	Lap Order 2 Settle T = 60.0 TfSettle = 24.0 FIR Form = Pos Trial 1 $G(s) = 119\dfrac{1}{4.44s^2 + 6.23s + 1}e^{-0s}$	Lap Order 2 Settle T = 60.0 TfSettle = 22.0 FIR Form = Pos Trial 1 $G(s) = -100\dfrac{1}{2.88s^2 + 4.9s + 1}e^{-0s}$
CV3 - BOTTOMS Final Error: 0.0284 Pending Error:	Lap Order 2 Settle T = 60.0 TfSettle = 62.0 FIR Form = Pos Trial 1 $G(s) = -19.3\dfrac{1}{10.9s^2 + 15.1s + 1}e^{-2s}$	Lap Order 2 Settle T = 60.0 TfSettle = 46.0 FIR Form = Pos Trial 1 $G(s) = 6.5\dfrac{1}{28.9s^2 + 12.5s + 1}e^{-4s}$

Bild 7-5: Matrix der endgültigen Prozessmodelle (mit freundlicher Genehmigung von Honeywell)

Statistical Summary	MV1 - STEAM	MV2 - REFLUX

CV1 - DESTILLATE	NNHT: Pass:
	Rank Option: 4
	Model Rank: 2
	Sep Fact: .397
	Suggested Act:
	  KEEP
	Pending Act:
	  KEEP
		NNHT: Pass:
		Rank Option: 4
		Model Rank: 2
		Sep Fact: .541
		Suggested Act:
		  KEEP
		Pending Act:
		  KEEP

CV2 - PRESS OP	NNHT: Pass:
	Rank Option: 4
	Model Rank: 2
	Sep Fact: .264
	Suggested Act:
	  KEEP
	Pending Act:
	  KEEP
		NNHT: Pass:
		Rank Option: 4
		Model Rank: 2
		Sep Fact: .314
		Suggested Act:
		  KEEP
		Pending Act:
		  KEEP

CV3 - BOTTOMS	NNHT: Pass:
	Rank Option: 4
	Model Rank: 1
	Sep Fact: .188
	Suggested Act:
	  KEEP
	Pending Act:
	  KEEP
		NNHT: Pass:
		Rank Option: 4
		Model Rank: 2
		Sep Fact: .549
		Suggested Act:
		  KEEP
		Pending Act:
		  KEEP

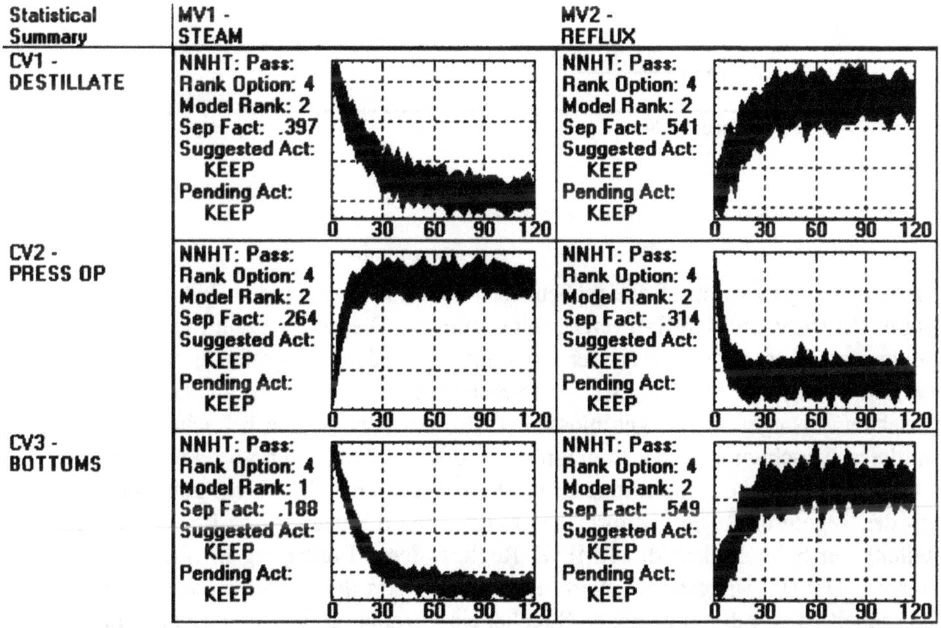

Bild 7-6: Zusammenfassung von Informationen über die Modellgüte (mit freundlicher Genehmigung von Honeywell)

7.1.2   RMPCT – Entwurf und Simulation

Charakteristische Merkmale des RMPCT-Reglers sind die „Bereichs"-Regelung (range control) und das „Trichter"-Konzept [7.4]. Das bedeutet, dass für die Regelgrößen (CV's) Gutbereiche bzw. obere und/oder untere Grenzwerte vorgegeben werden, die Vorgabe eines traditionellen Sollwerts wird als Spezialfall eines Gutbereichs aufgefasst, bei dem die obere und die untere Bereichsgrenze identisch sind. Das Trichter-Konzept ist in Bild 7-7 dargestellt.

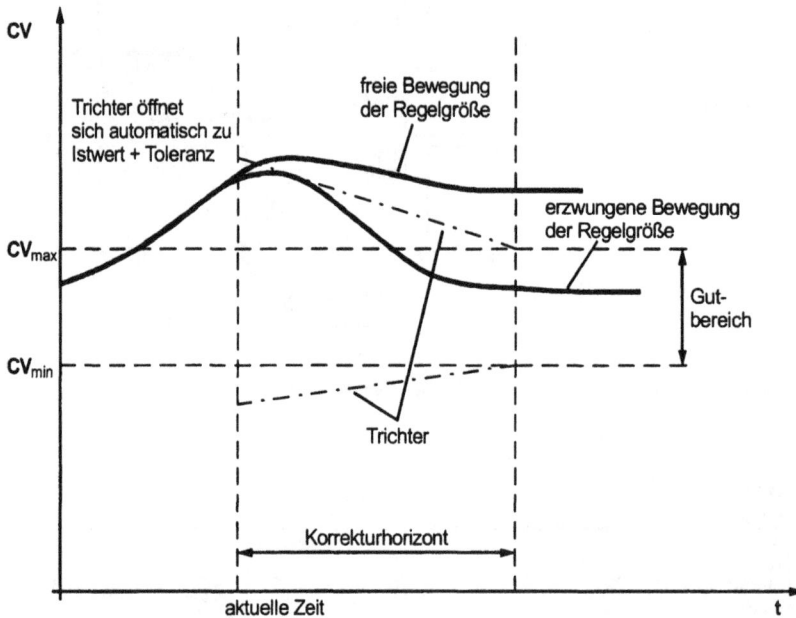

Bild 7-7: Bereichsregelung und Trichter-Konzept bei RMPCT

Ziel der Regelung ist es, die Regelgrößen innerhalb eines bestimmten Zeitraums in die Bereichsgrenzen (bzw. auf den Sollwert) zurückzuführen. Dieser Zeitraum (auch Korrekturhorizont genannt) kann durch den Nutzer individuell für jede Regelgröße durch einen „performance ratio" festgelegt werden. Der „performance ratio" ist definiert als das Verhältnis der gewünschten Ausregelzeit des geschlossenen Regelkreises (für die betrachtete Regelgröße) zur mittleren Einschwingzeit der Regelgröße im offenen Kreis. Der Korrekturhorizont ergibt sich als das Produkt von „performance ratio" und mittlerer Einschwingzeit, plus mittlerer Totzeit der Regelgröße. Die „performance ratios" sind die wichtigsten Reglerparameter zur Einstellung der Schnelligkeit des RMPCT-Reglers, deren Bedeutung in Bild 7-8 nochmals erläutert ist. Der (voreingestellte) Wert 1.0 bedeutet, dass der geschlossenen Regelkreis genau so schnell ist wie die ungeregelte Strecke, eine Erhöhung der „performance ratios" verlangsamt, eine Verringerung beschleunigt das Regelungssystem mit den angegebenen Konsequenzen für Stellaktivität und Forderungen an die Modellgenauigkeit.

Die Trichter werden durch Geraden begrenzt, die am Ende des Korrekturhorizonts auf die Gutbereichsgrenzen (bzw. den Sollwert) treffen. Innerhalb der Trichter dürfen sich die Regelgrößen frei bewegen, d.h. es wird keine Referenztrajektorie vorgeschrieben. Verletzungen der Trichtergrenzen bzw. der anschließenden Gutbereiche/Sollwerte/Grenzwerte werden als vorhergesagte Regeldifferenzen aufgefasst und in der Zielfunktion der dynamischen Optimierung „bestraft". Das Trichterkonzept erlaubt ein gewisses Über- und Unterschwingen der Regelgrößen und eröffnet Spielraum für die Minimierung des Stellaufwands. Diese Vorgehensweise führt gleichzeitig zu einer größeren Robustheit gegenüber Modellunsicherheit.

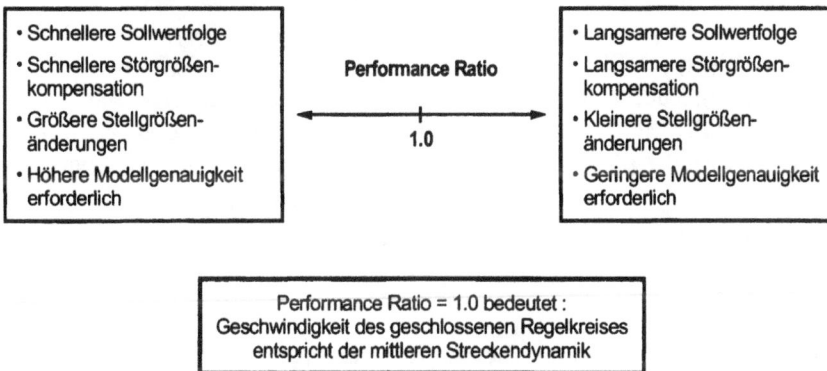

• Schnellere Sollwertfolge
• Schnellere Störgrößen-
  kompensation
• Größere Stellgrößen-
  änderungen
• Höhere Modellgenauigkeit
  erforderlich
	Performance Ratio
	<—————•—————>
	1.0
		• Langsamere Sollwertfolge
		• Langsamere Störgrößen-
		  kompensation
		• Kleinere Stellgrößen-
		  änderungen
		• Geringere Modellgenauigkeit
		  erforderlich

Performance Ratio = 1.0 bedeutet :
Geschwindigkeit des geschlossenen Regelkreises
entspricht der mittleren Streckendynamik

Bild 7-8: Rolle der „performance ratios" für die Einstellung von RMPCT-Regelungen

Die in der Zielfunktion für die dynamische Optimierung (vgl. Abschnitt 4) auftretenden Gewichtsfaktoren für die Steuer- und Regelgrößen werden bei RMPCT *nicht* als Parameter zur Einstellung der „Aggressivität" der Regelung verwendet. Die Gewichtsfaktoren für die Regelgrößen (CV error weights) spielen nur dann eine Rolle, wenn die Zahl der Freiheitsgrade zu gering ist, um alle Regelungsziele im stationären Zustand zu erreichen (Zahl der verfügbaren MV's < Zahl der zu berücksichtigenden CV's). Sie werden dann verwendet, um die Priorität der einzelnen Regelgrößen festzulegen. Eine Erhöhung eines Gewichts bedeutet dann die genauere Einhaltung des Sollwerts oder der Bereichsgrenzen für die jeweilige Regelgröße auf Kosten der anderen. Eine Erhöhung des Gewichts für eine Steuergröße (MV) bedeutet, dass diese in stärkerem Maße zur Erreichung der Regelungsziele „herangezogen" wird als andere, also eine größere Priorität zugewiesen bekommt. Eine Veränderung der CV- oder MV-Gewichte wirkt sich nicht auf die Geschwindigkeit und die Stabilität des MPC-Reglers aus.

Der Nutzer kann vorgeben, wie zu verfahren ist, wenn vorübergehend ein oder mehrere MV's oder CV's nicht zur Verfügung stehen (z.B. durch Störungen in der Messkette). Der Ausfall als kritisch eingestufter MV's oder CV's führt zur Abschaltung der MPC-Regelung. Bei Ausfall einer nicht kritischen Regelgröße kann für einen bestimmten Zeitraum die Messgröße durch den über das Modell vorhergesagten Wert ersetzt werden. Bei Ausfall einer nicht kritischen Steuergröße wird ihr letzter Wert beibehalten. Wenn eine (nicht kritische) Steuergröße selbst Sollwert eines unterlagerten Regelkreises ist, und der Operator schaltet diesen Regelkreis in die Betriebsart Automatik mit internem Sollwert oder in den Handbetrieb, dann kann diese Steuergröße vorübergehend als messbare Störgröße (DV) im MPC-Regler berücksichtigt werden.

Nicht messbare Störgrößen werden im RMPCT-Regler mit den in Abschnitt 4 beschriebenen einfachen Verfahren (also als Schätzung einer sprungkonstanten Störgröße am Streckenausgang bzw. bei integrierenden Regelgrößen als Schätzung der Veränderungsgeschwindigkeit) durchgeführt, da im Regler keine Zustandsmodelle Verwendung finden.

Für messbare Störgrößen (DV's), die Bestandteil der Konfiguration des MPC-Reglers sind, kann pro DV ein weiterer Reglerparameter, der „feedforward-to-feedback performance ratio" vorgegeben werden. Wenn z.B. für den „(feedback) performance ratio" ein Wert von 0.8 und für den „feedforward-to-feedback performance ratio" ein Wert von 0.5 vorgegeben werden, dann bedeutet das, dass der MPC-Regler die Wirkung der messbaren Störgröße und der DV-CV-Modellunsicherheit in der $(0.8 \times 0.5) = 0.4$ - fachen Einschwingzeit der Regelgröße (plus Totzeit) ausregelt. Für die Ausregelung messbarer Störgrößen können i.A. viel kürzere Zeithorizonte (bzw. kleinere performance ratios) vorgegeben werden, da die Störgrößenaufschaltung nicht Bestandteil der Rückführung des Regelkreises ist und keine Gefahr der Instabilität besteht.

Eine Reihe von Mechanismen sorgen für eine stoßfreie Umschaltung und für Anti-Windup.

Für die in RMPCT integrierte Funktion der statischen Prozessoptimierung (vgl. Abschnitt 4.3) sind durch den Nutzer die Koeffizienten der Zielfunktion vorzugeben. Es kann entweder eine Linearoptimierung durchgeführt werden, bei der dann Preise für die MV's und CV's vorzugeben sind. Oder es kann eine quadratische Optimierung durchgeführt werden, bei denen die quadratischen Abweichungen zu gegebenen Zielwerten („targets") für die CV's und/oder MV's minimiert werden. In diesem Fall bewerten die vorzugebenden Gewichtskoeffizienten die relative Bedeutung der einzelnen Steuer- und Regelgrößen. Die Targets können alternativ durch den Bediener, ein übergeordnetes Koordinationsprogramm (Profit Optimizer) oder durch ein übergeordnetes Programm zur globalen Echtzeitoptimierung (Profit Max) vorgegeben werden. Das Modell für die statische Arbeitspunktoptimierung wird aus den Streckenverstärkungen des dynamischen Modells gewonnen, die Nebenbedingungen sind dieselben wie bei der dynamischen Optimierung.

Die Geschwindigkeit, mit der der RMPCT-Regler den ermittelten optimalen Arbeitspunkt anfährt, kann durch den Nutzer durch einen „Optimization speed factor" vorgegeben werden. Der voreingestellte Wert von eins für diese Größe bedeutet, dass die Geschwindigkeit der statischen Prozessoptimierung sechsmal langsamer ist als die Geschwindigkeit des dynamischen Teils des Reglers. Während also z.B. (nicht messbare) Störgrößen innerhalb des Korrekturhorizonts ausgeregelt werden, der durch die performance ratios bestimmt wird, benötigt das Anfahren des optimalen statischen Arbeitspunkts eine sechsmal längere Zeit. Meist wird die Optimierungsgeschwindigkeit deutlich langsamer gewählt als die Geschwindigkeit der Regelung, um Konflikte bei der Lösung beider Aufgaben, die sich in einer geringeren Robustheit der Regelung ausdrücken, zu vermeiden.

Während andere MPC-Regler zunächst das Problem der statischen Prozessoptimierung lösen und die Ergebnisse an den dynamischen Teil des Reglers übergeben, besteht eine Besonderheit von RMPCT darin, dass beide Aufgaben simultan mit gleicher Abtastzeit bearbeitet werden. Programmtechnisch geschieht das durch eine Erweiterung der Zielfunktion für die dynamische Optimierung [7.4].

Das Konzept der Bereichsregelung und die Trichter-Technik verfolgen das Ziel, die Robustheit des Reglers gegenüber Modellunsicherheit zu erhöhen und die Regelungsziele mit minimalem Stellaufwand zu erreichen. Die Robustheit wird weiter durch eine „singular value thresholding" genannte Technik erhöht (vgl. Abschnitt 4.4), die insbesondere die Behandlung schlecht konditionierter Mehrgrößensysteme erleichtert.

Die RMPCT-Entwicklungsumgebung unterstützt die Offline-Simulation des geschlossenen Regelungssystems. Bild 7-9 zeigt beispielhaft einen Screenshot einer solchen Simulation, bei der der Sollwert der ersten Regelgröße geändert wurde. Es sind sowohl die historischen als auch die vorhergesagten Verläufe der Steuer- und Regelgrößen zu erkennen.

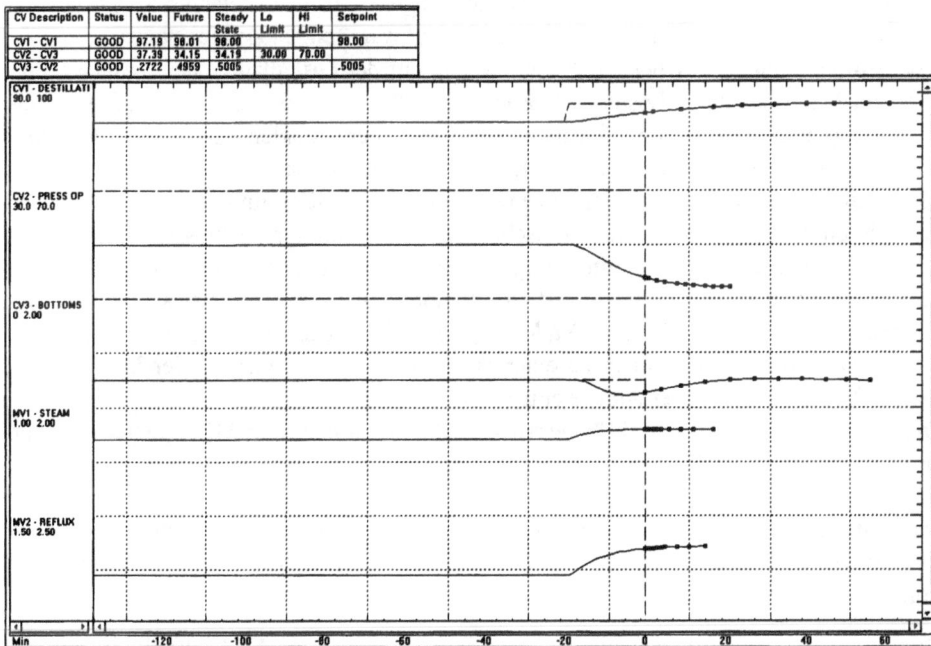

Bild 7-9: Simulation eines Regelungssystems innerhalb von RMPCT (mit freundlicher Genehmigung von Honeywell)

7.1.3   Übergeordnete Koordinierung von mehreren RMPCT-Reglern

Wie bereits erläutert, beinhaltet RMPCT eine lokale Funktion der statischen Prozessoptimierung. Diese ermittelt einen lokal optimalen stationären Arbeitspunkt für denjenigen Teil der Anlage, der durch die MV's und CV's des Reglers umfasst wird. Bei größeren Anlagen werden meist mehrere MPC-Regler für verschiedene Anlagenabschnitte implementiert, die unabhängig voneinander das jeweilige lokale Optimum ermitteln und anfahren. Die Kombination der lokalen Optima ist aber oft deutlich schlechter als der optimale Arbeitspunkt der Gesamtanlage.

Für die Auflösung dieses Konflikts bestehen mehrere Möglichkeiten:

- Die Konfiguration eines „großen" MPC-Reglers mit vielen MV's und CV's, der die Gesamtanlage umfasst. Diese Lösung hat mehrere Nachteile. Zum einen werden Anlagentests und Modellbildung erheblich erschwert (große Verzugszeiten zwischen MV's in den „vorderen" und CV's in den „hinteren" Anlagenteilen, größeres Risiko von Störeinflüssen usw.). Zum anderen sind „große" MPC-Regler durch die Operator erfahrungsgemäß schwieriger beherrschbar (notwendige Informationen sind über viele Bildschirme verteilt). Drittens besteht eine geringere Flexibilität in Störsituationen. Da die Anzahl der berechneten zukünftigen Stellgrößenänderungen begrenzt ist, verschlechtern sich tendenziell die Entkopplungseigenschaften des Regler mit wachsenden Zeitkonstanten.
- Übergeordnete globale Arbeitspunktoptimierung auf der Grundlage eines rigorosen Prozessmodells. Auch diese Lösung ist problembehaftet. Erstens handelt es sich um eine aufwändige und teure Lösung. Zweitens sind die in der globalen und den lokalen Optimierungsproblemen verwendeten Modelle nicht vergleichbar (nichtlineares rigoroses Modell auf der Ebene der globalen, lineare empirische Modelle auf der Ebene der lokalen Optimierung), was zu Konflikten zwischen den Optimierungsergebnissen führen kann. Drittens wird die globale Optimierung nur in großen Zeitabständen (mehrere Stunden/Tage) durchgeführt, da immer erst eine stationäre Anlagenfahrweise abgewartet werden muss. Und viertens führt die *gleichzeitige* Übergabe neuer optimaler Sollwerte an die unterlagerten MPC-Regler nicht zu einer *dynamischen* Koordinierung der MPC-Regler, die den Verhältnissen in der Anlage entspricht.
- Die Einführung einer weiteren Ebene zur Koordinierung mehrerer MPC-Regler untereinander.

Für die dritte Möglichkeit bietet Honeywell eine „Profit Optimizer" genannte Lösung an. Das Prinzip ist in Bild 7-10 dargestellt. Die Koordinierungsaufgabe wird dabei in einem dreistufigen Verfahren gelöst [7.4]:

- Durchführung einer anlagenweiten Optimierung, wobei sich die Zielfunktion aus der Summe der Zielfunktionen der einzelnen MPC-Regler zusammensetzt. Die Nebenbedingungen ergeben sich aus der Gesamtheit der Nebenbedingungen aller MPC-Regler. Für die CV's wird eine Prädiktion mit Hilfe der (globalen) Matrix der Streckenverstärkungen und zusätzlicher Brückenmodelle (s.u.) durchgeführt. Diese Optimierung wird also als

MPC-Aufgabe durchgeführt, wobei das dynamische Prozessmodell durch die Matrix der (statischen) Streckenverstärkungen ersetzt wird (Gain-only MPC).

- Für jeden unterlagerten MPC-Regler wird eine zulässige Lösung bestimmt, die so nahe wie möglich am globalen Optimum liegt.
- Diese zulässige Lösung wird den individuellen MPC-Reglern übergeben, deren Zielfunktion in einer Weise modifiziert wird, die die globale Koordinierung/Optimierung ermöglicht.

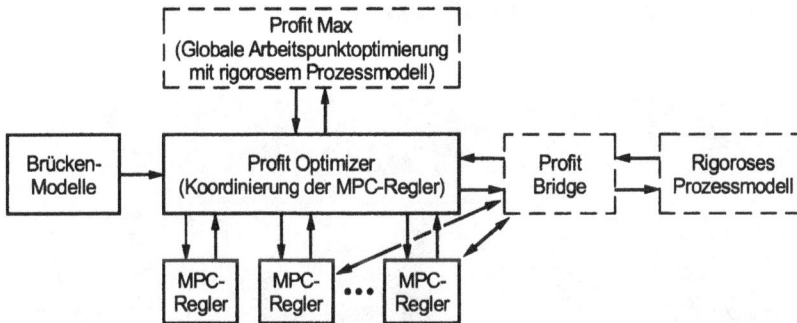

Profit Max
(Globale Arbeitspunktoptimierung
mit rigorosem Prozessmodell)

Brücken-Modelle

Profit Optimizer
(Koordinierung der MPC-Regler)

Profit Bridge

Rigoroses Prozessmodell

MPC-Regler   MPC-Regler   ...   MPC-Regler

Bild 7-10: Koordinierung mehrerer Profit Controller mit Hilfe von Profit Optimizer

Zusätzlich zu den bereits in den MPC-Reglern vorhandenen Prozessmodellen muss der Nutzer so genannte „Brückenmodelle" vorgeben, die die dynamischen Zusammenhänge zwischen den MV's und DV's der einzelnen MPC-Regler beschreiben. Das soll an einem einfachen Beispiel beschrieben werden. In einer größeren Anlage sind für zwei Prozesseinheiten, zwischen denen weitere Prozessstufen angeordnet sind, MPC-Regler konfiguriert. Ein MV des ersten Reglers ist ein Produktstrom der ersten Prozesseinheit, der nach Weiterverarbeitung als Zulauf der letzten Prozesseinheit auftritt und dort als DV angesehen werden kann. Ein MV des zweiten Reglers ist ein Produktstrom der zweiten Prozesseinheit, der als Kreislaufstrom in die erste Prozesseinheit zurückgeführt wird und damit zum DV für den ersten MPC-Regler wird. Zwei Brückenmodelle (von MV(1) zu DV (2) und von MV(2) zu DV(1)) beschreiben die zwischen den Größen bestehenden dynamischen Zusammenhänge und werden bei der Koordinierung der MPC-Regler berücksichtigt. Im Gegensatz zu den MPC-internen Modellen (MV/DV-CV-Modelle) sind Brückenmodelle also MV/DV-DV/DV-Modelle zwischen verschiedenen MPC-Reglern.

Anwendungen von Profit Optimizer finden sich bei sehr großen Prozessanlagen, wie z.B. Rohölanlagen im Raffineriebereich oder Olefinanlagen in der Petrochemie.

In Bild 7-10 ist außerdem gestrichelt dargestellt, dass die Koordinierungsebene ihrerseits mit einem übergeordneten Optimierer (Profi Max) verbunden sein kann, der die angesprochene globale Arbeitspunktoptimierung auf der Basis eines rigorosen Prozessmodells durchführt. Eine weitere Option ist die Verknüpfung der Koordinierungsebene mit einem rigorosen Pro-

zessmodell über Profit Bridge. Dieses Werkzeug „extrahiert" Informationen über die Stre
ckenverstärkungen aus einem rigorosen Prozessmodell, die dann ihrerseits in die Vorhersa
gen von Profit Optimizer und RMPCT eingehen.

7.1.4   Online-Betrieb

Die Bedienoberfläche für den Online-Betrieb des Reglers wird vom Anbieter mitgeliefer
(Profit Viewer). Alle Bedienbildschirme besitzen einen tabellarischen Aufbau. Beispielhaf
ist in Bild 7-11 die Übersichtsdarstellung für die Regelgrößen (CV's) gezeigt.

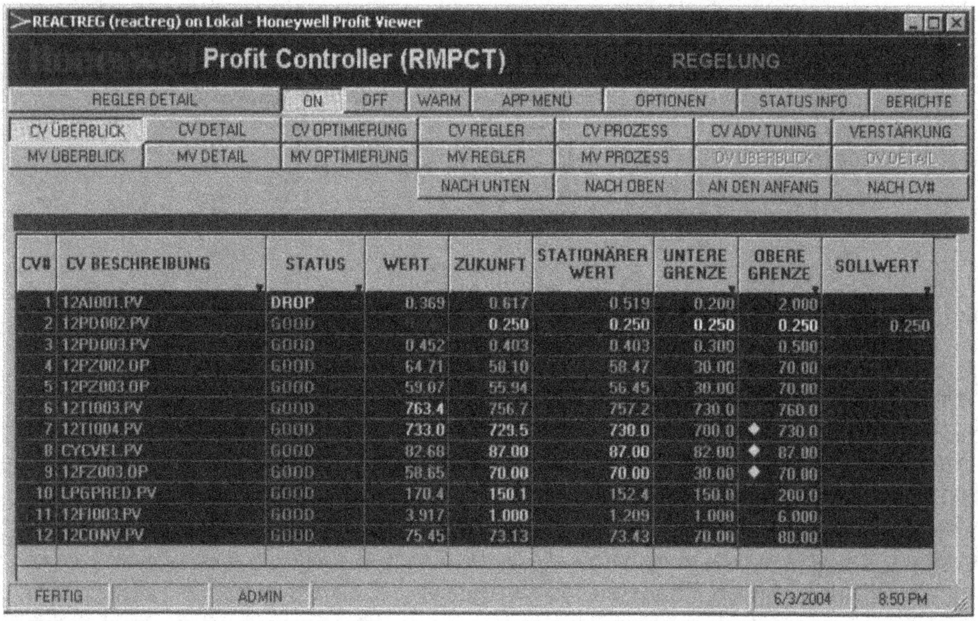

Bild 7-11: Bedienbildschirm für RMPCT (Übersicht über die Regelgrößen, mit freundlicher Genehmigung von
Honeywell)

Es werden Statusinformationen, Grenz- und Sollwerte, Istwert und vorhergesagte Werte ir
alphanumerischer Form präsentiert. Im oberen Bildteil sind Buttons zur Anwahl andere
Bedienbilder zu erkennen. In die Spalte „CV Beschreibung" können statt der PLT-Stellen
Nummern auch technologische Beschreibungen der PLT-Stellen erscheinen.

7.2   Process Perfecter

Das Programmsystem Process Perfecter wurde Mitte der 1990er Jahre von der Firma Pavilion Technologies Inc. (USA) entwickelt und ist einer der wenigen am Markt verfügbaren nichtlinearen MPC-Regler, der außer in traditionellen Bereichen wie der Raffinerie- und Petrochemieanlagen auch zur Regelung von Polymerisationsprozessen, Prozessen der Lebensmittelindustrie und der Zementindustrie eingesetzt wird. Mitte 2003 lagen über 200 erfolgreiche industrielle Einsatzfälle vor.

7.2.1   Modellbildung

Das Prozessmodell für den Process Perfecter setzt sich aus einem nichtlinearen statischen und einem linearen dynamischen Teil zusammen, die im Regelalgorithmus in besonderer Weise miteinander kombiniert werden (Bild 7-12).

Wenn Process Perfecter für ein lineares System angewendet werden soll, kann zur Beschreibung des statischen Verhaltens auch ein lineares Modell (nutzerdefiniert oder aus der dynamischen Identifikation resultierend) verwendet werden. Auch eine gemischte Vorgehensweise ist möglich, wenn bekannt ist, welche Teilmodelle linearen Charakter aufweisen.

Im Normalfall (Anwendung auf nichtlineare Systeme) werden beim Process Perfecter die Aufgaben der statischen und dynamischen Prozessidentifikation aber getrennt angegangen. Das nichtlineare statische Prozessmodell wird dem Regler in Form eines künstliches neuronalen Netzes (KNN) mit mindestens $(n_u + n_z)$ Eingängen – den MV's und DV's – und n_y

Ausgängen – den CV's – bereitgestellt.

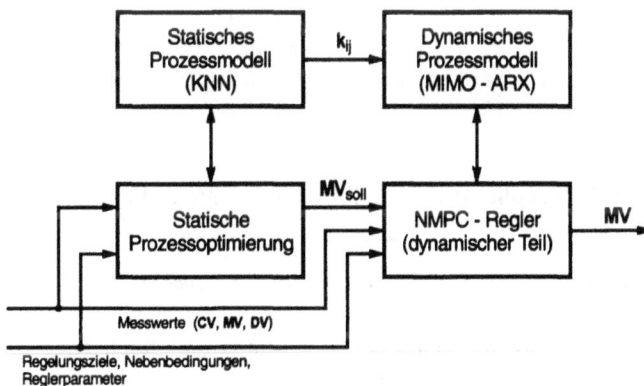

Bild 7-12: Struktur des Process Perfecter

Das statische Modell (KNN) wird wann immer möglich auf der Grundlage stationärer Abschnitte von existierenden historischen Prozessdaten trainiert. Wenn der Informationsgehalt dieser historischen Datensätze nicht ausreichend ist, müssen evtl. aktive Experimente an der Anlage durchgeführt werden, um zusätzliche (stationäre) Datensätze für das Netztraining zu gewinnen. Liegt ein theoretisches Prozessmodell für das statische Anlagenverhalten vor, kann alternativ oder ergänzend eine KNN-"Kopie" dieses Modells erzeugt werden, welches dann im Regler Verwendung findet und gegenüber dem theoretischen Modell Schnelligkeitsvorteile im Online-Betrieb aufweist.

Der Process Perfecter stellt daher zunächst Werkzeuge für die Visualisierung, Analyse und Vorverarbeitung historischer Prozessdaten sowie für das Training, die Validierung und Analyse des KNN-Modells zur Verfügung. Industrielle historische Datensätze müssen im Allgemeinen einer Vorverarbeitung unterzogen werden, bevor sie für das Netztraining verwendet werden können. Für diesen Zweck stehen u.a. folgende Funktionen zur Verfügung:

- Visualisierung und grafisch gestützte Bearbeitung von Datensätzen,
- Statistische Analysen, z.B. Histogramme, Korrelationsanalyse, Hauptkomponentenanalyse, Scatterplots (d.h. Punktwolken in zweidimensionalen Koordinatensystemen),
- Ausreißererkennung und -elimination,
- Vereinheitlichung der Zeitstempel der Datensätze (Time Merge),
- Anwendung von Transformationsbeziehungen (z.B. Filtern, Logarithmieren, Verknüpfen zu Zwischenvariablen).

Als KNN-Typ wird ein mehrschichtiges vorwärts gerichtetes Perceptron (feedforward multilayer perceptron oder MLP-Netz) verwendet, dessen Gewichte mit Hilfe eines speziellen Backpropagation-Algorithmus bestimmt werden. Eine Besonderheit des Trainingsverfahrens besteht darin, dass der Nutzer obere und untere Grenzwerte für die Streckenverstärkungen (gain constraints) vorgibt und auf diese Weise A-priori-Kenntnisse über den Prozess in das KNN-Modell einbringen kann [7.6]. So kann z.B. erzwungen werden, dass keine Vorzeichenwechsel der Streckenverstärkungen im Modell auftreten können. Außerdem kann auf diese Weise gewährleistet werden, dass bei der Extrapolation der Modellvorhersagen in Bereiche, die nicht durch die Trainingsdaten abgedeckt waren, keine prinzipbedingten Fehler auftreten können. Dies ist ein wichtiger Punkt für die Gewährleistung einer sicheren Regelung.

Für die Analyse des erzeugten KNN-Modells stehen u.a. folgende Methoden bzw. Werkzeuge zur Verfügung:

- Vergleich von gemessenen und über das KNN berechneten Ausgangsgrößen in einem Scatter-Plot und in einer Zeitreihe
- Berechnung und grafische Darstellung der statischen Kennlinien und Streckenverstärkungen für alle Ein-/Ausgangsgrößenkombinationen
- Empfindlichkeitsanalyse

Bild 7-13 zeigt beispielhaft die Gegenüberstellung einer gemessenen und über das KNN berechneten Ausgangsgröße in einem so genannten Scatter-Plot. Der Idealfall (vollständige

Identität für alle Datensätze) wird durch eine Gerade mit Anstieg eins gekennzeichnet; zu sehen ist auch der 6σ-Vertrauensbereich. Dargestellt sind auch die beiden Zeitreihen.

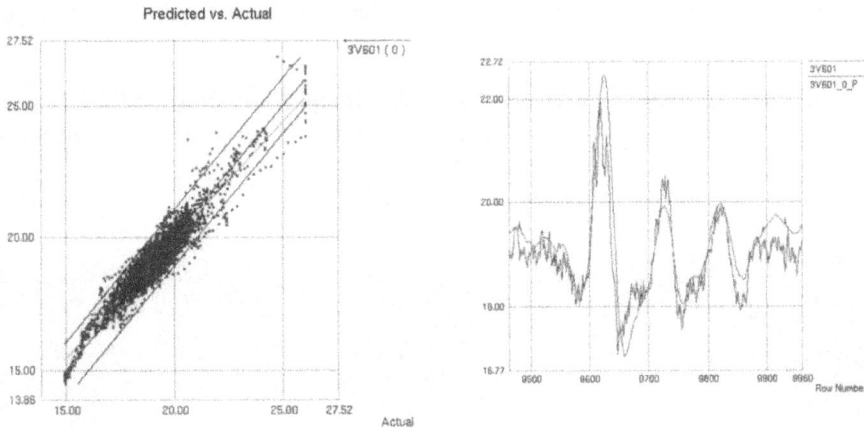

Bild 7-13: Gegenüberstellung gemessener und berechneter Ausgangsgrößen in einem Scatter-Plot und in einer Zeitreihe

Die Identifikation des dynamischen Verhaltens geschieht durch Auswertung von aktiven Experimenten an der Anlage. Beim Process Perfecter wird pro MV/DV-CV-Paar ein lineares ARX-Modelle maximal zweiter Ordnung mit Totzeit

$$y(k) + a_1 y(k-1) + a_2 y(k-2) = b_1 u(k-d-1) + b_2 u(k-d-2) \tag{7-1}$$

geschätzt. Der Nutzer kann einen Totzeitbereich und einen Maximalwert für die dominierende Zeitkonstante als Nebenbedingung vorgeben. Eine weitere Besonderheit besteht darin, dass eine vorgegebene Verstärkung des ARX-Modells erzwungen werden kann („gain enforcement"), die bereits aus dem statischen Prozessmodell (KNN) bekannt ist. Dies geschieht durch Einführung eines Strafterms in die Zielfunktion der Identifikation, mit deren Hilfe Abweichungen zwischen der geforderten Verstärkung k_S und der Verstärkung des ARX-Modells gewichtet werden:

$$J = \sum_{i=1}^{n_{max}} \left(y(i) - \hat{y}(i) \right)^2 + \gamma \left(k_S - \frac{b_1 + b_2}{1 + a_1 + a_2} \right)^2 \tag{7-2}$$

Die Lösung des Identifikationsproblems erfolgt mit Hilfe eines nichtlinearen Optimierungsverfahrens. Die Eingangsgrößen (MV's und DV's) können sequentiell oder simultan angeregt werden, aber Hilfsmittel für die Planung der Testsignale sind nicht integriert.

Die Modellgüte kann anhand des Vergleichs zwischen gemessenen und über das dynamische Modell berechneten Zeitverläufen abgeschätzt werden. Ein Beispiel ist in Bild 7-14 dargestellt. Zusätzlich können die Sprungantworten der Teilmodelle berechnet und grafisch dargestellt werden. Die endgültigen Prozessmodelle werden in Form von Übertragungsfunktionen $g(s)$ angegeben. Der Nutzer kann vor der Identifikation bereits bekannte Teilmodelle (auch Null-Modelle) manuell vorgeben. Die Identifikation integrierender Regelstrecken wird ebenfalls unterstützt.

Das reglerinterne Prozessmodell wird ebenso wie das Simulationsmodell aus den Teilmodellen (das KNN für den statischen, die ARX-Modelle für den dynamischen Teil) zusammengefügt.

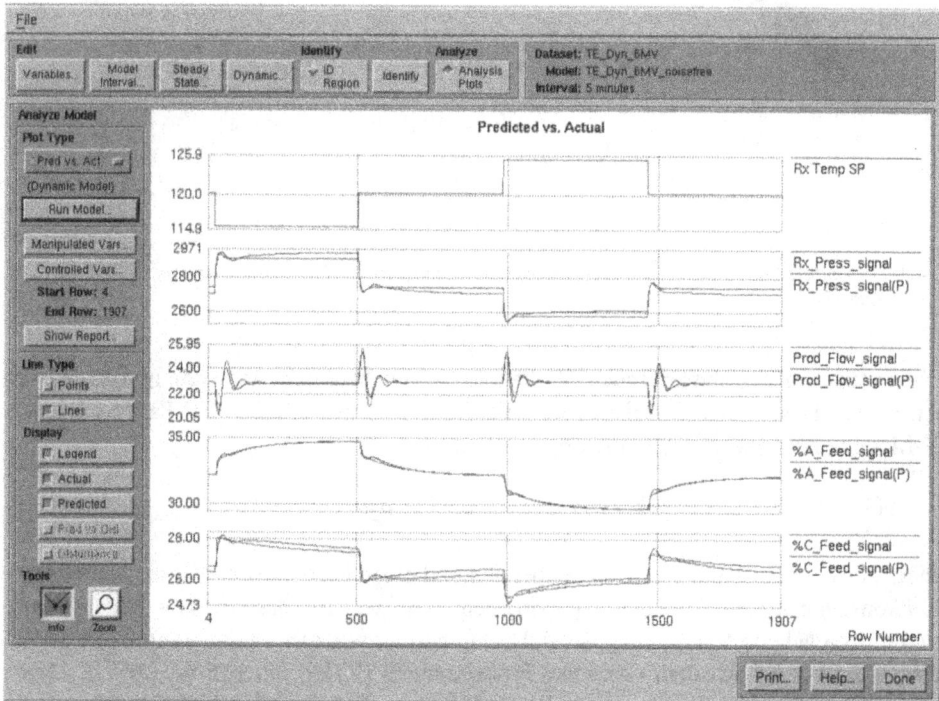

Bild 7-14: Zeitverläufe gemessener und berechneter Prozessgrößen nach der dynamischen Identifikation (mit freundlicher Genehmigung von Pavilion)

7.2.2   Process Perfecter – Entwurf und Simulation

Die Lösung der statischen und der dynamischen Optimierungsaufgabe erfolgt im Process Perfecter sequentiell. Zunächst wird eine statische Arbeitspunktoptimierung unter Nutzung des linearen oder nichtlinearen statischen Prozessmodells durchgeführt. Zu diesem Zweck kann der Nutzer Preisinformationen, Zielwerte und Nebenbedingungen für die MV's/CV's bereitstellen. Ergebnis der Arbeitspunktoptimierung sind optimale Sollwerte für die MV's, die an die dynamische Optimierung übergeben werden. Aus dem KNN berechnet und ebenfalls übergeben werden die Werte aller Streckenverstärkungen im aktuellen und im optimalen Arbeitspunkt, also die partiellen Ableitungen

$$k_{ij} = \partial y_i / \partial u_j \big|_{aktuell} \quad \text{und} \quad k_{ij} = \partial y_i / \partial u_j \big|_{final}.$$

Im dynamischen Teil des Reglers wird angenommen, dass sich die Streckenverstärkungen auf dem Weg vom aktuellen zum berechneten optimalen Arbeitspunkt durch lineare Interpolation approximieren lassen. Für die Vorhersage der CV's ergibt sich dann für Abweichungen δy und δu vom aktuellen Arbeitspunkt die quadratische Differenzengleichung [7.11]

$$\begin{aligned} \delta y(k) = &-a_1 \delta y(k-1) - a_2 \delta y(k-2) + v_1 \delta u(k-d-1) + v_2 \delta u(k-d-2) + ... \\ &+ w_1 \delta u^2(k-d-1) + w_2 \delta u^2(k-d-2) \end{aligned} \tag{7-3}$$

mit

$$v_{1,2} = b_{1,2} \frac{k_{aktuell}(KNN)}{k(ARX)} = b_{1,2} k_{aktuell} \frac{1+a_1+a_2}{b_1+b_2} \tag{7-4}$$

und

$$w_{1,2} = b_{1,2} \frac{(1+a_1+a_2)(k_{final} - k_{aktuell})}{(b_1+b_2)(u_{final} - u_{aktuell})} \tag{7-5}$$

Für den dynamischen Teil des Reglers können im Process Perfecter folgende Vorgaben gemacht werden:

- Für die Regelgrößen (CV's): Sollwerte, Gutbereiche bzw. obere/untere Grenzwerte, Trichter (Bedeutung wie im Profit Controller, in der Terminologie des Process Perfecter allerdings nicht „funnel", sondern „frustum" (Kegelstumpf) genannt), zusätzlich „fuzzy constraints", die man als „bevorzugten Bereich" interpretieren kann, und die innerhalb der eigentlichen Grenzwerte für die Größen liegen, Ränge bzw. Prioritäten für „hard constraints".
- Für die Steuergrößen (MV's): obere und untere Grenzwerte, Verstellgeschwindigkeit nach oben und nach unten, sowie ebenfalls „fuzzy constraints".
- Für die Reglerparameter: Steuer- und Prädiktionshorizont, MV-"Blöcke", Gewichtskoeffizienten für MV- und CV-Soll- und Grenzwerte sowie für die Steuergrößenänderungen (move suppression factors).

Die Nebenbedingungen für die MV's und CV's werden mit folgender Priorität bearbeitet:

1. Verstellgeschwindigkeit der MV's

2. Obere und untere Grenzen für die MV's
3. Grenzen für die CV's entsprechend dem vorgegebenen Rang

Das dynamische Optimierungsproblem wird durch dasselbe nichtlineare Suchverfahren gelöst (Generalized Reduced Gradient, GRG II [7.7]), das auch für die statische Arbeitspunktoptimierung und die Identifikation des dynamischen Verhaltens eingesetzt wird.

Die Entwicklungsumgebung des Process Perfecter unterstützt die Simulation des geschlossenen Regelungssystems im Offline-Betrieb. Bild 7-15 zeigt beispielhaft den Screenshot eines Simulationslaufs mit drei CV's. Für die obere Regelgröße wurde eine Sollwertänderung vorgenommen, für die mittlere wurde kein Sollwert, sondern ein Gutbereich und ein Fuzzy-Gutbereich definiert, für die untere hingegen ein „frustum". Zu erkennen sind die historischen Verläufe in den letzten 50 Abtastintervallen und die Vorhersagen für die nächsten 150.

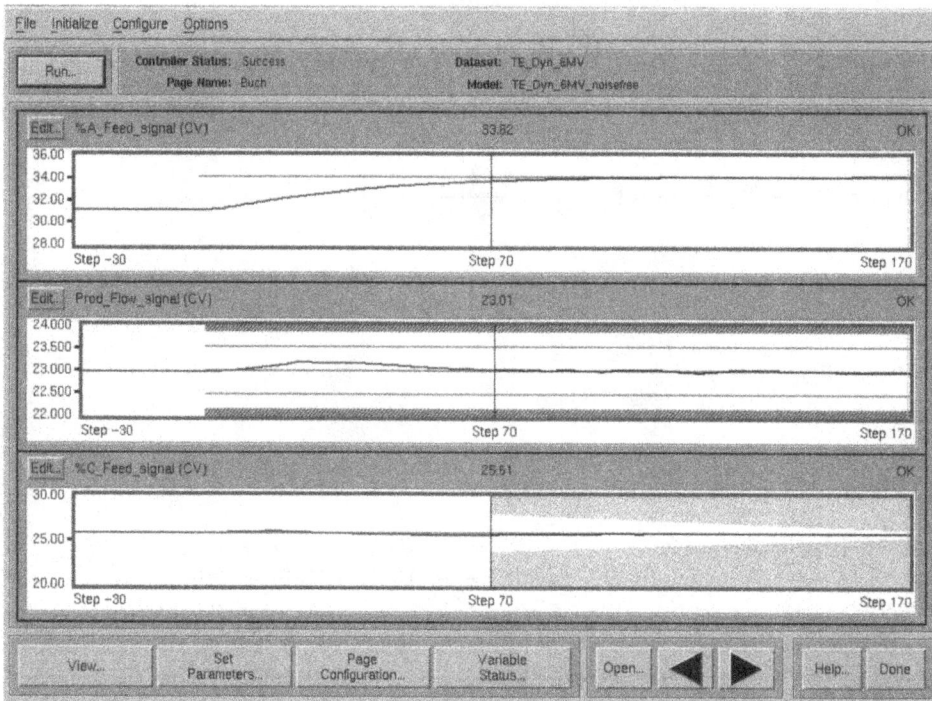

Bild 7-15: Screenshot der Offline-Simulation des Process Perfecter (mit freundlicher Genehmigung von Pavilion)

Die neueste Version des Process Perfecter weist folgende weitere Besonderheiten gegenüber anderen MPC-Programmpaketen auf:

• Möglichkeit einer zeitoptimalen Steuerung für Umstellungen der Anlagenfahrweise. Diese Option ist z.B. vorgesehen, um einen möglichst schnellen Übergang zwischen zwei „product grades" bei der Herstellung von Polymeren mit unterschiedlichen Spezifikationen zu ermöglichen. Der Nutzer kann zusätzlich zu den sonstigen Nebenbedingungen den gewünschten Zeitraum für den Umsteuervorgang vorgeben.

- Möglichkeit der Vorgabe einer arbeitspunktabhängigen Prozessdynamik. Das stellt eine wesentliche Erweiterung dar, da bisher über das statische nichtlineare Prozessmodell nur die Streckenverstärkungen an den Arbeitspunkt angepasst werden konnten.

7.2.3   Online-Betrieb

Bild 7-16 zeigt die im Online-Betrieb genutzten Komponenten des Process Perfecter.

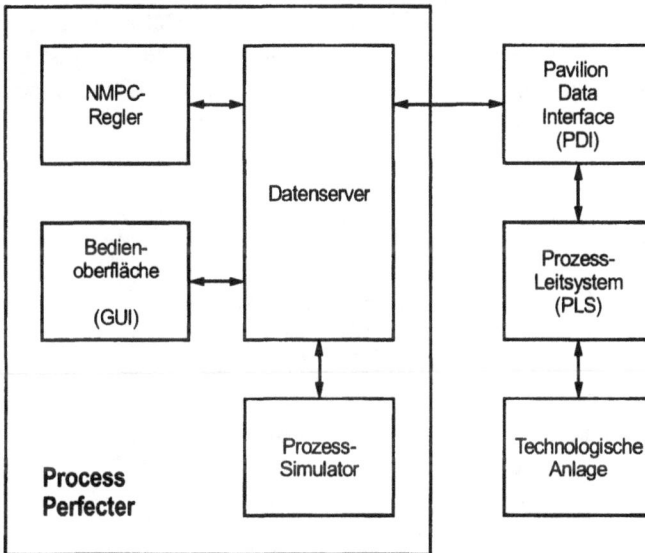

Bild 7-16: Nutzung des Process Perfecter im Online-Betrieb

Das Pavilion Data Interface, an das auch andere Pavilion-Programme gekoppelt werden können (z.B. ebenfalls mit Process Perfecter erzeugte virtuelle Online-Analysatoren), gestattet die Kopplung mit vielen in der Prozessindustrie eingesetzten Prozessleit- und Prozessinformationssystemen. Die Verwaltung und Überwachung der Pavilion-Programme geschieht über ein separates Werkzeug (Pavilion Launcher oder Protégé). Die integrierte Bedienoberfläche ist ähnlich wie die der Entwicklungsumgebung gestaltet, wobei für die Anlagenfahrer nur ein Teil der Vorgaben und Parameter zugänglich ist. Pavilion empfiehlt die Einrichtung einer zusätzlichen, vereinfachten Bedienoberfläche mit PLS-Mitteln.

7.3   INCA

Das Programmsystem INCA wurde Ende der 90er Jahre durch die Firma IPCOS Technology (Niederlande) entwickelt. Anwendungen konzentrieren sich auf die chemische und Glasindustrie. Bild 7-17 zeigt den modularen Aufbau des Programmpakets. Charakteristisch ist der OPC-Server im Zentrum, über den Daten im Echtzeitbetrieb mit dem Automatisierungssystem ausgetauscht werden, und an den alle Komponenten von INCA angekoppelt sind. Koppelbar sind aber auch Programmsysteme des Anwenders oder Dritter (wie z.B. MAT-LAB/SIMULINK oder dynamische Simulatoren/Operator-Trainingssysteme), sofern sie über eine geeignete OPC-Client-Schnittstelle verfügen. INCA lässt sich per OPC an beliebige Prozessleitsysteme anschließen. Im Rahmen einer Partnerschaft mit der Fa. Siemens ist jedoch eine vorgefertigte, nahtlose Integration in das Leitsystem SIMATIC PCS 7 entstanden (siehe Kapitel 8).

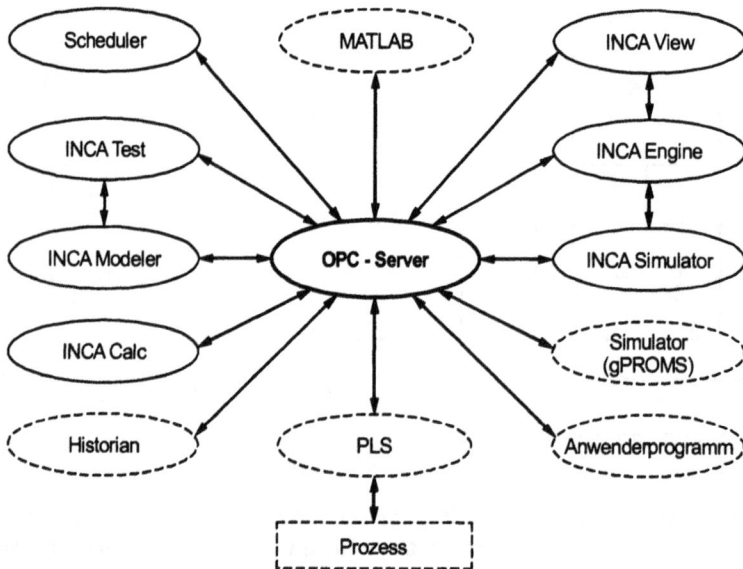

Bild 7-17: Architektur des Programmsystems INCA

Die einzelnen INCA-Komponenten erfüllen folgende Funktionen:

- INCA Modeler – Modellbildung/Identifikation
- INCA Simulator – Prozesssimulation (mit den identifizierten linearen Prozessmodellen)
- INCA Test – Datenakquisition und Testsignalgenerierung
- INCA Engine – MPC-Regler
- INCA View – Bedienoberfläche
- INCA Calc – applikationsspezifische Berechnungen (z.B. zur Linearisierung)

7.3.1   Modellbildung

Auch innerhalb von INCA geschieht die Modellbildung im Normalfall in einem mehrstufi-gen Verfahren. In einem ersten Schritt werden nacheinander für jede Steuergröße eine Folge von Sprungsignalen unterschiedlicher Amplitude und Richtung generiert und an den Prozess ausgegeben. Auf der Grundlage der gemessenen Sprungantworten werden „grobe" FIR-Modelle für alle MV-CV-Paare identifiziert. Da die geschätzten FIR-Koeffizienten fehlerbe-haftet sind, weist die mit Hilfe der Least-Squares-Methode geschätzte zeitdiskrete Gewichts-funktion zunächst oft einen „verrauschten" Verlauf auf. In INCA besteht die Möglichkeit, diese Modelle zu glätten. Das geschieht durch Einbeziehung eines Strafterms in die Fehler-quadratsumme, der die Differenzen benachbarter Gewichtskoeffizienten wichtet:

$$\min_{\theta} \left\{ \left\| \bar{y} - \Phi \bar{\theta} \right\|^2 + \alpha \left\| W \bar{\theta} \right\|^2 \right\} \tag{7-6}$$

Der Wichtungskoeffizient α kann durch den Anwender vorgegeben werden. Bild 7-18 zeigt beispielhaft den geschätzten Verlauf eines mit $\alpha = 0$ und $\alpha \neq 0$ identifizierten FIR-Modells.

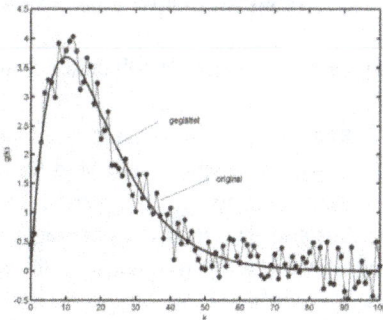

Bild 7-18: Ungefilterter und geglätteter Zeitverlauf der Gewichtsfunktion

Mit Hilfe der so gewonnenen groben Modelle für das dynamische Verhalten werden in ei-nem zweiten Schritt PRBS-Signale für die einzelnen Eingangsgrößen entworfen. Dabei wird der Anwender mit Hilfe von INCA Modeler durch den Entwurfsprozess geführt. INCA un-terstützt den Entwurf von bis zu fünf simultan auszugebenden PRBS-Testsignalen. Die Sig-nalamplituden werden dabei so gewählt, dass die Rausch-/Signalverhältnisse für alle Regel-größen möglichst gleich groß sind. Vor der Ausgabe der Testsignale an den Prozess besteht die Möglichkeit, mit Hilfe der bereits identifizierten Modelle das Prozessverhalten zu simu-lieren, um Testsignalkombinationen auszuschließen, die zu ungewünschten Prozesszuständen führen würden.

Nach Durchführung der PRBS-Tests und Vorverarbeitung der Messdatensätze werden dann die „endgültigen" Modelle in einem dreistufigen Verfahren identifiziert:

- FIR-Modelle für alle MV/CV-Paare, jetzt aber auf der Basis der PRBS-Tests.
- Annäherung der nichtparametrischen FIR-Modelle durch Zustandsmodelle möglichst niedriger Ordnung („model-to-model-fit"). In diesem Schritt werden die Messdatensätze nicht verwendet.
- Identifikation eines linearen Zustandsmodells mit der vorher ermittelten Ordnung auf der Grundlage der PRBS-Testdaten nach der Prediction-Error-Methode.

Die Wahl einer geeigneten Modellordnung bei der Identifikation realer Systeme ist nicht trivial. Hinweise dazu wurden bereits in Kapitel 3 gegeben. Als Unterstützung zur Wahl der passenden Modellordnung wird bei INCA eine grafische Darstellung der Hankel-Singulärwerte [7.8] angeboten. Bei einer Singulärwert-Zerlegung werden die Singulärwerte der Hankel-Matrix, die aus den Markov-Parametern des Prozessmodells gebildet wird, der Größe nach sortiert. Alle Singulärwerte, die signifikant größer als null sind, sollten bei der Systemordnung berücksichtigt werden.

Zur Ordnungsselektion eignet sich eine grafische Darstellung, bei der die entsprechend sortierten, normierten Singulärwerte $\sigma(n)/\sigma(1)$, ihre relative kumulative Summe

$$\sum_{i=1}^{n} \sigma(i) / \sum_{i=1}^{\infty} \sigma(i)$$ sowie das Verhältnis $\sigma(n+1)/\sigma(n)$ zweier aufeinanderfolgender Singu-

lärwerte über der Modellordnung n aufgetragen ist. Der kleinste noch berücksichtigte singuläre Wert sollte relativ nahe bei null sein. Die relative kumulative Summe ist ein Maß für den Teil der im System gespeicherten Energie, der mit der Systemordnung n erklärt werden kann. Ziel ist also, einen Wert nahe bei 1 zu erreichen. Der Abstand zwischen dem letzten noch berücksichtigten und dem ersten vernachlässigten Singulärwert sollte möglichst groß sein, d.h. das Singulärwertverhältnis sollte bei der ausgewählten Ordnung ein Minimum annehmen. Bild 7-19 zeigt ein Beispiel, bei dem nach diesen Regeln eine Ordnung von $n = 15$ gewählt wurde.

Alternativ zu den ersten beiden Schritten der Modellbildung kann auch das Subspace-Identifikationsverfahren angewendet werden. Das resultierende Prozessmodell ist dann ein lineares Zustandsmodell möglichst kleiner Ordnung, das für die Verwendung im Regler in ein FIR-Modell transformiert wird.

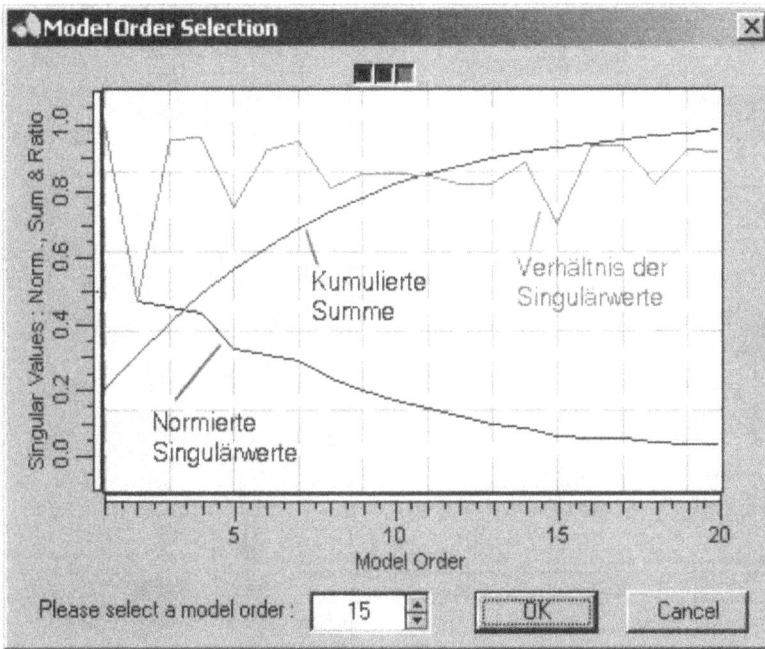

Bild 7-19: Hilfsmittel zur Ordnungsreduktion bei INCA (mit freundlicher Genehmigung von IPCOS)

7.3.2 INCA – Entwurf und Simulation

Charakteristisch für INCA ist die Verwendung eines „prioritized control" (vgl. Abschnitt 4.4.1) genannten Konzepts, bei dem jeder Regelgröße (genauer gesagt jedem Sollwert, Grenzwert oder Bereich einer Regelgröße) ein Rang zugeordnet wird. Dieses Vorgehen trägt der Tatsache Rechnung, dass die Regelungsziele innerhalb einer Anlage meist unterschiedliche Prioritäten aufweisen. Auf diese Weise wird das Mehrgrößenregelungsproblem einer Anlage oder Teilanlage in eine Folge von Teilproblemen oder Klassen zerlegt, wobei die Regelungsziele jedes Teilproblems den gleichen Rang aufweisen (Bild 7-20).

Die Teilprobleme werden nacheinander beginnend mit Rang 0 gelöst, solange dafür Freiheitsgrade vorhanden sind. Die Ergebnisse der Lösung eines Teilproblems mit einem niedrigeren Rang (einer höheren Priorität) gehen als Nebenbedingungen in das Teilproblem des nächsthöheren Rangs ein. Das Teilproblem mit Rang 0 weist ausschließlich Nebenbedingungen für die Steuergrößen auf (Grenzwerte und Verstellgeschwindigkeiten). Für die darauf folgenden Teilprobleme 1 bis n kann der Anwender Zielwerte („ideals") und Gutbereiche bzw. Grenzwerte („zones" und „limits") für die Regelgrößen und den jeweiligen Rang vorgeben. Verbleiben nach Lösung des Teilproblems n noch Freiheitsgrade, wird ein Teilproblem $n+1$ mit dem Ziel gelöst, entweder die Steuergrößenänderungen zu minimieren oder die Steuergrößen möglichst dicht an vorgegebene Werte („ideal resting values") zu führen.

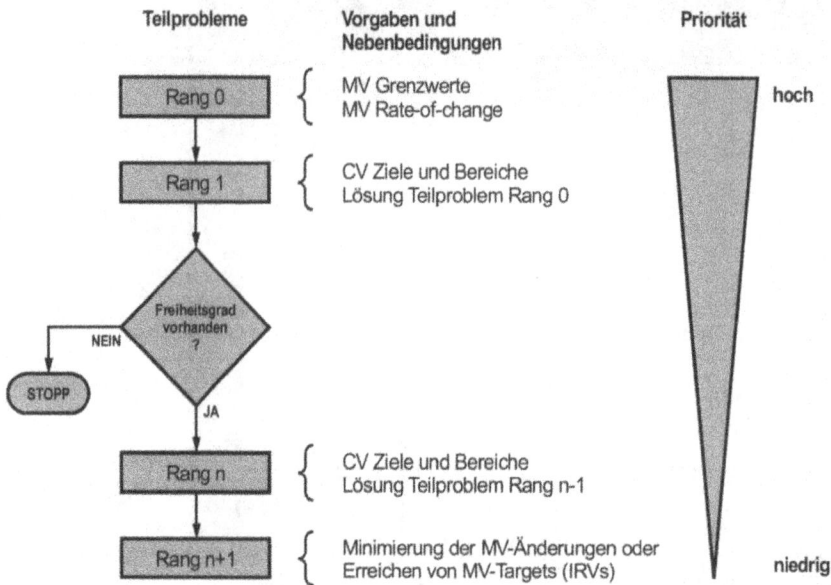

Bild 7-20: Zerlegung des Regelungsproblems in priorisierte Teilprobleme bei INCA

Innerhalb jedes Teilproblems wird sowohl eine statische als auch eine dynamische Optimierungsaufgabe gelöst. Zunächst wird ein optimaler statischer Arbeitspunkt durch Lösung des quadratischen Optimierungsproblems

$$\min_{\Delta \bar{u}_{ss}} \left\{ J = (\bar{y}_{ss} - \bar{y}_{ziel})^T Q_{st} (\bar{y}_{ss} - \bar{y}_{ziel}) \right\} \tag{7-7}$$

gefunden. Darin sind $\Delta \bar{u}_{ss}$ die Differenzen der stationär-optimalen Werte der Steuergrößen von ihren Werten im aktuellen Zeitpunkt, $\bar{y}_{ss}$ sind die resultierenden stationär-optimalen Werte der Regelgrößen, und $\bar{y}_{ziel}$ sind vorgegebene Zielwerte (Targets). Als Nebenbedingungen dieses Problems treten die vorgegebenen Grenzwerte der Steuer- und Regelgrößen, die Lösung des Teilproblems mit dem niedrigeren Rang sowie eine vorzugebende maximale Schrittweite auf, die pro Arbeitspunktoptimierung zulässig ist:

$$\Delta \bar{u}_{ss} < \Delta \bar{u}_{ss,max} \tag{7-8}$$

Sind für ein Teilproblem mehr Regelungsziele definiert als Steuergrößen verfügbar, wird es im Sinne eines Least-Squares-Problems (d.h. als Kompromiss) gelöst, wobei über Gewichtsfaktoren auf die resultierenden bleibenden Regeldifferenzen Einfluss genommen werden kann. Im umgekehrten Fall (Überschuss von Steuergrößen) wird eine Lösung ermittelt, die

$\Delta \bar{u}_{ss}{}^{T} Q_{st} \Delta \bar{u}_{ss}$ minimiert (ebenso wie bei der Lösung von Teilproblem $n+1$). Eine explizite *ökonomische* Arbeitspunktoptimierung ist nicht Bestandteil von INCA.

Anschließend wird zur Bestimmung des optimalen Wegs zu diesem neu berechneten Arbeitspunkt die aus Abschnitt 4.2.3 bekannte dynamische Optimierungsaufgabe gelöst, deren Ergebnis eine optimale *Folge* von Steuergrößenänderungen ist, deren erstes Element ausgegeben wird. Reglerparameter der dynamischen Optimierung sind Gewichtsfaktoren für die Steuer- und Regelgrößen und die Längen des Steuer- und Prädiktionshorizonts. Zur Sicherung der Stabilität des Algorithmus wird $n_P > n_C + t_{99\%, max} / t_0$ gefordert.

INCA unterstützt folgende Möglichkeiten, nichtlineare MPC-Probleme anzugehen:

- Einbringen vorher bekannter nichtlinearer Transformationsbeziehungen für die Steuer- und/oder Regelgrößen über INCA Calc (z.B. Logarithmus einer Konzentration)
- Arbeitspunktabhängige Änderung der Streckenverstärkungen und/oder der Totzeiten in den Prozessmodellen im Online-Betrieb ohne Neustart des MPC-Reglers
- Verwendung einer „Bank" vorher ermittelter linearer Prozessmodelle, die das Verhalten in unterschiedlichen Arbeitspunkten beschreiben, wobei spezielle Maßnahmen für eine stoßfreie Umschaltung zwischen den Teilmodellen getroffen werden (Bild 7-21)

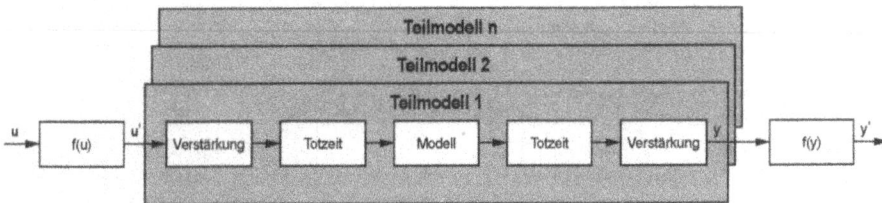

Bild 7-21: Verschiedene Möglichkeiten der Behandlung nichtlinearer Probleme in INCA

Interessant ist die Möglichkeit, INCA in einem so genannten „Delta-Mode" zu betreiben. Von dieser Möglichkeit wird bei Umsteuervorgängen zwischen verschiedenen Fahrweisen oder Arbeitspunkten Gebrauch gemacht, z.B. in der Polymerherstellung. Ein übergeordnetes dynamisches Optimierungsprogramm (IPCOS bietet dafür das Programmsystem „Pathfinder" an) berechnet optimale Zeitverläufe (Trajektorien) für die Steuer- und Regelgrößen $\bar{u}_{ziel}(t)$ und $\bar{y}_{ziel}(t)$. Diese werden an den MPC-Regler übergeben, dessen Aufgabe dann in der Minimierung des Abstandes von dieser Trajektorie während des Umsteuervorgangs besteht. Bild 7-22 zeigt das Prinzip. Zu jedem Zeitpunkt holt sich der Regler den aktuellen Sollwert, sowie den idealen Stellwert aus der Trajektorien-Datenbank. Er hat dann nur noch die Aufgabe, Abweichungen zwischen Trajektorie und aktuellem Prozesszustand durch kleine Verschiebungen der vorausberechneten idealen Stellgrößen zu kompensieren.

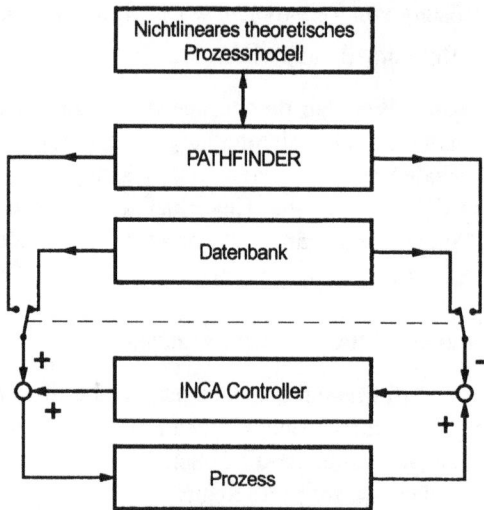

Bild 7-22: Betrieb von INCA im Delta-Mode

7.4   Weitere MPC-Programmpakete

7.4.1   DMCplus

Das Programmsystem DMCplus der Fa. Aspen Technology ist das bekannteste und am weitesten verbreitete MPC-Programmsystem. Seine Geschichte geht auf den DMC-Algorithmus (*D*ynamic *M*atrix *C*ontrol) zurück, der durch die Fa. Shell in den 70er Jahren entwickelt und patentiert wurde. DMC wurde später durch die DMC Corporation weiterentwickelt und vermarktet. Mitte der 90er Jahre wurden durch Aspen Technology sowohl die DMC Corporation als auch die Fa. Setpoint übernommen, deren Produkt SMCA ebenfalls in die Entwicklung von DMCplus eingegangen ist (zur Genaelogie der Entwicklung der MPC-Technologien vgl. [7.3]). Inzwischen gibt es mehr als 2.000 Einsatzfälle von DMCplus und dessen Vorläufern, insbesondere im Raffineriebereich und in der Petrochemie.

Das Programmsystem besteht aus der Offline-Entwicklungsumgebung mit den Teilen

- DMCplus Model – Identifikation empirischer Modelle auf der Basis von Messdaten
- DMCplus Build – grafisch gestützte Konfiguration des Reglers
- DMCplus Simulate – Simulation des Regelungssystems und Reglereinstellung.

und dem Online-System

- DMCplus Controller und DMCplus Composite.

Weitere von Aspen Technology angebotene Advanced-Control-Produkte mit enger Beziehung zu DMCplus sind

- Aspen SmartStep – ein Werkzeug zur teilweisen Automatisierung der Anlagentests zur Gewinnung von Messdaten für die Modellbildung
- Aspen IQ und IQmodel Powertools – Werkzeuge zur statistischen Datenanalyse und zur Entwicklung von Softsensoren
- Aspen Watch – ein Werkzeug für das Control Performance Monitoring von DMCplus-Applikationen
- Aspen Apollo – ein nichtlinearer MPC-Regler, speziell vorgesehen für die Regelung von Polymerisationsprozessen
- Aspen Plus Online – statische Arbeitspunktoptimierung im Echtzeitbetrieb auf der Grundlage theoretischer nichtlinearer Prozessmodelle (früher unter dem Namen RT_OPT bekannt)
- Aspen OTISS – dynamische Prozesssimulation auf der Grundlage theoretischer Prozessmodelle (auch für Operator-Trainingssimulation)

Modellbildung

Die für die Identifikation mit DMCplus Model erforderlichen Messdatensätze können entweder durch manuelle Vorgehensweise oder durch den Einsatz von Aspen SmartStep generiert werden. Bei der manuellen Vorgehensweise nimmt der Nutzer nacheinander eine Serie von Sprungantworten für die MV's und (wo möglich) DV's auf, die Messdaten werden mit DMCplus Collect aufgezeichnet und abgespeichert. Mit Aspen SmartStep hingegen werden teilweise automatisierte Anlagentests ermöglicht. Durch SmartStep werden sequentiell für jede Eingangsgröße Sprungfunktionen unterschiedlicher Dauer und Amplitude erzeugt, um sowohl nieder- als auch höherfrequente Teile der Prozessdynamik ausreichend anzuregen. Voraussetzung für die Anwendung von SmartStep ist, dass zumindest ein grobes Prozessmodell bereits vorliegt, das durch Vortests gewonnen wurde. Das Programmsystem benutzt intern den Prädiktionsmechanismus von DMCplus, um solche Sprungamplituden zu ermitteln, die die Einhaltung vorgegebener Nebenbedingungen für die CV's garantieren. Ziel ist es, eine Zeiteinsparung gegenüber der traditionellen Vorgehensweise zu erreichen und gleichzeitig die Anlagensicherheit zu erhöhen sowie informationsreichere Messdatensätze zu erhalten.

Für die Identifikation dynamischer Prozessmodelle existieren ebenfalls zwei Alternativen:

- Identifikation eines FIR-Modells für jede Regelgröße in MISO-Form. Der Anwender muss hierfür die mittlere Beruhigungszeit der Teilstrecken und die Anzahl der FIR-Koeffizienten vorgeben. Da die Modellkoeffizienten i.A. eine große Varianz aufweisen, besteht die Möglichkeit einer Glättung. Die identifizierten Modelle werden dem Nutzer als eine Matrix von Sprungantworten angezeigt.

- Subspace-Identifikation eines Zustandsmodells in MIMO-Form. Aspen Technology empfiehlt die Anwendung dieser Vorgehensweise vor allem dann, wenn zeitliche „Lücken" in
  den Messdaten auftreten, weil die Identifikation von Zustandsmodellen weniger zurückliegende Messwerte benötigt als FIR-Modelle mit großen Modellhorizonten. Auch für die
  Identifikation integrierender Teilstrecken (z.B. Füllstände) wird die Subspace-Identifikation empfohlen. Der Anwender muss die maximale Ordnung des Zustandsmodells vorgeben; evtl. muss die Identifikation mit einer höheren Modellordnung wiederholt werden.
  Auch die Ergebnisse der Subspace-Identifikation werden dem Anwender in Form von
  Sprungantworten angeboten.

MPC-Reglerentwurf und Simulation

In DMCplus werden in jedem Abtastintervall die lokale statische Arbeitspunktoptimierung
und die dynamische Optimierung zur Auffindung der besten Steuergrößenfolge nacheinander
ausgeführt. Zunächst wird der optimale Arbeitspunkt durch Lösung eines LP- oder QP-
Problems bestimmt. Es sind auch Zielfunktionen mit gemischten (linearen und quadratischen) Termen möglich. Je nach Struktur der Zielfunktion muss der Nutzer ökonomische
Daten (z.B. Preise für Produkte oder Verbräuche) oder Zielwerte (Targets) für die MV's
und/oder CV's vorgeben. Die Targets können auch extern, z.B. durch eine übergeordnete
Funktion der anlagenweiten Echtzeitoptimierung, vorgegeben werden. Die in der Zielfunktion auftretenden Gewichtsfaktoren für die CV- bzw. MV-Targets werden in der Terminologie
von DMCplus „steady-state equal concern factors" genannt. Der Ausdruck rührt daher, dass
durch diese Faktoren ausgedrückt wird, in welchem Maß das Nichterreichen der Targets
„besorgniserregend" ist. Außer der Zielfunktion sind Ungleichungs-Nebenbedingungen für
die MV's/CV's vorzugeben. Für die Erreichung einer zulässigen Lösung des statischen
Optimierungsproblems können MV's/CV's mit Prioritäten („ranks") versehen werden. Ergebnis dieses Schritts sind optimale stationäre Sollwerte für die MV's und CV's.

Im zweiten Schritt wird das dynamische Optimierungsproblem

$$\min_{\Delta \vec{u}} \left\{ J = \sum Q \left(\hat{\vec{y}} - y_{soll} \right)^2 + \sum T \left(\vec{u} - u_{soll} \right)^2 + \Delta \vec{u}^T \, R \, \Delta \vec{u} \right\}$$

gelöst. Die Gewichtsfaktoren Q und T werden bei DMCplus als „dynamic equal concern
factors" bezeichnet, die Gewichtsfaktoren R als „move suppression factors". Die Anzahl der
berechneten zukünftigen Stellgrößenänderungen kann zwischen acht und vierzehn liegen.
Nebenbedingungen für die MV's und CV's sind dieselben wie bei der statischen Optimierung, hinzukommen Nebenbedingungen für die Verstellgeschwindigkeit der MV's. Nähern
sich die Istwerte der Variablen den vorgegebenen Grenzwerten an, werden in DMCplus
automatisch die Gewichtsfaktoren erhöht („dynamic weighting"). Damit wird dieselbe Wirkung wie bei einer Straffunktion erzielt.

Reglerintern wird mit einem FSR-Modell für die Prädiktion gearbeitet. Nicht messbare Störungen werden als sprungkonstante Störungen am Ausgang der Regelstrecken modelliert. Im
Fall integrierender Regelstrecken kann ein so genannter „Rotationsfaktor" vorgegeben wer-

den, der fehlerhaft modellierte Integralverstärkungen der Regelstrecke korrigiert. Für die Lösung des ill-conditioning-Problems stehen Analysewerkzeuge innerhalb von DMCplus Model zur Verfügung. In DMCplus stehen verschiedene Möglichkeiten zur Behandlung nichtlinearer und zeitvarianter Systeme, wie z.B. das Einbringen nichtlinearer Variablentransformationen, die Online-Korrektur von Streckenverstärkungen und das arbeitspunktabhängige Umschalten zwischen verschiedenen Streckenmodellen, zur Verfügung.

Für den Online-Betrieb ist der Zugriff auf verschiedene AC-Produkte von Aspen Technology – einschließlich DMCplus – über ein „Production Control Web Interface" möglich. Aspen Technology empfiehlt zur Erhöhung der Zuverlässigkeit die Verwendung von Backup-Operator-Bedienbildschirmen auf dem Prozessleitsystem. Für PLS der Firmen Honeywell und Foxboro werden diese Bedienbildschirme automatisch in DMCplus erzeugt. Zur Ankopplung von DMCplus an PLS und Prozessinformationssysteme unterschiedlicher Hersteller stehen verschiedene Interfaces zur Verfügung, die unter dem Namen DMCplus Connect zusammengefasst werden. Ein OPC-Client gestattet die Verbindung mit PLS-OPC-Servern.

Bild 7-23 zeigt beispielhaft die Übersicht über die Regelgrößen einer DMCplus-Applikation mit Hilfe des „Production Control Web Interface".

Für die fortlaufende Überwachung und Bewertung der Arbeitsweise eines DMCplus-Reglers wurde das Programmsystem Aspen Watch entwickelt. Es ermöglicht eine kompressionsfreie Archivierung der DMCplus-Variablen. Die dazu erforderliche Datenbank wird auf der Grundlage der Konfigurationsdaten des Reglers automatisch generiert. Auf dieser Grundlage bietet Aspen Watch Funktionen wie

- zeit- und ereignisbasierte Rückverfolgung der Arbeitsweise von DMCplus in der Vergangenheit
- detaillierte und komfortable Trenddarstellungen der wichtigsten DMCplus-Variablen
- Remote-Monitoring
- Definition von Kennwertberechnungen
- Zustands- und Performance-Monitoring von DMCplus-Reglern und unterlagerten PID-Regelkreisen (PID Watch)

Zu den Monitoring-Funktionen gehören u.a.

- Zeitstatistik der aktiven Nebenbedingungen
- Typische Regler"zustände"
- Statusinformationen des DMCplus-Reglers und der PLT-Stellen, die dem Regler als MV's, DV's und CV's zugeordnet sind
- Protokollierung der Bedieneingriffe
- zeitliche Entwicklung des Vorhersagefehlers (Vergleich von Modellprädiktion und aktuellen Messwerten)
- Berechnung von Performance-Indizes und grafische Darstellung deren zeitlicher Entwicklung.

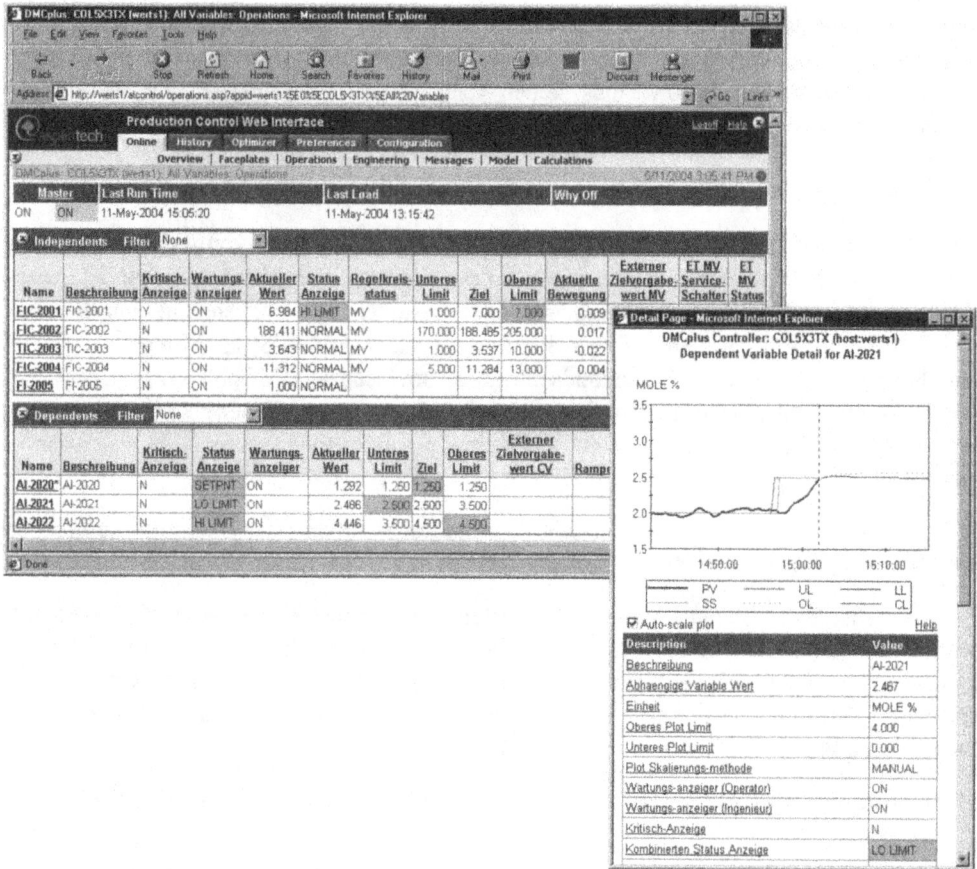

Bild 7-23: CV-Übersicht eines DMCplus-Reglers im Production Control Web Interface (mit freundlicher Genehmi-gung von Aspen Technology)

Diese Funktionen dienen dem Ziel, zeitliche Veränderung des Verhaltens des MPC-Reglers im laufenden Anlagenbetrieb zu erkennen und deren Ursachen zu diagnostizieren.

Für große Prozessanlagen, wie z.B. Ethylenanlagen, für deren Regelung mehrere DMCplus-Regler konfiguriert sind, bietet Aspen Technology ein „DMCplus Composite" genanntes Werkzeug an, das die Arbeitsweise der einzelnen DMCplus-Regler anlagenweit koordiniert. Dies geschieht durch Auffinden der stationär-optimalen Lösung für die Gesamtheit aller beteiligten DMCplus-Regler unter Berücksichtigung aller Nebenbedingungen.

7.4.2   Predict & Control

Das Programmsystem Predict & Control (eine frühere Version ist unter dem Namen 3dMPC bekannt) wurde Ende der 1990er Jahre von ABB entwickelt. Die für das Engineering vorgesehenen Software-Tools setzen auf MATLAB 6.1 auf, das Vorhandensein einer entsprechenden Lizenz wird aber nicht vorausgesetzt.

Modellbildung

Ein integrierter Testsignalgenerator unterstützt den Entwurf von mehrdimensionalen PRBS-Signalen zur Erregung der Eingangssignale. Der Nutzer muss die Taktzeit des Testsignals vorgeben. Nach den Anlagentests, die sowohl im offenen als auch im geschlossenen Regelkreis durchgeführt werden können, ist es möglich, die Rohdaten zunächst vorzuverarbeiten, bevor sie der eigentlichen Identifikation zugeführt werden. Folgende Operationen der Datenvorverarbeitung werden u.a. unterstützt:

- die Anwendung nichtlinearer Transformationsbeziehungen auf die Variablen (mathematische Standardfunktionen, grafische Vorgabe von Kurvenzügen, MATLAB-Ausdrücke),
- Filterung mit Tief-, Hoch- und Bandpassfiltern,
- Drift- und Ausreißerelimination,
- Aufteilung in Identifikations- und Validierungsdaten.

In Predict & Control werden die Ordnung und die Parameter von linearen zeitdiskreten Zustandsmodellen der Form

$$
\begin{aligned}
\bar{x}(k+1) &= A\,\bar{x}(k) + B_u\,\bar{u}(k) + B_v\,\bar{v}(k) \\
\bar{y}(k) &= C\,\bar{x}(k)
\end{aligned}
\tag{7-9}
$$

bestimmt. Dies geschieht in einem zweistufigen Verfahren, bei dem zuerst Modelle nach der „subspace-identification"-Methode geschätzt werden, die ihrerseits Anfangswerte für die Anwendung der „prediction-error"-Methode (für Zustandsmodelle) bereitstellen.

Der Nutzer hat die Möglichkeit, aus anderen Quellen bekannte Teilmodelle in Form von Übertragungsfunktionen $g_{ij}(s)$ vorzugeben und *im Anschluss* an die Identifikation den betreffenden Teil des identifizierten Prozessmodells durch diese Nutzervorgabe zu ersetzen. Bei Verwendung der Prediction-Error-Methode kann *vor* der Identifikation vorgegeben werden, ob bestimmte E/A-Relationen physikalisch nicht existieren (so genannte Null- oder Zero-Gain-Modelle) und daher nicht zu identifiziert werden brauchen.

Für die Evaluation der identifizierten Prozessmodelle können verschiedene grafische Darstellungen herangezogen werden, darunter

- Vergleich von Messdaten und mit gleichen Eingangssignalverläufen berechneten Modellausgängen,
- Sprungantwort und Frequenzgang der Regelstrecken,
- Pol-Nullstellen-Bild der Regelstrecken,

- Varianz des Vorhersagefehlers.

Da die Wahl der Modellordnung und günstiger Parameter des Identifikationsverfahrens a priori schwierig ist, wird zuerst eine größere Anzahl von Modellen für jedes MV/DV-CV-Paar mit verschiedenen Ordnungen und Parametern bestimmt, bevor das endgültige Modell ausgewählt wird, das später im MPC-Regler Verwendung findet.

MPC-Reglerentwurf und Simulation

Für den dynamischen Teil des Reglers können bei Predict & Control folgende Vorgaben gemacht werden:

- Für die Regelgrößen (CV's): absolute Gutbereiche bzw. obere und untere Grenzwerte, obere und untere Grenzwerte relativ zu einem Sollwert. Beide Arten von Vorgaben werden als „soft constraints" im MPC-Algorithmus behandelt, überdies können Sollwertänderungen durch Rampenbildung und Filter verzögert werden.
- Für die Steuergrößen (MV's): obere und untere Grenzwerte, Verstellgeschwindigkeit nach oben und nach unten – diese werden als „hard constraints" behandelt, zusätzlich gewünschte Arbeitsbereiche (desirable operational ranges) – diese werden als „soft constraints" aufgefasst.

Für die „soft constraints" (sowohl für CV's als auch für MV's) können zusätzlich Prioritäten vorgegeben werden. Sie bestimmen, wie wichtig die Einhaltung bestimmter Nebenbedingungen ist, wenn nicht alle gleichzeitig eingehalten werden können. Das Optimierungsverfahren minimiert in diesem Fall die gewichtete Quadratsumme der Verletzung der Nebenbedingungen, wobei die Gewichte von den Prioritäten bestimmt werden. Für jede Regelgröße kann vom Nutzer ein „constraint horizon tuning parameter" eingegeben werden, der festlegt, wie schnell der Regler versuchen soll, nach einer Verletzung einer Nebenbedingung den Gutbereich wieder zu erreichen. Weitere Reglerparameter sind wie auch in anderen MPC-Reglern die Gewichtsfaktoren für die CV's und die MV-Änderungen. Eine eingebaute Auto-Tune-Funktion ermöglicht die Berechnung günstiger Reglerparameter.

Es können drei unterschiedliche Sätze von Reglerparametern für die Reaktion auf Sollwertänderungen und für die Ausregelung nicht messbarer bzw. messbarer Störgrößen vorgegeben werden. Auf diese Weise ist es möglich, das Stör- und Führungsverhalten der MPC-Regelung zielgerichtet und unabhängig voneinander zu beeinflussen.

Da die MPC-Regelung auf einem Zustandsmodell basiert und i.A. nicht alle Zustandsgrößen messbar sind, muss im Rahmen des Entwurfsprozesses auch ein Kalman-Filter zur fortlaufenden Zustandsschätzung parametriert werden.

Die statische Prozessoptimierung löst die Aufgabe

$$\min_{\overline{u}_{soll}} \left\{ J = \left(\overline{u}_{soll} - \overline{u}_{ziel} \right)^T R_{st} \left(\overline{u}_{soll} - \overline{u}_{ziel} \right) \right\} \tag{7-10}$$

minimiert also den Abstand der stationären Endwerte der Steuergrößen von vorgegebenen Zielwerten (MV Targets).

Predict & Control bietet folgende Möglichkeiten, nichtlineare Regelungsprobleme anzugehen:

- Vorgabe von nichtlinearen Transformationen für die Steuer-, Regel- und messbaren Störgrößen,
- Gain Scheduling, d.h. Anpassung der Streckenverstärkungen an den aktuellen Arbeitspunkt,
- Umschalten zwischen bis zu vier Sätzen von Reglerparametern für unterschiedliche Arbeitspunkte.

Für die Analyse des geschlossenen Regelungssystems werden in Predict & Control u.a. folgende Hilfsmittel bereitgestellt:

- Grafische Darstellung von Sprungantworten des geschlossenen Regelungssystems bei Sollwert- und Störgrößenänderungen,
- Bode-Diagramme und Ortskurven,
- Grafische Darstellung charakteristischer Wurzelortskurven verschiedener Übertragungsfunktionen des geschlossenen Regelkreises.

7.4.3   SMOC^{Pro}

Die Firma Shell verfügt über eine lange Tradition in der Entwicklung und Anwendung von MPC-Technologien. Das Programmsystem SMOC (Akronym für *S*hell *M*ultivariable *O*ptimizing *C*ontrol) wurde seit Ende der 70er Jahre entwickelt. Inzwischen existieren über 800 Einsatzfälle, überwiegend im Raffinerie- und Petrochemiebereich. Seit 1998 ist SMOC die innerhalb der Shell-Organisation bevorzugt eingesetzte MPC-Technologie. Das Programmsystem wird aber inzwischen nicht nur innerhalb von Shell eingesetzt, sondern auch für andere Nutzer angeboten. Die jüngste Version SMOC^{Pro} wurde durch Shell Global Solutions im Jahr 2003 auf den Markt gebracht. Das Programmsystem besteht wie alle anderen aus einem Offline-Teil für den Reglerentwurf und die Simulation, und aus einer Runtime-Version, die über eine OPC-Schnittstelle an Leitsysteme unterschiedlicher Hersteller gekoppelt werden kann, u.a. Honeywell Experion PKS und PlantScape, Emerson DeltaV, Foxboro I/A System und Yokogawa Centum.

Modellbildung

Das Modellierungs-Werkzeug für SMOC^{Pro} wird unter dem Namen AIDA^{Pro} vermarktet (*A*dvanced *I*dentification and *D*ata *A*nalysis).

Ein Testsignalgenerator, der auch die Erzeugung simultaner Testsignale für mehrere Eingangsgrößen ermöglicht, ist gegenwärtig in Entwicklung. Im Allgemeinen werden Sprungantwortdaten der Modellbildung zugrunde gelegt. Funktionen der Datenvorverarbeitung ermöglichen eine komfortable Visualisierung, die grafisch gestützte Entfernung nicht geeigneter Messdatensätze, wie z.B. Ausreißer, die Anwendung von Transformationsbeziehungen usw.

Die Modellbildung kann auf zwei Wegen erfolgen:

- Es werden zunächst nichtparametrische FIR-Modelle geschätzt. Für diesen Schritt muss der Nutzer die zu erwartenden Beruhigungszeiten der Regelstrecken vorgeben. Anschließend werden die FIR-Modell durch parametrische Modelle niedriger Ordnung approximiert.
- Es erfolgt eine direkte Identifikation eines parametrischen Prozessmodells durch Parameterschätzung.

Die parametrischen Prozessmodelle weisen die Struktur

$$g(s) = k \frac{t_D s + 1}{(t_1 s + 1)(t_2 s + 1)} e^{-s\theta} \text{ oder } g(s) = k \frac{t_D s + 1}{s \, (t_1 s + 1)(t_2 s + 1)} e^{-s\theta}$$

auf bzw. repräsentieren daraus abgeleitete einfachere Modelle. AIDA^{Pro} unterstützt die Identifikation von Prozessmodellen auf der Basis von Messdaten, die entweder im offenen oder im geschlossenen Regelkreis aufgenommen wurden. Der Nutzer kann Prozesswissen in die Identifikation einbringen, indem er Nebenbedingungen für die Streckenverstärkungen, Totzeiten und Zeitkonstanten der Teilprozesse spezifiziert und/oder Strukturinformationen über das Mehrgrößensystem vorgibt. Teilergebnisse der verschiedenen Identifikationsschritte können zu einem Gesamtmodell verknüpft werden, dass schließlich in ein zeitdiskretes Zustandsmodell der Form

$$\bar{x}(k) = A \, \bar{x}(k-1) + B_u \, \bar{u}(k-1) + B_z \, \bar{z}(k-1) + B_v \, \bar{v}(k-1)$$
$$\bar{y}(k) = C \, \bar{x}(k) + D \bar{v}(k)$$

umgewandelt wird. In dieser Form wird es innerhalb von SMOC^{Pro} für die Vorhersage der CV's und die Schätzung der Zustandsgrößen benutzt.

Eine Besonderheit von SMOC^{Pro} besteht darin, dass zusätzlich zu den Regelgrößen (CV's) weitere Prozessausgangsgrößen in das Modell aufgenommen werden können, um nicht messbare Störungen und deren Wirkung auf die CV's besser zu schätzen. Ein typisches Anwendungsbeispiel ist die Regelung der Kopfkonzentration einer Rektifikationskolonne, bei der als zusätzliche Prozessausgangsgröße die Kopftemperatur (oder eine ausgewählte Bodentemperatur in der Auftriebssäule) ins Zustandsmodell aufgenommen wird. Dies erlaubt eine wesentlich schnellere Erkennung von Störungen der Kopfkonzentration, eine frühere Reaktion des Reglers und als Konsequenz eine höhere Regelgüte. Die zusätzlichen Prozessausgangsgrößen können auch dazu genutzt werden, Störungen zu erkennen, die sich gleichermaßen auf zwei oder mehr Regelungsziele auswirken, und eine adäquate Gegenreaktion des Reglers zur Kompensation dieser Störgröße zu erreichen. Da die Auswahl der zusätzlichen Ausgangsgrößen an theoretisches Prozesswissen geknüpft ist, die Modellbildung aber nach wie vor auf empirischer Grundlage erfolgt, ergibt sich eine gemischte Vorgehensweise, die auch als „grey-box modeling" bezeichnet wird. Besondere Aufmerksamkeit wird auf die Identifikation eines Modells für die nicht messbaren Störgrößen gelegt.

Für die Modellvalidierung stehen u.a. folgende Funktionen zur Verfügung:

- Gegenüberstellung von Messwerten und Modell-Vorhersagewerten für die CV's,
- 95%-Konfidenzintervalle für die auf der Basis der Modelle berechneten Sprungantworten und für die Modellparameter,
- grafische Darstellung der Residuen und Residuenanalyse, u.a. durch Berechnung der AKF und KKF,
- statistische „Goodness-of-fit"-Tests.

MPC-Reglerentwurf und Simulation

Wie in anderen MPC-Programmsystemen wird die Regelungsaufgabe als Lösung eines statischen und einer dynamischen Optimierungsproblems formuliert.

Die statische Arbeitspunktoptimierung wird in jedem Abtastintervall ausgeführt. Sie verfolgt ein dreifaches Ziel:

- Sicherung der Zulässigkeit der Lösung (feasibility) bei Vorgabe von CV-Zielwerten („CV targets") durch den Anwender,
- Sicherung vorgegebener Prioritäten für die Einhaltung der CV-Targets,
- Verwendung übrig bleibender verfügbarer Steuergrößen (MV's) zur Optimierung einer ökonomischen Zielfunktion.

Die CV-Zielwerte sind im Allgemeinen Bereichsvorgaben für die CV's, die durch Gleichsetzen der oberen und unteren Bereichsgrenzen auch Sollwertvorgaben erlauben. Der Schlüssel zum Verständnis des Vorgehens bei der statischen Arbeitspunktoptimierung in SMOC^{Pro} ist das Konzept der CV-Prioritäten. Der Nutzer kann bis zu 100 Prioritäten für die CV's vorgeben, die auch im Online-Betrieb des Reglers ohne Neukonfiguration geändert werden können. Es wird zunächst ein Optimierungsproblem gelöst, bei dem durch geeignete Wahl der MV's die Summe der quadratischen Differenzen zwischen allen mit Priorität 1 gekennzeichneten CV-Zielwerten und deren stationären Endwerten minimiert werden. CV-Zielwerte niedrigerer Priorität werden dabei gelockert. Danach wird das Problem für alle CV-Zielwerte mit Priorität 2 gelöst, wobei CV's mit Priorität 1 auf den vorher ermittelten Optimalwerten fixiert werden. Dieser Prozess wird wiederholt, bis alle Prioritätsvorgaben abgehandelt sind. Der Nutzer kann überdies eine bilineare ökonomische Zielfunktion definieren, die als CV mit Priorität 101 aufgefasst wird. Bilinear bedeutet, dass die Zielfunktion auch Terme der Form $CV*CV$ oder $MV*CV$ aufweisen kann. Die Koeffizienten dieser Zielfunktion (z.B. Preise für Rohstoffe, Energie oder Produkte) können im laufenden Betrieb ohne Neukonfiguration des Reglers geändert werden. Zur Lösung der Aufgabe der statischen Arbeitspunktoptimierung wird ein QP-Verfahren angewendet. Auch für die MV können bei der statischen Arbeitspunktoptimierung Zielwerte und Prioritäten vorgegeben werden.

Die statische Arbeitspunktoptimierung löst also zuerst das Zulässigkeitsproblem und versucht die Zielvorgaben für die MV's und CV's entsprechend den vorgegebenen Prioritäten so gut als möglich zu erreichen, bei überschüssigen MV's kann zusätzlich das Optimum einer ökonomischen Zielfunktion ermittelt werden.

Im Ergebnis entstehen Sollwerte für das im zweiten Schritt zu lösende dynamische Optimierungsproblem, in dem die bestmögliche Steuergrößenfolge wie üblich durch Minimierung einer quadratischen Zielfunktion mit Nebenbedingungen für die MV's und CV's ermittelt wird. Die Reglereinstellung geschieht über die in der Zielfunktion auftretenden Gewichtsmatrizen Q und R. Die Vorhersage der Regelgrößen erfolgt mit Hilfe des Zustandsmodells, in das die Steuergrößenänderungen der Vergangenheit, die historischen und aktuellen Werte der messbaren Störgrößen (DV's), aber auch die Schätzwerte für die nicht messbaren Störgrößen eingehen. Für die Schätzung der nicht messbaren Zustands- und Störgrößen wird ein Kalman-Filter eingesetzt.

Weitere von Shell Global Solutions im Zusammenhang mit MPC angebotene Produkte sind

- RQE^{Pro} (**R**obust **Q**uality **E**stimation), ein Programmsystem zur Entwicklung und Implementierung von Softsensoren auf der Grundlage von linearen multivariablen Regressionsmodellen und künstlichen neuronalen Netzen,
- MD^{Pro} (**M**onitoring and **D**iagnosis), ein Programmsystem für das Control Performance Monitoring sowohl von unterlagerten PID- als auch von SMOC^{Pro}-Regelungen. Es kann auch für das Monitoring von anderen MPC-Reglern eingesetzt werden.

7.4.4   Connoisseur

Das Programmsystem Connoisseur (der Name bedeutet im Englischen „Kunstkenner") wurde in den 80er Jahren durch die britische Fa. Predictice Control Ltd. entwickelt, die jetzt ebenso wie Foxboro zum Invensys-Konzern gehört. Das MPC-Paket wird durch SimSci-Esscor betreut und weiterentwickelt.

Modellbildung

Auch Connoisseur verfügt über einen Testsignalgenerator für die Erzeugung multipler unkorrelierter PRBS-Testsignale, bei denen der Nutzer Taktzeit und Periodendauer vorgeben muss. Funktionen der Datenvorverarbeitung umfassen u.a.

- Ausreißerelimination und Filterung,
- Anwendung von Transformationsbeziehungen,
- Auto- und Kreuzkorrelationsanalyse, Spektralanalyse.

Es können wahlweise nichtparametrische FIR- und/oder parametrische ARX-Modelle identifiziert werden. Der Nutzer kann zwischen der Anwendung eines nichtrekursiven und eines rekursiven Schätzverfahrens wählen. Modellordnungen und Totzeiten müssen zunächst vorgegeben und ggf. auf der Basis erster Identifikationsergebnisse modifiziert werden. Es ist möglich, A-priori-Informationen über nicht bestehende E/A-Relationen (Null-Modelle) zu berücksichtigen.

In Connoisseur stehen verschiedene Funktionen zur Modellvalidierung zur Verfügung, u.a.

- Vergleich von Messdaten und simulierten Werten der Regelgrößen,
- Analyse der Koeffizienten der FIR-/ARX-Modelle,
- Residuenanalyse und Validierung mit anderen Datensätzen,
- Darstellung der Sprungantworten und der Matrix der Streckenverstärkungen.

MPC-Reglerentwurf und Simulation

In die Zielfunktion der dynamischen Optimierungsaufgabe gehen sowohl die vorhergesagten Regeldifferenzen und die Steuergrößenänderungen als auch die Differenzen der Steuergrößen von spezifizierten Zielwerten (steady-state targets) ein. Die Gewichtskoeffizienten sind als Reglerparameter durch den Nutzer ebenso vorzugeben wie die Länge des Steuer-/Prädiktionshorizonts, die Blocklängen für die zu berechnenden zukünftigen Steuergrößenänderungen und Prioritäten für die MV's und CV's. Das dynamische Verhalten des Regelkreises kann für die Reaktion auf Änderungen der messbaren Störgrößen unabhängig von der Reaktion auf Änderungen der Sollwerte bzw. der nicht messbaren Störgrößen eingestellt werden.

Connoisseur weist drei Regler-Betriebsweisen auf: den LR-Modus, den QP-LR-Modus und den QP-Modus. Im LR-(Long-Range)-Modus wird zunächst die dynamische Optimierungsaufgabe *ohne* Nebenbedingungen gelöst, was in geschlossener Form und rechenzeitsparend möglich ist (und nicht fortlaufend wiederholt werden muss). Ein überlagerter „constraint manager" sorgt anschließend in jedem Abtastintervall durch Modifikation der Gewichtsfaktoren dafür, dass die Nebenbedingungen eingehalten werden. Ein Nachteil dieser Vorgehensweise besteht darin, dass „hard constraints" nicht *vorausschauend* berücksichtigt werden können. Im QP-LR-Modus werden im dynamischen Optimierungsproblem nur die (als „hard" aufgefassten) Nebenbedingungen für die Steuergrößen berücksichtigt und wie im LR-Modus Veränderungen der Gewichtskoeffizienten vorgenommen, um die Einhaltung CV-Nebenbedingungen zu sichern. Im QP-Modus wird wie bei anderen MPC-Reglern das dynamische Optimierungsproblem unter Berücksichtigung von Nebenbedingungen für die MV's und CV's in jedem Abtastintervall gelöst, zusätzliche Mechanismen sorgen für die Zulässigkeit der Lösung. Im LR- und QP-LR-Modus kann der Rechenaufwand pro Abtastintervall gegenüber dem allgemeinen QP-Modus deutlich reduziert werden.

Das statische Optimierungsproblem wird als Linearoptimierungsproblem aufgefasst, d.h. es wird eine gewichtete Summe der stationären Endwerte der Steuer- und Regelgrößen minimiert, wobei die Wahl der Gewichtskoeffizienten ökonomisch begründet ist. Es wird in Connoisseur im Normalfall mit einer langsameren Abtastrate als das dynamische Optimierungsproblem gelöst.

Für die Simulation des geschlossenen Regelungssystems können entweder die identifizierten FIR- oder ARX-Modelle oder aber vom Anwender generierbare Regelstreckenmodelle in

Form von Zustandsmodellen oder einer Matrix von Übertragungsfunktionen verwendet werden.

Das Programmsystem unterstützt multiple lineare Modelle für verschiedene Arbeitspunkte eines Prozesses. Zwischen den Modellen kann stoßfrei umgeschaltet werden, ohne dass der MPC-Regler vorübergehend außer Betrieb genommen werden muss. Bei komplizierten Anwendungen ist es möglich, mehrere Connoisseur-Regler zu kaskadieren. Für die anwendungsspezifische Anpassung steht eine „Director" genannte interne Programmiersprache zur Verfügung, mit der u.a. Variablentransformationen realisiert oder Performance-Metriken berechnet werden können.

Connoisseur weist gegenüber anderen MPC-Programmpaketen folgende weitere Besonderheiten auf:

- Das rekursive Identifikationsverfahren erlaubt auch die Anpassung des Prozessmodells durch Auswertung der Signale im geschlossenen Regelungssystem und ermöglicht auf diese Weise eine Adaption des Prozessmodells. Die unüberwachte, fortlaufende Adaption des Prozessmodells eines aktiven Connoisseur-Reglers wird durch den Anbieter allerdings nicht empfohlen [7.8].
- Es ist eine Funktion zur Bestimmung günstiger Reglerparameter für einschleifige PID-Regler integriert. Bei Regelstrecken ohne signifikante Totzeit werden die günstigen Reglerparameter nach einem Polvorgabeverfahren berechnet, wobei der Nutzer die gewünschte Anregelzeit des Regelkreises vorgeben muss. Für Strecken mit signifikanter Totzeit werden günstige Reglerparameter durch ein Frequenzkennlinienverfahren bestimmt. In diesem Fall muss der Nutzer die gewünschte Amplituden- und Phasenreserve des Regelkreises vorgeben.
- Connoisseur enthält ein Werkzeug für das Training eines künstlichen neuronalen Netzes (speziell eines RBF-Netzes), das für verschiedene Zwecke angewendet werden kann: a) als Softsensor für die modellgestützte Vorhersage von schwer messbaren Qualitäts-Regelgrößen, die dann als CV's in den MPC-Regler eingebunden werden, b) als Simulationsmodell für die Regelstrecke in der Phase des MPC-Regelungsentwurfs, c) als Modell, das innerhalb des Reglers für eine genauere Vorhersage des Zeitverhaltens der Regelgrößen verwendet wird. Wird das KNN als Modell für das dynamische Verhalten verwendet (typisch in den Fällen b) und c)), dann findet eine NARMAX-Struktur Verwendung

Weitere Informationen zu Connoisseur, insbesondere zur Verwendung von RBF-Netzen bei der Modellierung nichtlinearer Systeme und zur Anwendung der rekursiven Regression zur Modelladaption, finden sich in [7.9].

Literatur

[7.1] Richalet, J. u.a. : Model predictive heuristic control : applications to industrial processes. Automatica 14(1978) S. 413-428.

[7.2] Cutler, C.R., Ramaker, B.L.: Dynamic Matrix Control – a computer control algorithm. Proceedings of the Joint American Control Conference, San Francisco 1980.

[7.3] Qin, S.J., Badgwell, T.A.: A survey of industrial model predictive control technology. Control Engineering Practice 11(2003) H. 7, S. 733-764.

[7.4] Lu, J.: Challenging control problems and emerging technologies in enterprise optimization. Control Engineering Practice 11(2003) H. 8, S. 847-858.

[7.5] Piche, S. u.a.: Nonlinear Model Predictive Control Using Neural Networks. IEEE Control Systems Magazine 20(2000) H. 3, S. 53-62.

[7.6] Hartman, E.: Training feedforward neural networks with gain constraints. Neural Computation 12(2000) H. 4, S. 811-829.

[7.7] Nash, S., Sofer, A: Linear and Nonlinear Programming. McGraw Hill, New York 1996.

[7.8] Obinata, G., Anderson, B.D.O.: Model reduction for control system design. Springer-Verlag London 2000.

[7.9] Sandoz, D.J.: The exploitation of adaptive modelling in the model predictive control environment of Connoisseur. In: van Doren, V. (Hrsg.): Techniques for adaptive control. Butterworth-Heinemann 2003.

8 Integration von MPC in die Architektur moderner Prozessleitsysteme

8.1 Struktur von Prozessleitsystemen

Die Aufgabe eines Prozessleitsystems ist die Automatisierung großer prozesstechnischer Anlagen, wie z.B. Anlagen der chemischen Verfahrenstechnik, Erdölraffinerien, Brauereien oder Kraftwerken. Die „Größe" der Aufgabenstellung aus Sicht der Prozessleittechnik bemisst sich u.a. an der Zahl der PLT-Stellen, die von wenigen hundert bis zu mehreren Zehntausend reichen kann. Aus Sicht der Anlagenbetreiber bestehen eine Reihe von Anforderungen an ein Prozessleitsystem

- Beherrschung des entsprechenden Mengengerüsts
- Hohe Betriebssicherheit und Verfügbarkeit, bis hin zur fehlersicheren oder redundanten Auslegung
- Hohe Performance im Sinne von Rechenleistung und Zykluszeiten der prozessnahen Komponenten
- Zentrales, strukturiertes Bedienen und Beobachten
- Client-Server Architektur
- Zentrales Top-Down-Engineering, grafische Strukturierung/Projektierung entsprechend der Anlagen-Hierarchie
- Offene Struktur und Anbindung an die Betriebsleitebene
- Integration von intelligenten Feldgeräten

Die Architektur moderner Prozessleitsysteme lässt sich zwar immer noch in Form der klassischen Automatisierungspyramide darstellen, aber sie ist geprägt von der Dezentralisierung der Intelligenz sowie der horizontalen und vertikalen Durchgängigkeit.

Die grobe Ebenen-Struktur (siehe Tab. 8.1) ist allen heutigen Systemen der verschiedenen Hersteller gemeinsam, obwohl teilweise unterschiedliche Bezeichnungen gebraucht werden. In diesem Kapitel wird beispielhaft auf des Prozessleitsystem SIMATIC PCS 7 Bezug genommen.

Tab. 8.1: Ebenen-Struktur eines Prozessleitsystems

Bedien- und Beobachtungsebene	Operator Station (OS)	Typischerweise Client/Server-Struktur mit PC's oder Workstations unter Windows NT/2000 oder Unix
Prozessnahe Komponenten (PNK)	Automatisierungssystem (AS)	Typischerweise leistungsfähige speicherprogrammierbare Steuerungen (SPS) oder spezielle Controller
Feldebene	Dezentrale Peripherie 4-20 mA/HART-Feldgeräte intelligente Sensoren/Aktoren am Feldbus	

Projektierung, Programmierung und Parametrierung, aller Komponenten erfolgen mit Hilfe eines zentralen Engineering-Systems (ES), das eine durchgängige und konsistente Datenhaltung in einer projektweiten Datenbasis garantiert, und eine automatische Dokumentation erlaubt. Im ES wird ein „Abbild der realen Anlage in Software" erstellt. Dazu stehen verschiedene Darstellungsmittel (Editoren) und Programmiersprachen bereit:

- CFC: Continuous Function Chart – die Basis der Automatisierung, z.B. die PID-Regelkreise, werden in Form von Signalflussdiagrammen (Blockschaltbildern) grafisch erstellt, wobei umfangreiche Bibliotheken von vorgefertigten Funktionsbausteinen zur Verfügung stehen.
- SFC: Sequential Function Chart – ereignisdiskrete Ablaufsteuerungen werden als Petri-Netze mit Zuständen und Übergangsbedingungen dargestellt, wobei Variablen aus den CFC-Plänen in den Bedingungen abgefragt, und in den Zuständen gesetzt werden können.
- Structured Text nach IEC 1131-3 – Pascal-ähnliche Hochsprache zur Programmierung neuer Funktionsbausteine. (Siemens-Bezeichung: „Simatic SCL": Structured Control Language)
- Entwicklungsumgebung für grafische Benutzeroberfläche einschließlich Meldesystem und Datenarchivierung, sowie Runtime-System für das Bedienen und Beobachten. (Siemens-Bezeichung: „Simatic WinCC": Windows Control Center)

Vom Engineering-System werden die Programmteile oder Parametersätze in die entsprechenden Zielsysteme heruntergeladen.

Vertikale Durchgängigkeit bedeutet, dass man von ganz oben (ES, OS) bis ganz unten zu den Feldgeräten in das System eingreifen bzw. entsprechende Informationen auslesen kann. Horizontale Durchgängigkeit bedeutet, dass alle Geräte innerhalb einer Ebene, z.B. mehrere prozessnahe Komponenten untereinander, kommunizieren können.

Offenheit bedeutet Durchgängigkeit über Herstellergrenzen hinweg, d.h. Geräte unterschiedlicher Hersteller können in einem System zusammenarbeiten. Offenheit wird erreicht durch Nutzung von Standards, wie z.B. Profibus DP/PA oder Foundation Fieldbus in der Feldebene, Industrial Ethernet in der prozessnahen Ebene, sowie MS Windows-Mechanismen wie DDE, OPC, ActiveX oder ODBC in der Bedien- und Beobachtungsebene.

In Bild 8-1 ist die Architektur eines realen Prozessleitsystems (SIMATIC PCS 7 der Fa. Siemens) exemplarisch dargestellt.

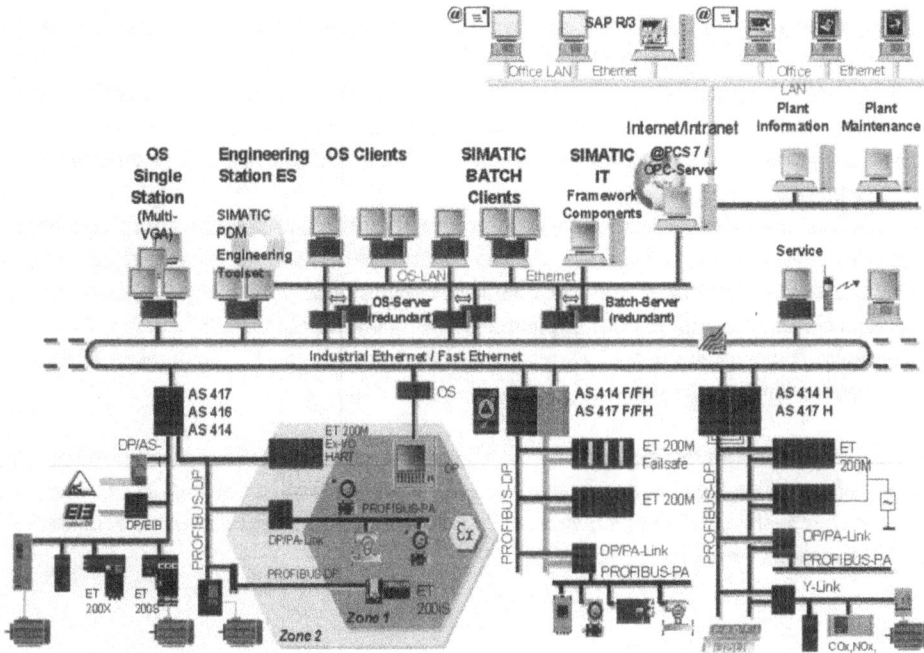

Bild 8-1: Architektur eines modernen Prozessleitsystems am Beispiel SIMATIC PCS7

Eine Übersicht über den Entwicklungsstand und die aktuellen Tendenzen der Weiterentwicklung von Prozessleitsystemen vermittelt [8.1].

8.2 Allgemeine Gesichtspunkte für die Systemintegration von AC-Verfahren

Bei der Frage, an welcher Stelle in einer gegebenen Systemarchitektur eine bestimmte Advanced-Control-Funktion am besten implementiert werden soll, spielen verschiedene Aspekte eine Rolle:

- Welchen Bedarf an **Speicherplatz und Rechenzeit** hat die Funktion? Diese Ressourcen sind auf den PC's der oberen Ebene billiger zu haben als auf prozessnahen Komponenten.
- Welche **Zykluszeiten** braucht die Funktion? Auf den PC's sind u.a. wegen der Kommunikationsaufgaben nur Zykluszeiten größer als 1s realisierbar, während auf den prozessnahen Komponenten auch schnellere Abtastzeiten von bis zu 10ms erreicht werden.
- Wie kritisch ist die Funktion für die **Sicherheit** der Anlage? Die prozessnahen Komponenten zeichnen sich durch eine besonders hohe Verfügbarkeit und Sicherheit der Betriebssysteme aus – es gibt keine „Abstürze". Daher müssen sicherheitskritische Funktionen auf dieser Ebene realisiert werden.
- Welche Anforderungen stellt die Funktion an das **Bedienen und Beobachten**? Arbeitet sie weitgehend autonom, oder muss eine große Zahl von Parametern eingestellt und überwacht werden? Welche Benutzer haben das Recht, welche Art von Bedieneingriffen durchzuführen?
- Wie hoch ist der **Entwicklungsaufwand**, um die Funktion auf einer bestimmten Komponente des Systems zu realisieren? Welche vorhandenen Module können dabei genutzt werden? Ablaufsteuerungen und einfache Rechenfunktionen lassen sich i.A. auf den prozessnahen Komponenten leichter implementieren, während für mathematisch aufwändige numerische Algorithmen mit Vektoren und Matrizen auf dem PC verfügbare Bibliotheken eingebunden werden können.

Diese Aspekte sollen im Folgenden für MPC-Regelungen näher beleuchtet werden. Die typischen industriellen Mehrgrößen-Prädiktivregler brauchen wegen der Online-Optimierung sehr viel Rechenleistung, so dass sie derzeit i.A. nicht in der prozessnahen Komponente von Prozessleitsystemen implementiert werden.

8.3   Verfügbare Alternativen

Bild 8-2 zeigt verschiedene Möglichkeiten der Installation von MPC-Programmsystemen für den Online-Betrieb.

8.3.1   Prozessrechner

Als Zielrechner für die Runtime-Version eines MPC-Reglers wurden bis Mitte der 90er Jahre vorrangig übergeordnete Prozessrechner eingesetzt, die mit dem Prozessleitsystem über ein besonderes Interface (Gateway) gekoppelt waren (Variante 1). Auf dem Prozessrechner war dann eine Echtzeitdatenbank zu installieren, die alle für die Kommunikation zwischen dem bzw. den MPC-Regler(n) und den Software-Funktionsbausteinen des PLS enthielt. Für jede neue Kombination zwischen einem spezifischen PLS und einem spezifischen Prozessrechner war die Entwicklung entsprechender hardwarenaher Software für die erforderlichen Lese- und Schreibfunktionen erforderlich, ein zeitaufwändiger und leider auch fehleranfälliger

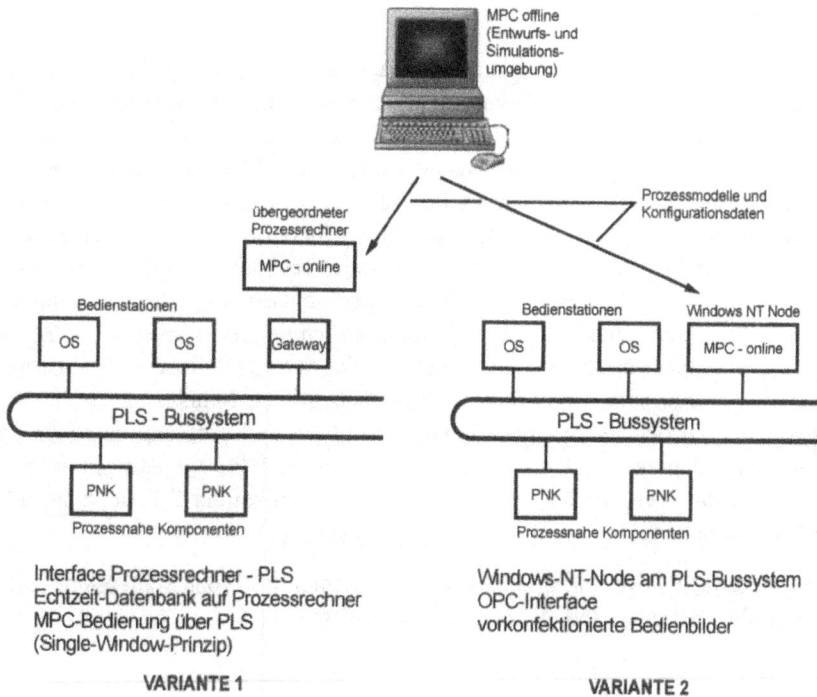

Bild 8-2 : Installation von MPC-Programmpaketen

Prozess. Zusätzliche Aufwendungen ergaben sich aus der berechtigten Forderung vieler Anwender, den Anlagenfahrern die Bedienung der MPC-Regelungen mit denselben Mitteln zu ermöglichen wie die Bedienung der „normalen" PLS-Funktionen. Es galt zu vermeiden, dass z.B. eine PID-Regelung über den PLS-Bildschirm mit Lichtgriffel oder spezieller Bedientastatur, eine MPC-Regelung hingegen über einen andersformatigen Bildschirm und Maus zu bedienen ist. Das zog in den meisten Fällen die Entwicklung und den Test neuer, zusätzlicher Bedienbilder für das PLS nach sich, um dem geforderten „Single-window"-Prinzip gerecht zu werden. Damit nicht genug: Für einige PLS waren auch zusätzliche Anwenderfunktionsbausteine auf den prozessnahen Komponenten zu entwickeln, die allein die Funktion der Unterstützung der Bedienfunktionen für die MPC-Regler hatten. Dadurch erhöhten sich nicht nur die Projektkosten, sondern die Pflege und Erweiterung solcher Systeme gestaltete sich kompliziert und war abhängig von Spezialkenntnissen der mit der Projektabwicklung betrauten Ingenieure.

In einer Reihe anderer Installationen wurden bereits existierende oder für andere als AC-Funktionen vorgesehene Prozessinformationssysteme (wie z.B. OSI PI, PHD oder CIM/21) als Bindeglied zwischen PLS und Prozessrechner genutzt, was im Detail andersartige, aber ähnliche Schwierigkeiten nach sich zog.

8.3.2   PC-Technik

Der Fortschritt der Computertechnik und die Standardisierung von Schnittstellen hat dazu geführt, dass heute MPC-Regelungen nahezu ausschließlich auf Workstations oder Industrie-PC implementiert werden, die direkt mit dem Bussystem des PLS gekoppelt sind (Variante 2). MPC-Software und die Software-Funktionsbausteine des PLS kommunizieren dabei über eine OPC-Schnittstelle (OLE for Process Control [8.2]) miteinander, wobei das PLS den OPC-Server und der Runtime-MPC-Regler den OPC-Client bereitstellt. Dadurch ist es möglich, Kosten für AC-Projekte unter Nutzung der MPC-Technologie spürbar zu senken und die Kommunikation zwischen PLS und MPC-Regler sicherer und wartungsfreundlicher zu gestalten. Überdies haben sich Technik und Bedienhilfsmittel der Anzeige- und Bedienkomponenten von PLS selbst in den letzten Jahren deutlich weiterentwickelt. Typisch ist inzwischen eine Windows-basierte Oberfläche und die Nutzung der Maus auch für die Operator-Bedienfunktionen auf den Prozessleitsystemen. Damit ist die Forderung nach der Entwicklung von speziellen Operator-Screens für die Bedienung der MPC-Regelungen nicht mehr so dringend, und es sind wesentliche zusätzliche Einsparungen bei der Entwicklung, Inbetriebnahme und Wartung von AC-Funktionen möglich geworden.

Diese Lösungsvariante wird im Abschnitt 8.4 am Beispiel des Prozessleitsystems SIMATIC PCS 7 und des MPC-Reglers INCA detaillierter erläutert.

8.3.3   Schlanke Prädiktivregler in prozessnahen Komponenten

In jüngerer Zeit ist auch eine Tendenz zu erkennen, MPC-Regler mit einer kleineren Zahl von Steuer- und Regelgrößen und vereinfachten Algorithmen ohne Online-Optimierung unmittelbar in die prozessnahen Komponenten von PLS zu integrieren. Das bekannteste Beispiel dafür ist DeltaV Predict, ein MPC-Regler mit maximal 4 MV's und 4 CV's, der in das Prozessleitsystem DeltaV der Fa. Emerson Process Management integriert ist. In jüngster Zeit ist dieses Produkt auf immerhin 20 Ein- und 20 Ausgangsgrößen erweitert worden (DeltaV Predict Pro [8.3]).

8.4   Beispiel: INCA und SIMATIC PCS7

Die Fa. Siemens bietet in Kooperation mit der niederländisch/belgischen Firma IPCOS Technologies den dort entwickelten modellbasierten Prädiktivregler INCA (vgl. Kapitel 7) an. Die genutzte Systemarchitektur ist schematisch in Bild 8-3 dargestellt.

MPC Station
(PC, WinNT)

OperatorStation
(PC, WinNT)

SIMATIC WinCC:
• Bedienen und Beobachten
• Standard-Faceplates, auch f. MPC
• Trends

Office-Ethernet,
OPC

INCA-Suite

On-Line:
• Scheduler
• DataServer
• *INCA*engine
• *INCA*view

SIMATIC NET,
Industrial Ethernet,
PROFIBUS,
MPI

Identifikation,
Engineering:
• *INCA*test
• *INCA*modeler

SIMATIC
PCS 7

Step7, CFC:
PID-Basisregelungen,
APC-Koppelbausteine:
• Betriebsartenlogik
• Sicherheitsfunktionen
(Watchdog)

S7-400 (AS)

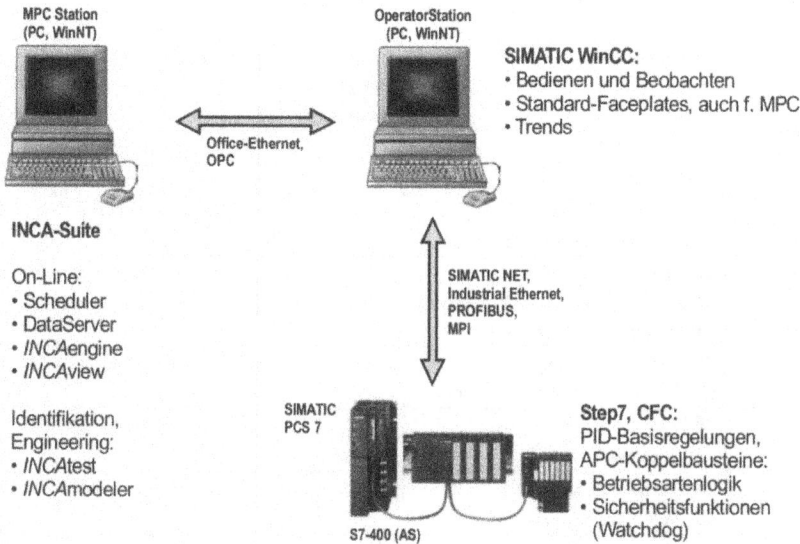

Bild 8-3: Systemarchitektur für die Integration des MPC-Reglers INCA in das Prozessleitsystem SIMATIC PCS 7

Für die schnelle und sichere Integration von INCA in das Prozessleitsystem SIMATIC PCS 7 steht ein vorgefertigtes Schnittstellen-Konzept und eine kleine Bibliothek mit drei APC-Koppelbausteinen auf dem Leitsystem zur Verfügung.

Diese Software-Funktionsbausteine verwalten die verschiedenen Betriebsarten-Umschaltungen und Statusinformationen, überwachen den externen Prädiktivregler und führen die Anlage in einen vordefinierten Sicherheitsbetrieb, falls keine Signale mehr vom externen Programm kommen sollten (z.B. wegen Kommunikationsproblemen zwischen dem PLS und dem PC, auf dem der MPC-Regler installiert ist, oder im seltenen Fall des „Absturzes" des PC).

Der sonst übliche Aufwand für die Entwicklung von applikationsspezifischen Bedienoberflächen für den Prädiktivregler soll dadurch vollständig entfallen, indem für die Koppelbausteine entsprechende vorgefertigte OS-Bedienbilder angeboten werden. Die wichtigsten Parameter des Prädiktivreglers (ca. fünf pro Stell- bzw. Regelgröße) werden dem Anlagenfahrer mit Standard-Faceplates auf der normalen OS zugänglich gemacht, während die Original-PC-Bedienoberfläche des Prädiktivreglers mit ihrer Vielzahl von Parametern nur von MPC-Experten genutzt wird.

In Tab. 8.2 ist zusammengestellt, welche Daten nach diesem Konzept zwischen dem Prozessleitsystem SIMATIC PCS 7 und dem INCA ausgetauscht werden. Die Situation ist – bei Unterschieden im Einzelnen – für andere PLS-MPC-Kombinationen ähnlich. Aus der Größe des MPC-Reglers (Zahl der CV's, MV's und DV's) sowie der vorgesehenen Abtastzeit kann man daraus ein Mengengerüst für die Kommunikation (Lese- und Schreibfunktionen) ableiten.

Tab. 8.2: Datenaustausch zwischen SIMATIC PCS 7 und INCA

	INCA Datenserver	Übertra-gungs-richtung	SIMATIC Function Block
Regelgröße (CV)	<CVname>.PV CV-Istwert	←	AC_PV_SP.<name>.CV
	<CVname>.STATUS Status des CV-Messwerts	←	AC_PV_SP.<name>.CV_STATE
	<CVname>.ACTIVE Indikation, ob CV aktuell im MPC-Regler berücksichtigt wird	→	AC_PV_SP.<name>.CV_ACTIVE
	<CVname>.SSTARGET CV-Wert im stationären Zustand	→	AC_PV_SP.<name>.SSTARGET
	<CVname>.IDEAL CV-Sollwert	←	AC_PV_SP.<name>.IDEAL
	<CVname>.OPERUPP oberer CV-Grenzwert	←	AC_PV_SP.<name>.OPERUPP
	<CVname>.OPERLOW unterer CV-Grenzwert	←	AC_PV_SP.<name>.OPERLOW
Steuergröße (MV)	<MVname>.SP MV-Sollwert	→	AC_PID.<name>.AC_MV
	<MVname>.PV MV-Istwert	←	CTRL_PID.<name>.SP
	<MVname>.STATUS MV-Status (Messwert oder Regler)	←	AC_PID.<name>.PID_STATE
	<MVname>.SSTARGET MV-Wert im stationären Zustand	→	AC_PID.<name>.SSTARGET
	<MVname>.IDEAL MV-Zielwert	←	AC_PID.<name>.IDEAL
	<MVname>.OPERUPP oberer MV-Grenzwert	←	AC_PID.<name>.OPERUPP
	<MVname>.OPERLOW unterer MV-Grenzwert	←	AC_PID.<name>.OPERLOW
	<MVname>.MAXSTEP max. MV-Änderung pro Abtastin-tervall, Verstellgeschwindigkeit	(←)	AC_PID.<name>.MAXSTEP
Störgröße (DV)	<DVname>.PV DV-Istwert	←	AC_PV_SP.<name>.CV
	<DVname>.STATUS Status DV-Messung	←	AC_PV_SP.<name>.CV_STATE
	<DVname>.ACTIVE Indikation, ob DV aktuell im MPC-Regler berücksichtigt wird	→	AC_PV_SP.<name>.CV_ACTIVE

Es sei daran erinnert, dass die Steuergrößen (MV) Ausgangsgrößen des MPC-Reglers und gleichzeitig i.A. Sollwerte unterlagerter PID-Regelkreise sind.

8.4.1   Advanced-Control-Koppelbaustein

Der serienmäßige PID-Regler hat nur die drei Haupt-Betriebsarten Automatik, Hand und Kaskade. Jeder PID-Regler, dessen Sollwert als MV für INCA genutzt werden soll, muss mit einem zusätzlichen Koppelbaustein AC_PID (siehe Bild 8-4) ausgerüstet werden.

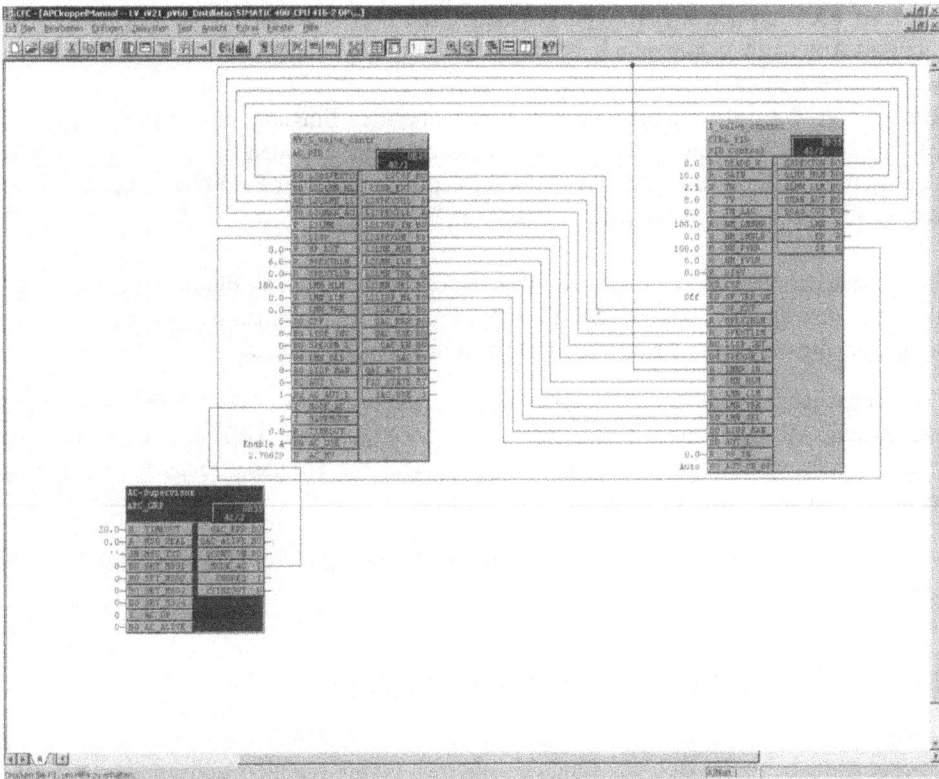

Bild 8-4: PID-Regler mit vorgeschaltetem AC-Koppelbaustein und zentralem Steuerbaustein

Der Koppelbaustein ist im Prinzip ein „intelligenter" Schalter, der folgende Aufgaben hat:

- Zusätzliche vierte Betriebsart „Programm" (AC-Betrieb): der Sollwert (bzw. im Aus-nahmefall der Stellwert) kommt vom externen Prädiktivregler
- Stossfreie Umschaltung zwischen AC-Betrieb und konventionellem Reglerbetrieb. Dazu werden im Prinzip dieselben Maßnahmen wie bei einer konventionellen Kaskadenrege-lung getroffen. Im AC-Betrieb muss der interne Sollwert des PID-Reglers auf den exter-nen vom Prädiktivregler vorgegebenen Wert nachgeführt werden. Falls der zugeordnete Kanal des Prädiktivreglers vorübergehend keine eigenen Stellsignale berechnet, muss er auf den gerade aktiven Sollwert des unterlagerten PID-Reglers nachgeführt werden
- Überwachen der AC-Freigabe vom Steuerbaustein
- Bereitstellung von zusätzlichen Signalen und Bedieneingängen für INCA

- Erzeugen eines Status-Bytes, dass dem Prädiktivregler Auskunft darüber gibt, ob der PID-Regler als MV aktuell zur Verfügung steht

In der Betriebsart Programm (AC-Betrieb) gibt es zwei Varianten:

- Bei AC_AUT_L =1 wird der MV von INCA über den Eingang AC_SP als externer Sollwert SP_EXT auf den PID-Rregler geschaltet, der über den Eingang AUT_L in die Betriebsart Automatik genommen wird. Diese Variante wird in der überwiegenden Mehrheit der Fälle verwendet.
- Bei AC_AUT_L =0 wird der MV von INCA über den Eingang AC_LMN als externer Stellwert LMN_TRK auf den PID-Regler geschaltet, der über den Eingang LMN_SEL in den Nachführbetrieb genommen wird. In diesem Fall greift der Prädiktivregler direkt auf das Stellglied zu und umgeht den unterlagerten Folgeregler.

In der Betriebsart Kaskade wird der Stellwert eines konventionellen Führungsreglers (PID-Reglers) auf den externen Sollwert SP_EXT des Folgereglers durchgeschleust, der durch die Verschaltung mit dem Koppelbaustein nicht mehr direkt zugänglich ist.

Für die Umschaltung sind zwei Freigabesignale erforderlich: der AC_STATE >= 2 vom Steuerbaustein AC_GRP und eine reglerspezifische Freigabe AC_USE vom Bediener. Die Freigabe-Signale werden überwacht. Bei Rücknahme eines Freigabesignals wird sofort in einen projektierbaren Sicherheitsbetrieb umgeschaltet.

Eine vertiefende Darstellung der Projektierung von Regelungsfunktionen auf dem Prozessleitsystem SIMATIC PCS 7 findet man in [8.4].

8.4.2   Advanced-Control-Steuerbaustein

Für jede INCA-Applikation wird ein zentraler Steuerbaustein AC_GRP vorgesehen. Seine wichtigste Aufgabe ist die Überwachung des externen Prädiktivreglers und der Kommunikation: Nach dem Einschalten von INCA sendet das Programm zyklisch ein Signal „IncaAlive". Im Steuerbaustein gibt es einen Rückwärts-Zähler mit einer vordefinierten Laufzeit. Mit jedem Empfang des Alive-Signals wird der Zähler wieder auf seinen Startwert hochgesetzt. Wenn dieses Signal länger als die spezifizierte Zeitspanne ausbleibt, läuft der Zähler herunter bis auf den Wert null. In diesem Fall greift der „Watchdog" des Steuerbausteins ein, und führt die Anlage per Verschaltung auf die Koppelbausteine der PID-Regler in einen vordefinierten Sicherheitsbetrieb. Dieser kann instanzspezifisch festgelegt werden, z.B. „Automatik mit lokalem Sollwert".

Weitere Aufgaben des AC-Steuerbausteins sind:

- Schaltung des Prädiktivreglers in die Betriebsarten „Prediction" (es werden die zukünftigen Verläufe der Regelgrößen vorhergesagt, aber es erfolgt kein Steuereingriff) oder „Control" (aktiver Reglerbetrieb),
- Erzeugung eines AC-Freigabesignals für alle beteiligten PID-Regler,

- auf Anforderung zentrale Umschaltung aller an der MPC-Regelung beteiligten PID-Regler auf Programm,
- Erzeugung INCA-spezifischer Meldungen.

Die den AC-Bausteinen AC_PID und AC_GRP zugeordneten Faceplates sind in Bild 8-5 dargestellt.

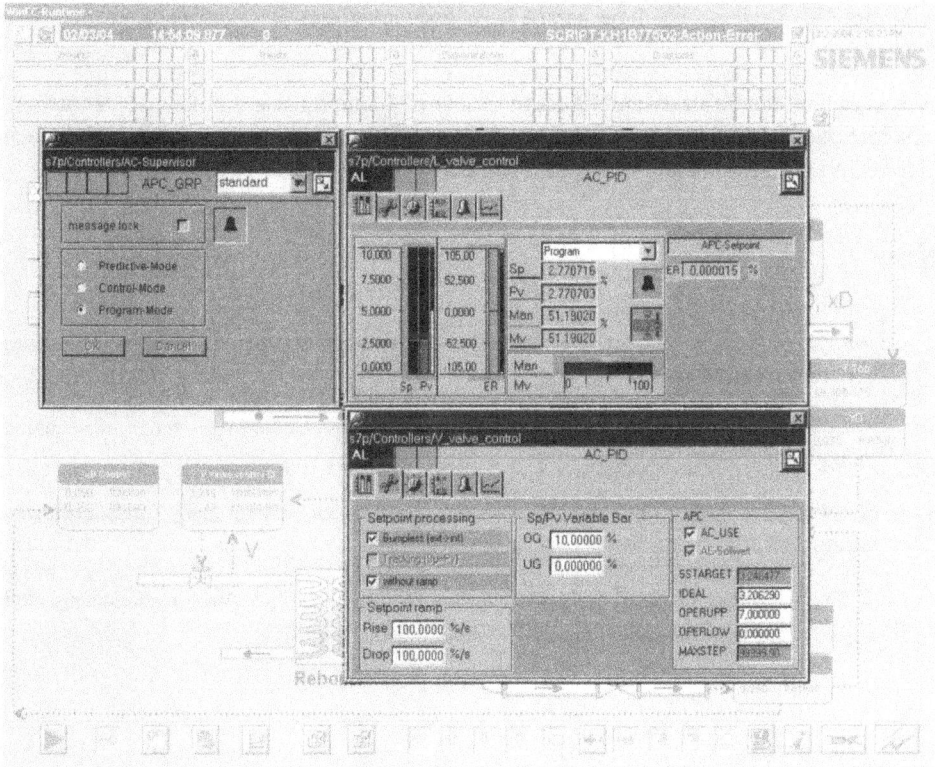

Bild 8-5: Faceplates der AC-Bausteine auf SIMATIC PCS 7

8.4.3 Advanced-Control-Messwertbaustein

Für jeden CV und jeden DV wird ein Baustein des Typs AC_PV_SP eingebaut, der folgende Aufgaben übernimmt:

- Messwertfilterung
- Ausreißerbehandlung; Ausreißer können erkannt werden anhand von Status-Signalen intelligenter Feldgeräte, anhand der Überschreitung von Messbereichen oder anhand nicht plausibler Unstetigkeiten in kontinuierlichen physikalischen Größen
- Grenzwertüberwachung und Meldung

- Hilfsfunktion zur Erzeugung eines Statusbytes („Quality"), bzw. Umwandlung des vom Peripherie-Treiber gelieferten Statuswerts
- Funktionen zur Sollwertvorgabe für den Prädiktivregler (abschaltbar, falls der Messwert-baustein für einen DV genutzt werden soll)

Aus der Sicht des Anlagenfahrers ist das Bedienbild dieses Bausteins das Fenster zum betref-fenden MPC-Regelkanal, und bietet daher eine Darstellung ähnlich wie das gewohnte Be-dienbild des PID-Reglers, z.B. eine parallele Balkendarstellung von Istwert (CV) und Soll-wert (Ideal).

Man beachte: bei der Prozess-Identifikation ist ein DV ähnlich wie ein MV zu betrachten, d.h. als Prozess-Eingang. Bei der Signalverarbeitung im Prozessleitsystem ist ein DV jedoch ähnlich wie ein CV zu behandeln, d.h. als analoger Messwert aus dem Prozess!

Literatur

[8.1]   Früh, K.F., Maier, U. (Hrsg.): Handbuch der Prozessautomatisierung. 3. Auflage. Oldenbourg Industrieverlag München 2004.

[8.2]   Iwanitz, F., Lange, J.: OPC. Grundlagen, Implementierung und Anwendung. Hüthig-Verlag 2002.

[8.3]   DeltaV Predict and DeltaV PredictPro. Product Data Sheet. Firmenschrift Emerson Process Management 2003. http://www.easydeltav.com.

[8.4]   Müller, J., Hunger, V., Pfeiffer, B.-M.: Regeln mit SIMATIC. Praxisbuch für Regelungen mit SIMATIC S7 und PCS 7. Publicis MCD Verlag Erlangen 2002.

9 Anwendungsbeispiele

Im folgenden Kapitel sollen Beispiele für die erfolgreiche Anwendung von MPC-Technologien in der Prozessindustrie vorgestellt werden. Dabei werden sowohl unterschiedliche Prozesstypen (Gaszerlegungsanlage in einer Raffinerie, Prozess der Glasherstellung, Polymerisationsprozess bei der Polyethylenherstellung) als auch unterschiedliche MPC-Tools (Profit Controller, INCA und Process Perfecter) betrachtet.

9.1 MPC-Regelung eines Raffinierieprozesses mit Profit Controller (RMPCT)

Die Regelung von Rektifikationskolonnensystemen ist bekanntlich eine besondere Herausforderung und daher bereits seit langem ein Anwendungsgebiet der modernen Regelungstechnik. Der Grund hierfür liegt in der großen Verbreitung (etwa 2/3 der Grundoperationen in der Petrochemie sind Rektifikationsprozesse) und im großen Potential an Energieeinsparung bei solchen Systemen [9.1 und 9.2]. Eine Rektifikation ist im Prinzip ein ähnlicher Prozess wie eine Destillation: ein Gemisch mehrerer Flüssigkeiten mit unterschiedlichem Siedepunkten wird thermisch in seine Komponenten aufgetrennt. Die Destillation im engeren Sinne ist ein Batch-Prozess, bei dem ein Flüssigkeitsgemisch erhitzt wird, um die verschiedenen in ihm enthaltenen Komponenten in der Reihenfolge ihrer Siedepunkte zu verdampfen. Im Gegensatz dazu ist eine Rektifikation ein kontinuierlicher Prozess, bei dem permanent ein Kopf- und ein Sumpfprodukt abgezogen werden.

Das hier beschriebene Advanced-Control-Projekt wurde in einer Gaszerlegungsanlage einer großen deutschen Raffinerie durchgeführt [9.3]. Als MPC-Programmpaket wurde Profit Controller bzw. RMPCT (Robust Multivariable Predictive Control Technology) der Fa. Honeywell HiSpec Solutions eingesetzt (vgl. Kapitel 7).

9.1.1 Technologie und Regelungsaufgabe

Die Gaszerlegungsanlage (GZA) hat in der betrachteten Raffinerie die Aufgabe, das aus den Rohöldestillationskolonnen und Reformern kommende Flüssiggas (einschließlich Kondensaten aus der Rohgasverdichtung) in die Komponenten Ethan, Propan, Isobutan, Normalbutan und Gasbenzin aufzutrennen (Bild 9-1).

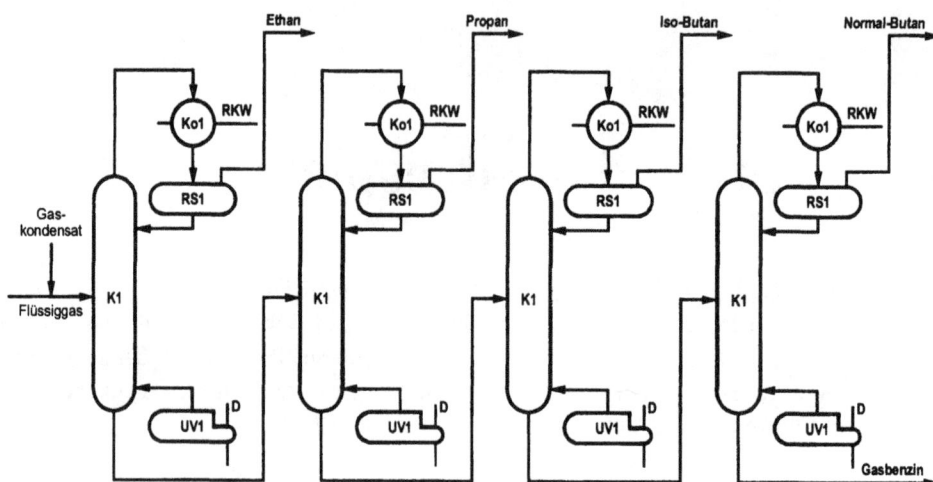

Bild 9-1: Vereinfachtes R&I-Schema einer Gaszerlegungsanlage

Die vorgelagerte Prozesseinheit, der Reformer, hat die Aufgabe, niedrigoktaniges Schwerbenzin in eine Benzinkomponente mit hoher Oktanzahl, das sog. Reformat, umzuwandeln. Als Nebenprodukte fallen Flüssiggas, Wasserstoff und Methan/Ethan an.

Die Produkte der Gaszerlegung werden entweder verkauft (Propan, Normalbutan) oder innerhalb der Raffinerie weiterverwendet (Ethan als Heizgas, Isobutan in der HF-Alkylierungsanlage, Gasbenzin als Komponente für Vergaserkraftstoffe).

Durch die Realisierung unterschiedlicher Temperatur- und Druckverhältnisse in den einzelnen Kolonnen werden schrittweise die jeweils am leichtesten siedenden Komponenten aus dem Einsatzprodukt abgetrennt. So erfolgt in der Kolonne K1 eine Ent-Ethanisierung, in K2 eine Propanabtrennung, in K3 wird Isobutan (i-C4) abgetrennt und in K4 erfolgt eine Fraktionierung in Normalbutan (n-C4, Kopfprodukt) und in Gasbenzin (C5+ -Verbindungen, Sumpfprodukt). Die Beheizung der Kolonnen erfolgt mit Prozessdampf aus dem Werksnetz, die Kondensatoren werden mit Rückkühlwasser gekühlt.

Aus betrieblicher Sicht entscheidend ist eine stabile Produktion von Normalbutan mit einer Massenkonzentration von mindestens 95 Gewichtsprozent am Kopf der Kolonne K4. In den anderen Produkten (Ethan, Propan, Isobutan, C5+) sollen Anteile fremder Komponenten (z.B. n-C4 im Isobutan usw.) bestimmte vorgegebene Grenzwerte nicht überschreiten. Das Regelungssystem soll eine stabile, anlagenfahrer-unabhängige Fahrweise des Kolonnensystems bei Einhaltung dieser Produkt-Spezifikationen und Maximierung der Normalbutanproduktion gewährleisten. Störungen des Anlagenbetriebs treten im Wesentlichen durch Schwankungen und Restriktionen der bereitgestellten Kondensations- und Heizleistungen, seltener infolge von Durchsatzänderungen auf. Sie sollen so weit wie möglich kompensiert werden. Auf sich ändernde Marktsituationen soll schnell und flexibel reagiert werden können. Typisch ist z.B. die mitunter notwendige Verschiebung der Siedeschnitte zugunsten von Isobutan, wenn dessen Verkaufswert aktuell sehr hoch ist.

Mit dem herkömmlichen Regelungssystem hatte sich eine stabile Produktion von Normalbutan der geforderten Reinheit im Dauerbetrieb als nicht möglich erwiesen. Um dieses Ziel ohne Umbaumaßnahmen an den Kolonnen zu erreichen, wurde der Einsatz von gehobenen Regelungsmethoden erwogen und nach Voruntersuchungen als geeignete und wirtschaftliche Lösungsstrategie bestätigt.

Für den Einsatz eines MPC-Regelungssystems als Prozessführungsstrategie sprachen in dieser Anlage nicht so sehr der Grad der Verkopplung des Kolonnensystems im Sinne einer Mehrgrößenregelung oder die Schwierigkeit der Trennaufgabe. Das entscheidende Motiv war vielmehr die in das MPC-Programmsystem integrierte statische Prozessoptimierung, die eine Maximierung der Normalbutanproduktion unter Beachtung der in der jeweiligen Prozesssituation existierenden Anlagen-Nebenbedingungen ermöglicht.

Zu Beginn des Entwurfsprozesses war zunächst zu entscheiden, ob ein „großer" Mehrgrößenregler für das gesamte Kolonnensystem oder mehrere „kleine" MPC-Regler für jede einzelne oder eine Gruppe von Kolonnen zum Einsatz kommen sollen. Im vorliegenden Fall wurden zwei MPC-Mehrgrößenregler konzipiert, die jeweils zwei Kolonnen umfassen. Maßgebend für diese Entscheidung waren die großen Zeitkonstanten für die Konzentrationsregelstrecken an den einzelnen Kolonnen (Übergangszeiten nach Verstellung von Heizdampf oder Rücklauf von bis zu acht Stunden), die die Aufnahme von Sprungantworten für das gesamte Kolonnensystem unter möglichst gleichbleibenden Bedingungen erschwert hätten. Zum anderen gibt es in dieser Anlage weder stoffliche noch energetische Rückkopplungen der im Prozessablauf weiter hinten angeordneten auf die vorderen Kolonnen, die eine zentrale, die Gesamtanlage übergreifende MPC-Regelungsstruktur zwingend erforderlich gemacht hätte.

Im Folgenden wird nur auf den Regler für das Kolonnensystem K3/K4 eingegangen. Ein vereinfachtes Fließbild dieses Anlagenteils ist in Bild 9-2 dargestellt.

Daraus ist die auf dem Prozessleitsystem (PLS) realisierte Regelungsstruktur zu erkennen, die die Grundlage für den Einsatz eines übergeordneten MPC-Reglers bildet:

- Regelung der Kolonnen-Kopfdrücke (PC3 und PC4) über eine Verstellung der Kühlwassermenge an den Kopfkondensatoren,
- Regelung einer ausgewählten Bodentemperatur im Abtriebsteil der Kolonnen (TC3 und TC4) über Verstellung der Sollwerte der unterlagerten Dampf/Einsatz-Verhältnisregelungen (FFC31 und FFC41),
- Regelung des Rücklauf/Destillat-Verhältnisses an der K3 (FFC32) bzw. des Rücklauf-Durchflusses an der K4 (FC42).

Der übergeordnete MPC-Regler hat die Aufgabe, dafür zu sorgen, dass vorgegebene Maximalwerte für die Produktspezifikationen nicht über- bzw. Minimalwerte nicht unterschritten werden. Das bezieht sich auf die verbleibenden Anteile an n-$C4$ im Isobutanabzug (Kopf K3), an i-$C4$ und n-$C5$ im Normalbutanabzug (Kopf K4), an n-$C4$ im Sumpf der K4 sowie auf die Reinheit des Normalbutans am Kopf der K4. Die Konzentrationen der genannten

Komponenten werden durch Online-Gaschromatografen (GC) diskontinuierlich mit einer Abtastzeit von ca. 15 min erfasst (Messstellen QI31 und QI41 bis QI44).

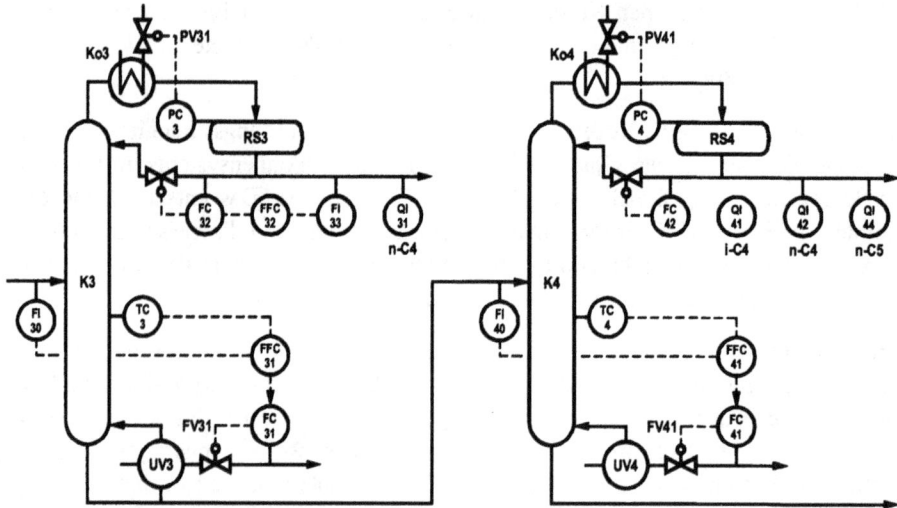

Bild 9-2: Kolonnensystem K3/K4 einer Gaszerlegungsanlage mit Struktur der Basisregelungen

Darüber hinaus sollen die Beschränkungen für die verfügbaren Heizleistungen an den Umlaufverdampfern und die Kondensatorleistungen berücksichtigt werden. Diese lassen sich durch den Öffnungsgrad der Ventile für die Dampf- bzw. Kühlwasserdurchflüsse an den Kolonnen bzw. alternativ durch die Stellgrößenwerte der Dampfdurchflussregler (FV31 und FV41) und der Kopfdruckregler (PV31 und PV41) ausdrücken. Die Vermeidung der Überschreitung vorgegebener Obergrenzen für die Stellausgänge dieser Regler sichert, dass die Kolonnen im vorgegebenen Arbeitsbereich betrieben werden. Für die Dampfregler sollen auch Untergrenzen für die Stellwerte nicht unterschritten werden (Mindestbeheizung). In Tab. 9.1 sind die Regelungsziele für den MPC-Regler zusammengefasst.

Aus der Tabelle ist ersichtlich, dass im vorliegenden Fall keine der Regelgrößen auf einen vorgegebenen Sollwert gebracht werden soll. Ziel ist allein die Vermeidung von Grenzwertverletzungen in jeweils einer Richtung (Minimum oder Maximum) bzw. die Einhaltung von Gutbereichen (FV31 und FV41).

Tab. 9.1: Regelgrößen des MPC-Reglers

Regelgrößen (CV's)	Art der Nebenbedingung
Produktspezifikationen	
n-C4 im Isobutan Kopf K3 (QI31)	Maximum
i-C4 im Normalbutan Kopf K4 (QI41)	Maximum
n-C4-Reinheit am Kopf K4 (QI42)	Minimum
n-C4 im Sumpf K4 (QI43)	Maximum
n-C5 im Normalbutan Kopf (QI44)	Maximum
Verfügbare Heizleistung	
Stellwert Dampf-Durchfluss K3 (FV31)	Maximum, Minimum
Stellwert Dampf-Durchfluss K4 (FV41)	Maximum, Minimum
Verfügbare Kondensationsleistung	
Stellwert Kopfdruckregler K3 (PV31)	Maximum
Stellwert Kopfdruckregler K4 (PV41)	Maximum

Dem MPC-Regler stehen zur Erfüllung dieser Aufgabenstellung die in Tab. 9.2 aufgeführten Sollwerte unterlagerter PLS-Basisregelungen als Steuergrößen (MV's) zur Verfügung. Für die MV's können ebenfalls Nebenbedingungen (Ober- und Untergrenzen, Verstellgeschwindigkeiten) vorgegeben werden. Die resultierende Kaskadenstruktur des MPC-Mehrgrößenreglers ist in Bild 9-3 zusammengefasst.

Tab. 9.2: Steuergrößen des MPC-Reglers (ROC: rate of change = Verstellgeschwindigkeit).

Steuergrößen (MV's) = Sollwerte unterlagerter PID-Regelkreise	Art der Nebenbedingung
Temperaturregelung Abtriebssäule K3 (TC3)	Minimum, Maximum, ROC
Rücklauf/Destillat-Verhältnisregelung K3 (FFC32)	Minimum, Maximum, ROC
Kopfdruckregelung K3 (PC3)	Minimum, Maximum, ROC
Temperaturregelung Abtriebssäule K4 (TC4)	Minimum, Maximum, ROC
Rücklaufregelung K4 (FC42)	Minimum, Maximum, ROC
Kopfdruckregelung K4 (PC4)	Minimum, Maximum, ROC

Damit liegt insgesamt ein nichtquadratisches Mehrgrößensystem mit sechs Steuergrößen (MV's) und neun Regelgrößen (CV's) vor. Als Freiheitsgrad eines solchen Systems wird die Differenz der *verfügbaren* Steuergrößen – also ohne Berücksichtigung jener, deren Regelkreise in der Betriebsart „Hand" oder „Automatik mit internem Sollwert" stehen oder die sich im Windup-Zustand befinden – und der *aktiven* Regelgrößen – also jener, für die eine Verletzung der Grenzwerte vorhergesagt wird oder bereits eingetroffen ist – verstanden. In Abhängigkeit von der gegebenen Prozesssituation ist dieser Freiheitsgrad und damit die Struktur des zu regelnden Systems zeitlich veränderlich. Die Strukturflexibilität des MPC-Reglers gestattet es jedoch, solche Probleme ohne Neukonfiguration des Reglers zu handhaben (vgl. Abschnitt 4.3).

ökonomische
Zielfunktion

CV   Constraints   Constraints   MV

QI 42   min

QI 31   max

QI 41   max   Modell-
                        gestützter
QI 43   max   prädiktiver
                        Mehrgrößen-
QI 44   max   regler

FV 31   max
         min   (RMPCT)

FV 32   max   9 CV x 6 MV

FV 41   max
         min

FV 42   max

TC 3   max / min, ROC

FFC 32   max / min, ROC

PC 3   max / min, ROC

TC 4   max / min, ROC

FFC 42   max / min, ROC

PC 4   max / min, ROC

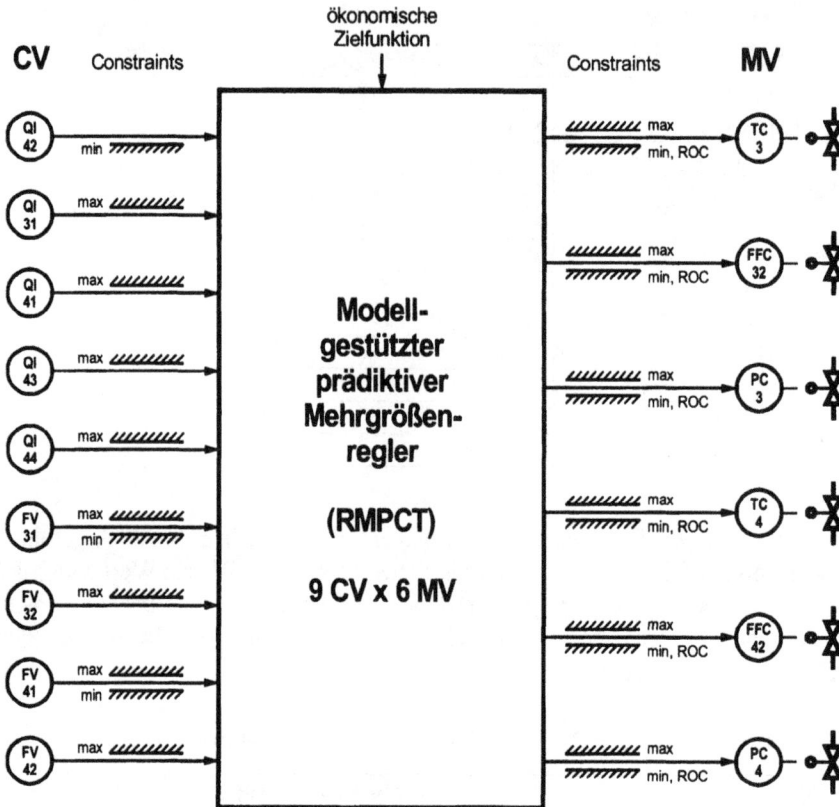

Bild 9-3: Struktur des MPC-Mehrgrößenregelungssystems (min, max: untere und obere Grenzwerte, ROC: rate of change = Verstellgeschwindigkeit).

Für den Fall, dass die Nebenbedingungen für alle Regelgrößen eingehalten werden können, ist es möglich, die „überschüssigen" Steuergrößen für eine statische Prozessoptimierung zu nutzen. Im vorliegenden Fall wird eine Minimierung der n-C4-Konzentration im Isobutan (Kopf K3) angestrebt. Diese Problem kann durch eine in RMPCT integrierte, übergeordnete Linearoptimierung gelöst werden.

9.1.2   Experimentelle Prozessidentifikation

Zur Gewinnung dynamischer Prozessmodelle wurden mehrfach Sprungantworten mit verschiedener Amplitude an den Kolonnen aufgenommen. Kompliziertere Testsignale (z.B. PRBS) wurden auf Grund der großen Summenzeitkonstanten und der über einen langen Versuchzeitraum zu erwartenden Störungen des Anlagenbetriebs nicht untersucht.

Bild 9-4 zeigt beispielhaft den Verlauf der Sprungantworten der Regelgrößen QI31, QI41, QI42, FV31 und PV31 als Reaktion auf eine sprungförmige Verstellung des Sollwerts der Temperaturregelung TC3. Bei einer Erhöhung der Temperatur reichert sich n-C4 im Isobutan am Kopf der K3 (QI31) an, während sich der i-C4-Anteil am Kopf der K4 (QI41) verringert. Gleichzeitig steigt die n-C4-Reinheit am Kopf der K4 (QI42). Gut zu erkennen ist auch die Reaktion der Kopfdruck- und Dampfdurchflussreglerausgänge PV31 und FV31, die beide bei einer Temperaturerhöhung in der Kolonne ansteigen.

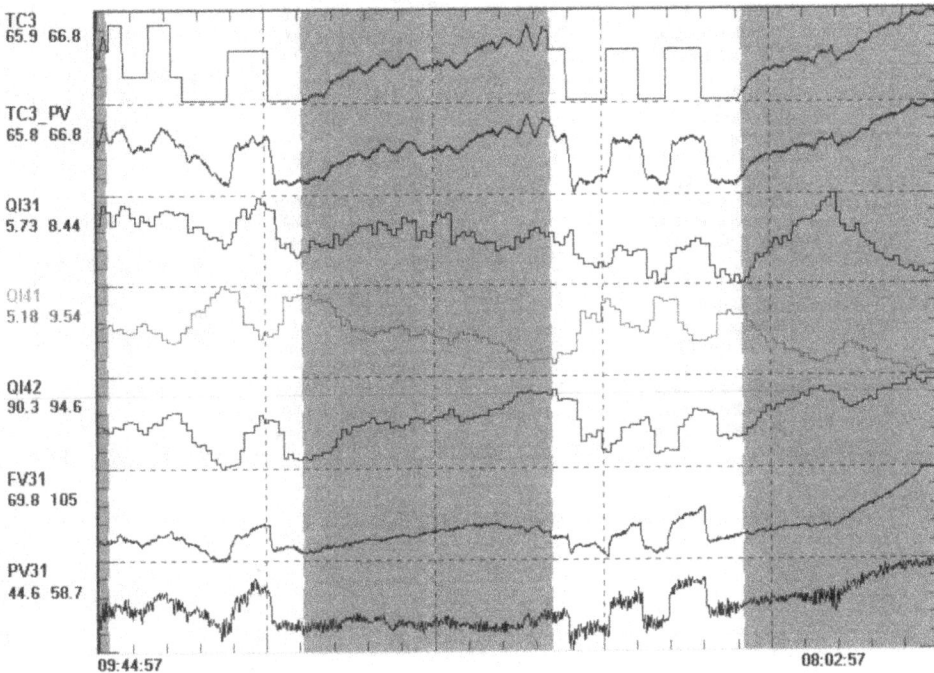

Bild 9-4:   Ausgewählte Sprungantworten des Kolonnensystems K3/K4 (weiße Bereiche) bei Veränderung des Sollwerts des Temperaturreglers TC3 (grau: nicht für die Identifikation verwendete Datensätze)

Die Testsignalamplituden (Sprunghöhen) wurden in Zusammenarbeit mit dem Betreiber so festgelegt, dass sich für jede Regelgröße ein Amplitudenverhältnis von Nutz- zu Rauschsignal von mindestens 3:1 ergibt und keine Gefahr der Verletzung der Produktspezifikationen über einen unzulässig langen Zeitraum besteht. Es ergaben sich hier zulässige Veränderungen des Rücklaufs von 20% und des Heizdampfdurchflusses von 10% des Nominalwerts.

Die endgültigen Modelle werden als Übertragungsfunktionen $g_{ij}(s)$ in einer Modell-Datei abgelegt und dem MPC-Regler zur Verfügung gestellt. Bild 9-5 zeigt einen Ausschnitt aus der Übersicht der resultierenden Kolonnenmodelle für zwei MV's und drei CV's. Darin

geben die „glatten" Kurven Sprungantworten auf der Basis von $g_{ij}(s)$, die „verrauschten"
Kurven Sprungantworten auf der Basis der identifizierten FIR-Modelle wieder.

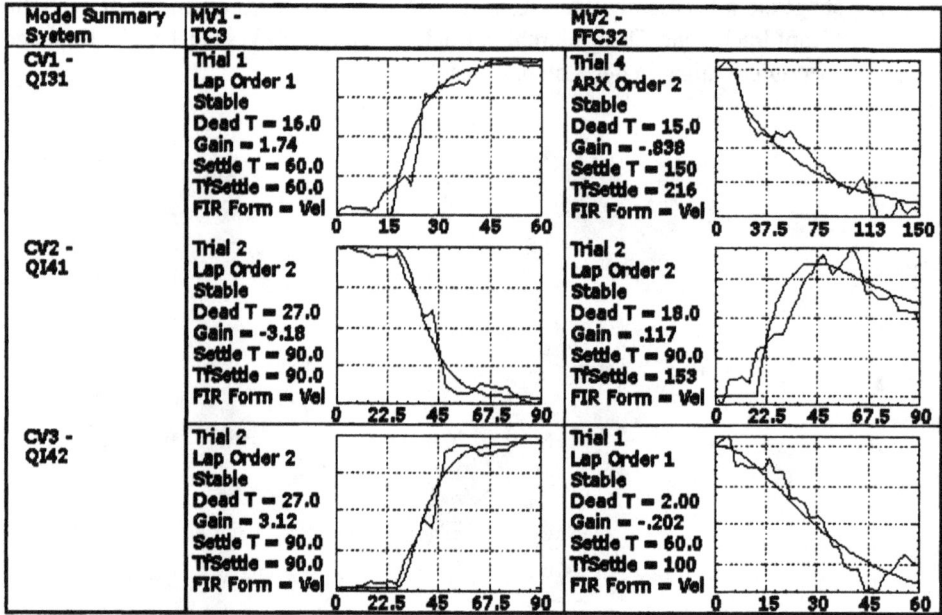

Model Summary System	MV1 - TC3		MV2 - FFC32	
CV1 - QI31	Trial 1 Lap Order 1 Stable Dead T = 16.0 Gain = 1.74 Settle T = 60.0 TfSettle = 60.0 FIR Form = Vel		Trial 4 ARX Order 2 Stable Dead T = 15.0 Gain = -.838 Settle T = 150 TfSettle = 216 FIR Form = Vel	
CV2 - QI41	Trial 2 Lap Order 2 Stable Dead T = 27.0 Gain = -3.18 Settle T = 90.0 TfSettle = 90.0 FIR Form = Vel		Trial 2 Lap Order 2 Stable Dead T = 18.0 Gain = .117 Settle T = 90.0 TfSettle = 153 FIR Form = Vel	
CV3 - QI42	Trial 2 Lap Order 2 Stable Dead T = 27.0 Gain = 3.12 Settle T = 90.0 TfSettle = 90.0 FIR Form = Vel		Trial 1 Lap Order 1 Stable Dead T = 2.00 Gain = -.202 Settle T = 60.0 TfSettle = 100 FIR Form = Vel	

Bild 9-5: Ausschnitt aus der Übersicht über die resultierenden Prozessmodelle

9.1.3   Reglerentwurf und Simulation

Am Anfang dieser Projektphase stand die Konfiguration einer Offline-Simulation für das
geschlossene Regelungssystem. Aufgabe des Entwurfsingenieurs ist es in dieser Etappe,

- das Führungs- und Störverhalten des geschlossenen Regelungssystems für alle relevanten
  Prozesssituationen (aktiven Nebenbedingungen) zu testen,
- günstige Ersteinstellwerte für die Reglerparameter zu ermitteln,
- das Verhalten des Regelungssystems bei Ausfall von CV-Messwerten und Nicht-
  verfügbarkeit von MV's zu konfigurieren,
- die Geschwindigkeit der übergeordneten statischen Prozessoptimierung einzustellen und
  diese im Zusammenhang mit dem dynamischen Teil des MPC-Reglers zu untersuchen,
- die Robustheit des Regelungssystems bei Abweichungen des im Regler verwendeten
  Prozessmodells vom realen Anlagenverhalten zu untersuchen.

Der letzte Punkt ist von Bedeutung, da lineare Prozessmodelle verwendet werden. Simulation und praktische Erfahrung zeigen im vorliegenden Fall, dass durch den Regler Parameter-

unsicherheiten in den Verstärkungen und Zeitkonstanten von 20% ohne wesentliche Verschlechterung der Regelgüte toleriert werden.

Bei RMPCT sind als wesentliche Reglerparameter so genannte Performance-Ratios je Regelgröße zu spezifizieren, die das Verhältnis der geforderten Ausregelzeit im geschlossenen Kreis zur mittleren Einschwingzeit des offenen Kreises angeben. Damit ist ein in seiner Wirkung transparenter Parameter gegeben, der die Geschwindigkeit des Regelungssystems bestimmt. Dabei ist zu beachten, dass bei schärferer Einstellung ein Verlust an Robustheit zu erwarten ist.

Wenn das Regelungssystem überspezifiziert ist (Freiheitsgrad kleiner null, mehr aktive CV's als verfügbare MV's), können nicht mehr alle Grenzwerte gleichzeitig eingehalten werden. In diesem Fall ist über die Vorgabe von Gewichtsfaktoren eine Priorisierung einzelner CV's möglich.

Ist das Regelungssystem hingegen unterspezifiziert (Freiheitsgrad größer null, „überschüssige" Steuergrößen), besteht die Möglichkeit, ein dem Regelungsproblem übergeordnetes lineares, statisches Optimierungsproblem (LO-Problem) mit einer ökonomischen Zielfunktion

$$I = \sum_{i=1}^{n} p_i CV_i + \sum_{j=1}^{m} q_j MV_j \qquad (9\text{-}1)$$

(darin sind p_i und q_j „Preise" für die Steuer- und Regelgrößen), mit Nebenbedingungen für die Steuer- und Regelgrößen (d.h. mit dem zulässigen Betriebsbereich)

$$\begin{aligned} CV_{i,min} \leq CV_i \leq CV_{i,max} \quad i = 1...n_y \\ MV_{j,min} \leq MV_j \leq MV_{j,max} \quad j = 1...n_u \end{aligned} \qquad (9\text{-}2)$$

und einem statischen Prozessmodell zu formulieren und mit Hilfe eines in den MPC-Regler integrierten linearen Optimierungs-Verfahrens zu lösen. Im vorliegenden Fall wurde die Zielfunktion so gewählt, dass der Normalbutangehalt im Isobutan (Kopfprodukt der K3, QI31) minimiert wird. Die Nebenbedingungen werden bereits durch die Vorgabe von Bereichen für die MV's und Grenzwerten für die CV's im Regelungsproblem festgelegt. Auch statische Prozessmodelle müssen nicht gesondert vorgegeben werden, da die statischen Zusammenhänge zwischen den MV's und den CV's durch die Streckenverstärkungen gegeben sind, die Bestandteil der dynamischen Prozessmodelle für den MPC-Regler sind. Lösung des des linearen, statischen Optimierungsproblems sind optimale Sollwerte für die „freien" Steuergrößen, die mit einer vom Nutzer definierbaren Geschwindigkeit rampenförmig angefahren werden. Die Optimierungs-Geschwindigkeit wird i.A. wesentlich langsamer als die mittlere Einschwingzeit der Regelstrecken gewählt, um dem dynamischen Teil des MPC-Reglers genügend Zeit zu geben, Störgrößen auszuregeln. Die Lösung des Linearoptimierungs-Problems „treibt" somit den Prozess langsam in einen optimalen Betriebszustand.

Ein Vorteil des Einsatzes prädiktiver Regelungen im Zusammenhang mit Online-Analysenmessgeräten für ausgewählte CV's besteht darin, dass die Abtastzeit der Regelung kleiner gewählt werden kann als die Abtastzeit des Analysators, da zwischen den Analysen-messungen Vorhersagewerte für die Konzentrationen auf der Basis der dynamischen Prozessmodelle verwendet werden können. Im vorliegenden Fall beträgt die Abtastzeit für den MPC-Regler eine Minute im Vergleich zu 15 Minuten für die Online-Gaschromatographen. Das bedeutet auch, dass bei Ausfall eines Gaschromatographen durch Störung oder durch planmäßige Wartungsarbeiten das Regelungssystem nicht sofort außer Betrieb genommen werden muss. Es besteht stattdessen die Möglichkeit, für einen begrenzten Zeitraum ersatz-weise mit Vorhersagewerten für diese CV's zu arbeiten.

9.1.4   Inbetriebnahme

In der nächsten Projektphase erfolgte die Implementierung des MPC-Reglers auf der Ziel-hardware und die Inbetriebnahme des Regelungssystems.

Das Automatisierungssystem der Gaszerlegungsanlage (GZA) weist die in Bild 9-6 darge-stellte Prinzipstruktur auf. Die GZA wird von der zentralen Messwarte der Raffinerie aus mit Hilfe des Prozessleitsystems Honeywell TDC3000 gefahren. Das Leitsystem ist über ein Gateway mit einem übergeordneten Rechner (DEC AXP 2100, Betriebssystem OpenVMS) verbunden, der unabhängig von der Realisierung des Advanced-Control-Projekts die Aufga-ben eines Betriebsdaten-Informationssystems übernimmt. Auf dem übergeordneten Prozess-rechner ist eine Echtzeitdatenbank (APECS) installiert, die eine Schnittstelle zu den ebenfalls dort residierenden RMPCT-Reglern bereitstellt. Die Regler lesen zyklisch aus der Datenbank die Istwerte der Regelgrößen, Operatoreingaben wie CV- und MV-Limits bzw. -Bereiche, Betriebsarten der unterlagerten Regelungen und weitere Informationen. Sie schreiben u.a. die berechneten Steuergrößenwerte (ihrerseits Sollwerte unterlagerter PLS-Regelkreise) und eine begrenzte Anzahl von Operatormeldungen in die Echtzeitdatenbank. APECS-Routinen sor-gen für die Kommunikation zwischen dem PLS und dem Prozessrechner.

Obwohl die MPC-Regler auf dem übergeordneten Rechner implementiert sind, geschieht die Bedienung und Beobachtung nach dem Single-Window-Prinzip über die Bedienstationen des PLS. Zu diesem Zweck wurden spezielle Bedienbilder und Online-Bedienhilfen für die An-lagenfahrer entwickelt. Bild 9-7 und Bild 9-8 zeigen im Entwurf zwei der Operatorbild-schirme für die Bedienung und Beobachtung des Regelungssystems für die Kolonnen K3/K4.

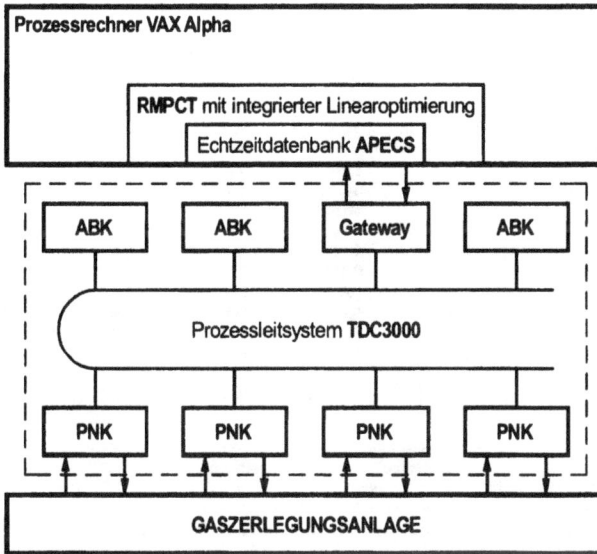

*Bild 9-6:   Automatisierungssystem der Gaszerlegungsanlage (PNK: Prozessnahe Komponenten, ABK: Anzeige-
und Bedienkomponenten, EWS Engineering Workstation)*

Bild 9-7 gibt eine Übersicht über die dem MPC-Regler unterlagerten PLS-Basisregelungen für die MV's. Durch den Operator bedienbare Größen sind mit einem Stern gekennzeichnet. Bild 9-8 bezieht sich auf die CV's des MPC-Reglers. Neben Anzeigen für die Ist- und Vorhersagewerte sind mit Stern gekennzeichnte bedienbare Grenzwerte dargestellt. In der Spalte „ERL" für „Erlauben" kann eingestellt werden, welche CV-Limits im Regelungssystem berücksichtigt werden sollen. Zum Beispiel soll die n-C4-Reinheit im Kopf der K4 mindestens 95% betragen, das Maximum wird nicht berücksichtigt. Für die Reglerausgänge FV31 und FV41 werden sowohl obere als auch untere Grenzwerte beachtet (vgl. Tab. 9.1)

Der Anlagenfahrer aktiviert das Regelungssystem, indem er die unterlagerten Basisregelungen in die Betriebsart AUTO/PROGRAM (externe Sollwertvorgabe durch übergeordneten Rechner) schaltet. Ein Watchdog-Timer auf dem PLS überwacht, ob das Regler-Programm auf der VAX läuft, und bei Rechnerausfall werden die zugehörigen PLS-Regelkreise selbsttätig in die Betriebsart AUTO/OPERATOR zurückgeschaltet.

09 Dec 97   09:75:07

RMPCT-Regelung K3/K4 - MV-ÜBERSICHT (STEUERGRÖSSEN)

	TC3 SUMPF K3	PC3 KOPF K3	FFC42 RL/DEST K3	TC4 SUMPF K4	PC4 KOPF K4	FC42 RÜCKL K3
PV	67.65	6.4	12.0	64.03	4.2	6.3
SP	67.69	6.4	12.0	64.32	4.1	6.3
SPHI	69.00°	6.4°	15.0°	65.00°	4.5°	6.4°
SPLO	65.00°	6.0°	11.0°	62.00°	4.0°	6.0°
SPROC +	0.10°	0.1°	0.5°	0.10°	0.1°	0.1°
SPROC -	0.10°	0.1°	0.5°	0.10°	0.1°	0.1°
MAX AKTIV	NA	A	NA	NA	NA	NA
MIN AKTIV	NA	NA	NA	NA	NA	NA
MODEATTR	PROGRAM°	PROGRAM°	PROGRAM°	PROGRAM°	PROGRAM°	PROGRAM°
MODE	AUTO	AUTO	AUTO	AUTO	AUTO	AUTO
Regler-begrenzung	NORMAL	NORMAL	NORMAL	NORMAL	WINDUP	NORMAL

K3/K4 CV Übersicht	K1/K2 MV Übersicht	K1/K2 CV Übersicht	Übersicht VAX-Regler	AM-Regelungen K3/K4	CLEAR

Bild 9-7: Bedienbildschirm für die Mehrgrößenregelung am Kolonnensysten, hier: Bedienung der PLS-Basisregelungen (SPHI, SPLO und SPROC: Grenzwerte und Verstellgeschwindigkeiten für Sollwerte; A, NA: aktiv bzw. nicht aktiv, *: bedienbarer Wert)

09 Dec 97   09:75:07

RMPCT-Regelung K3/K4 - CV-ÜBERSICHT (GRENZWERTE DER REGELGRÖSSEN)

Q|31 n-C4 Kopf K3	9.80	9.67	10.50 °	E	NA	0.00 °	NE	NA
Q|41 I-C4 Kopf K4	5.52	5.51	6.00 °	E	NA	0.00 °	NE	NA
Q|42 n-C4 Kopf K4	95.37	95.30	98.00 °	NE	NA	95.00 °	E	NA
Q|44 n-C5 Kopf K4	0.72	0.72	2.00 °	E	NA	0.00 °	NE	NA
Q|43 n-C4 Sumpf K4	5.60	5.62	8.00 °	E	NA	4.00 °	NE	NA
PV31 OP Druck K3	56.40	56.40	95.00 °	E	NA	0.00 °	NE	NA
FV31 OP Dampf K3	85.00	84.10	95.00 °	E	NA	0.00 °	E	NA
PV41 OP Druck K4	55.20	55.00	95.00 °	E	NA	0.00 °	NE	NA
PV41 OP Dampf K4	52.20	53.10	95.00 °	E	NA	5.00 °	E	NA

K3/K4 MV Übersicht	K1/K2 MV Übersicht	K1/K2 CV Übersicht	Übersicht VAX-Regler	AM-Regelungen K3/K4	CLEAR

Bild 9-8: Bedienbildschirm für die Mehrgrößenregelung am Kolonnensystem, hier: Bedienung und Beobachtung der Regelgrößen (NA: nicht aktiv, E,NE: erlaubt/nicht erlaubt, *: bedienbarer Wert)

Wesentliche Schritte bei der Inbetriebnahme des Regelungssystems sind:

- Test der Kommunikation zwischen MPC-Regler, VAX-Echtzeitdatenbank und PLS unter Einbeziehung der Operator-Bedienbilder (Online-open-loop-Betrieb).
- Überprüfung und Feinanpassung der dynamischen Prozessmodelle auf der Grundlage des Vergleichs von Prädiktions- und realen Messwerten (Online-open-loop-Betrieb).
- Feineinstellung der Regelkreise für alle relevanten MV-CV-Kombinationen durch absichtliche Aktivierung der jeweiligen Nebenbedingung (Online-closed-loop-Betrieb).
- Überprüfung des Verhaltens des MPC-Reglers für den Fall, dass gleichzeitig mehrere Nebenbedingungen aktiv sind.
- Überprüfung des Verhaltens der übergeordneten Linearoptimierung.

9.1.5   Ergebnisse

Die wichtigsten Ergebnisse der Anwendung des modellgestützten, prädiktiven Mehrgrößenreglers lassen sich wie folgt zusammenfassen :

- Beitrag zur Sicherung einer stabilen Normalbutanproduktion mit der geforderten Spezifikation von >95 Gew.%.
- Einhaltung der Spezifikationen für die anderen Produkte.
- Wesentliche Vergleichmäßigung der Fahrweise über die Schichten, Reduktion der Standardabweichungen in den wesentlichen Prozessgrößen auf die Hälfte bis zu einem Drittel.
- Entlastung der Anlagenfahrer.

Bild 9-9 zeigt exemplarisch den Verlauf der Tagesmittelwerte der Größen Zulauf zur K3 (FI30), Reinheit des Normalbutans (QI42) und i-C4-Gehalt im Gasbenzin im Sumpf K4 (QI43) vor und nach der Inbetriebnahme der RMPCT-Regelung über einen Zeitraum von zehn Monaten. Diese Daten wurden mit dem im Betrieb vorhandenen Management-Informationssystem erfasst. Daraus ist deutlich die Verringerung der Varianzen der Regelgrößen und die Einhaltung der Produktspezifikationen zu erkennen. Im Februar 1998 gab es eine Periode, in der die Spezifikation für Normalbutan bewusst auf 90 Gew.-% abgesenkt wurde, um eine höhere Reinheit des Isobutans in der K3 zu erreichen. Der „Uptime-Faktor" liegt seit der Übergabe an den Betreiber bei >95%, d.h. in mehr als 95% der Anlagenbetriebszeit befand sich das Regelungssystem im Online-closed-loop-Betrieb.

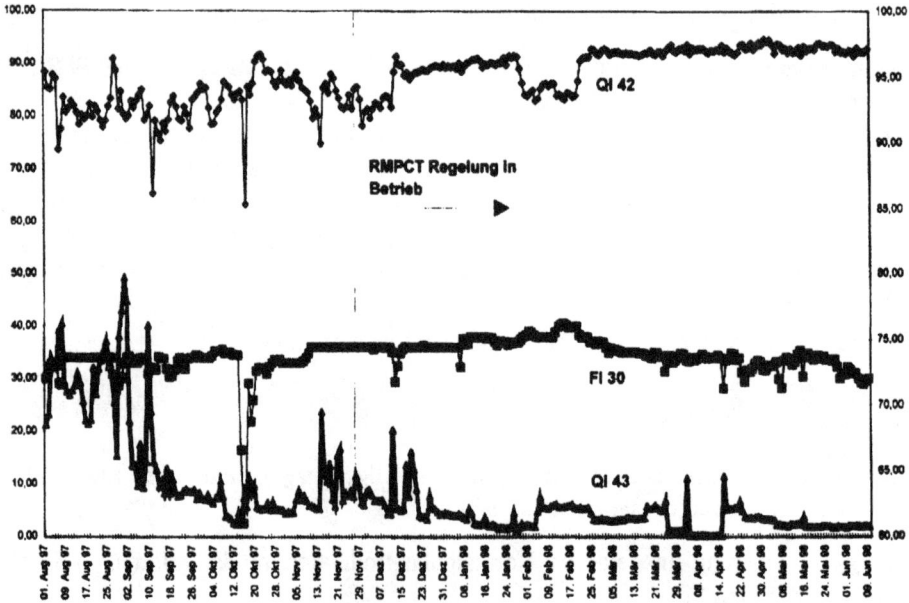

*Bild 9-9: Verlauf wesentlicher Prozessgrößen vor und nach der Inbetriebnahme der MPC-Regelung am Kolonnen-
system*

Tab. 9.3 zeigt die Verteilung des Aufwands auf die verschiedenen Projektphasen. Daraus
geht hervor, dass aufgrund der Verfügbarkeit ausgereifter Entwicklungswerkzeuge die meis-
te Zeit für Anlagentests und Inbetriebnahme aufgewendet wurde. Aufgrund der trägen Ko-
lonnendynamik (Summenzeitkonstanten von bis zu 75 Minuten) waren im vorliegenden Fall
die Anlagentests allerdings besonders langwierig. Die Projektlaufzeit von der Definition der
Aufgabenstellung bis zur Übergabe an den Betreiber betrug sechs Monate.

Tab. 9.3: Relativer Zeitaufwand für die Projektphasen

Projektphase	Anteil
Functional Design und Kosten-Nutzen-Rechnung	10%
Planung/Durchführung der Anlagentests	30%
Modellbildung durch Identifikation	5%
Regelungsentwurf und Simulation	15%
Implementierung auf PLS und Prozessrechner	5%
Inbetriebnahme	25%
Training, Dokumentation	10%

9.2 Regelung einer Glas-Schmelzrinne mit INCA

Während im Raffinerie- und Petrochemiebereich MPC-Technologien seit einer Reihe von Jahren eingesetzt werden, ist die Glasindustrie ein vergleichsweise neues Anwendungsfeld. Im vorliegenden Abschnitt soll daher anhand einer Simulationsstudie gezeigt werden, welche Verbesserungen sich bei der Führung von Glasschmelzprozessen erreichen lassen, wenn man konventionelle Regelungsverfahren durch den Einsatz von MPC ablöst. Das im großtechnischen Maßstab verwirklichte APC-Projekt ist in [9.4] beschrieben. Im Rahmen dieses Projekts wurde ein Modell für das dynamische Verhalten der Glas-Schmelzrinne identifiziert. Es dient hier als Simulationsmodell für den Vergleich der Leistungsfähigkeit der konventionellen Regelungsstrategie (PID-Kaskadenregelungen) mit der von MPC unter reproduzierbaren Bedingungen.

Das Projekt wurde mit dem MPC-Paket INCA der niederländisch-belgischen Fa. IPCOS Technology (vgl. Kapitel 7) und dem Prozessleitsystem SIMATIC PCS7 von Siemens durchgeführt.

9.2.1 Aufgabenstellung

Als Anwendungsbeispiel aus der Glasindustrie dient eine Speiserinne, wie sie bei der Produktion von Neonröhren üblich ist. Die Speiserinne stellt die Verbindung her zwischen der eigentlichen Schmelzwanne und der Formgebungsmaschine, die die Glasröhren zieht. Bild 9-10 zeigt den prinzipiellen Aufbau.

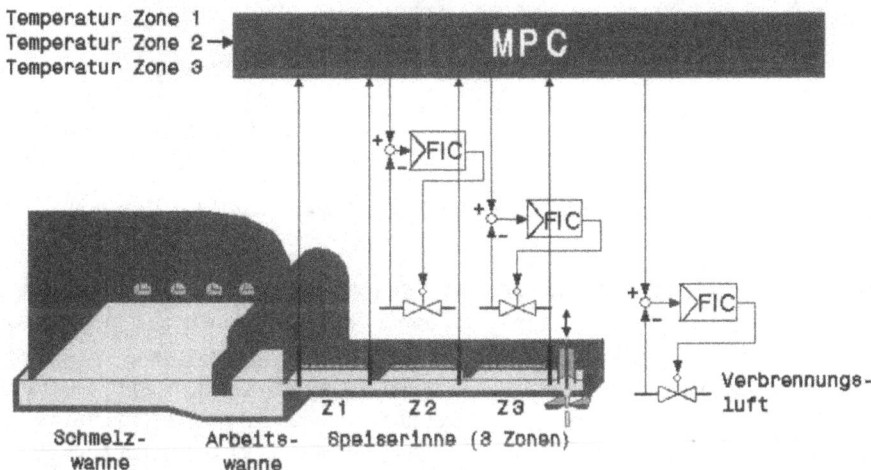

Bild 9-10: Prinzipdarstellung eines Glasschmelzprozesses (die Instrumentierung ist nur an der Speiserinne und nicht vollständig dargestellt)

In die Schmelzwanne wird ständig von einer vorgelagerten Einheit neues Füllmaterial (Scherben, Sand und Zusätze) eingebracht und im Ofen geschmolzen. In der darauf folgenden Arbeitswanne (working end) beruhigt sich die Schmelze. Das flüssige Glas wird über so genannte Speiserinnen (feeder) der eigentlichen Formgebungsmaschine zugeführt. Dort wird die Röhrenformung vorgenommen. In den nachgeschalteten Einheiten erfolgt die Abkühlung und der Schnitt der Endlosröhre auf Einzelröhren der richtigen Länge.

Für die Formgebung der Röhren ist es wichtig, dass das Glas am Ende der Speiserinne eine gleichbleibende, vorgegebene Viskosität aufweist. Da die Viskosität derzeit nur ungenau und mit erheblichem Aufwand gemessen werden kann, wird ersatzweise die leicht messbare Temperatur als Regelgröße festgelegt.

Zur Messung des Temperaturprofils wird die Speiserinne in mehrere Zonen aufgeteilt (üblicherweise 4 bis 6). In jeder Zone wird die Temperatur sowohl im Glas als auch in der Atmosphäre über dem Glas und im Speiserinnen-Boden gemessen. Zur Beeinflussung der Temperaturen sind in jeder Zone sowohl Gasbrenner als auch Kühl-Ventilatoren vorhanden. Die Brennerleistungen werden über die Menge an Verbrennungsluft gesteuert, während die Menge an Gas, die zusätzlich eingespritzt werden muss, in einem festen Verhältnis nachgeführt wird. Die Ventilatoren werden über die Menge an Kühlluft gesteuert. Die geforderten Mengen an Verbrennungsluft und Kühlluft werden über unterlagerte Durchflussregler eingestellt. Zur Beeinflussung der Temperatur in jeder Zone stehen also die Sollwerte für die unterlagerten Durchflussregler der Verbrennungsluft und Kühlluft zur Verfügung.

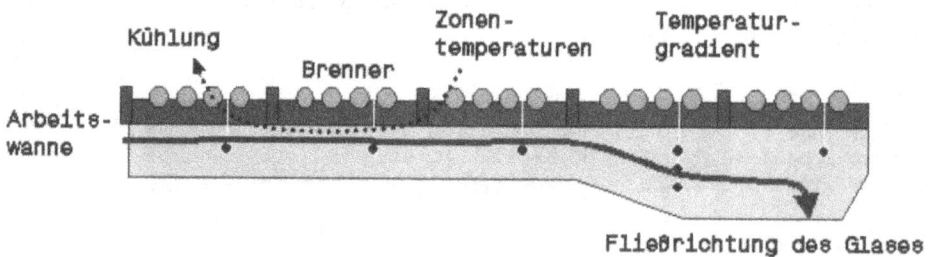

Bild 9-11: Seitenansicht einer Speiserinne (große Punkte: Brenner, kleine Punkte: Temperatur-Messstellen)

Eigentliches Regelungsziel ist es, die Temperaturen im Glas am Kopf der Speiserinne direkt über oder kurz vor dem Austritt zur Formgebungsmaschine so konstant wie möglich auf einem vorgegebenen Wert zu halten. Zu diesem Zweck sind am Kopf insgesamt neun Messstellen vorgesehen, die in einer (3×3)-Matrix (Temperaturgradient in Bild 9-11) angeordnet sind. Die mittlere Spalte dieser Matrix umfasst drei übereinander liegende Temperaturmessstellen, die sich direkt vor dem Austritt befinden und die daher das physikalisch begründete Regelungsziel darstellen. Diese Größen müssen während der Produktion konstant gehalten (Abweichung max. ± 1 °C bei 950 °C) und bei Produktionswechsel auf vorgebbare Werte gefahren werden. Die Regelung erweist sich als sehr schwierig wegen

- den langen Totzeiten von mehreren Stunden, bedingt durch die große Masse an zähflüssigem Glas und die langsame Fließgeschwindigkeit (die Totzeiten liegen im Bereich der Dauer einer Produktionsschicht)
- den starken Verkopplungen und der komplizierten Dynamik zwischen den einzelnen Brennern bzw. Ventilatoren einerseits und den Temperaturen entlang der Speiserinne andererseits.

9.2.2 Verschiedene konventionelle Regelstrategien und MPC als Alternative

Zum Erreichen der regelungstechnischen Ziele gibt es prinzipiell drei unterschiedliche Regelstrategien: die Regelung per Hand durch den Anlagenfahrer, zum zweiten die Regelung durch mehrere unabhängig voneinander arbeitende Temperatur-Durchfluss-Kaskadenregelungen und zuletzt die überlagerte Temperaturregelung mit MPC. Die drei Strategien werden kurz vorgestellt.

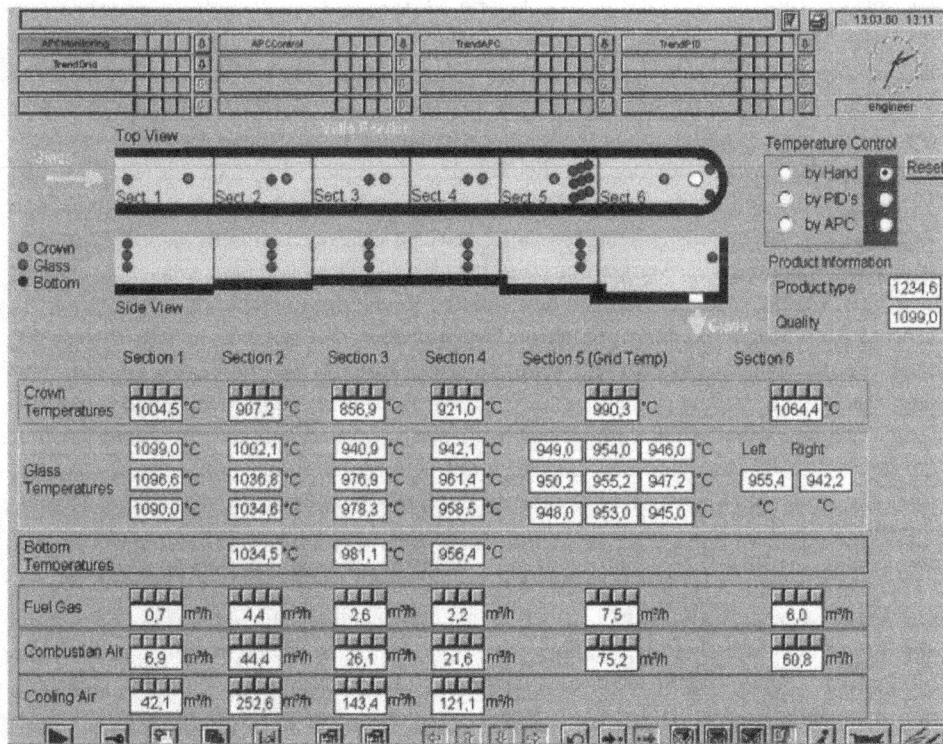

	Section 1	Section 2	Section 3	Section 4	Section 5 (Grid Temp)			Section 6	
Crown Temperatures	1004,5 °C	907,2 °C	856,9 °C	921,0 °C	990,3 °C			1064,4 °C	
Glass Temperatures	1099,0 °C	1002,1 °C	940,9 °C	942,1 °C	949,0	954,0	946,0 °C	Left	Right
	1096,6 °C	1036,8 °C	976,9 °C	961,4 °C	950,2	955,2	947,2 °C	955,4	942,2
	1090,0 °C	1034,6 °C	978,3 °C	958,5 °C	948,0	953,0	945,0 °C	°C	°C
Bottom Temperatures		1034,5 °C	981,1 °C	956,4 °C					
Fuel Gas	0,7 m³/h	4,4 m³/h	2,6 m³/h	2,2 m³/h	7,5 m³/h			6,0 m³/h	
Combustion Air	6,9 m³/h	44,4 m³/h	26,1 m³/h	21,6 m³/h	75,2 m³/h			60,8 m³/h	
Cooling Air	42,1 m³/h	252,6 m³/h	143,4 m³/h	121,1 m³/h					

Bild 9-12: *Bedienbild für die Glasschmelzwanne auf der Operator Station. Die Faceplates (Bedienfenster) für die 6 Deckentemperaturregler („Crown Temperature") sowie die insges. 14 Durchflussregler für Brennstoff („Fuel Gas"), Verbrennungsluft („Combustion Air") und Kühlgebläse („Cooling Air") lassen sich durch Anklicken ihrer jeweiligen Istwert-Anzeigefelder öffnen.*

1. Bei der Regelung der Grid-Temperaturen **per Hand** stellt der Operator alle Durchflüsse im unteren Teil von Bild 9-12 aufgrund seines Erfahrungswissens derart ein, dass sich in einem stationären Zustand die gewünschten Temperaturen im Glas ergeben. Hierbei treten drei Schwierigkeiten auf. Erstens hat nicht jeder Anlagenfahrer ein gleich gutes Anlagenwissen und fährt deshalb die Anlage in unterschiedlichen Arbeitspunkten. Die Unterschiede sind eventuell nur klein, trotzdem ist die Produktqualität vom Operator abhängig. Zweitens ist die Ausregelung von Störungen sehr schwierig. Wie soll der Operator die Durchflüsse verstellen, um eine auftretende Störung so schnell wie möglich in den Griff zu bekommen? Die dynamischen Verhältnisse in der Anlage sind sehr kompliziert, und unter Umständen erfolgt auch noch ein Schichtwechsel, so dass die einmal eingeleiteten Gegenmaßnahmen von einem anderen Operator (der die Historie nur unvollständig kennt) zu Ende geführt werden müssen. Die dritte Schwierigkeit tritt bei Produktwechsel auf, wenn der stationäre Arbeitspunkt der Anlage verstellt werden muss. Wie ist dies zu bewerkstelligen, so dass ein Produktwechsel kostenoptimal erfolgen kann?

2. Die zweite Regelstrategie ist die überlagerte **PID-Temperaturregelung**. Hierbei wird für jede Zone eine exemplarische Temperatur ausgewählt und ein überlagerter PID-Regler steuert im Split-Range-Betrieb die unterlagerten Durchflüsse von Brenner und Ventilator (Kaskadenregelung kombiniert mit Split-Range-Betrieb). Hierbei treten wiederum drei Schwierigkeiten auf. Zum einen können als Regelgrößen nicht die Temperaturen im Glas gewählt werden, da die Totzeiten zwischen den Aktoren (Brenner und Ventilator) und den Temperaturen im Glas derart groß sind, dass sich eine vernünftige Reglerparametrierung als äußerst schwierig erweist. Deswegen weicht man üblicherweise auf die Regelung der Temperaturen in der Atmosphäre über dem Glas aus. Dies ist aber eine Abkehr vom physikalisch begründeten Regelungskonzept hin zu einem an den beschränkten Möglichkeiten orientierten Regelkonzept, das keine so exakte Prozessführung erlaubt. Zweitens erfolgt die Temperaturregelung nur für jede Zone einzeln. Tritt eine Störung am Anfang der Speiserinne auf, wird zwar in jeder Zone gegen diese Störung angegangen und nach einiger Zeit wird diese auch ausgeregelt, trotzdem existiert ein transienter Zustand, der nach und nach mit dem Materialfluss durch die Speiserinne läuft und letztendlich auch in einer Störung der Grid-Temperaturen mündet. Drittens erfolgt bei Produktwechsel die Umstellung von einem Arbeitspunkt auf den nächsten sehr langsam, da die PID-Temperaturregler diese Änderungen unkoordiniert durchführen.

3. Die letzte Regelstrategie besteht in der Temperaturregelung mit **MPC**. Hierbei werden alle relevanten Temperaturen entlang der Speiserinne in Betracht gezogen und alle Stellgrößen entlang der Speiserinne gleichzeitig entsprechend den aktuellen Gegebenheiten verstellt (Bild 9-13). Ein MPC-Regler ist in der Lage, Strecken mit langen Totzeiten und komplizierter Dynamik zu verarbeiten, deswegen können die eigentlich interessierenden Grid-Temperaturen im Glas als Regelziele verwendet werden. Ein MPC-Regler ist ein Mehrgrößenregler, deswegen werden alle Aktoren entlang des Materialflusses entsprechend dem gerade herrschenden Prozesszustand verstellt. Dies führt dazu, dass externe Störungen sehr schnell ausgeregelt und neue Arbeitspunkte sehr schnell eingestellt werden können. MPC übernimmt hierbei die Koordination aller unterlagerten

Durchflussregelkreise in Abhängigkeit von allen relevanten Prozessvariablen entlang der Speiserinne.

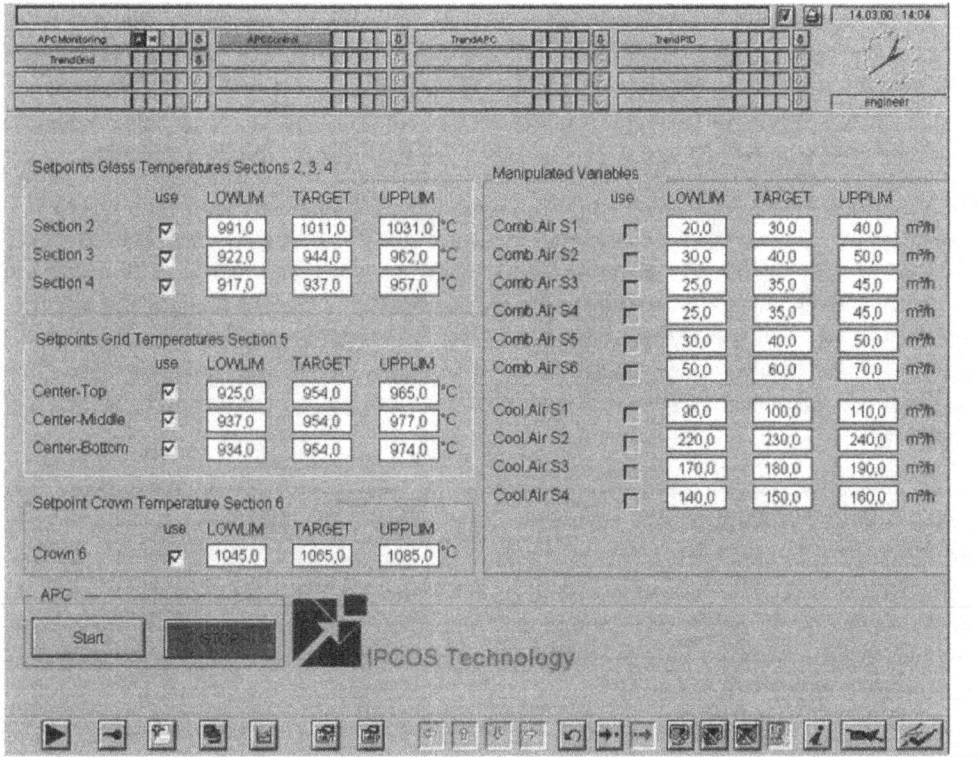

Bild 9-13: Bedienbild für den Prädiktivregler auf der OS. Links die sieben CV's: Glastemperaturen in den Sektionen 2, 3, 4, Grid-Temperaturen in Sektion 5 und Deckentemperatur in Sektion 6. Rechts die zehn MV's: Verbrennungsluft in den Sektionen 1 bis 6, Kühlgebläse in den Sektionen 1 bis 4.

9.2.3 Ergebnisse

Konventionelle Regelung der Glasschmelze

Die vertikal verteilten Grid-Temperaturen in Sektion 5 kurz vor dem Ausfluss sind die eigentlich für die Produktqualität maßgeblichen Prozessgrößen. Sie sollen auf 1°C genau eingehalten werden, damit das Glas den Feeder mit der richtigen Viskosität verlässt.

Die Grid-Temperaturen können jedoch mit den konventionellen SISO-Reglern gar nicht direkt geregelt werden, weil keine zugeordneten Stellgrößen zur Verfügung stehen. Gasbrenner und Kühlgebläse, d.h. die Stellglieder sind horizontal entlang der langgestreckten Wanne verteilt. Es ist jedoch nicht offensichtlich, wie das vertikale Temperaturprofil am Ausfluss mit dem horizontalen (=zeitlichen) Temperaturverlauf entlang der Wanne zusammenhängt.

Daher werden ersatzweise die Lufttemperaturen über der Glasmasse (Deckentemperaturen, „crown temperatures") als Regelgrößen herangezogen.

Die Deckentemperatur-Regelung umfasst sechs PI-Führungs-Regler, davon vier mit Split-Range-Ausgangsstufen (Heizen/Kühlen), die auf die Brennstoffmenge und ggf. auf die Gebläsekühlung einwirken. Die Kennlinien der Split-Range-Glieder werden so parametriert, dass der unterschiedliche Stellbereich der Heiz- und Kühlstellglieder ausgeglichen wird und im Arbeitspunkt die vorgegebenen stationären Durchflussmengen eingehalten werden.

Die Eingrößen-PI-Regler werden empirisch optimiert, und zwar von vorn nach hinten entsprechend der Materialflussrichtung, was aufgrund des PT_1-Charakters der Einzelstrecken und der nur einseitigen Verkopplung in Strömungsrichtung am Simulator auch kein Problem ist. An der realen Anlage gestaltet sich die Inbetriebnahme dieser Führungsregler sehr viel schwieriger, da nicht einfach per Knopfdruck die Störungen abgeschaltet werden können, und zusätzliche thermodynamische Seiteneffekte auftreten, die am Simulator nicht modelliert sind, wie beispielsweise die Rückwirkung der Glastemperatur auf die darüberliegende Lufttemperatur.

In der Simulation werden Störungen eingebracht, die einer gespeicherten Aufzeichnung am realen Prozess entstammen. Die Simulation zeigt zunächst die Auswirkungen der Störung auf den Prozess bei Handfahrweise, und dann den Übergang zur konventionellen PID Kaskaden-Regelung. Zwar gelingt es mit Hilfe der Kaskaden-Regelung, die Varianz der Deckentemperaturen zu verringern, und indirekt auch die Grid-Temperaturen zu stabilisieren, aber die Temperaturen im Glas können nicht exakt auf einen gewünschten, nicht einmal alle auf den gleichen Wert gebracht werden.

MPC

Bei der konventionellen PID-Regelung und aktiver, kontinuierlicher Störung ist an den Grid-Temperaturen ein hochfrequentes Rauschen erkennbar, während Varianzen innerhalb der Bandbreite des Regelsystems relativ gering sind. Nach der Umschaltung auf MPC werden die drei zentralen Grid-Temperaturen zu Regelgrößen, die vom Prädiktivregler genau auf den Sollwert gebracht werden, während die Deckentemperaturen nicht mehr als primäre Regelgrößen betrachtet werden und sich von ihren alten Sollwerten entfernen.

Obwohl für die sieben Regelgrößen formal zehn Stellgrößen zur Verfügung stehen, liegt der Prozess bereits nahe an der theoretischen Grenze der Steuerbarkeit im Sinne eines Zustandsraum-Modells, d.h. er ist numerisch schlecht konditioniert („ill conditioned"). Bei den Stellgrößen handelt es sich teilweise um Paare von Heizbrennern und Kühlgebläsen, die auf dieselbe Regelzone einwirken. Ein solches Paar könnte theoretisch fast als eine einzige, bipolare Stellgröße betrachtet und mit einem Split-Range-Baustein angesteuert werden, anstatt es als zwei unipolare Stellgrößen zu verwenden. Falls man versuchen sollte, alle sieben im MPC-Programm definierten Sollwerte exakt zu erreichen, könnte das zu extrem großen Stellgliedausschlägen führen. Daher werden die Prioritäten für die CV-Sollwerte in den vorderen Sektionen 2 bis 4 niedriger angesetzt als die Priorität für die Idealwerte der

MV's, so dass in den Sektionen 2 bis 4 eigentlich nur die Zonen (Sollwertbereiche), nicht aber die exakten Sollwerte berücksichtigt werden. Da es sich um horizontal verteilte Glastemperaturen im Eingangsbereich handelt, haben diese Regelgrößen für die Produktqualität eine geringere Bedeutung als die vertikal verteilten Regelgrößen in der Nähe des Ausgangs. Wird der Rang (Bedeutung) für den Sollwert der Zone 2 versuchshalber von 4 auf 1 vergößert, dann bekommt dieses Ziel höhere Priorität gegenüber anderen Zielen und wird tatsächlich erreicht.

Die **besondere Leistungsfähigkeit des MPC-Reglers** erlaubt es nun, alle drei Grid-Temperaturen auf genau den gleichen Sollwert zu regeln, während sie bei der konventionellen Regelung um bis zu 12°C voneinander abweichen. Bild 9-14 zeigt das an einem Beispiel. Gegen 9:02 Uhr (Lineal) wurde von der konventionellen Regelungsstrategie auf MPC-Regelung umgeschaltet, wobei für alle drei Grid-Temperaturen derselbe Sollwert 954°C vorgegeben wird (durchgezogene Linie). Die Istwerte der Temperaturen gehen in ca. 20min auf diesen Sollwert über. Ein solcher Vorgang ließe sich mit der konventionellen Regelungsstruktur nicht realisieren. Dabei wird ein **vertikales** Temperaturprofil mit Hilfe von **horizontal** verteilten Aktoren eingestellt. Das ist nur möglich, weil das empirische Prozessmodell des Prädiktivreglers implizit Gebrauch von strömungsmechanischen Zusammenhängen in der hochviskosen Glasmasse macht, die explizit-theoretisch gar nicht bekannt sind!

Eine in der Glasindustrie übliche Kennzahl für die **Produktqualität** ist die Summe der drei vertikalen Temperaturgradienten im Grid (Sektion 5), normiert auf die mittlere Temperatur. Diese Qualitätskennzahl wird auf der Operator Station laufend angezeigt. Durch den Einsatz von MPC kann sie gegenüber einer konventionellen Regelung von 89% auf über 99.5% gesteigert werden.

Kundennutzen von MPC

Aus der Sicht eines Anlagenbetreibers bietet der Einsatz eines MPC-Reglers an der Glasschmelzwanne also folgende Vorteile:

- Die qualitätsrelevanten Glas-Temperaturen am Ausfluss (Grid) werden jetzt tatsächlich zu Regelgrößen und können daher genauer eingestellt werden, d.h. **es werden mit MPC die Größen geregelt, die tatsächlich für die Produktqualität relevant sind,** und nicht irgendwelche leichter beherrschbaren Hilfsgrößen, wie z.B. die Deckentemperaturen.
- Die Steuerung der MV's basiert auf einem Modell der tatsächlichen Prozessdynamik, und nicht auf den begrenzten/schwankenden Erfahrungen und Fähigkeiten der Anlagenfahrer.
- Die Anlagenfahrer werden entlastet. Das Temperaturprofil längs der Schmelzwanne kann lokal gezielt verändert werden, ohne dass Nachbartemperaturen in Mitleidenschaft gezogen werden. Das erlaubt eine feinfühlige Optimierung des Schmelzvorgangs im Hinblick auf Materialeigenschaften und andere verfahrenstechnische Gesichtspunkte.
- Das MPC-Konzept stellt eine offene Infrastruktur für zukünftige Erweiterungen mit neuen Sensoren oder Aktoren bereit.

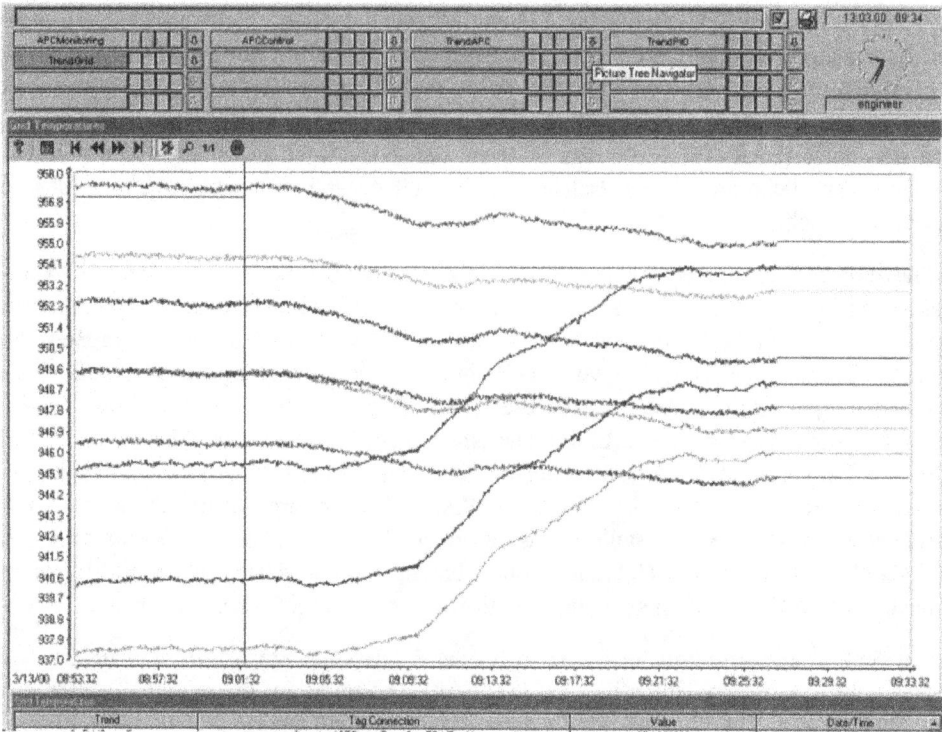

Bild 9-14: Umschalten von konventioneller Regelung auf MPC (Regelgrößen sind die oberen drei Grid-Temperaturen mit einem identischen Sollwert von 954°C)

- Das Konzept basiert auf einem formalen, systematischen Entwurfsverfahren. Bisherige Versuche, eine konventionelle Mehrgrößenregelung mit PID-Kaskaden und Entkopplungsgliedern zu etablieren, haben u.a. deswegen wenig Anklang gefunden, weil sie eine Vielzahl empirisch einzustellender Parameter und Gewichtsfaktoren aufwiesen, und daher sowohl bei der Inbetriebnahme als auch bei späteren Anpassungen einen extrem hohen Aufwand erforderten.

Das beschriebene MPC-Konzept wird daher von der Fa. IPCOS bei verschiedenen Kunden in der Glasindustrie eingesetzt und als standardisierte, vorgefertigte Lösung „ProfileExpert" angeboten.

9.3 Regelung eines Polypropylenreaktors mit Process Perfecter

Als Beispiel für die Anwendung der NMPC-Technologie wird in diesem Abschnitt die Regelung des Reaktionsteils einer industriellen Polypropylen-Anlage beschrieben [9.5]. Das vereinfachte technologische Schema der Anlage ist in Bild 9-15 dargestellt. Im so genannten Spheripol-Prozess wird die Ziegler-Natta-Suspensionspolymerisation in flüssiger Phase in einem Schlaufenreaktor durchgeführt. Dem Reaktor werden kontinuierlich der Monomerstrom (Propylen), der Modifikator (Wasserstoff) und der für die Reaktion notwendige Katalysator zugeführt. Die bei der Reaktion freiwerdende Wärme wird über einen Kühlmantel (Kühlwasser) abgeführt, und die Reaktortemperatur wird durch Verstellung des Kühlwasser-Durchflusses geregelt. Die Durchflüsse der Einsatzvolumenströme werden über PI-Eingrößenregelungen stabilisiert. Für die Wasserstoffkonzentration des Einsatzprodukts ist eine Kaskadenregelung vorgesehen. Die mittlere Verweilzeit im Reaktor beträgt ca. eine Stunde.

Die für die Prozessführung interessanten Größen sind die Dichte (oder der Feststoffanteil) im Reaktor, das Molekulargewicht des Polymers und der Umsatz. Die Dichte wird kontinuierlich mit Hilfe eines Gamma-Densitometers gemessen, und der Umsatz kann quasikontinuierlich aus der Wärmebilanz des Reaktors berechnet werden. Das Molekulargewicht wird normalerweise in vierstündigem Abstand im Labor rheometrisch bestimmt (Melt Flow Rheometry).

Bei konventioneller Prozessführung werden die Dichte durch Verstellung des Sollwertes der Propyleneinsatz-Regelung und der Umsatz durch Verstellung des Sollwertes der Katalysatorzugabe-Regelung stabilisiert. Das Molekulargewicht wird durch Manipulation des Modifikatorstrom-Sollwerts nach Vorliegen der Analysenergebnisse beeinflusst. Die Sollwertverstellungen sind Aufgabe des Anlagenfahrers. Bei dieser Fahrweise existieren jedoch starke Wechselwirkungen zwischen den Steuer- und den Regelgrößen. So beeinflusst zum Beispiel der Monomerstrom nicht nur die Dichte, sondern über die Verweilzeit im Reaktor auch den Umsatz und das Molekulargewicht. Messbare Störgrößen sind die Inertenkonzentration im Monomer und die Reaktortemperatur.

Zielstellung des Advanced-Control-Projekts für diese Anlage war die Maximierung der spezifikationsgerechten Polymerproduktion. Dies kann durch Verringerung der Variabilität in der Produktqualität, durch Minimierung der Übergangszeiten bei der Fahrweisenumstellung und durch Maximierung des Umsatzes erreicht werden.

Zur Erreichung dieser Ziele wurde ein NMPC-Mehrgrößenregler konzipiert, dessen Struktur in Bild 9-16 dargestellt ist.

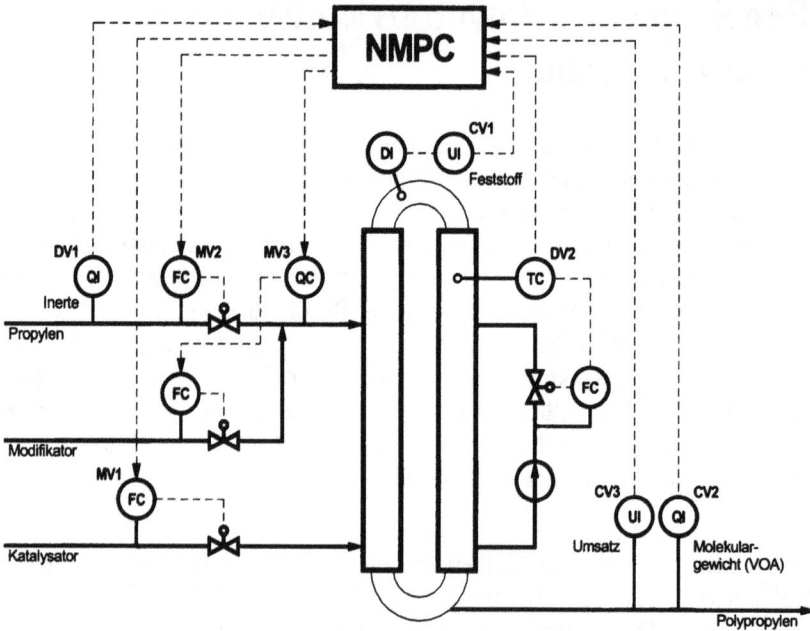

Bild 9-15:Schlaufenreaktor zur Erzeugung von Polypropylen nach dem Spheripol-Verfahren

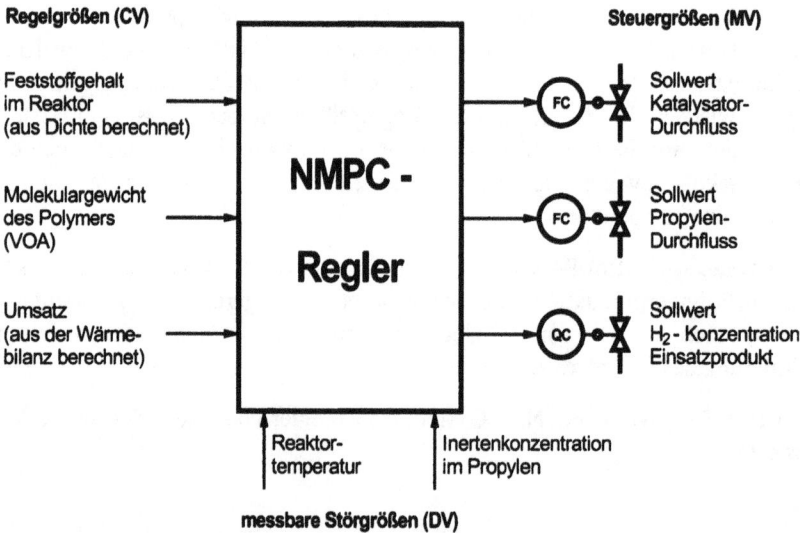

Bild 9-16: Struktur des NMPC-Reglers für die Reaktorregelung

Als Regelgrößen (CV's) werden der aus der Wärmebilanz berechnete Umsatz, der aus der Dichte berechnete Feststoffgehalt im Reaktor und das über einen virtuellen Online-Analysator (Softsensor) bestimmte Molekulargewicht aufgefasst. Der NMPC-Regler manipuliert die Sollwerte der unterlagerten Regelkreise (MV's) für den Propylen-Durchfluss, den Katalysator-Durchfluss und die Wasserstoffkonzentration des Einsatzprodukts – mit letzterem indirekt den Modifikator-Durchfluss. Als messbare Störgrößen (DV's) werden die gemessene Inertenkonzentration im Propylen und die aktuelle Reaktortemperatur aufgeschaltet.

In Tab. 9.4 sind die Vorgaben für Regel- und Steuergrößen zusammengefasst.

Tab. 9.4: Steuer- und Regelgrößen des NMPC-Reglers

Regelgrößen (CV's)	Art der Nebenbedingung
Feststoffgehalt CV1	Minimum, Maximum
Molekulargewicht CV2	Sollwert
Umsatz CV3	Minimum, Maximum
Steuergrößen (MV's)	
Katalysator-Durchfluss MV1	Minimum, Maximum, Verstellgeschwindigkeit
Propylen-Durchfluss MV2	Minimum, Maximum, Verstellgeschwindigkeit
H2-Konzentration Einsatz MV3	Minimum, Maximum, Verstellgeschwindigkeit

Für den Umsatz und den Feststoffgehalt wird also ein Gutbereich (range control) vorgegeben, für das Molekulargewicht ein Sollwert, für alle Steuergrößen werden „harte" (also unter allen Umständen einzuhaltende) obere und untere Grenzwerte und maximale Verstellgeschwindigkeiten definiert.

Im Normalfall, wenn keine Grenzwerte für die MV's bzw. CV's verletzt sind, entsteht also ein unterbestimmtes Mehrgrößen-Regelungssystem mit drei Steuergrößen und einer Regelgröße (3MV's x 1CV), das System hat zwei Freiheitsgrade. Diese können genutzt werden, um mit Hilfe einer übergeordneten statischen Prozessoptimierung den Umsatz und den Feststoffgehalt im Reaktor zu maximieren. Die Zielfunktion für diese Aufgabe lautet im vorliegenden Fall also $I = c_1 * CV1 + c_2 * CV3$, wobei die Koeffizienten c_1 und c_2 aus ökonomischen Vorgaben abgeleitet werden.

Der erste Schritt beim Entwurf der Regelung bestand in der Entwicklung eines nichtlinearen Prozessmodells für das statische Verhalten in der Form eines künstlichen neuronalen Netzes mit fünf Eingängen (den drei Steuer- und den zwei messbaren Störgrößen) und drei Ausgängen (den drei Regelgrößen). Dabei wurden zunächst ein Netz für jeden Ausgang separat trainiert, anschließend wurden die drei Netze zu einem statischen Prozessmodell zusammengefasst. Für das Netztraining standen ca. 500 historische Messdatensätze über einen Zeitraum von mehreren Monaten zur Verfügung. Aufgrund der Tatsache, dass in diesem Zeitraum einige Fahrweisenwechsel durchgeführt wurden, waren informationsreiche Datensätze vorhanden, die eine genaue Modellierung des statischen Verhaltens mit neuronalen Netzen gestatteten. Es zeigt sich im vorliegenden Einsatzfall, dass sich die Streckenverstärkungen zwischen den einzelnen Fahrweisen um einen Faktor von bis zu fünfzehn unterscheiden.

Bild 9-17 zeigt im linken Teil beispielhaft die aus dem KNN abgeleiteten statischen Kennlinien der Regelgröße Feststoffgehalt (CV1) gegenüber den drei Steuergrößen. Dabei wurde jeweils eine Eingangsgröße variiert und die anderen auf ihrem Mittelwert konstant gehalten, um eine zweidimensionale Darstellung zu ermöglichen. Die Bereiche der Steuergrößen wurden auf 0-100% normiert. Zu erkennen ist das deutlich ausgeprägte nichtlineare Verhalten der Regelgröße gegenüber dem Katalysator- und dem Monomerdurchfluss.

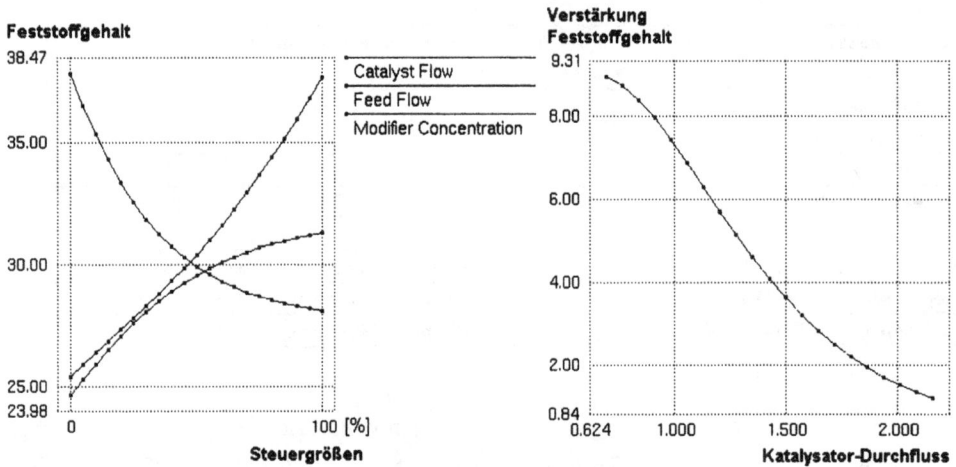

Bild 9-17: Feststoffgehalt in Abhängigkeit von den Steuergrößen (links), Streckenverstärkung des Feststoffgehalts in Abhängigkeit vom Katalysator-Durchfluss (rechts)

In welchem Maße sich die Streckenverstärkung der Regelgröße Feststoffgehalt gegenüber der Steuergröße Katalysatordurchfluss ändert, geht beispielhaft aus dem rechten Teil von Bild 9-17 hervor.

Eine Besonderheit bei der Modellbildung für das statische Verhalten besteht darin, dass die Trainingsdaten für eine der Modellausgangsgrößen – das Molekulargewicht – weder kontinuierlichen Messungen noch quasikontinuierlichen Berechnungen entstammen, sondern selbst über ein weiteres KNN bereitgestellt wurden. Dieses KNN fungiert als Softsensor und wurde unter Verwendung von Labormesswerten für das Molekulargewicht trainiert.

Die linearen Modelle für das dynamische Verhalten konnten im vorliegenden Fall ebenfalls ohne aktive Anlagenexperimente gewonnen werden, da bedingt durch mehrfache Fahrweisenwechsel eine Anzahl von Übergangsvorgängen in den historischen Messdatensätzen enthalten waren, durch deren Auswertung die interessierenden dynamischen Modelle mit ausreichender Genauigkeit geschätzt werden konnten.

An die Phase der Modellbildung schloss sich der Entwurf und die Offline-Simulation der NMPC-Regelung an. In diesem Schritt wurden das Führungs- und Störverhalten des Regelungssystems untersucht und ein Satz günstiger Reglerparameter ermittelt. Robustheitsuntersuchungen wurden durch gezielte Veränderung von Parametern des im Regler verwendeten Prozessmodells gegenüber dem für die Streckensimulation benutzten Modells durchgeführt.

Bild 9-18 zeigt beispielhaft die Reaktion des Mehrgrößenregelungssystems auf eine sprungförmige Verstellung des Sollwerts für den Melt Flow Index (Molekulargewicht CV2). Bei diesem Simulationslauf wurden – im Gegensatz zur normalen Fahrweise im Betriebsfall – für alle drei Regelgrößen Sollwerte vorgegeben, es entsteht also ein exakt spezifiziertes 3x3-Mehrgrößenregelungssystem. Eine übergeordnete statische Prozessoptimierung ist in diesem Fall nicht sinnvoll, da dafür keine Freiheitsgrade bestehen. Im oberen Teil des Bildes ist der Verlauf der Regelgrößen, im unteren Teil die Reaktion der Steuergrößen zu erkennen. Die Abtastzeit der Regelung beträgt 1 Minute, nach ca. 20 Minuten sind die Übergangsvorgänge im Wesentlichen abgeschlossen. Die guten Entkopplungseigenschaften des Reglers sind an den nur geringen Änderungen der Regelgrößen Feststoffanteil und Umsatz zu erkennen.

Die Polymerisationsanlage ist mit einem Prozessleitsystem Fisher Provox ausgerüstet. Die Kopplung mit dem Runtime-NMPC-Regler erfolgte zum Zeitpunkt der Realisierung des Projekts noch nicht über OPC, sondern über ein speziell entwickeltes Interface. Die Bedienung des NMPC-Reglers durch die Anlagenfahrer erfolgt mit Hilfe speziell gestalteter Bedien-Bildschirme über das Prozessleitsystem. Auf die von der NMPC-Software selbst bereitgestellten Bedienbilder hat hingegen nur das ingenieurtechnische Personal Zugriff. Bedienhandlungen des Operators sind im Wesentlichen die Vorgabe eines neuen Sollwerts für das einzustellende Molekulargewicht (CV2) bei Fahrweisenwechsel sowie die Vorgabe von Grenzwerten für den Feststoffgehalt (CV1) und die Steuergrößen (MV's).

Seit der Inbetriebnahme der NMPC-Regelung im Jahr 1997 läuft diese stabil im Dauerbetrieb der Anlage mit einem „Service-Faktor" von 96%. Durch die Anwendung dieser Advanced-Control-Strategie ist es im vorliegenden Fall gelungen, die für die Fahrweisenwechsel benötigte Zeit um zwei Drittel zu reduzieren. Da das während der Fahrweisenwechsel anfallende Material nicht spezifikationsgerecht ist, konnte dadurch die Produktionsmenge wesentlich erhöht werden. Vor der Inbetriebnahme des NMPC-Reglers betrugen die Verluste 10.000 bis 25.000 Euro/Fahrweisenwechsel, je nach Polymersorte und Erfahrung der beteiligten Anlagenfahrer. Weitere Effekte waren die Erhöhung des Durchsatzes zwischen den Fahrweisenwechseln, eine bessere Produktqualität infolge der Maximierung des Feststoffanteils und eine Reduzierung der Varianz im Molekulargewicht.

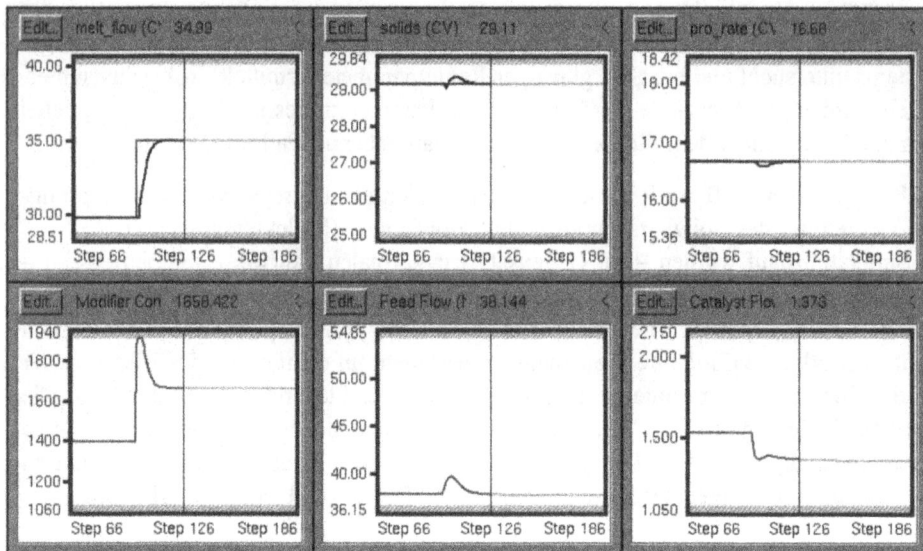

ild 9-18: Ergebnisse eines Simulationslaufs

,iteratur

).1]   Gokhale, V., Hurowitz, S., Riggs, J.B: A comparison of advanced distillation control ɩ
        niques for a propylene/propane splitter. Ind. Eng. Chem. Res. 34(1995) S. 4413-4419.

).2]   Buckley, P.S., Luyben, W.L., Shunta, J.P.: Design of Distillation Control Systems. Edᵥ
        Arnold Publishers, London 1985.

).3]   Dittmar, R., Abe, D., Hommerson, S.: Modellgestützte prädiktive Regelung eines Destiꞌ
        onskolonnensystems in einer Gaszerlegungsanlage. Automatisierungstechnische Praxiꜱ
        41(1999) H. 5, S. 26-36.

).4]   Backx, T.: The application of robust multivariable control to a tube glass manufactɩ
        process. IEE Colloquium on Successful Industrial Applications of Multivariable Anal
        14 Feb. 1990, London, UK.

).5]   Dittmar, R., Martin, G.D.: Nichtlineare modellgestützte prädiktive Regelung ɛ
        industriellen Polypropylenreaktors unter Verwendung künstlicher neuronaler Nꞌ
        Automatisierungstechnische Praxis atp 43(2001) H. 3, S. 42-51.

Index

www.ingramcontent.com/pod-product-compliance
Lightning Source LLC
Chambersburg PA
CBHW081528190326
41458CB00015B/5486